中公文庫

戦 争 論（上）

クラウゼヴィッツ
清水多吉訳

中央公論新社

DTP　ハンズ・ミケ

訳者例言

「戦後」がいまだまばゆいほどまでに若々しかった頃、人々は多くのことを「為し」てきた。それから、人々は多くのことについて「語り」始めた。しかし人々がについて「語り」始めたとき、「戦後」は既に病んでいた。おそらく、「戦後」が糜爛《びらん》のなかに横死するときにも、人々はについて「語る」ことをやめはしないだろう。おしなべて歴史について語るとは、歴史を降りることであると知っての上でなら、それもよかろう。だが己れの源母体の横死を知らずして語り続ける人々には、己れの出生の秘儀を知ってもらわねばならぬ。すなわち、戦争の玄義がそれである。同じく「戦後」に己れの臍《ほぞ》をつなぐ訳者が、執念のごとく本書にとりくんだ理由は、平和を望むためでもなければ戦争を望むためでもない。それは、本書のもつ悲劇性とそのイロニーとに訳者がただひたすら魅せられたからにほかならない。したがって、本書自身が再びについて「語る」種類に貶《おとし》められることも、人あって皮相な「為す」に到らしめられることも、ともに訳者の意図するところではない。というのは、本書のもつ悲劇性は決してについて「語る」種類のものではないし、また一元的「為す」とも無縁なものだからである。

さらに言うなら、クラウゼヴィッツのもつ悲劇性の意味は、単に戦争という為政者の恣意的行為によって民衆が悲惨になるという悲劇性でもなければ、あるいは砲弾が炸裂して人間が無為に死ぬといった意味での悲劇性でもない。クラウゼヴィッツにとって戦争とは為政者の偶然的、恣意的行為でもなければ、国境近辺における両国家の偶発的衝突事故でもない。彼の把握した戦争とは、「他の諸手段による継続した政治以外の何ものでもない」。ある意味で、政治によって投げ与えられたという一定の限定つきのものであろうとも、戦争というい わば運命的状況に対して人間がいかに立ち向かうかという点、言い換えれば、この運命に対して人間がいかに死力を尽して葛藤すべきであるかを見すえようとする点に、彼と彼の時代の真の悲劇性がある。運命と人間とが決して和解することのないこのドラマには、したがって徹底的に冷徹な技術論が必要とされる。しかも、その技術を駆使して闘われる戦闘には、いかなる既成の了解事項もありはしない。本書において、この既成の了解事項を粉砕すべく、ナポレオンの軍事組織がいかに一八世紀のものと異なったものであるかが述べられるであろう。その一つに前衛隊編成がある。つまり、いかなる既成の了解事項もなく、大規模な物理的力と力の衝突にほかならない近代戦においては、本軍による決戦を有利に導くため、是非とも機動力に富んだ前衛隊が必要とされたのである。この前衛隊は、常に索敵、監視の任にあり、敵軍の行動開始にあたっては身をもってこれに抵抗し、味方の本軍に行動開始の猶予と敵軍の実態および意図とをいち早く告げ知らせるものでなければならない。このような使命を帯びた前衛隊は、いかにおしみなく人命を消費してしかるべきものであるかが具体的戦史を通して述べられるであろう。

そしてまた本書『戦争論』のもつイロニーもこの点にある。つまり、真に悲劇のなかを生きるべきであった「戦後」が、遂に悲劇たりえず、和解と了解事項のなかに横死しようとしている今、戦争論を世に出すということがそうである。もし、これが喜劇的徒労に過ぎぬものならば、その責は本書にではなく、ただただ訳者にあると言うべきだろう。しかし、悲劇にもならぬ戦後を生きのびて、和解のなかに死のうとしている人が本書を指して喜劇呼ばわりするとしたら、その人は悲劇の人と呼ばるべきなのか、喜劇の人と呼ばるべきなのか。

それはともあれ、以下クラウゼヴィッツの生涯を若干補足して本書を理解する際の手がかりとしてみたい。


一七八〇年、カール・フォン・クラウゼヴィッツ（Carl von Clausewitz）はオーベル・シレジアの貴族の家柄に生まれた。時はまさにフランス大革命の前夜であり、彼の生涯自体はドイツ史に言うフランス大革命から三月以前《フォルメールツ》（一八四八年三月のベルリン三月革命以前）までの間に内包される。したがって全ヨーロッパが変革の時期であったように、彼の観察したもの、体系づけようとしたものも変革期の理論、過渡期の思想であった。

一二歳にして既にポツダム歩兵聯隊の士官候補生となり、一七九三年には対仏戦争に参加している。一七九五年、わずか一五歳にして少尉任官。一八〇一年、ベルリン士官学校入学。この時の校長が後のシャルンホルスト中将であった。以後、両者の師弟関係は終世続くことになる。士官学校卒業後、シャルンホルストの推薦によってクラウゼヴィッツはアウグスト・プロイセン皇太子副官に任ぜられる。

一八〇六年のイエナの会戦にはアウグスト皇太子に従って参戦したが、圧倒的に優勢なナポレオン軍に包囲され、皇太子と共に捕虜となり、フランスに連行される。フランスにおいてクラウゼヴィッツの目撃したものは、ナポレオン軍の優勢が単に軍事組織の優秀さにあるばかりでなく、革命を経た市民社会体制そのものにある、ということであった。一八〇九年、クラウゼヴィッツはフランスでの捕虜生活から帰還し、シャルンホルスト、グナイゼナウらと結んで軍制改革に乗り出す。イエナの敗戦によってドイツは近代化への胎動を始めるが、ドイツ市民層はしかしながらまだ未成熟であった。ために事業は多くの困難に遭遇し、中途にして挫折することとなる。

一八一〇年、クラウゼヴィッツは少佐に昇進し、参謀本部附兼士官学校教官となる。一八一二年、大陸封鎖令違反を怒って、ナポレオンはロシア遠征を決意する。プロイセン国王フリードリッヒ・ヴィルヘルム三世は難局に臨んで優柔不断であり、シャルンホルスト、グナイゼナウの意に反してナポレオンと連合を目論むや、彼ら軍制改革派は一斉に下野することとなる。クラウゼヴィッツも彼らと行動をともにし、単身ロシア軍に投じ、ナポレオンのモスクワ敗退を目撃する。

ロシアにおけるナポレオン軍敗退は、全ヨーロッパ解放戦争の烽火であった。一八一三年、クラウゼヴィッツは、プロイセンの対仏宣戦にはロシア軍参加の廉により国法上の判決を受けていたにもかかわらず、プロイセン軍に復帰する。この時、国王との間をとりもったのがシャルンホルストであった。しかしこの年、グロス・ゲルシュンの戦闘に、ブリュッヒャー軍総参謀長としてのシャルンホルストは戦死する。後任はグナイゼナウであった。

エルバ島を脱出したナポレオンは一八一五年、ウェリントン麾下の連合軍と最後の決戦を挑むべくワーテルローに臨む。ブリュッヒャー軍はこの時、ナポレオン軍の側面を急襲し戦局転換の鍵を握った。このブリュッヒャー軍第三軍団の参謀長がクラウゼヴィッツであった。

かくて彼は第二パリ平和条約後、ライン州グナイゼナウ軍団の総参謀長となり、一八一八年にはベルリン士官学校校長に任ぜられている。この職にある一二年間にまとめられたものが本書『戦争論』である。

ナポレオン戦争後一五年の反動復古の時代は、一八三〇年パリ七月革命によって再び転覆されることとなる。全ヨーロッパはようやく市民革命に向かって動き始めたかに見えた。ライン州は動揺し、ポーランドには暴動が勃発する。ブレスラウ第二砲兵管区の砲兵監に任ぜられていたクラウゼヴィッツは、ポーランド鎮圧グナイゼナウ軍の総参謀長としてポーゼンに赴くこととなる。しかし明けて一八三一年、ロシアに発生したコレラはまたたく間にポーランドにおいても猛威をふるい、グナイゼナウ以下多く将兵がこれに倒された。ために戦闘は敗北し、ロシア軍の手による暴動鎮圧もあって、プロイセン総司令部は解散し、クラウゼヴィッツは一一月、ブレスラウに帰還する。しかしこの時、彼自身もまた病に倒れ、三日の後、永眠することとなった。

本書は〝Vom Kriege〟Verlag des Ministeriums für Nationale Verteidigung, Berlin 1957 によった。原本は drei Teilen, acht Bücher に分れているが、上下二巻とし、上巻には第一部から第五部まで、下巻には第六部から第八部までを入れることにした。翻訳に際しては、原文中イタリック体は傍点またはゴシックで表記し、人名・地名等はなるべく慣用に従った。なお、原註は原則として本文中に組みこみ、編者（マリー夫人あるいはオ・エッツェル中佐）および刊行者の註についてはその都度明記し、クラウゼヴィッツ自身の註と区別した。また、訳註のうち簡単なものは、本文中に組みこみ、その他は巻末に一括した。

本書には、既に明治三六年森鷗外の名訳『大戦學理』をはじめ一、二の訳があるが、新訳をするとはいえ、クラウゼヴィッツ自身一八世紀末から一九世紀初頭の貴族であり、しかもプロイセン陸軍少将の高位にあった人物である故、文体を決定的に現代語にしてしまうわけにもいかず、苦心した。プロイセン貴族のもつ格調の高さが、多少なりとも訳出できたかどうか不安に思っている。

戦後世代の訳者が、訳業中一番困難に感じたことは、軍事科学ならびに軍事用語についての知識がまったく不足していることであった。したがって本文中の軍事用語は、すべて小山弘健氏からお借りした『最新独和兵語辞典』（明治四二年、兵事雑誌社）や『兵語新辞典』（昭和四年、軍事学指針社）などに依っている。紙上をかりて、同氏に深く御礼申し上げる。最後に、この翻訳を奨めてくださり、かつ訳文の調子を最初に認めてくださった石井恭二氏には深く感謝申しあげたいと思う。

一九六六年三月　東京、谷山ガ丘にて

清水　多吉

戦争論　上巻　目次

戦争論

上

序文

本書のような内容の著作に女の身でありながら序文を書き加えようなどとは、まったく奇異の念を人に抱かせることになるだろう。私の友人たちにここでそのことを弁明する必要はあるまい。しかし私を知らない人たちのために、私がこのような序文を書くようになった簡単な理由を説明して、このような僭越な企ての申し開きをしたいと思う。

この序文のあとに続くはずである本書は、私のこよなく愛した、しかしながら私からも祖国からも不幸にしてあまりにも早く奪い取られてしまった良人が、彼の生涯の最後の一二年間、精魂こめて打ちこんだものである。これを完成させることが彼の最大の願いであった。だが彼の生前、これを世に出すことは彼の意図ではなかった。私がその彼の意図をひるがえさせようと、いかに努力してみても、彼は半ば冗談に、しかし半ば早世を予感してか、「君に出版してもらいたいのだ」と言っていたものだった。この言葉――それに真面目な意味が含まれていようとは当時思ってもいなかったのであるが、それでもあの幸せに満ちた日々でさえ、この言葉を聞くとしばしば涙を誘われたものであった――が、私の友人たちのすすめるように、最愛の良人の遺作に序文を書き加えることを私に義務づけている。このことについてはまた種々な意見もあるだろうが、あのはにかみの感情を克服しようとした気持だけはきっとわかっていただけることと思う。とかくこのはにかみの感情は、こんな風な目立たない振舞でさえ女の気持を重くさせるものなのだから。

しかし、私の能力を越えたこの種の著作に、私が唯一最適の出版者であるなどとは決して考えていないこともおのずとわかっていただけることと思う。私は本書の出版に際してただ伴奏者の役としてだけ立ち会いたい。この役なら私が要求しても支障はあるまい。というのは、本書の成り立ちおよび著述中にも同じく伴奏者の役が私に与えられていたのだから。私たちの幸福な結婚を知っておられ、そして単に喜びや悲しみにつけてばかりでなく、日常生活のあらゆる用件やわずらわしいことにも私たちがすべてお互に分かちあっていたことを知っておられる方は、私に相談なく良人がこの種の仕事にとりかかることなどあり得なかったことを理解していただけるだろう。それゆえ彼がこの仕事に捧げた情熱と愛着、この著述の様式や成立の時期などにかけた希望などについては、おそらく私以外に良き証人はあり得ないと思っていただいてもいい。彼の稀れにみる豊かな才能は早くから光と真理との必要を感受しており、そしてまた彼の才能は非常に多方面に培われていたのであったが、その思考は主に軍事学に向けられていた。というのは彼の職務が彼をしてその方面に己れを捧げしめたのであり、その軍事学はまた国家の安寧に重要な意味をもつものであったからである。最初シャルンホルスト[*1]が彼をこの方面に手引きしたのであったが、ついで一八一〇年、士官学校教官就任、および同じ頃授けられた皇太子殿下[*2]への初歩軍事学御進講の栄誉などが彼の研究や努力を積極的にこの方面へ向けしめ、今までもっていたものを整理して著わす新たなきっかけを与えたのである。一八一二年に終った皇太子殿下への御進講論文は、あとに続く諸論文の萌芽をすでに含んでいる。しかし一八一六年、コブレンツにおいて彼は再び学問的研究に没頭し、過ぎし四年間の重要な戦争時代*3の経験が彼に実りをもたらした成果をようやく収集し始めたのである。彼は己れの見解をまず最初に短い、互いにばらばらにしか結びつけられていない諸論文に書き下した。彼の下書きの中に見出された日付のない次の論文は、この初期の時代のものであると思われる。

――私の見解によれば、いわゆる戦略を構成する主要問題がここに書き下した諸命題の論及しようとするものである。私はそれらを単なる素材としてのみ見なしていたのだが、それらを使用して一つの全体に融合させるところにまでおよそ立ち至った。

すなわちこれらの素材は前もって計画されたプランなしに成立したものである。私の初めの意図は、体系や厳密な連関などを考慮せず、この問題の最も重要な諸点について、私が自分で結論づけたものを、まったく短いが精確に圧縮された諸命題の形で書き下すことであった。その際、モンテスキューの問題の取り扱い方が私の念頭に浮んでいた。初め私は単なる断章としか名づけまいと思ったほどだが、あのように簡潔にして鋭い文章はそれが立証しているものによってよりも、むしろそれから発展されて出てくるであろうものによって豊かな精神の持主を魅了するであろう、とそんな風に私は思っていたのである。それゆえ私の念頭には、豊かな精神の持主、つまりそんな風に物事をわきまえた読者があったのである。だが常に発展と体系化とを求める私の性質は、結局ここにも再び立ち現われてきた。しばらくの間、私が個々の問題について書いた論文から自制して最重要な結論だけを導き出し、その精髄を比較的小さい書物にまとめてみたいと思った。なぜならそれらの問題はそのようにして初めて明確で確実なものとなるはずであったから。しかしやがて私の例の性質が完全に立ち現われ、私が得たものを発展させるという次第になってしまったのである。とはいえもちろんその際、問題をまだ熟知していない読者が思い浮べられていたことは言うまでもない。研究を進めてゆくにつれ、探求精神に心奪われてゆくにつれて、いやましに私は体系化へと引き戻され、章に章が重ねられてしまったのである。

ところで私の終局の意図は、すべてを再度吟味し、以前の諸論文に加筆訂正をし、それ以後の諸論文の中の多くの分析を一つの結論にまとめあげて実りある全体像を構成すること、そしてそれを四六版の小冊子にしてみることであった。だがその際に、私は自明のことであり、幾度となく言い古され、一般に仮定されているようなありきたりのことは飽くまでも避けようと思った。なぜなら私の功名心は二、三年で忘れ去られてしまうことなく、この問題に関心をよせる人なら何ぴとも、とにかく一度以上は手にとってみるであろうような書物を書くことにあったからである——

コブレンツでは職務が多忙であったために、彼は己れの私的研究にわずかな余暇をしか費やすことができなかった。その後一八一八年、ベルリン士官学校校長に任命されて初めて彼は己れの著作に一層の発展を附け加え、近々の戦争史によってそれに肉づけする余暇をもち得たのである。この余暇の点でだけ彼は己れの新しい職場に満足していた。というのはその他の点ではこの職務はまったく彼の満足のゆくものではなかったのである。なぜなら士官学校の当時の組織では、学校の学問的部門は校長の管理下にはなく、特別学務委員会によって運営されていたからである。彼には些細な虚栄心や騒々しく利己的な名誉心はなかったけれども、真に有益でありたいという願い、神が彼に与え給うた能力を無為に遊ばせておきたくないという願いだけは強く感じていたのである。実務的日々にあって、この職務は彼の願いを満足させるものでなかったことは確かであったし、他日そのような職務につき得るような希望もほとんどいだいていなかった。それゆえ彼の全努力は学問の王国に向けられたのであり、かくて彼が己れの著作によって打ち樹てようと望んだ有益性こそが彼の生涯の目的となったのである。それにもかかわらず、この著作を己れの死後に初めて出版させようという決心が彼の心にますますかたまっていったのを見ても、称賛とか名声とかに対するいかなる空虚な野心も、また何か利己的配慮のいかなる気配も、偉大にして永久的生命を得たいという彼の高貴な願いには決してまじっていなかったことがわかっていただけることと思う。

このようにして彼は一八三〇年春、砲兵隊へ転出を命ぜられるまで、この研究を熱心に続けたのであったが、転出後、彼の活動はまったく違ったものとなり、少なくとも初めの間すべての著作活動をあらかた断念せねばならぬこととなった。そこで彼は自分の書類を整理し、個々の包にわけて封印し、それに上書きして、彼にとってはあんなにも愛着のあった仕事に無念の別れを告げたのである。同年八月、彼はブレスラウに転任し、同地の第二砲兵隊兵監部総監に就任した。しかし一二月には再びベルリンに召還され、元帥フォン・グナイゼナウ伯爵[*4]のもとで総参謀長に任命された（同元帥に委任された最高司令権の存続せる間）。一八三一年三月、彼は自分の敬愛する同元帥に従ってポーゼンに赴いた。一一月、かの決定的敗北[*5]の後、そこからブレスラウにもどって己れの著作を再びとりあげ、多分その冬の間に完成できるだろうという希望が彼の心をわずかに晴れやかにしていた。しかし神はそれを許さなかった。一一月七日、ブレスラウにもどり、同月一六日、彼は永遠に帰らぬ人となってしまった。彼の手で封印された包は、かくして彼の死後開けられることになったのである。

以下の諸巻に分冊されているのがこの遺稿であり、まったく原文のままであって、一言も付け加えられたり削除されたりすることのないように努めたものである。にもかかわらずこの遺稿の刊行にあたり、整理や若干の疑点を正すなどの種々な操作をせねばならなかった。ここで私に寄せられた助言に対し数人の親友たちに私は心からの感謝の念を捧げねばならない。殊に印刷の校正ならびに本書の歴史的部分に附け加えらるべきはずであるカードの作成にあたってオ・エッツェル少佐[*6]に深く感謝申し上げたい。そしてまた、私の悲しみの日々私の支えともなり、この遺稿の刊行のために多くの点で貢献してくれた私の弟にも同様である。なかんずく彼は遺稿を注意深く通読し整理してくれている間に、書きかけの修正原稿を発見してくれたのである。これは一八二七年に書かれたものの中にあり、私の良人が計画中の研究として次にかかげる覚え書のなかで述べているものである。私の弟はこれを指定された第一部の位置に挿入した。なぜならこの原稿はそれ以上にできていなかったからである。

その他の多くの友人たちにも、私に寄せられた助言に対し、また私に示された助力と友情とに対して感謝の念を捧げたい。しかし私がその人たちの名前をすべて挙げなくとも、その人たちはきっと私の衷心からの感謝の念を疑うものではあるまい。その人たちが私のためにして下された一切のことは、単に私のためばかりではなく、神があのように早く召し給うた故人に対してでもあることを確信するにつけて、私の感謝の念は深まるばかりである。

私は二一年間このような良人とともにあって非常に幸せであったのだが、何ものによっても癒されぬ痛手にもかかわらず、私の追想と希望の甘美な感傷によって、愛する故人のお蔭である多方面からの御協力と御好意との豊かな遺産によって、はたまた故人の価値がかくもひろく、かくも晴れがましく認められているのを見得る高鳴る感情によって、今もなお私は幸せである。

かしこくも両陛下[*7]が私を招聘《しょうへい》下された御恩旨は、神に感謝せねばならぬ新しい幸せである。なぜならそれは私が欣然《きんぜん》として身を捧げ得る晴れがましい職務を私に開示してくだされたものだからである。この職務が祝福されてあらんことを！　そしてただいま私の監督に委ねられている親愛な幼少の皇太子殿下がいつの日か本書を読まれ、殿下の光栄ある祖先のそれらにも比すべき数々の偉業を打ち樹てられんことを！

一八三二年六月三〇日　ポツダム・マルモール宮殿にて記す。

マリー・フォン・クラウゼヴィッツ

覚え書

――すでに清書されている最初の六篇を、私はまったくもう一度書き直さなくてはならない不完全なものとしてしか見ていない。この書き直しの際に二種類の戦争ということが常に鋭く観察されるだろう。そしてこのような観察によってあらゆる理念がより鋭い意味をもち、はっきりした規定を得、より正確な適用を受けるだろう。この二種類の戦争とは、すなわち一方は敵対者を政治的に否定するものであれ、単に抵抗力を奪い、そしてあらゆる任意の和平を強いるものであれ、とにかく敵対者を打倒することを目的とするものである。他方は単に敵対者の国境でなにがしかの侵略を企てることである。その侵略した国境を保有するためであれ、それを和平の際に有効な交換条件として持ち出すためであれ。一方から他方への諸段階はもちろん種々あり得るかもしれない。しかし両者の目指すまったく違った性質は常によく把握しておかねばならぬことであって、その折衷はあり得ないことなのである。

諸戦争におけるこの事実上の二種類の区分のほか、同じく実践的に必要な見解を明瞭かつ正確にしておかねばならない。というのは戦争とは他の諸手段による継続した政治以外の何ものでもないということである。以上の見解を常に把握していれば諸事の考察に多くの統一がもたらされるだろうし、一切のことがより容易に解明され得るだろう。この見解は主に第八部においてその有効性を示すであろうが、まず第一部においても十分に展開しておかねばならないし、六篇の初稿の書き直しに際しても考慮しておかねばならぬものである。かかる書き直しによって六篇の初稿は多くの澱《よど》みを清算してゆくだろうし、多くの不一致点、多くのギャップは修正されてゆくだろう。そしてまた多くの漠然とした見解はより明確な思考や形式にまとめられてゆくだろう。

個々の章のスケッチはすでにできあがっているのだが、第七部攻撃論は第六部の反省と見なさるべきであり、上に述べたより明確な見解に従って直ちにまとめられるものである。というのは第七部は決して新しく書き直す必要のあるものではなく、むしろ六篇の初稿の書き直しに際して規範として役立ち得るものだからである。

一般的に戦争全体の計画を述べる章第八部作戦計画論にはかなりの章の草稿ができている。ところがこれは未だ素材とさえ見なされないものであって、むしろこの著作自体のどこに重要な点があるのかを知るために、素材の塊に大ざっぱなノミをふるっておいたにすぎないものなのである。その目的ならそれらは十分果たしている。私は第七部が終り次第すぐにも第八部を完成させたい。そこでは主に右に述べてきた二つの見解を適用し、すべてを簡明にして精気のあるものにしたいと思う。私はこの篇において戦略家や政治家の頭の中にある多くの混迷を正しく整理したいと思っている。少なくとも何が問題なのか、一つの戦争において真に注目せねばならぬものは何であるのかを常に示したいと思うのである。

私がこの第八部の完成によって私の理念を明確にし、戦争の大ざっぱな様相をしっかりと把握したら、この精神を六篇の初稿の書き直しに適用すること、戦争の様相をその各所に浮び上らせることは一層容易になることであろう。それゆえ、私は六篇の初稿の書き直しをその後にしようと思う。

もし私が早死してこの著作が中断されるようなことがあれば、すでにできあがった原稿はもちろん形をなさない思索の断片集と言われても仕方のないものとなり、それは不断の非難にさらされて、多くの未熟な批判に口実を与えるものとなってしまうだろう。というのはこのような事柄に関して、すべての人はペンを握っているときに思い浮んだものをすぐにも喋ったり、印刷して発表したりできるものだと思っているようであるが、それはちょうど二掛ける二は四であるということを疑いないものととっているのとまったく同じ調子なのである。そのような人がもし私と同じく長年この問題について考え、それを常に戦史と比較してみる努力を払うつもりならば、言うまでもないことながら批判にはより慎重にならざるを得ないであろう。

しかしこのような不十分な形にもかかわらず、偏見なき真理と確信とに渇している読者なら、六篇の初稿に戦争に関する多年の思索と熱烈な研究の結果とを読みとってくれるであろうし、多分そこに、戦争論における従来の考え方を根底から変えてしまう幾つかの主題を見出してくれるであろう――

ベルリン、一八二七年七月一〇日

この覚え書のほかに、非常に新しい日付のように思われる次のような未完成論文が遺稿のなかから発見された。

――私の死後に発見されるであろう戦争全体の指揮に関する原稿は、そのままの形では単に断章の集合体としてしか見なされ得ないものであり、その断章から初めて戦争全体の理論が構築されるはずのものである。それらの大部分はなお私の満足し得ぬものであり、特に第七部などは単なる試論としか見なし得ないものであって、できることなら私はそれを全面的に書き変え、別な方向への解決を試みたかったとさえ思っている。

とはいえこれらの素材を支配している主な様相だけを、私は戦争に関する正しい様相であると思っている。それらは実際活動に絶えず目を向け、経験や優秀な軍人たちとの交渉が私に教えてくれたことを絶えず想起することによってなった多方面な思索の結果である。

第七部は攻撃論を含むはずであったが、その主題はまったくスケッチ程度にすぎないものとなってしまった。ここで私はできれば戦争の政治的・人間的側面を特別に把握したかったのである。

結局のところ第一部第一章だけが私の完全であると認め得る唯一のものである。少なくともこの章は、私が常に主張せんとしていた方向を全体にわたって指示するのに役立つだろう。

戦争全体の理論、いわゆる戦略論を論ずることは非常に困難である。というのは個々の問題に関して明確な、すなわち必然的次元にまで絶えず関連づけられた表象を持ち得る人などほとんどいないといってもいいからである。行動に際して大部分の人は単なる判断の機転に従っているのだが、これはまた天才的ひらめきがその人にどれほどあるかによってその妥当性いかんが決まるものである。

これまですべての偉大な将軍たちはそのように行動してきた。そしてまた彼らがその方法で常に正しかったところにこそ、ある程度まで彼らの偉大さと天才との意義があったのである。行動にあたってそれは今後とも常に同じことであろう。そのためにはこの機転で十分こと足りるのである。しかし己れが行動するのではなく、他人に勧告することが問題になる場合には、明確な表象と内的関連の論証とが必要となる。だがこの方面における理論の発展は従来ほとんど見られなかったので、大部分の勧告は基本的理論のないあちこちに振れ動くものであって、それはまさに、すべて自説を固守するか、さもなくば反対意見からの単なる妥協案という本来まったく何の価値もない中間意見にすぎないものであった。

それゆえこれらの問題に関して明晰な表象は是非とも必要であるし、その上、人間精神というものは一般に明晰さを求める傾向と、常に事物の必然的関連を得たいという欲求とをもつものである。

ところで軍事学のこのような哲学的構築がもつ大いなる困難さ、およびそのもとになされた多くの非常に誤った試みは大部分の人をして次のように言わしめてきた。すなわちそのような理論なんぞはもともと不可能なのだ、なぜならいかなる固定的法則をもってしても把握し得ないような事柄がここでは問題になっているのだから、と。もし、若干の命題の大部分が困難で証明できないというのなら、われわれはそれらの意見に同意し、理論化のあらゆる試みを放棄もしよう。しかし事実はそうではないのである。若干の命題とは例えば次のごときものである。「防禦は消極的目的をもつが攻撃よりはより強い形態であり、攻撃は積極的目的をもつが防禦よりはより弱い形態である」「大いなる成功は小さい成功をも兼ねて決定する」「それゆえ戦略的効果を確実な諸重点に限定してもよいのである」「陽動作戦は真の攻撃よりはより弱い力の利用であり、したがってこの作戦は特別に制限されねばならない」「勝利とは単に戦場の占領にあるのではなく、敵の物理的・精神的戦闘力の破壊にあるのであって、これは多くの場合、戦勝後の追撃によって初めて達成されるものである」「勝利が戦闘によって闘いとられたときにのみ成功は最も大である。それゆえある戦線、ある方面から他の戦線、他の方面への飛躍はやむを得ざるとしても不得策としてのみ見なさるべきである」「迂回《うかい》戦術の条件は一般的に味方が優越している場合、特に味方の交通線、退却線が敵のそれよりも優越している場合にのみ成り立ち得る」「それゆえ側面陣地もまた同様の関係によって制約されている」「あらゆる攻撃は前進することによって弱まる」——

著者の序言

学問的という概念はただ単に体系や、それをもって構成した学説にあるのではないということは今日では何らあらがう余地がない。本書においては外見上体系なるものはまったく見出されないだろうし、完結した学説の代わりに見出されるものは断章以上の何ものでもないであろう。

本書における学問的形式とは軍事的諸現象の本質を探究し、それらの諸現象を構成している事物の本性とそれら諸現象との関連を示そうとする努力にある。その際、哲学的帰結を決して避けたわけではなかった。しかしその帰結がまったく細い糸になって消えてゆきそうなところでは、著者はその糸先を切断し、再びそれに対応した経験の諸現象に結びつけた。というのは植物の茎が伸びすぎれば良い実がならないように、実際的学術においては理論的葉や花をあまりに高々と繁茂させるべきでなく、その本来の土壌である経験に常に則してあらしめねばならないからである。

小麦粒の化学的成分からその穂先の形態を探究しようとすることは、疑いもなく誤りであろう。それを試みんとする者は穂先が出そろっているのを見るために畠に行く必要があるのだ。探究と観察、哲学と経験とはお互いに決して軽視しあい排斥しあって然るべきものではない。それらはお互いに補足し合うものである。それゆえ、本書の諸命題は、その内的必然性の緊密な関連に関しては、経験か戦争自体の哲学的概念かのいずれかを相互に支点として成り立っているのであって、決してその根拠が薄弱であるなどということはあり得ないのである。*

＊　多くの軍事問題に関する著述家、特に戦争自体を学問的に取り扱うことを求めていた人たちの場合、このような方法がとられていたのでないことは多くの例が示している。というのは彼らの論法とは賛否の論議が相互に錯綜し、相殺しあって、ちょうど二匹のライオンが咬み合い、尻尾さえも残さなくなってしまうのと似ている。

戦争の体系的理論を、活気に満ち、内容あるように記述することはおそらく不可能ではない。しかしこれまでの理論はそのようなことからはるかに遠かった。それらの非学問的精神は問わずもがな、少なくともそれらはあらゆる種類のありふれたこと、一般的なこと、つまらぬお喋りなどを営々と体系づけ関連づけることに誇りを感じていたにすぎないのである。このような例の適切な姿を見ようとするなら、火災処施についてのリヒテンベルク*1の抜萃を読まれるがよかろう。

「一家屋が火災を発したとき、まず第一に、その左側の家屋の右壁と右側家屋の左壁とを護るようにつとめなければならない。なぜならもし試みに左側の家屋の左壁を護らんとすれば、その家屋の右壁は左壁の右側に来ることになり、したがって火災はこの左右の壁のさらに右側に来ることになって(なぜならこの家屋は火災の左側にあると仮定したからである)右壁は左壁よりも一層火災に近くなる。それゆえこの家屋の右壁は、護られている左壁に火災が燃え移るより前に護られなければ罹災の可能性が生じてくる。そうすると護っていない右壁が罹災する可能性があって、しかも左壁が護られていなくても右壁の罹災が早いというのなら、左壁をそのままにして右壁を護るべきである。このような事態を明確ならしめるためには次のように覚えていれば良いだろう。すなわち、家屋が火災の右にあるときは左壁を、家屋が左にあるときは右壁を護るべきである、と。」

こんな愚劣なお喋りで読者の精神を萎縮させてしまったり、わずかばかりの小才を水増ししてあじけないものにしてしまったりすることのないように、著者は戦争に関する多年の思索、戦争を知れる怜悧な人々との交友、および戦争における多くの著者の経験などを想起し、それらによって立証されたものを、小粒の純金として示そうと思った。かくして外見的にはかなりばらばらに見える本書の諸章ができあがったのである。しかし望むらくはそれらの間に内的関連の欠けてあらざらんことを！　多分、いつの日にか偉大なる人物が現われ、この一つ一つの小粒子の代わりに、全体を不純物のない純金の鋳造物にしてくれることもあるであろう。

第一部　戦争の性質について

第一章　戦争とは何であるか？

1　序論

われわれは当該の問題を説くにあたって、まずその個々の要素より始め、次いで部分ないし分節に及び、最後に全体の内的連関を考察することにしたい。つまり簡単なものから徐々に複雑なものへと考察を進めて行きたいと思っている。しかしながら全体の本質に一瞥を与えておくこともまたさしあたって必要かと思われる。思うに、部分を考察するについては同時に終始全体を銘記しておく必要があるからである。

2　定義

われわれはいま戦争に関して煩瑣《はんさ》な公法学的定義に入りこむことなく、戦争の根源的要素、すなわち二人の間の決闘という点に視点を置きたいと思う。戦争とはつまるところ拡大された決闘以外の何ものでもない。われわれは戦争を無数の個々の決闘の統一として考えようとするものであるが、その場合二人の格闘者を思い浮べてみるのが便利であろう。いかなる格闘者も相手に物理的暴力をふるって完全に自分の意志を押しつけようとする。その当面の目的は、敵を屈服させ、以後に起されるかもしれぬ抵抗を不可能ならしめることである。

つまり戦争とは、敵をしてわれらの意志に屈服せしめるための暴力行為のことである。

暴力は、敵の暴力に対抗するために、さまざまな技術や学問を通して発明されたものによって武装する。もっとも暴力は、国際法上の道義という名目の下に自己制約を伴わないわけではないが、それはほとんど取るに足らないものであって、暴力の行使を阻止する重大な障害となりはしない。これを要するに物理的暴力（というのは国家と法律の概念を除いて精神的暴力なるものは存在しない）はあくまでも手段であって、敵にわれわれの意志を押しつけることが目的なのであるということである。この目的に確実に到達するためにこそ、われわれは敵の抵抗力を打ち砕かなければならないのである。そしてこのことが概念上軍事行動の本来的目標となる。ところで敵の抵抗力を打ち砕くという手段としての軍事行動が、敵にわれわれの意志を押しつけるという戦争の終極的目的に取って代わり、いわば後者はいわゆる戦争行為には属さないものとして除外されてしまっているのが現状のようである。

3　暴力の無制限な行使

さて博愛主義者たちは、敵に必要以上の損傷を与えることなく巧妙に武装を解かせたり屈服させたりすることができ、それこそが戦争技術の求めてきた真の方向であると考えたがるだろう。なるほどこの説は、いかにももっともらしく見えはする。しかしわれわれはその誤りを断乎として粉砕しなければなるまい。なぜなら戦争とはそもそも危険なものであって、これを論ずるのに婦女子の情をもってするほど恐るべき誤りはないからである。物理的暴力の行使とはいっても、精神的要素の影響が全面的にないわけではないのであるが、いま仮に相闘う両者のうち、一方が何ものをも躊躇《ちゅうちょ》することなく、いかなる流血にもひるむことなくこの暴力を行使するとし、他方が優柔不断でよくこれをなし得ないとすれば、必ずや前者が優位に立つにちがいない。したがって後者もまた前者に暴力をもって対抗せざるを得ないこととなり、その結果両者の暴力行使は交互に増長して際限のないものとなる。もしそこに何らかの限界があるとすれば、それは両者の間にある力の均衡によってのみもたらされるものにすぎない。

このように戦争という事態を見なければならないのであって、粗暴さを忌み嫌うあまり戦争の本質を無視してしまうのは、無益な努力であるばかりでなく、まったくナンセンスな努力であるとさえ言っていいだろう。

試みに文明国民の戦争と非文明国民の戦争とを比較してみると、後者の方がはるかに残忍で破壊的であるが、この原因は国家の内部および国家相互間の社会的状態に由来しているのである。この社会的状態およびそれとの相互関連こそが戦争の真の原因であり、これらによって戦争は制約されたり、縮小されたり、また緩和されたりもする。しかしこの社会的状態そのものは戦争自体には属さず、戦争にとってはすでに与えられてしまった与件であるにすぎない。それゆえ、戦争哲学のなかに婦女子の情を持ちこもうなどとすることは愚劣と評する以外に言葉がない。

人間間の闘争にはそもそも二つの異なった要素が存在する。つまり敵対感情と敵対意図とがそれである。われわれはこの二者のうち後者つまり敵対意図の方を、前者つまり敵対感情よりもより一般的であるという理由で戦争の定義にとりあげてきた。たとえいかに粗野な本能的憎悪感といえども、敵対的な意図なくしては相闘うには至らない。これに反して、敵対的な意図があるときは、敵対的な感情が全然伴わなくとも、あるいは少なくとも全然表面上にその感情が現われなくとも相闘うに至る場合が数多くある。非文明国民のもとでは感情に属する意図が多く、文明国民のもとでは理性に属する意図が支配的である。もっともこの差異は、その国民の文明、非文明によって生まれるのではなく、それに伴う社会状態や諸制度等によって生まれるものである。したがってこの差異は必ずしもすべての場合にあてはまるというのではなく、概して多くの場合にあてはまるというにすぎない。つまり、最も文明化した国民といえども、ときとして恐るべき敵対感情をもって相闘うこともあり得るということである。

それゆえ、文明国民の戦争を政府間の単なる理性的行為に還元し、一切の敵対感情とは無縁のものと考えることほど間違った見方はない。もしそのように考えるのが正当なら、戦闘力という物理的量塊はもはや現実的には必要でなくなり、戦争とは物理的量塊の相互関係、つまり一種の行為の代数学のことにほかならないことになってしまうだろう。

このような見方はすでに到るところに目立ち始めていた。しかし最近の戦争の様相はおよそそのような見解が誤っていることを教えている。戦争がいやしくも暴力行為である以上、当然そこには敵対感情も含まれてくる。もちろん初めは敵対感情から始まった戦争でなくとも、終局的には多かれ少なかれ敵対感情に帰着してくる。そして戦争がどの程度敵対感情に帰着してくるかは、その国の文明度によって決まるのではなく、両国の敵対的利害関係の重要さおよびその利害関係の継続期間によって決まるのである。

これを実例をもって見ると、確かに文明国民は捕虜を殺害したり、都市や田園をむやみに破壊したりしはしない。しかしそれは理性が戦争遂行に介入してきて、むき出しの本能的暴行よりさらに効果的な暴力行使手段のあることが見出されたからにほかならない。

火薬の発明、火砲の改良などの事実を考えてみれば、戦争概念のなかに含まれている敵の殲滅《せんめつ》という傾向が実際は文明度によって狭められるものでは決してなく、またその方向が転換されるものでないことも十分明らかにしている。

ここで再びわれわれは前述の命題を繰り返して述べておきたい。つまり戦争とは暴力行為のことであって、その暴力の行使には限度のあろうはずがない。一方が暴力を行使すれば他方も暴力でもって抵抗せざるを得ず、かくて両者の間に生ずる相互作用は概念上どうしても無制限なものにならざるを得ない、と。これが戦争についてわれわれの直面する第一の相互作用であり、また第一の無制限性というものである。

4　目標は敵の抵抗力を粉砕することである

前にわれわれは、敵の抵抗力を粉砕することが戦争の目標であると述べておいたが、このことは少なくとも理論的に考えられた限りでも必然的であることを明らかにしてみよう。

敵にわれわれの意志を押しつけようとするなら、われわれは敵をして彼らが払わねばならぬ犠牲よりも、より不利なる状態に彼らを追いやらねばならない。しかもこの不利なる状態というのは表面的にもせよ一時的なものであるという気配が見えてはならない。さもなくば敵は一層有利な時機が到来するのを待って一歩も譲ることはないであろう。したがってこの不利なる状態というのは、たとえどれほど軍事行動を続行しようとも、ますます不利なる状態に追いこまれるばかりであることを敵に覚らせるようなものでなければならない。もっともそれは敵にそう考えさせることだけであってもいい。戦争当事者が陥る最悪の事態は、完全な無抵抗状態に追いやられることである。それゆえ軍事行動によって敵をわれわれの意志のもとに屈服させようとするなら、敵を事実上無抵抗状態に追いやるか、あるいはそのような状態に追いこまれるかもしれないと敵に危惧の念を起させることである。つまり軍事行動の目標とは、常に敵の武装解除をこそ（また敵の粉砕といってもいいのだが）目指さなければならないということである。

ところで戦争とは、生きた力が死せる量塊へ働きかける行動ではなく、あくまでも生きた力と生きた力との衝突であって、しかも相闘う生きた力の両者のうち一方が完全に受け身の立場にあれば成り立たないものである。つまりわれわれがこれまで軍事行動の究極目標について述べてきたことは、相闘う両者について等しくあてはまるものでなければならない。したがって、ここでも再び相互作用が問題になってくる。私が敵を未だ打倒してしまわぬ限り、私は敵の方が私を打倒するのではないかと常に恐れていなければならない。こうなると私はもはや私の行動の主人であるわけにはゆかず、私の行動は敵によって惹き起されるものとなる。それと同じ関係は敵についても言えることである。これが第二の相互作用であって、やはり第二の無制限性を惹き起すものである。

5　力の無制限の発揮

敵を打倒しようとするなら、まず敵の抵抗力を知り、それに応じてわれわれの発揮せねばならぬ力を加減しなければならない。敵の抵抗力は分離しがたい二要素からなる。一つは既存の諸手段の大小であり、二つは意志力の強弱である。

既存の諸手段の大小は数量的なものに基づいているから（必ずしも全体について言えるわけではないが）測定することができる。しかし意志力の強弱は測定し難く、ただ動機の強弱によって推測できるにすぎない。ともかくこのようにして敵の抵抗力がほぼ推測できたなら、それに基づいてわれわれの発揮すべき力もまた加減できる。つまりそのことによってわれわれは敵の抵抗力を凌駕するに足るほどの力を発揮でき、またこちらにそれだけの能力がなければ、可能な限りそれに近い力を発揮することができる。しかし事は敵にあっても同様である。それゆえ、ここにもまた相互に対立しつつ登りつめてゆく新しい闘争が生まれ、理論上これも再び無制限なものとならざるを得ない。これが戦争における第三の相互作用であり、第三の無制限なものである。

6　現実における修正

このように、人間悟性が単なる概念上の抽象的世界にとどまっている限り、無制限なものに至ることは避けられない。もともと悟性は無制限なものにかかずらわる傾向をもつものであるが、特に本論の場合、このような悟性が問題にしているところの相闘い合う諸力たるや、ただ自己自身にのみ存しており自己自身の内在的法則以外にはいかなる法則にも従わないものである以上、その傾向はなおさらのことである。それゆえ戦争の純粋概念から出発して、戦争の目標およびそのために行使すべき手段の絶対基点を、それより演繹しようとすれば、当然われわれは不断の相互作用を通して極限点に到達せざるを得ないことになる。しかしこの極限点なるものは、論理的技巧に操られた観念の遊戯以上のものではない。もしわれわれが絶対的なものに固執し、すべての現実的困難さを無雑作に回避し、ひたすら論理的観点だけから常に極限的状態だけをよしとし、それに対処するに無制限な力の発揮ばかりを力説するとすれば、それはまったく机上の空論にすぎず、現実世界に何ら寄与することのないものになってしまうだろう。

このような無制限な力の発揮が絶対に必要なことである、などということを証明しようというのならそれほど困難なことではない。しかしたとえそのようなことを証明してみたところで人間精神というものは、このような論理上の夢想によっては把握され得るものではあるまい。もし人間精神にしてこのような夢想にふけるようなことがあれば、実戦上しばしば力の浪費に陥り、政略の他の諸原則とも牴触するような事態が起ってこないとも限らないし、また戦争の当初の目的とはおよそかけ離れた、現実にはあり得ないような意志の緊張が要求されないとも限らない。このような馬鹿げた意志がどうして現実世界にあり得るわけがあろうか。それゆえもともと人間意志の力なるものは論理上の詭弁によっては決して喚起し得るものではないのである。

これに反して、われわれが抽象的世界から現実世界にふみ入るなら、局面はまったくそのおもむきを変えてくる。抽象的世界にあっては、すべてが楽観的に取り扱われてきた。つまり敵といい味方といいともに完全性を追い求めるのみならず、またこれに到達し得るものとして取り扱われてきたのである。しかしそれは果たして現実世界にあっても可能なものであろうか。もし次の三条件が満たされることがあれば、それはおそらく可能であろう。

一、戦争が突如として起り、これに先立つ国家生活と何の関係もないまったく孤立した行動である場合。

二、戦争がただ一回限りの決戦から成っているか、あるいは一連の同時的決戦から成っている場合。

三、戦争が自己完結的なものであって、戦後政局の打算によって影響されるようなことのない場合。

7　戦争は孤立した行動ではない

まず第一の条件について論ずれば、相闘う両者はそれぞれの相手に対して抽象的な人物ではない。このことは抵抗力を構成する要素のうち外在的事物に基づかない要素、つまり意志についてもあてはまる。思うにこの意志なるものも、全然推量し難いものではないのであって、今日の意志のいかんによってまさに明日の意志のいかなるかを推量し得るものなのである。ところで戦争なるものは突如として起るものではなく、その規模の拡大もまた一瞬にしてなされるものではない。それゆえ相闘う両者はそれぞれ、相手の今ある状態、今なしつつある行動によって己れの行動を決定する資とするものであって、厳密な観念を単純に演繹して己れの行動を決定するのでは決してないのである。しかも人間とはもともと不完全な存在なのであって、常に絶対的完全性とはほど遠いところにある。幸いこの人間性の欠陥は相闘う両者について言い得ることであり、これがまた戦争論における抽象的観念上の行きすぎを緩和する役割を果たすことにもなるわけである。

8　戦争は継続することのないただ一回限りの決戦ではない

第二の条件については次のごとき考察が必要である。

仮に戦争がただ一回限りの決戦、もしくは一連の同時的決戦より成るものとすれば、当然、戦争に向けての一切の準備はどれほど無制限になされても過ぎるということはあるまい。というのはこのような場合、いささかの誤算でさえ二度と回復することのできない決定的なものになるだろうからである。それゆえこの現実世界にあっては、せいぜいわれわれの知り得る限りでの敵の準備行動だけが、われわれの発揮すべき力を加減する尺度となり得るにすぎず、その他のいかなる尺度もすべて抽象的仮構のものとなるであろう。これに反して決戦が数回の相継いだ行動から成るものとすれば、決戦の現象形態がどれほど異なっていようとも、先の決戦は後の決戦の尺度となり得るということはある。ただしこの場合においても抽象的観念上の世界に代って現実世界がその尺度として立ち現われ、その結果、観念的世界でだけ無制限なものへ向かおうとする努力に対して緩和的作用を及ぼすことになる。

もっとも、闘争のために必要な諸手段が同時にすべて使用されてしまうとしたなら、おそらくいかなる戦争もただ一回限りの決戦か、または一連の同時的決戦かによって決着がついてしまうに違いない。というのは決戦に敗北するということは必然的に、残された諸手段が減少するということを意味するわけであるから、あらゆる諸手段をすべて最初の決戦に使用しつくし、そして敗れ去った場合にはもはや第二の決戦を企てるなどということは考えられないことだからである。それにもかかわらず第一の決戦敗北後になお軍事行動が行なわれているとしたら、それは本来第一の決戦の余波であってその継続以外のものではない。

だがすでに見てきたように、戦争の準備に際してはすでに純粋な観念世界の代わりに現実世界が、論理的に無制限な前提の代わりに現実的尺度が問題とされていた。したがってそれだけでもすでに戦争両当事者が無制限の力の発揮を防ぎ、同時に全戦力を消耗してしまわないための十分な理由となる。

ところで全戦力が同時に行使されてしまわない理由には、これら諸戦力の性質およびそれらを行使する仕方にも原因がある。これら諸戦力とは、狭義の戦闘力、国土の表面および人口、そして同盟者の三者を指す。

国土の表面および人口は、一面狭義の全戦闘力の源泉であるとともに、他面それ自身が戦争の大いなる要素でもある。もっとも国土が戦争の大いなる要素となるのは、戦地となっている国土ないしは戦地に著しい影響を及ぼす国土の一部に限られる。

ところでわれわれはあらゆる可動的な狭義の戦闘力を同時に使用することができる。しかしそれに反してあらゆる要塞・河川・山岳・住民等、一口で言えば全国土を同時に活用することはできない。もっとも全国土が戦争に際して最初の軍事行動によってまったく包囲されてしまうほどに小さい場合はまた話が別である。さらに同盟者の参与については、戦争当事者の意志によってはよくこれを左右し得るものではない。というのは国際関係の状況いかんによって、同盟者はしばしば期をずらして参戦してみたり、あるいは一旦均衡が破られるのを待ち、それを有利に回復せんがために初めて兵力を投入するといったようなことがあり得るからである。

抵抗力のうち以上のように同時には使用されないものが、時を経て戦争に立ち現われるや意外にも全抵抗力中の最重要な要素となることもある。その結果、最初の決戦に非常な力を出し尽し、遂には兵力の均衡が破れて敗北の浮き目を見るに至っても、敗者は必ずしもこの均衡を回復し得ないというわけのものではない。この関係については後ほど詳しく述べてみるつもりでいる。ここではただ、戦争の本質とは戦力を一時的に完全に集中して使用するものでは決してないことを示せば十分である。とはいえ、最初の決戦のために最大限の力を発揮してはならないということではない。というのはたとえ第一回目の敗北といえどもその不利であることには違いはなく、また故意に不利な状態に身を置いてよいわけはさらにないからである。それにまた決戦はたとえ一回限りのものでないにしても、一度の敗北はその損害の程度が大きければ大きいほど、その後の決戦に与える影響は著しいものがあるからでもある。とはいえ人間の精神というものは決戦がただ一回限りでないことを恃《たの》んで、初めから最大限に力を発揮することを恐れ、それを避ける傾向にあるものであるが故に、唯一無二の決戦の場合ほどには、初回の決戦に全力を尽すことはないものである。いま相闘う両者の一方がこの種の人間的性癖からして力の発揮をさしひかえるならば、これはまた他方に対して力の発揮を控えさせるいわば客観的な動因ともなる。このような相互作用の結果、力を無制限に発揮しようとする志向性は再び押しとどめられ、適度に緩和されるに至るのである。

9　戦争とその結果は絶対的なものではない

最後に第三の条件を考えてみるに、一つの戦争の勝敗が仮に完全に決定してしまっても、それだけでは必ずしも絶対的なものと見なすわけにはいかない。思うに敗戦国はしばしば敗北という事実を単に一時的な災難としてしか見ず、その後の政治状勢のなかでその災難を逆用し、他日回復せんと期すものだからである。この間の事情がまた力の緊張とその激烈さとを緩和するものであることは多言を要すまい。

10　概念の無制限性と絶対性とに代って現実活動の蓋然性が問題になる

軍事行動全体はこのようにして、必ずしも力を無制限に発揮しようという傾向に傾くものではない。力が無制限に発揮されるのではないかという恐れもなく、また実際そのような動向も認められないとすれば、人間の判断力というものは次に力の発揮を有効に限度づけることを必要とする。そしてこの限度づけは、現実活動の諸側面から支えられる諸材料を根拠として、蓋然性の法則に基づいてのみ確立されるものである。相闘う両者が単に純粋な概念上のものではなく、具体的な国家なり政府であるとすれば、そしてまた戦争が単に観念的行動ではなくて特色ある実際行動の経過以外の何ものでもないとすれば、以上に述べてきた現実活動の諸事実のみがよく未来における未知なるものを推測する材料たり得るであろう。

つまり戦争当事者はそれぞれ敵の性格・設備・状態・諸関係等に基づき、蓋然性の法則に従って相手の行動を推測し、それに応じて自分の行動を決定するものである。

11　ここにおいて政治的目的が再び立ち現われる

ここにおいてわれわれが先に〔第二節を参照——訳者〕考察の対象から遠ざけておいたものが、再び表面に立ち現われてくる。すなわち戦争の政治的目的がそれである。これまでは力を無制限に発揮する法則、すなわち敵を打ち倒し敵の抵抗力を粉砕せんとする意図がこの政治的目的をある程度までぼやけさせてきたのであった。しかしこの法則が弛緩《しかん》し、この意図が戦争の目標から遠のくや否や、戦争の政治的目的は再び立ち現われてこざるを得ない。戦争を全体的に考察した場合、特定の実在人物と特定の諸関係に基づいた蓋然性の計算の上になるものにほかならないとすれば、戦争の本来の動機である政治的目的がその打算の重要な要素となってくるのは当然のことである。われわれが敵に要求する犠牲が小さければ小さいほど、敵のわれわれに示す抵抗力はそれだけ小さくなる。しかも敵の抵抗力が小さくなればなるほど、われわれの方の示すべき力も小さなもので済ませられるようになるのは言うまでもない。さらにわれわれの政治的目的が小さなものであればあるほど、われわれがこれに置く比重もまた小さなものとなり、必要とあらばこの政治的目的を断念することもそれだけ容易なものとなる。したがってこのような理由からもわれわれの力を発揮する程度はますます小さなものとなってゆくものである。

それゆえに、戦争の根本的動機としての政治的目的なるものは、軍事行動によって達成されるべき目標に対しても、それに必要な力の発揮に対しても、同様に一つの尺度となり得るものである。しかし政治的目的はそれ自体で尺度となるわけではない。われわれがかかわりをもつのは純粋概念などではなく、あくまで現実の事柄である以上、この政治的目的は相闘う両方の国家に影響を及ぼして初めて尺度となり得るのである。同一の政治的目的も、あるいは国を異にし、あるいは同一国においても時代を異にすれば、全然異なる効果をもたらすことがある。それゆえ、政治的目的は大衆のなかにどれほど影響をもっているかという点で尺度となり得る。けだし政治的目的とは大衆を動かすべきものであるからであり、したがってこのことから大衆の性質を考慮に入れておくことも必要になってくる。このような理由から、国内大衆のうちに行動に対する意気が高揚しているか、消沈しているかによって同一の政治的目的でもその結果がまったく異なって現われるものであることは容易に理解されよう。両国民および両国家の間に敵対的な要素が累積され、両者の間に非常な緊張がかもし出された時は、それ自体極めて小さな政治的目的が意外な効果を惹き起し、いわば巨大な爆発とも言うべきものを生み出すに至ることがよくある。

このことは、その政治的目的が両国家の間に惹き起す力の発揮の程度について言われ得ることであるし、またその政治的目的が軍事行動に設定させるべき目標についても言われ得ることである。ところが時として政治的目的自体が戦争の目標であり得ることがある。例えば、ある地方の占領等はこの類である。だが時として政治的目的自体が軍事行動の目標となり得ないこともある。このような場合には、別に目標を設けて代償とし、講和に際してこれを本来の政治的目的に代えるのである。しかしこのような場合でも、常に現実的に敵対しあっている両当事国の状況を顧慮しなければならないのは言うまでもない。代償によって政治的目的を達成せんがために、代償の方が本来の政治的目的よりもはるかに大きくなければならない場合がある。要するに政治的目的が尺度となり得るのは、敵国大衆が曖昧な態度であり敵《てき》愾《がい》の気も少なく、かつ両国家間の緊張の度が薄ければ薄いほど好都合であり、このような場合、時として政治的目的がほとんど決定的に戦争の成り行きをとりきめる場合も生じてくる。

ところで軍事行動の目標が政治的目的の代償となるや、軍事行動の力は一般に衰微してゆくものであり、それも本来の政治的目的が高いものであった場合、なおさらこの衰微は顕著になってゆくものである。ここにおいて、殲滅戦から武装せる睨み合いに至るまで、あらゆる軽重さまざまな戦争が起り得るわけがおのずとわかろう。しかしこのことはわれわれを別の問題に当面させることになる。次にこの問題について論述してみたい。

12　軍事行動の停止は以上の論究によってはまだ説明されていない

たとえ相闘う両者の政治的要求がどれほど消極的であろうとも、そこで用いられる手段がどれほど微弱なものであろうとも、あるいはまた設定した軍事目標がどれほど卑近なものであろうとも、それらの条件によって一瞬たりとも戦闘行動が停止されるようなことが可能なものであろうか。このことは事態の本質に深く触れた問題である。およそ行動なるものは、それが完遂されるためには一定の持続時間を必要とする。この持続時間は、戦争当事者が事態の解決を急ぐかどうかに応じて、長びきもすれば短縮されもする。

ここでは戦争当事者がその解決を急いでいるかどうかについては問うまい。それは戦争当事者の望むところのいかんによる。ただし事態の解決が長びくのは、戦争当事者が好んで時間をかけているのではなく、事の性質上長い時間を必要とするからであり、強いて時間を短縮すれば良好な結果が得られるべくもないからこそそうしているまでのことである。つまりこの持続時間の長短は、戦争の内的要請に依存するものであり、これがすなわち軍事行動の持続時間となるのである。

さて、戦争におけるあらゆる行動にはそれぞれ一定の持続時間があるとすれば、すべてこの持続時間以外の時間の浪費、つまり軍事行動の停止は、少なくとも戦争の本質に反するものであると言わねばならないだろう。ここで軍事行動の停止というのは、もとより相闘う両者のうち一方の行動停止について言っているのではなく、軍事行動全体の進展について言っているのであることは言うまでもない。

13　行動を停止させ得る原因はただ一つだけある。そしてこの原因は常に一方の側にのみあるように見える

もし彼我双方が武装して闘争するに至るならば、そこには必ず両者を相闘わしめる原因があったにちがいない。ところで両者がなおも戦争状態にあり、講和を締結しない限りは、この原因は引き続き存在していると考えねばならない。この原因が相闘う両者のいずれにも原因として作動しなくなるためには、ただ一つの条件があればよい。その条件とは両者とも行動するのにより都合のよい時期を待とうと欲するようになる時のことである。さて一見したところ、この条件は常に一方の側にのみ存在し得るかのように思われる。なぜならば、この条件自体は相互に逆の関係をもたらすからである。つまり一方にとっての行動の好機は、他方にとっては極めて不利な時機であり待機せざるを得ない時であるし、その逆もまた同じことだからである。

彼我の力が完全に均衡状態にある場合でも、軍事行動の停止ということは起り得ない。というのは、このような場合には積極的目的をもつ側（攻撃側）が先ず戦端をひらくにちがいないからである。

だがここで一歩を進めてわれわれは次のような均衡状態を仮想することもできよう。すなわちある一方は積極的目的をもつが、言い換えれば相手より一層強い動機をもつが、同時に相手ほどの力を持ちあわせていない場合である。この場合には、一方の強い動機・弱い力と他方の弱い動機・強い力との間にある種の均衡状態が生じてくる。もしこの均衡状態のまま当分変動の可能性があり得ないとするならば、相闘う両者は必ずや講和に至らずにはいまい。しかし仮にも変動の可能性があるとすれば、この変動は必ずや一方にとってのみ有利、他方には不利となるものに違いあるまい。このような状況においてまさに不利な状態に転落する恐れのある者は、相手の先手をとって戦わざるを得ないだろう。よって均衡の概念をもってしてもなお軍事行動停止の理由を説明し得ないことは明らかである。つまり均衡状態というものもまた有利な時機をうかがっている状態以外の何ものでもないのである。今ここに二国があり、そのうち一国は講和の際の保証として他の一地方を占領せんとする政治的目的をもっていると仮定しよう。この占領が成功すれば、その国の政治的目的は達成せられ、軍事行動の必要性は消滅する。この時にあたって、もし相手国がこの事態を甘受するなら、彼は侵略国に対して和を請わねばならないだろう。しかしいやしくもこのような辱しめに甘んじないならば、彼は侵略国に対して新たな戦いを挑まなければなるまい。だがその際、すぐさま戦いを挑むよりも、四週間経ればより強力な兵力が結集できるのであれば、彼が軍事行動開始の時機を延期するのも当然のことであると思われる。

ところでこのような仮定で果たして軍事行動は停止されるものであろうか。答えは否である。思うにこのような仮定が成り立った瞬間にも、敗戦国に時機を待たしめる猶予を与えないために、戦勝国はあくまでも軍事行動の継続を企てるのが論理的にも当然であるからである。この仮定は、言うまでもないことながら、この間の事情を戦争両当事者がよくわきまえていることを前提とする。

14　軍事行動はここに至って連続性を得、これはまた再び相互の行動を煽り立てることになる

もし軍事行動のこのような連続性が現実的に存在するものならば、それによって再びすべての軍事行動は無制限なものへと向かわずにはいまい。すなわち、このような間断なき軍事行動の継続が一面において両国民間の公憤をいやが上にも沸きたたせるという点はしばらく措くとしても、他面このような行動の継続によってこれまで以上に堅固な因果関係が成立し、かくして各々の行動はますます重要なものとなり、危険なものとならざるを得ないであろうからである。

ところがわれわれの知る限りでも、軍事行動が未だかつてこのような連続性をもち得たた

めしはない。数多くの戦争にあって行動のために費やされる時間はごくわずかであり、行動停止の時間が全持続時間の大半を占めているというのが実情である。われわれはこのような状態を戦争の異常事態と見なすわけにはいかない。つまり軍事行動の停止をもって戦争の本質に矛盾したものと見なすわけにはいかないのである。なぜこのような事態が戦争の本質に矛盾するものでないのかについて、次に少し説明してみたい。

15　両極性の原理について

これまでわれわれは、一方の最高司令官と他方の最高司令官との利害関係がまったく対立するものとして取り扱ってきたが、要するにこれは両者の間に両極性の関係があることを認めてきたことにほかならない。われわれはこの原理について改めて一章を割くつもりであるが、その前に次のことを述べておく必要がある。

そもそもこの両極性の原理とは、同一の対象について積極的な面と消極的な面とが相互に正確に否定しあって初めて妥当するものである。戦闘にあっては両者ともそれぞれ勝利を目指して相闘う。それこそがまさに真理の両極性である。というのは、一方の勝利は必ずや他方の敗北をもたらさずにはおかないからである。しかし注意しておかねばならないことは、二つの要素が外在的な一つの事項に関して相対立している場合、両極性とはこれら二つの要素それ自体にあるのではなく、一つの事項に対するそれら二つの要素の関係にあるということである。

16　攻撃と防禦とは異種のものであり、強弱を異にするものである故に、両極性を適用することはできない

もし戦争にはただ一つの形式、すなわち敵を攻撃することだけであって防禦するということがないとすれば、言い換えるなら攻撃と防禦との差異はただ単に前者に積極的目的があり、後者にはこれがないというだけのことであるならば、戦争はまったく単純なものとなり、一方の有利は他方の不利ということになって、そこに両極性が存在することとなるだろう。

ところが軍事行動はそのように単一なものではなく、分れて二つの形式となるのである。すなわち攻撃と防禦とがこれにあたる。攻撃と防禦とは後に詳しく述べるように、まったく異種のものであって、その強弱もまた相異なる。したがって攻撃、防禦の間に生ずる関係、つまり決戦にこそ両極性が存在するのであって、攻撃そのもの、防禦そのものに両極性が存在するわけではない。今一方の側の最高司令官が決戦の時機を引き延そうと欲すれば、他方の側の最高司令官は相手にいとまを与えまいと欲するにちがいない。もちろんこれは闘争形式が同一の場合についての仮定である。ところでAが四週間後を期して攻撃することに利益を感じていれば、Bは四週間後ではなくて今直ちにAの攻撃を受けた方が有利であると感ずるだろう。ここには確かに直接的な対立がある。しかしそのことからBは今直ちにAを攻撃することを有利だと感じている、と結論づけてはなるまい。けだし攻撃と防禦とはまったく別種のものだからである。

17　両極性の作用はしばしば防禦が攻撃よりも優れているがために消滅し、かくて軍事行動の停止が成立する

後ほど詳論するように、防禦形態は攻撃形態よりも強力なものであるが、この事実を認めた上でなお次のごとき問題が起ってくる。すなわち一方においては決戦を他日に遅延させることを有利としているのに反して、他方においては防禦形態をもって敵にあたるのを有利としている場合、この両者の有利さは均衡のとれたものであるかどうか、という点である。もしこの両者の有利さに均衡がとれていなければ、つまり防禦の有利さが決戦遅延の有利さよりも上まわっているような場合、軍事行動は一向に進展することはない。このようにして利害の両極性によって生ずる戦争促進の力は、防禦と攻撃の力が相異なるために消磨され、そして無力化されてしまうのである。

それゆえ、目下の状況は有利であるが、防禦の利益を捨てて攻撃に転ずるほどには強力でない者は、未来が不利であるとは知りながら、みすみす無為のまま不利なる未来を待たねばならない。というのは、たとえ未来が不利なものとわかっていても、今直ちに攻撃に転じたり講和を締結したりするより、あくまでも防禦形態で戦う方が有利であるからである。さて確信をもって言えることであるが、一般に（厳密な意味における）防禦の優越性は攻撃に比べて非常に高いものであり、一見想像され得る以上のものであるが故に、戦争中に見られる大部分の軍事行動停止期間もまたこの間の事情によって十分納得できるものがある。軍事行

動停止期間が、このような事情に基づくとき、それを戦争の本質に反するものと見なす必要はさらさらない。これを要するに、行動の動機が弱ければ弱いほど、それはますます攻撃と防禦との相異なる力のために消磨され中和化されて、遂には軍事行動が停止されることも度重なるようになるということである。以上のことは経験に照らしてみても明らかであろう。

18　軍事行動停止の第二の理由は敵状を把握することの不完全さにある

ところで、軍事行動を停止せざるを得ないもう一つの理由がある。それは敵状をその場その場について完全には洞察できないという事情による。いかなる最高司令官といえども自分の陣営については正確に概観できても、敵軍陣営については不正確な情報に頼って推測する以外に手はない。それゆえ最高司令官は敵状についてしばしば判断を誤り、その結果、実際は自軍が行動を起すべき時機であるにもかかわらず、あたかもそれが敵にあるかのごとく錯覚することもあり得るわけである。このような敵状洞察の不完全さが時宜を得ない行動開始や行動停止をもたらすものであり、つまりは軍事行動をいたずらに躊躇させたり、逆にいたずらに促進させたりする原因ともなるのである。しかしいずれにせよ、そのことが戦争の本質に反することなく軍事行動の停止をもたらす自然的原因の一つとして考えられることだけは確かである。さらにまた人間の本性上、われわれは敵の戦力を過小に評価するより過大に評価しがちなものであるから、敵状を完全には洞察し得ないということは、一般に軍事行動を停止させ、その進展を緩和させることに役立つものと見なすことができるだろう。

その上、停止の可能性はまた軍事行動を緩和させるべき一つの新しい要素となる。というのは、軍事行動停止の可能性は戦争の期間をある程度延長させ、あえて危険を冒す意図を阻止し、失われた均衡を回復する手段を増大させるからである。ところで戦争を惹き起す緊張が高まれば高まるほど、したがってまた戦争に向かうエネルギーが大きくなれば大きくなるほど、この停止期間はますます短くなるし、逆にそれらが弱まれば弱まるほど、この停止期間はそれだけ長びくものである。けだし戦争の動機が強まれば強まるほど、それだけ一層戦争への意志も高まり、そして周知のごとく、意志の力というものは常に戦争における諸力の原因ともなり結果ともなるものだからである。

19　軍事行動の停止が重なるにつれ、戦争はますます絶対的なものから遠ざかり蓋然性の推測法に近づいてゆく

しかしながら軍事行動が進捗《しんちょく》せず、その停止が度重なりその期間が長びけば長びくほど、敵状認識の誤りを是正する可能性もそれだけ高まり、かくて戦争当事者は事態を率直かつ大胆に推測することが可能となる。その結果彼は観念的に無制限なものへと思考を働かせる代わりに、むしろすべてのものを蓋然性と推測に基づいて考えるようになる。すでに述べておいたように、実戦における具体的な個々の局面は、既存の状況に基づく蓋然性の推測によって決定されるものであったが、今やこのように軍事行動の経過が長びけば、それだけ一層そのための時間的余裕に恵まれてくることになるわけである。

20　これまでの叙述には戦争に賭の性質を与える偶然性への反省が欠けていた。しかも実際の戦争はこの性質を多分に担っているのである

われわれはこれまで、戦争のもつ客観的性質上いかにそれが蓋然性の推測に基づくものであるかを見てきた。ここではなお戦争をして一つの賭たらしめるただ一つの要素について述べてみたい。しかもこの要素はまた実際の戦争と不可分の関係にある。その要素とはすなわち偶然性のことである。およそ人間の諸活動のうちで、戦争ほど不断にかつ一般的に偶然性と接触している活動はない。しかも戦争においてはこの偶然性によって思いがけない事件が起り、それをきっかけとして思わぬ幸運が転がりこんでこないとも限らないのである。

21　戦争はつとに客観的性質上賭《かけ》であるのみならず、また主観的性質上からも賭《かけ》である

さて戦争の主観的性質に、言い換えれば戦争遂行上に必要な諸力に目を転ずれば、戦争が賭《かけ》であることの様相はますます顕著となってくる。思うに軍事行動に本質的に伴うものは危険性だからである。ところで人間の精神諸力のうちでこの危険性に対して最も高貴な精神は何であろうか。勇気こそ、それでなくてはならない。なるほど勇気はある場合において怜悧な打算と折り合わないわけではないが、もともと両者は種類を異にするものであり、異なった精神力に属するものである。これに反して冒険、幸運が展けるだろうことへの信頼、勇敢さ、大胆不敵さなどは勇気のさまざまな表現にほかならず、そしてこれらの精神的傾向とい

うものは、おしなべておおよその推測に基づいた行動なのである。なぜなら、怜悧な計算打算を欠くところにこそ、まさにそれら精神的傾向の本質があると言うべきであるからである。

以上のことから次のことが結論として言えるだろう。すなわち元来絶対的なものとして扱われているいわゆる数学的なものは兵学上さして重要な根拠となるものではなく、戦争には初めから可能性、蓋然性、幸不幸、といった賭的性質が混入しているものであるということである。まさにこの賭的性質は戦争の隅々までも貫いているのであって、それゆえにこそ人間行為のうち、戦争が最もカルタ遊びに似ているといわれる所以もここにある。

22　戦争の以上のような性質は、一般に人心にかなったものである

われわれの悟性というものは、常に明晰であり確実であることを希うものであるが、しかしその反面われわれの精神はまたしばしば不確実さに心惹かれるものを感ずることも事実である。人間の悟性は哲学的研究と論理的推論の小径に分け入るにつれ、ほとんど意識しないまま、自分が他人のごとく感じられるようになり、これまで馴染んできた諸々のものから見棄てられてしまったように思われる場所へと踏み迷うものである。それゆえこのようなことを嫌って、人間はしばしば想像力を逞しくして偶然と幸運の領域に留まろうとする。あの飾り気のない冷徹な必然性の世界ではなくて、華やかな可能性の世界に人間は耽溺しようとするのである。そしてまた人間はこの可能性に勇気づけられ、あたかも激流の中へ飛びこむ泳ぎ手のように、冒険と危険の中へと身を投ずるものである。

兵学理論がもしこのような人間性を理解することなく、いたずらに絶対的観念上の推論や法則をのみ弄んでいるとすれば、もはやそのような理論は現実的闘争には何の役にも立たないものとなろう。理論というものは人間的なものを十分顧慮すべきものであり、勇気、大胆、いや無謀ともいうべきものをさえ顧慮しなければならないのである。兵学は生きた精神的諸力を取り扱うものであるが故に、絶対的なもの確実なものに到達し得るはずのものではない。したがって兵学には多かれ少なかれ常におおよその推論の余地が残されている。人間は一面においてこのおおよその推論によって決断し、他面勇気と自信とによってこの推論の間隙を埋めていかねばならないのである。勇気と自信の念が大きくなるにつれて、それだけおおよその推論に基づく決断、行動の範囲もそれだけ広くなる。要するに勇気と自信とは戦争にとってまったく本質的な原理であるということである。兵学の理論は、それゆえ武徳のうちで不可欠にして最も高貴なこれらの徳目を自由闊達ならしめるような法則を提示しなければならない。実際、冒険もまた怜悧さと慎重さとを含まねばならないものであるが、結局それらの含まれる程度に種々相異があるということなのである。

23　しかしながら戦争は常に真面目な目的に対する真面目な手段である。戦争の一層詳細な規定について

戦争とは以上に述べたようなものであり、戦争を遂行する最高司令官もまた以上のようなことをわきまえていなければならず、それにまた戦争を論ずる兵学理論も以上のようなことを十分顧慮しておかなければならない。しかし戦争は決して単なる気晴らしの遊戯でもなく、冒険や幸運を求めての悦楽でもなく、また放縦な熱狂の所産でもない。戦争は真面目な目的のための真面目な手段なのである。戦争が運だめしの色彩を伴い、激情や勇気や空想や果てはまた熱狂などを含んでいるとしても、それらはすべて戦争の手段を彩る諸特徴であるというにすぎない。

一共同社会の、つまり全国民をあげての戦争、それも特に文明国民の戦争は常に政治状態から出発し、政治的動機によってのみ勃発する。それゆえ戦争とは一つの政治的行動にほかならない。ところでわれわれが先に戦争を純粋概念から演繹しておかねばならなかったように、戦争が暴力の完全な、堅固な、絶対的な表現であると仮定すれば、政治によって喚起された瞬間から、戦争は政治からまったく独立したもの、政治を押し退けるもの、そしてひたすらそれ自身の法則にのみ従うものとなるであろう。例えて言えば、それはあたかも一度点火された地雷群が前もって予定されていた方向以外には誘爆し得ないのと似ている。これまで政治と戦争遂行との間の調和が欠けていたために、理論的に両者を区別して考えるというのが一般の人々の実際の考え方であった。しかし事実はそうではないのであって、そのように考えることは根本的に誤りなのである。われわれがすでに見てきたごとく、現実世界の戦争はただ一回限りの点火によって一挙に爆発してしまうようなものではなく、その種類においても、その程度においても、またその発展の度合においても一様なものではない。ある時は惰力と摩擦とによって与えられる抵抗力を粉砕するほどまでに膨張するかと思えば、またある時は萎縮してしまって何の効果も挙げ得ないこともある。それゆえ戦争とはある意味で暴力の脈動といってもよいだろう。時には多かれ少なかれ激情的であることもあるし、時には忽ちのうちに緊張を弛緩させてしまい、力を消耗してしまうこともある。つまり戦争とは遅かれ早かれその目標に向かって進行してゆくものではあるが、そこには常にある程度の持続期間があるものであり、その間にさまざまな方向へ揺れ動く可能性の余地が残されているものである。そしてそれを決定するのが、指導的知性の意志であることは言うまでもない。さてわれわれは、戦争とは政治的目的から出発するものである、と考えたわけであるが、戦争を惹き起こすこの最初の動機が同時に戦争遂行上最高に重要なものとなるのはまた当然のことである。さりとて政治的目的が専制的立法者になり得るというわけではない。政治的目的はあくまでも手段の性質に従わねばならず、しばしばそれによってまったく相貌を新たにせねばならぬことさえあり得る。だがいずれにせよ、それは第一に考慮されねばならないものであることに変りはない。したがって政治は全軍事行動を貫徹し、戦争における爆発力という性質が許す限り、この軍事行動に絶えず影響を与え続けるものである。

24　戦争とは他の手段をもってする政治の継続にほかならない

かくてわれわれは次のごとき原則を了解するに至った。すなわち戦争は単に一つの政治的行動であるのみならず、実にまた一つの政治的手段でもあり、政治的交渉の継続であり、他の手段による政治的交渉の継続にほかならない、ということを。戦争がもし特異なものであるというのなら、それは戦争のもつ手段としての特異性のことにすぎないだろう。政治の方向や意図をこれらの手段と矛盾させないようにすること、それは一般に兵学が要求し得る事柄であり、また個々の場合にわたっては最高司令官が要求しなければならぬ事柄でもある。そしてこの要求は実際軽んじてよいものではない。ところで個々の場合にわたって戦争が政治的意図にたとえどれほど強く反作用を及ぼしたにしても、その反作用は常に政治的意図に対して修正を加える以上のことができるはずのものではない。というのは政治的意図は目的であり、戦争はあくまでも手段だからである。目的のない手段などとはおよそ考えられないことを見ても以上のことは明らかであろう。

25 戦争の種類は数多くあるということ

戦争の動機が大きくなればなるほど、その動機が国民の全存在にかかわる度合が高くなればなるほど、さらにまた戦争に先立つ緊張が殺気をおびてくればくるほど、戦争はそれだけその抽象的形態に近づいてくる。その結果敵を屈服させることがますますその課題となり、戦争の目標と政治的目的とはそれだけ接近し、戦争は一段と戦争らしくなって政治的色彩を弱めてゆく。これに反して戦争の動機と緊張が弱まれば弱まるほど、戦争の自然的傾向である暴力的要素はそれだけ政治が与える枠内に留められることになり、戦争は必然的にその自然的傾向からそれてゆき、政治的目的と理念的戦争の目標とは離反してゆき、そして戦争はますます政治的になってゆくものである。

　ここで読者が誤った考えに陥らないために、次のことを注意しておかなければならない。というのはすなわち、ここで戦争の自然的傾向というのは単に哲学的傾向、厳密な意味での論理的傾向のことであって、決して現実に闘争の渦中にある諸力の傾向、例えば闘争者の感情や激情といったものを意味しているのではないということである。なるほどある場合には、これらの感情や激情もまた政治的意図の統制に組み入れられるには容易でないほどにまで鼓舞されていることもある。しかし大抵の場合、政治的目的とこれら諸感情が矛盾し相剋し合うということは滅多にあり得るものではない。なぜならば、国民の士気が高揚するような場合には、それに応じて政治的計画も大規模化しているものであるし、それに反して政治的計画が小規模な場合には、大衆感情もまた一段と低きに低迷し、抑制するどころか刺激をさえ必要とするほどにまで低落しているのが普通だからである。

26　戦争には多くの種類があるが、それらはおしなべて政治的行動として見なされ得る

　さて本題に戻って考えてみよう。戦争のうちには政治が背後に退いているものもあれば、政治がはっきりと前面に現われているものもある。しかしそのいずれにせよ、戦争が政治的であることに変りはない。というのはもし擬人化された国家知性を政治というのであれば、政治が背後に退いてしまっているような戦争をも、あらゆる事情のなかで最も政治の打算の対象として考慮しておいてよいからである。ただ政治を単に知的洞察によるものとみず、因襲的に考えられてきたようにあくまでも暴力を避け、何事にも慎重に対処し、老獪に物事を運び、時には不誠実と言われてもあえて辞さない要領のよさを誇るものだと見なす限りにおいてのみ、政治が前面に現われている戦争を人々は一層政治らしいと思いこむのである。

27 以上の議論から戦史を理解し、兵学理論を基礎づけるための観点が得られる

以上のことから次の二点が確認されるだろう。すなわちその一つは、いかなる状況下にあっても戦争は独立したものとして見なされるべきものではなく、あくまでも一つの政治的手段として見なされるべきものであるということである。このように考えて初めて、われわれは全戦争史を矛盾なく見つめることができる。第二に、戦争は、これを惹き起す動機と状況とによって非常に異なってくるということである。

およそ政治家や最高司令官の下す判断のうちで最も重要な判断は、己れが企てる戦争を、その戦争が置かれている諸関係において正確に認識し、状況の性質上あり得ないようなものを望んだり押しつけたりしないことである。実はこのことはあらゆる戦略問題のうちで最も重要な問題といってもいいのである。われわれは作戦計画を述べるにあたって、一層詳細にこの問題を考察してみようと思う。

ここでは、われわれはこの問題を断案程度にとどめ、もって戦争研究の基礎となる根本的視点を確認しただけで満足しておきたい。

28　兵学理論のための結語

それゆえ、戦争とは具体的局面に応じてその性質を変えるカメレオンのようなものであるばかりでなく、その現象全体を通して支配的な諸傾向を見るに、一種奇妙な三位一体をなしているものである。この三位一体とは、一つに盲目的自然衝動と見なし得る憎悪・敵愾心といった本来的激烈性、二つに戦争を自由な精神活動たらしめる蓋然性・偶然性といった賭の要素、三つに戦争を完全な悟性の所産たらしめる政治的道具としての第二次的性質、以上三側面が一体化したことを言うのである。

これら三側面のうち、第一のものは主として国民に、第二のものは主として最高司令官とその軍隊に、第三のものは主として政府にそれぞれ属している。戦争に際して燃え上るべき激情は、戦争に先立ってすでに国民の中で醸成されていなければならない。偶然という蓋然性の領域において、勇気と才能とがどれほど活動し得るかは最高司令官とその軍隊の特性に依存している。そして政治的目的は政府にのみ所属するものである。

これらの三傾向はあたかも鉄則のごとく深く戦争の本質に根ざしているものであって、場合に応じてそれら三傾向の各々は戦争に対してさまざまな比重をもってくるものである。したがってそれらのうちのどれかを無視したり、あるいはそれらの間に恣意的な関係を設定したりするような兵学理論はすぐさま現実世界とぶつかり、それだけでもそのような兵学理論は無価値なものとなってしまうだろう。

それゆえ兵学理論を論ずる場合は、われわれはこれら三傾向を常に顧慮し、それらがあたかも三つの引力のように相引き合っている間にあって、不即不離の関係を保たねばならない。この困難な課題をどのように解決すべきであるか、それについては戦争の理論と題する章において考究してみたい。いずれにせよここで論じた戦争概念の規定は、兵学基礎理論にとって最初の光明であり、これによってわれわれは漠然とした諸現象を明瞭に区別することができるようになるであろう。

第二章　戦争における目的と手段

われわれは前章で戦争の複雑にして多様な性質について学んできたのであるが、次にそのことが戦争の目的および手段に対してどのような影響を及ぼすものであるかについて立ち入って検討してみたい。

戦争が政治的目的に対する正当な手段となるためには、どのような目標をもたねばならないかを問題とするとき、われわれは戦争の政治的目的や各々の状況と同じく、それは場合に応じてさまざまであることに気づくであろう。

まず第一に、再び戦争の純粋概念に立ち帰ってこれを考察すれば、戦争の政治的目的なるものは厳密に言って戦争の領域外のものであるということである。なぜなら、戦争がもし敵を屈服させてわれわれの意志を受け容れさせる暴力行為であるとするなら、常に敵を打倒すること、すなわち敵の抵抗力を奪うことだけが唯一の目的となり、またそれだけで十分なはずだからである。われわれは、まずこの純粋概念から演繹された戦争の目的を現実世界について検証してみようと思う。というのは現実世界にあってもこのような純粋概念の戦争に似通った現象が、まま見出されるからである。

われわれは後に作戦計画を論ずるについて、一敵国の抵抗力を奪うとはそもそもいかなることか、ということを一層詳しく論ずるつもりである。しかしさしあたってここでは、一般的な客体として他のすべての要素を包含している三事象について考察しておかねばならない。その三事象とはすなわち戦闘力・国土・敵の意志のことを言うのである。

戦闘力は壊滅されねばならない。言い換えれば、戦闘力はもはや闘争を継続し得ないような状態へと陥しめねばならない。ついでながら、以下本書において「敵の戦闘力の壊滅」という言葉を使うとき、常に右のような意味で理解されるべきであることを断わっておこう。

国土は占領されねばならない。というのは、国土から新たなる戦闘力が形成される恐れがあるからである。

しかし戦闘力の壊滅と国土の占領がともに行なわれたとしても、それと同時に敵の意志を屈服させない限り、すなわち敵の政府とその同盟国とに講和条約を調印させ、敵国民を降服させない限り、戦争、つまり敵の諸力の緊張とその作用とは終結したものとは見なされない。

というのは、われわれがたとえ完全に敵の国土を占領していても、新たな闘争が内発的に、あるいはまた同盟国の援助を受けて勃発しないとも限らないからである。もちろんそのようなことは講和の後にも起り得る可能性はある。しかしそれは、いかなる戦争であってもまったく完全に終結した戦争などはあり得ない、ということを示しているにすぎないのである。いずれにせよ仮にそのようなことが起り得るとしても、講和締結の後では、陰微に燃え続けていた多くの感情の火は消え失せ、そして緊張もまた次第に弛んでゆくものである。なぜならば、いかなる国民の中にも、またいかなる状況の下においても、平和を求める人々は常に多数いるものであって、講和締結後には彼らはまったく抵抗のことなど考えないものだからである。その他の点では若干問題が残っているにしても、一応われわれは講和とともに戦争の目的は達成されたものと見なさねばならないし、戦争の事業はそれで終結したものと見なさなければならないだろう。

戦闘力はあの三つの事象のうち最も国土防衛のために必要なものであるから、まず戦闘力を壊滅させ、ついで国土を占領し、この二つながらを成就した上で、その結果こちらの状況を慮り、敵に講和を迫るというのが自然の成り行きである。もっとも、通常敵戦闘力の壊滅ということは徐々になされるものであって、それにつれて敵国土も徐々に占領されてゆくものではある。その際、戦闘力と国土とは相互に影響し合うものである。というのは、一地方の喪失は自然に戦闘力を弱体化させるからである。しかしこのような順序は決して必然的であるというのではない。このような順序があてはまらない場合も多々存在する。例えば敵の戦闘力がまだ目立って弱まっていないのに、彼はいち早く自国土の奥深く撤退したり、あるいはまったく外国に撤退してしまうことすらある。したがってこのような場合には敵国土の大部分、いやその全部さえもが占領されてしまうものである。

しかし、一切のことを解決する政治的目的達成のための究極手段である抽象的意味の戦争、つまり敵の抵抗力を完全に粉砕するなどということは、一般には決して現実に存在するものではなく、また講和のための絶対必要条件であるわけでもない。したがって、これをもって兵学理論の中で一法則を樹立するなどということはでき得べくもない。相闘う両者のうち一方が抵抗力を失ったというわけでもないのに、いや両者の均衡が著しく破られたとさえ思えないのに講和が締結された例などはいくらでも挙げることができる。具体的に言えば、敵の戦闘力が自国の戦闘力よりもはるかに優勢である場合なら、敵を打倒するなどということは無益な観念上の遊戯にすぎない、とわれわれは自らに言い聞かせざるを得ないのである。

純粋概念から演繹された戦争の目的が一般に現実の戦争と適合しないのは、われわれが前章で取り扱ったように概念と現実とは同一のものではないという理由に基づく。もし戦争が純粋概念によって規定されたような形態をとるものならば、戦闘力に関して明瞭に開きのある二国家間に戦争が起るなどということは不合理なことであるし、また実際起り得るはずもあるまい。たとえ物質的戦闘力の間に不均等のある戦争があり得るとしても、それはせいぜい精神的諸力によって均衡が回復される程度のものでなければならない。精神的諸力をもってしても物質的戦闘力の不均等を回復し得ないような戦争は、ヨーロッパの今日的社会状態の下ではもはや考えられないことである。それにもかかわらず、今日非常に勢力に開きのある国家間に戦争のあるのを見るということは、そもそも現実の戦争は純粋概念上の戦争とは著しくその様相を異にするということである。

それ以上抵抗を続けることを不可能ならしめるほどまで敵を追いつめる代わりに、現実の戦争に講和の動機をもたらすものが二つある。第一は以後の勝算が全然立たない場合、第二は戦勝を得るための犠牲があまりに大きい場合である。

すでに前章において述べたごとく、戦争全体は内的必然の強い法則性を離れて、蓋然性による推測に従わざるを得ないものであった。このことは、戦争が、戦争自体を惹き起した諸関係から推測されなければならない度合が高ければ高いほど、また戦争を生ぜしめる動機と緊張が弱ければ弱いほど、それだけ顕著になるものである。このような事情を考えてみれば、この蓋然性の推測から講和成立の動機が出てくることもおのずと理解できることである。したがって戦争は必ずしも敵を打倒するところまで遂行されなくてもよい。動機と緊張が非常に弱いものならば、ほんのちょっとした推測でも敵に譲歩を促すのに十分である。さて、あらかじめこのことを戦争当事者の一方が知っているとすれば、当然彼は敵をしてこのような推測をなさしめる方向に努力し、あえて敵を完全に打倒するような挙には出ないであろう。

講和の動機としてなお一層有力なのは、これまでも要求されてきたであろうし、またこれからも要求されるであろう戦力の支出に関する評価である。戦争とは決して盲目的激情の行為ではなく、政治的目的によってもたらされたものである以上、この政治的目的がもっている価値によってこれに払わるべき犠牲の大きさが決定されるのは当然のことである。ここで言う犠牲の大きさとは、単にその数量のことだけではなく、その持続時間についても言えることである。それゆえ、戦力の支出が大規模になって、政治的目的の価値と均衡がとれなくなるや、戦争は停止され、講和が締結されることになるわけである。

以上のことから次のことが明らかになる。すなわち、一方が完全に他方の抵抗力を奪いきれない戦争にあっては、両者の講和への動機は、将来の成果とそれを得るために必要な戦力の支出との蓋然的推定によって、高まりもすれば弱まりもするということである。もしこの動機が両者において同じくらいの強さであるならば、両者の政治的紛争に平衡が生ずることになるだろう。もしその動機が一方に強まれば、他方には弱まるであろう。その動機の総計がある程度にまで達すると講和が可能になる。しかもその際その動機の弱い方が、それだけ有利な立場にあることは当然である。われわれはここでわざと、政治的目的の積極的性質と消極的性質とが行動に対して必然的にもたらすであろう差異については無視しておく。というのは後に示すように、この差異は極めて重要なものではあるが、ここではわれわれはまだ一般論を述べているにすぎないからである。なぜなら、当初の政治的意図なるものは戦争の過程で変ってゆくものであるし、最後には全く当初のものとは別の方向にそれてしまうことさえあり得る（そもそも当初の意図は、これまでの結果および将来の成否の推測などによって左右されるものである）わけであるから、当面政治的意図が積極的であるか消極的であるかについて論ずる必要はないわけである。

では次に、いかなる手段によってわれわれは戦争の見通しに関する敵の推測を左右できるであろうか。やはりそれには先ず敵の戦闘力を壊滅させることと敵国の一地方を占領すること、という敵を打倒するためのあの二手段に訴える以外にはない。しかしこれらの手段も敵の打倒のために用いられる時と、単に敵の推測を左右するために用いられる時とでは若干そのおもむきを異にする。われわれが敵の戦闘力に攻撃をかける場合を考えてみるに、前者のために行なうのであれば、最初の一撃に続いてすべてのものを粉砕してしまうまで次々に打撃を加えてゆかなければならない。ところが後者のために行なうのであれば、敵に勝利の自信を失わせ、われわれの方が優勢であることを思い知らせ、かくて敵に対して自分の将来に憂慮の念を起させるために、ただ一回の勝利で十分な場合もある。もしわれわれが後者の道を選ぶとすれば、われわれは敵を尻込みさせるのに最低必要な程度に敵の戦闘力を叩けばよいのである。同じことは、敵を完全に打倒することを目標としていない場合における一地方の占領についても言えることである。敵の完全打倒が目標なら、敵の戦闘力を壊滅させることが唯一の効果的な行動であって、一地方の占領はただその結果にすぎない。それゆえこの場合、敵の戦闘力を完全に壊滅させてしまわないうちに、一地方を占領するなどということは決して賞められたことではないであろう。これに反して敵の完全打倒を目標としていない場合、そして敵もまた血腥《ちなまぐさ》い決戦を望んでおらず、むしろそれを恐れてさえいる場合なら、防禦力の手薄な一地方を占領するだけでも十分である。というのは、これだけでも敵に戦争全体の見通しについて不安を抱かせることになるからである。このような事態に立ち至れば、それはもう講和の期が十分熟していると見なしてもよいであろう。

さてここでわれわれは、敵の戦闘力を壊滅させないで、勝利の成否に関する敵の推測に影響を与える独特の一手段、すなわち直接的に政治的な権謀術数について述べなければならない。敵の同盟者を離反させ、彼らの活動を不活発ならしめ、また味方の新しい同盟者を獲得し、あるいはまたわれわれにとって最も効果的な政治的機能を発揮する等の権謀術数を弄ぶことができたなら、これらがどれほど勝利の成否に関する敵の推測に影響を及ぼすか、そしてまた敵の戦闘力を壊滅させることよりも一層これらの方が目標への近道となるか、おのずから明らかなことであろう。

第二の問題は、敵の戦力の支出、すなわち敵の犠牲を増大させる手段について考えてみなければならないということである。

敵の戦力の支出とは、一つにその戦闘力の消耗、したがって味方の側から見れば敵の戦闘力の壊滅を意味し、二つに一地方の喪失、したがって味方から見ればわれわれの手による一地方の占領を意味する。

この敵の戦闘力の壊滅や敵の国土の占領も、敵の戦力を消耗させる目的でなされる場合と、他の目的のためになされる場合とでは、詳細に考察すれば若干そのおもむきを異にする。そのおもむきの差異は普通極めてわずかなものであるが、さりとてそれを無視して然るべきものではない。なぜならば現実世界にあっては、戦争の動機が稀薄な場合には、しばしばほんのわずかなニュアンスの差異すらも戦力の支出の様態の上に重大な影響を及ぼすものだからである。ここではただ、一定の条件を前提とすれば同一の目標に向かうに他の道程も可能であって、それはいささかも戦争の本質と矛盾するものではなく、またそれは決して不合理なものでも、欠陥のあるものでもないということを示しておきたいと思う。

ところで以上二つの方法の他になお、敵の戦力の支出を増大させる三つの独特な方法がある。その第一は侵略である。これは敵国の一地方を占領するのと形態は同じであるが、内容は占領と違ってその地方を長く保持する意図をもってなされるものではなく、あくまでもその地方から徴発を行ない、あるいは単にその地方を荒廃させるために行なわれるものである。その直接的目的は敵地の占領のためでもなければ、また敵の戦闘力の壊滅にあるのでもない。それはただ一般に敵に損害を与えるためにのみなされるものである。第二の方法は、われわれの企てをもっぱら敵の損害を増大させるようなものに集中することである。容易に理解できるだろうが、われわれが戦闘力を使用するにあたっては二種類の異なった方向がある。その一つは、敵を打倒することを目的としている場合に効果を挙げるものであり、他の一つは敵の打倒が目的となっていないか、少なくともその必要がない場合に効果を挙げるものである。よく言われているように、前者の場合はより軍事的、後者の場合はより政治的と見なされるかもしれない。しかし高い見地に立ってみれば、そのどちらも軍事的であることに変りはない。ただ与えられた条件に従って、ある場合は前者、ある場合は後者がとられるというにすぎない。第三の方法は、その適用範囲の広さからいって前二者とは比ぶべくもないほど広いものであるが、それはひたすら敵を疲弊させるということである。われわれがいま疲弊させるという表現を使用したのは、ただこの一言のもとに問題を把握したいためではなく、この言葉は実に事物の本質をあますところなく表現していることを示したかったからである。その上、この言葉は一見考えられるほど比喩的なものではない。敵をして闘争に疲弊させるという考えのなかには、行動の全持続時間を通じて敵の物質的戦力およびその意志を次第に消耗させるということが意味されている。

さて、闘争の持続時間において敵を圧倒しようと思えば、われわれはできるだけ小さな目的で満足しなければならない。というのは、本質的に大きな目的は小さな目的に比べて一層多くの力の支出が要求されるからである。ところでわれわれが企て得る最小の目的とは、純粋な意味での抵抗のことであり、言い換えれば、積極的意図のない闘争のことである。われわれがこのような目的でもって闘争する限り、この手段は比較的に少ない力で比較的に大きな効果を挙げることができ、その結果も極めて確実なものとなる。だが、このような消極的手段はいかなる範囲まで許されるものであろうか。もちろん絶対的な受動性などは許されるものではない。なぜなら、絶対的な受け身の立場なら、もはやそこには闘争があり得ないからである。抵抗といえどもそれは一種の活動であり、活動である限りまた敵の戦力の多くを破壊し、その意図を断念させねばならない。しかし個々の行動にあたりただ敵の意図を断念させることだけが目標となっている点で、他と異なる消極的性質がある。

もちろん、この消極的意図は個々の行動が獲得する成果の華々しさに関する限り、同じ方向線上にある積極的意図には比ぶべくもない。その代わり前者は成功の可能性が高く、しかも一層安全でさえある。その上個々の行動における効果についての損失は、時間つまり闘争の持続時間がその回復を助けてくれるであろう。それゆえ、純粋抵抗の原則を構成するこの消極的意図は、闘争の持続時間において敵を圧倒するための自然的手段であり、要するに敵を疲弊させるための自然的手段なのである。

この点にこそ、戦争の全領域を支配している攻撃と防禦とを区別する本質的根拠がある。しかしここではこれ以上この問題にふれないでおく。ただこの消極的意図それ自体から闘争のあらゆる利益、あらゆる強力な形式を導き出すことができるとだけ言っておこう。そしてまたこれら闘争の形式は闘争そのものを有利に導くものであり、勝敗の成否およびその確実さを決定する闘争の哲学的力学的法則を実現させるものであることも付け加えておこう。

このように消極的意図、言い換えれば、すべての手段を純然たる抵抗に集中するという方法が、闘争において優越性を保ち得て、しかもなお敵のもっているやも知れぬ勢力を相殺するに足るほどならば、闘争の持続時間を長びかせることによって敵の戦力の支出を徐々に弱めてゆき、遂には敵をして戦力の支出とその政治的目的とが釣合わないことを覚らせ、闘争の継続を断念させるに至ることもできる。以上によっても明らかなように、この敵を疲弊させるという方法は、弱国が強国に抵抗せんとする多くの場合に使用されるものである。

かのフリードリッヒ大王[*1]は、七年戦争[*2]当時オーストリア帝国を打倒するに足るだけの力を決して持ってはいなかった。それゆえ、もし彼がその戦争をかのカール一二世[*3]のような方法で遂行しようとしたら、完全に彼は敗れ去っていたであろう。しかし大王は戦力を巧妙に節約し、七年の長きにわたって、敵および敵の同盟諸国を悩まし、遂に彼らをして戦力の支出の厖大さを思い知らせ、講和の余儀なきに至らしめたのである。

要するにこれまで見てきたことは、戦争においては目標への道程は数多くあるということであり、すべての戦争が敵を打倒することと結びついているわけではないということである。すなわち、敵の戦闘力の壊滅、敵国諸地方の占領、あるいは単なる駐屯、単なる侵略、直接に政治的な権謀術数、敵の攻撃の受動的待機——これらすべての手段は、場合場合に応じていずれも敵の意志を屈服するために使用され得るものである。この他にも戦争の局面に応じた多くの有効な手段を挙げることができる。しかし、それらは極めて個人的性質を多分に帯びたものなのである。というのは、およそ人間と人間の関係するいかなる領域においても、このような個人的性質の火花が客観的事実の上に飛び散っているものであって、特に作戦会議室や戦場にある闘争者にはこの影響は大なるものがあり、決して無視するわけにはいかないからである。今これらを分類してみることはあまりにも衒学的なものとなりかねないので、ここでは以上のことを暗示するだけで満足しておこう。いずれにせよ、これらの手段を考え合せると、目標達成の手段は数え切れないほどあるということは事実である。

これらのさまざまな卑近な手段を過小評価したり、それらを滅多にない例外的なものと見なしたり、あるいは戦争を遂行してゆく際にそれらがもたらす差異を非本質的なものと見なしたりしないためには、われわれは戦争の誘因となる政治的目的がいかに多様であるかを考えてみる必要がある。つまり戦争には政治的存亡を賭けた戦争から、強制された同盟関係あるいは空文化してしまっている同盟関係によっていやいやながら巻きこまれる戦争に至るまで、実に多くの種類があることに思いを致す必要があるということである。実際に行なわれる戦争は、これらの間に無数のニュアンスの相違をもって行なわれるのである。したがってもしわれわれが理論上、これらのニュアンスの相違のうち一つでも斥けようとすれば、同じ理屈でその他すべてのニュアンスをも斥けなければならぬことになり、その結果は現実世界からまったく眼をそらしてしまうことになるだろう。

以上、われわれは一般に戦争の目標を論じてきた。次にその手段について述べてみよう。戦争の手段はただ一つあるにすぎない。すなわち、それは闘争である。この闘争がどれほど多様な形態をとっていようとも、またそれが単なる憎悪や敵愾心《てきがいしん》から発するあの格闘とどれほど異なったものであろうとも、あるいはまた闘争ですらないものがそこにどれほど加わっていようとも、戦争に際して発現する一切の現象は本来闘争に由来するということ、これは戦争の概念を演繹して当然出てくる帰結である。

現実の戦争がいかに多様で複雑なものであろうと、戦争が以上のようにただ一つのもの、つまり闘争から源を発していることは極めて簡単に証明できる。およそ戦争において生ずるものは、すべて戦闘力によってもたらされるものである。しかるにこの戦闘力、つまり武装した人間が用いられるところでは、必然的に闘争なる観念がその根底になければなるまい。

そしてまた戦闘力に関係あるもの一切、つまり戦闘力を養成し、維持し、使用するもの一切は軍事行動に属する。

これらのうち養成と維持とは明らかに手段にすぎない。使用こそがその目的なのである。戦争における闘争は個人対個人の闘争とは異なり、複雑多岐にわたる闘争よりなる一つの全体である。この一つの全体について、われわれは二種の単位を区別することができる。その一つは主観的単位であり、その二つは客観的単位である。軍隊というものは、先ず一定の数の兵員が集まって最も基本的な単位を形成し、その単位が集まってさらに高次の単位を形成し、かくて秩序ある一軍隊が形成されるものである。それゆえ、これらの諸分節の一つ一つの行なう闘争も多かれ少なかれ独立した単位を形成する。さらに闘争の目的、したがって闘争の客体もまた闘争の単位となる。

さて闘争にあって相互に区別されるこれらの単位のそれぞれを、戦闘（部分的な小闘争）と名づけておこう。

すべての戦闘力の使用の根底に闘争の観念があるとすれば、戦闘力の使用とはもともと一定の数の戦闘の序列にほかならない。

それゆえ、あらゆる軍事的行動は、直接的にか間接的にかはともかく、すべて戦闘に関係していないものはない。兵員は、徴集され、衣服を給与され、武装して訓練を受ける、あるいはまた彼は眠りもすれば飲食もする。これらすべてのことは、なすべき場所で、なすべき時に、戦闘することだけを目的としてなされる準備行動にすぎない。

要するに、軍事行動のすべての糸は戦闘に結びつけられているのであって、われわれはこれら戦闘の序列を定めることにより、これらすべての糸を掌握することができるだろう。軍事行動の成果というものは、これら戦闘の序列およびその実施から生ずるのであって、決してそれらに先立つ諸条件から直接的に生ずるのではない。ところで戦闘におけるすべての行動は敵の打倒、言い換えるなら、敵の戦闘力の壊滅を目標としている。そのことは戦闘なる概念の本質からして当然のことであろう。これを要するに、敵の戦闘力を壊滅させるということは、常に戦闘の目的を達成するための手段であるということである。

もちろん、この戦闘の目的が同じく敵の戦闘力を壊滅させることである場合も出てくる。しかしこのような場合は決して必然的なものではなく、戦闘の目的がそれとはまったく別のものである場合も当然あり得るわけである。われわれがすでに述べておいたように、敵を完全に打倒するということが必ずしも政治的目的達成の唯一の手段ではなかったし、また他のものが戦争の目標となり得ることも考えられた。とするなら、これらさまざまなものが個々の軍事行動の目標となり、したがってまた個々の戦闘の目的となり得ることも考えられるはずである。

いやそれ以上に、たとえ戦闘が戦争の一分節として敵の戦闘力の打倒を目指して闘われる場合であっても、必ずしもそれは敵の戦闘力を打倒することを自己の直接的目標とする必要はない。

およそ大なる戦闘力というものは、複雑多岐な分節をもち、またこの戦闘力の行使に当っては非常にさまざまな事情が作用するものである。このことに思いを致すなら、このような戦闘力が相闘うとき複雑多岐な分節および組織的序列、それらの相互連結などが要求されることは論をまつまでもあるまい。したがってこのような場合、個々の分節は敵の戦闘力を破壊することとは別の目的があっても不思議ではないし、また当然別のものであらざるを得ない場合がある。なるほどそれら別途の目的が敵の戦闘力を壊滅させることに多大の影響力をもつこともあり得るだろうが、しかしそれはあくまでも間接的なものでしかありえない。例えば、ある一歩兵大隊が敵を某山地・橋梁《きょうりょう》などから掃蕩することを命じられたと仮定する。この場合これらの地物の占領が当大隊の本来の目的であって、敵の戦闘力の壊滅ということは単なる手段か、そこから生ずる副次的結果にしかすぎないのである。もし示威行動によって敵を掃蕩できれば、それでも目的は達成されたことになる。しかしもちろん、この山地、この橋梁を占領するというのは、一般にそのことによって敵の戦闘力を一層根底的に壊滅せんがためにほかならない。こうしたことが一戦場について言い得るとすれば、同じことは、単に一軍隊と一軍隊が対陣しているばかりでなく、まさに一国家と一国家とが、一国民と一国民とが相対している戦争の全局面についても当然言い得るはずである。戦争の全局面にあっては、実に数多くの関係やそれらの組み合せが可能であろうし、戦闘序列もまた多岐を極めるであろう。そのために目標の間にも種々段階が生じ、したがって最初の手段はますます最後の目的とかけ離れた縁遠いものとならずにはいまい。

このような多くの理由から、戦闘の目的は敵の、つまりわれわれと対陣する者の戦闘力を壊滅させることではなく、そのようなことはあくまでも手段としてしか見なされないような事態が数多く出てくる。このような数多くの場合においては、例えば、戦闘は敵の戦闘力の壊滅ではなく、単に敵の戦闘力を測定する尺度にしかすぎず、戦闘それ自体は何の価値もなく、ただ結果、つまりその戦闘によって測定された結果しか価値のない場合もありうる。

しかし交戦者相互の間の戦力が著しく不均衡な場合は、単なる秤量によって比較がなされ、戦闘による測定などはなされまい。このような場合なら、戦闘以前に戦力の乏しい者が直ちに譲歩してしまうだろう。

戦闘の目的が必ずしも相対陣する敵戦闘力の壊滅にはなく、その目的が現実に戦闘を行なうことなくして単に相互の戦闘力を確認し合い、その結果生ずべき帰結を推測することによっても達成されることがあるとするなら、事実上の戦闘が目立った影響をもつことなく大戦役が遂行されることもある、ということは考えられることだろう。

このことは過去の戦史が数多くの事例でもって証明している。もっともそれらが血を見ることなく終った、言い換えれば、それらが戦争というものと何ら内的矛盾をもつことなく終ったということは当然の成り行きであるとしても、それらのなかにはこのような解決の仕方によってかち得た高い名声にもかかわらず批判されねばならぬものが数多くある。しかし今はそのことには触れまい。ここではただこのような戦争の経過もあるのだということだけを示しておく。

これまでわれわれは、戦争における唯一の手段は戦闘であることを考察してきた。しかしこの戦闘とはその行使形態も多様であるし、目的が多様化するにつれて戦闘もまた多様化することを見てきた。ということは、所詮われわれは何らの結論も得られなかったとも言えるかもしれない。だが実際はそうではない。なぜなら、この手段が唯一のものであるということが導きの糸となり、全軍事行動を貫き、これに相互連関を与えて、もってわれわれの考察の手がかりとなっているからである。

ところでわれわれはこれまで、敵の戦闘力の壊滅ということを戦争における諸目的のうちの一つとして考察し、いまだこの目的が他の諸目的のなかでどれほどの重要性をもっているのかについては考察せずにきた。個々の具体的局面については、それは周囲の状況によって決まるであろうが、一般的には必ずしもそうとばかりは言えない。今やこの問題に再び立ち戻り、この目的が本来どのような価値をもつものであるかについて考えてみたい。

戦闘こそ戦争において実際的効果を挙げ得る唯一のものである。そしてまた戦闘は相対する敵の戦闘力を破壊するという目的を達成するための手段である。このことは実際に戦闘が遂行されなくてもあてはまる。というのは、いずれにせよ戦闘には、敵の戦闘力の壊滅が必至であるという予測が潜んでいるからである。それゆえ、敵の戦闘力を壊滅させるということはあらゆる軍事行動の基礎であり、あらゆる軍事行動を結合する支点でもある。それはちょうどアーチを支える礎石のように、あらゆる軍事行動がよって支えられるべき礎石のようなものと考えてよいだろう。つまりすべての軍事行動は、その基礎となっている砲火を交えての決戦が行なわれるならば、この決戦が自己に有利な結果をもたらすだろうという予測のもとに着手されるのである。砲火を交えての決戦が戦争における大小さまざまの作戦に対する関係は、現金払いの為替取引きに対する関係に比せられる。これら両者の関係がどれほど疎遠なものであっても、また決戦というようなものは実際にはどれほど稀れなものであっても、軍事行動という限り砲火を交えての決戦は決して欠かすことができないものなのである。

さて砲火を交えての決戦が一切の軍事行動を結びつける基礎であるとすれば、そこから次の結論が得られるだろう。すなわち、敵は決戦に勝利することによってこれらの組み合せをすべて無効にすることができる。それは決戦がこちらの組み合せの直接的基礎となっている場合は言うに及ばず、多少なりとも重要な役割を果たしている場合ならまったく同じ結果になるだろう、ということである。というのはすべて重要な決戦、つまり敵の戦闘力の壊滅ということは、他のあらゆる戦闘に反作用を及ぼすからである。それはあたかも溢れている水が他の低い水面に流れこみ、全体としての水位を高めるのに似ている。

それゆえ、敵の戦闘力を壊滅させるということは、あらゆる他の手段よりも抜きん出た効果的な手段であるかのように見える。

とはいえ、敵の戦闘力の壊滅を最も効果的な手段であるというのは、もちろんその他の条件がすべて同一であるということを前提とした上での話である。したがって前述の結論から、巧遅よりも拙速に優るものはないという結論を下そうとすれば、それは誤解も甚だしいと言わねばならない。単なる猪突猛進は敵の戦闘力を壊滅させるというより、味方の戦闘力を壊滅せてしまうだろう。そのようなことがもとよりわれわれの本意であるはずはない。ここでわれわれが最も効果的であると言っているのは、その目標についてであって、その道程についてではない。つまりここでは、一つの達成されてしまった目標と他の達成されてしまった目標との効果を比較しているのにすぎないのである。

ところで敵の戦闘力の壊滅という場合、単に純然たる物質的戦闘力について言っているのではなく、むしろ精神的戦闘力をも含めて言っているものであることに注意をうながしておきたい。というのはとかく両者の戦闘力は、からみ合ったまま戦争の末梢部分にまで浸透しているため区別し難いからである。しかし大なる壊滅行為（大勝利）がその他の砲火を交える戦闘に及ぼす影響を考慮すれば、精神的要素は戦闘力を構成する種々な要素の中で最も流動的なものだと言えるわけだし、そうとすればまたこの精神的な要素は最も容易にあらゆる分節に分配され、影響力をもつものだとも言えるわけである。このように敵の戦闘力を壊滅させるということは、他のいかなる手段よりも優れているのであるが、この手段には高価な血の代償と危険性とが伴うので、これを避けるためにのみ他の手段が考慮されるのである。

この手段には高価な血の代償が伴うものであることは、容易に理解されることと思う。というのは、他の状況が同一であれば、敵の戦闘力を壊滅させるために向ける味方の意図が強ければ強いほど、それだけ味方の戦闘力の損失も大きくなるだろうからである。

ところでこの手段の危険性とは次の点にある。つまり、もしこれに失敗した場合においては、一層大きな逆効果が味方の上に及んできて、味方の損失はいやが上にも増大するだろうという点である。

それに反して他の諸手段は、たとえ成功してもそれほど高価な血の代償を伴うこともないし、また仮に失敗したとしてもそれほど危険性が伴うわけのものではない。しかしここに一つの条件がある。つまり、もしわれわれが決戦によらない他の諸手段に訴えんとするなら、敵もまた同じ手段に訴える意図をもっているということが前提とならねばならないということである。なぜなら、もし敵が砲火を交えての大決戦の手段を選ぶとするなら、味方も当初の意図に反してやむなく砲火を交えての決戦で答えねばならないだろうからである。すなわち一切は壊滅的行動に出るかどうかという出発点が問題になってくる。というのは、今すべての他の諸条件が同一であると仮定すれば、このような場合味方が不利な立場に置かれるのは明瞭なことだからである。なぜならば、味方の意図や諸手段は一部分他の方面に向けられていたのに反して、敵は当初から決戦に全力を集中していたからである。二つの異なった目的というものは相互に排斥し合うものである。それゆえ、一方の目的のために使用された戦力は、他方の目的のためには全然無益なものでしかあり得ない。したがって戦争当事者のうちAが砲火を交えての大決戦を決意し、Bがその他の目標を追い求めているとするなら、Aはそれだけでもすでに勝利の可能性を握っているといってもよかろう。このようにして他の目標を追い求めるということは、敵もまた砲火を交えての大決戦を望んでいない時にのみ許されるものなのである。ところで、われわれが意図および戦力の他の方向について語ってきたのは、戦争において敵の戦闘力を壊滅させること以外の積極的諸目的についてであって、ただ敵の戦力を枯渇させることを目的とする純粋な抵抗行動などはこの限りではない。純粋な抵抗行動には積極的目的が欠けているのであって、この場合には味方の意図は敵の意図を台無しにしてしまうことだけに向けられ、積極的意図を他の諸目標にふりあてるような余裕などありはしないのである。

これまでわれわれは敵の戦闘力の壊滅について述べてきたが、次にその際の消極的側面、すなわち味方の戦闘力の維持ということについて考察せねばならない。この両側面は相互作用をなすのであって、常に相伴って現われる。それらは同一の意図を補足し合う両側面である。それゆえ、われわれは今、そのうちのどちらかの一側面が優勢になった場合、どのような結果になるかを考察すればよい。さて、敵の戦闘力を壊滅させんとする努力は、積極的目的をもっており、敵の打倒を究極目標とする積極的帰結に至る。それに反して味方の戦闘力を維持せんと図ることは、消極的目的にすぎず、したがって単に敵の意図の壊滅、すなわち純粋な抵抗に終らざるを得ない。そしてその究極的目標は、行動の持続時間を長引かせ、敵の戦意を失わせるにある。

積極的目的を伴った行動は壊滅行動を惹き起し、消極的目的を伴った行動はただ来たるべき壊滅行動のために時間を稼ぐものである。

この時間を稼ぐということがどの程度まで許されるものであるかについて、われわれは後に攻撃と防禦の本質に溯って一層詳しく検討してみたい。ここではただ時間を稼ぐといっても何も絶対的な忍従をこととするのではなく、時間を稼ぎつつも、行動中の敵の戦闘力を壊滅させることもまた他の諸目標とならんで一つの目標となり得る、ということを述べて満足しておくことにする。したがって消極的な努力というものは、敵の戦闘力を壊滅させることを目的とせず、流血を伴わない解決の手段を選ぶものである、とすることはまったく誤った考え方である。もちろん消極的な努力が優勢となれば、それはますます流血を伴わない解決の機縁が増大することになりはする。しかしそのことを一面的に断定するのは危険であろう。というのは、このような解決手段が適当なものであるかどうかということはまったく別の条件に依存しているのであって、この条件たるや味方にあるのではなく、むしろ敵の手中にあるものだからである。それゆえ、この流血を伴わない解決手段は、味方の戦闘力を維持するためには決して有効な自然的手段と見なすわけにはゆかない。むしろ、状況がこの手段に適していない場合にあえてこのような手段に訴えようとするなら、完全に味方の戦闘力を壊滅させてしまうことにもなりかねないだろう。古来いかに多くの司令官がこのような誤りに陥り、惨めな敗北を喫していったことか。要するに消極的努力が大いに有効である場合は、戦争当事者相互が決戦を抑止し、そのためにある程度決定的瞬間の到来を待機している場合だけに限ってのはなしである。その結果戦争は、普通時間的にその行動を遅延させるばかりでなく、またもし空間も問題になっていれば、状況の許す限り空間的にもその行動を遠ざけるに至るものである。この待機の時間が長びき、これ以上続行したのでは非常に不利な立場に追いこまれざるを得ないという瞬間が到来した時、消極的努力の利点はもはや汲み尽されてしまったと見てよい。事ここに至って、消極的努力のためにやむなく抑制されてはいたが、決して排除されてしまっていたのではない、あの敵の戦闘力の壊滅という積極的努力が再び立ち現われてくるのである。

　要するに、戦争においては目標達成のための、つまり政治的目的達成のための多様な道があるのであるが、なかんずくその唯一の手段が戦闘であり、あらゆる軍事行動は砲火を交えての決戦という最高法則に従っているということである。そしてまた敵がこの決戦を求めていれば、味方もまたこれを避けることができないのであるから、あえて決戦以外の手段をとろうとする戦争当事者は、敵が決戦による解決を求めていないこと、あるいはたとえ決戦に訴えたとしても敵が必ずや敗北するであろうことをあらかじめ確かめておかねばならない。以上のことを一言で言えば、戦争が追求するあらゆる目的のうちで、敵の戦闘力の壊滅という目的が、常に最高位にあるものとして現われるということである。

　戦争においてその他どのような種類の組み合せが可能であるか、については後ほどゆっくり論じてみよう。ただここではそれらのさまざまな種類の組み合せが可能であること、そしてそれらは概念と現実との離反、または種々なる個別的状況から生じてくるものであることを、一般に認めておくだけにとどめよう。とはいえ、このような場合においてもわれわれは、危機の流血的解決、つまり敵の戦闘力を壊滅させようとする努力が戦争の正統な嫡男であることを看過してはならないのである。政治的目的が矮小であり、その動機や戦力の緊張の度合も脆弱であれば、あるいは最高司令官はことさら危機を増大させたり、流血の決戦に解決を委ねたりすることなく、戦場または作戦本部において敵の特殊な弱点を利用しつつ巧みに講和への道をひらくということもありはする。この場合、もしこの最高司令官の予測が十分根拠のあるものであり、好結果を約束してくれるものであれば、もちろんわれわれにはその最高司令官を非難する権利はない。しかしこのような場合の最高司令官は、あくまでも自分の進んでいる道が間道にすぎないということ、そして今にも戦争の神が不意に現われ、刑罰を下したもうやもしれないということを常に忘れてはなるまい。すなわち彼は絶えず敵の動静に注意を払い、敵が鋭利な刀で立ち向かってくるときに、お祭り用のやさ刀で応戦するようなぶざまなことのないよう常に警戒していなければならないということである。

以上述べてきた戦争の本質、その目的と手段との関係、純粋な概念上の戦争と現実の戦争との距離、その距離の長さにもさまざまあるが、やはり純粋な概念上の戦争が現実の戦争の基礎となっていること、――これらすべてのことをわれわれは常に念頭に置いておかねばならず、以下の諸事象を論ずるにあたって絶えず考慮しておかねばならない。さもなければ、われわれはそれらの真の関係、それらの本来的意義などを正しく理解し得なくなるであろうし、また不断に現実世界と激しく矛盾して、遂には自家撞着に陥ってしまうことにもなりかねないであろう。

第三章　軍事的天才

およそ異常な事業というものは、それがかなりの熟練度をもって遂行されるためには、それ相当の非凡な理性と情意との素質を必要とするものである。この素質がひときわ目立ち、異常な業績をなし遂げたとき、このような素質を持ち合せている人を天才と名づける。

われわれは、この天才という語がもっている範囲や方向性が極めて多種多様であり、これらの多様性のなかで天才の本質を究明することは極めて困難な課題であることを十分に知っている。しかしわれわれは別に哲学者でも文法学者でもないのであるから、普通の用例の通り、天才をもって、ある事業をなし遂げるために発揮される極めて高度な精神力という意味に理解しておいてもよいだろう。

ところでこのような天才が必要である所以を証明し、その概念の内容を一層詳しく特徴づけるために、しばらくの間天才の能力と価値とについて論究してみようと思う。とはいえ、非常に高度な才能をもっている人物、つまり狭義の天才についてここで論ずるつもりはない。なぜなら、この概念には明確な限界などありはしないからである。われわれは、ひたすら軍事行動に向けられた精神力の複合的傾向性を考察し、この傾向性をこそ軍事的天才の本質と考えてみようと思う。いま複合的という表現を使ったが、これは軍事的天才とは決して単一なる軍事行動上の力、例えば勇気などのことを指しているのではなく、それに加えるに理性とか情意とかの力がなくてはならず、またそれらが戦争とはまったく別の方向に向いているのでもない、要するに種々の力が調和的に複合していなくてはならないということにほかならない。この複合的傾向性においては、もちろんそのなかの一、二が有力である場合もあるだろうが、しかし相互に決して他を排除し合うようなものであってはならないのである。

ところで戦争に参加するには、その一人一人が多かれ少なかれ軍事的天才をもたねばならぬというのであれば、われわれの軍隊は極めて弱体なものであると言わねばならないだろう。というのは軍事的天才とは精神力の特定の傾向性のことであったが、いま一国民の精神力が多方面に分岐していればとてもそのようなところで軍事的天才が生まれるわけがないからである。これに反して一国民の活動が一様で、また軍事行動のみがもっぱら行なわれているようなところでは、軍事的天分が広く国民のなかに浸透しているにちがいない。しかしこれはあくまでも天分が広く浸透しているというだけのことであって、決して高度の天才が生まれるということを意味しはしない。というのは高度の天才とは一国民の一般的精神的教養の程度に深く依存しているからである。試みに文化程度の低い好戦的国民を考えてみるに、軍事的精神が個々人の間に浸透している度合ははるかに文明国民よりも広く深いものがある。前者にあってほとんど一人一人の戦士が軍事的精神を所有しているのに反して、後者にあっては国民全体がやむを得ない必要に迫られて参戦するのであって、個々人の内的衝動によって参戦するのではない。しかしこのような事情にあってもなおかつ、文化程度の低い国民においては、真の偉大な司令官や軍事的天才と呼ばれる人物は見出し得ない。つまりそのためには理性の力の発展が必要であるのに、未開国民にはこれが欠けているからである。一方、文明国民もまた多かれ少なかれ軍事的傾向を持ち得ることはもちろんである。文明国民にしてこの傾向が強くなるとき、その軍隊における軍事的精神は深く個々人のなかに浸透するものであるし、またこのような軍隊がさらに一段と高い軍事的精神に支えられるや、このような軍隊をもった国民にして初めてあのローマ人やフランス人のなし遂げたごとき輝かしき軍事的偉業を打ち樹てることができるのである。

以上によっても、いかに理性の力が軍事的天才にあずかって力あるものであるかがわかるであろう。今この点について若干補足説明を加えてみたい。

戦争とはそもそも危険なものである。したがって勇気こそ軍人にとっての第一の徳性と言うべきであろう。

ところで勇気には二種類ある。一つは個人の危険に対する勇気であり、他の一つは責任に対する勇気である。責任とは、何か外在的圧力の裁決を前にして問われることもあり、あるいは内面的圧力、つまり良心を前にして問われることもある。ここではただ個人的危険に対する勇気についてだけ論ずることにする。

個人的危険に対する勇気にはまた二種類ある。第一の勇気は危険に対する無関心である。これは個人的性格から来る場合もあるし、生命の軽視から来る場合もあるし、また単なる惰性から来る場合もある。だがいずれにせよこの種の勇気は恒常的状態と見なしてよいだろう。第二の勇気は、名誉心とか愛国心とか、その他いろいろな精神的感奮といった積極的動機から来るものである。この種の勇気は恒常的状態というより、むしろ情意の運動ないしある種の感情と見なされるべきであろう。

この二種類の勇気が異なった効果を与えることは事実である。第一の種類の勇気は安定的である。なぜならばそれは第二の天性ともなって、その人から離れないからである。第二の種類の勇気はしばしばその活動を極めて激烈なものにする。前者はその永続性において優れ、後者はその大胆さにおいて優れている。前者においては理性はその冷静さを失うことはないが、後者にあっては理性はしばしば昂ったり、あるいは激情のために曇らされたりすることがある。したがってこの両者が相まって初めて、最も完全な勇気となるのである。

戦争はまた肉体的緊張と苦難とを伴うものである。こうした緊張と苦難とに屈しないためには、先天的であれ後天的であれ、まずそれらに耐え得るだけの体力と精神力とが必要である。これらの特性を身につけ、それに健全な常識を持ち合せて初めて、人間は戦争に適した資格をもつようになる。ところでこれらの特性なら、未開国民や半未開国民のもとでも容易に見出される。ということは戦争に必要なものをさらに探究してゆけば、当然優れた理性の力というものに突き当るということである。なぜなら戦争とはそもそも不確定なものであるし、戦争における行動の基礎となる諸事象のうち四分の三は、多かれ少なかれ不確実な霧の中に包まれているといっても過言ではないからである。したがって戦争には緻密で透徹した理性の力が要求され、その判断によって事態の真相が解明される必要があるのである。

もちろん、理性的には凡庸であっても、あるいは偶然によって事態の真相が見出されることもあるだろうし、またあるいは非凡な勇気が理性の凡庸さを補ってあまりある場合もあるだろう。しかし多くの場合、つまり平均的には理性の凡庸さというものはいかんともし難いものなのである。

戦争とはまた極めて偶然の支配する世界でもある。人間活動の諸分野において、偶然の支配する領域に関しては戦争に勝るものはない。それは戦争が不断に偶然と接触し合っているからである。偶然はあらゆる状況の不確実さを深め、事件の発展を押し止めてしまう。

あらゆる情報や予想が不確実であり、これらに絶えず偶然が混りこんでくる結果、戦争当事者は常に事態が最初の期待とは異なったものになって行くのを見出すだろう。そしてこの事実は当然彼の作戦や、少なくともその作戦に属する種々の予定に影響を及ぼさないわけにはいかない。この影響があらかじめ予定されていた作戦を中止させるほどに大きなものであれば、言うまでもなく新しい作戦をたてなければならない。だがそのような場合には、往々にして新しい作戦を練り直すための資料が欠けていることがある。なぜなら作戦変更の時にあたっては、状況は大抵速断を要求しているものであって、新しい資料を吟味して作戦を練り直す時間的余裕などあり得ないものだからである。しかし一般的には、予定の事項を修正したり、偶然的要素を考慮に入れておいたりすることは必要ではあるが、さりとてそのことによって予定の全作戦が根底から崩れてしまうというようなことはあり得ず、ただ若干の動揺が起るというぐらいのことにすぎない。というのはそのようなあらかじめの考慮によって、確かに状況に対する資料は増大するだろうが、そのことは必ずしも洞察の不確実性を減少させるものではなく、かえって増大させるものだからである。けだし、これらの資料は一挙に入手されるものではなく、ぽつりぽつりとしか入手し得ないものである故に、その度ごとにわれわれの決断はぐらつき、常に戦々恐々としていなければならないことを考えれば、それも当然のことであろう。

さて戦争当事者が、このような予期せざる新事態に当面して、たじろぐことなく不断の闘争を続けてゆくためには、二つの性質が是非とも必要になってくる。すなわち、その一つは理性であって、これはいかなる暗闇の中でも常に内的な光を投げかけ、もって真相のいずれにあるかを発き出すものである。その二つは勇気であり、この微弱な内的光に頼ってあえて行動を起そうとするものである。前者はフランス人の表現を借りて比喩的に言えばクー・ディユ〔「眼の一撃」くらいの意味――訳者〕と呼ばれているものであり、後者はいわば決断心である。

このクー・ディユについて若干考えてみるに、もともと戦争においては戦闘が最も目立ち易いものであり、そして戦闘においては時間と空間が最も重要な要素となる。このことは、騎兵隊が迅速《じんそく》な決戦を絶えず心がけていた時代には一層よくあてはまるものであった。それゆえ、時間や空間についての測定は敏速かつ的確な決断によらざるを得ず、これはまた正確な眼力によってしか目測し得ないものであった。フランス人がクー・ディユと名づけたのはこれである。そしてまた今日まで、多くの兵学理論家はこの語を右に述べたような狭い意義に限って使用してきた。しかし今日では、戦闘を遂行するにあたって下されるべきあらゆる的確な決断が、すべてクー・ディユと呼ばれるに至っていることは注意しておく必要がある。例えば適切な攻撃点を見定めることなどもこれである。つまり、クー・ディユとは単に肉体的眼力ばかりのことではなく、精神的眼力のことも指しているのである。もちろんこの語は発生上から見れば戦術の領域に属するものではあったが、戦略においてもしばしば迅速な決断が要求されるものである以上、戦略の領域において使用しても差支えない。この語につきまとっている比喩的で狭量なニュアンスを取り除いてその本質を言うなら、このクー・ディユなる語の意味は、日常的眼力の人にはまったく見えないか、あるいは永い観察と熟慮の末ようやく見得るところの真理を、迅速かつ的確に把握し得る能力のことにほかならない。

決断心とは個々の場合に発揮される勇気の一形態のことである。そしてそれが人間の性格になれば、決断心もまた精神の一つの習慣となる。ところでここで言う勇気とは、肉体的危険に対する勇気のことではなく、責任に対する勇気、つまりある程度精神上の危険に対する勇気のことである。フランス人の表現によれば、この勇気はしばしばクラージュ・デスプリ〔精神の勇気――訳者〕と呼ばれている。というのは、この勇気は理性から生まれるものだからである。とはいえそれは理性の発現されたものと見なすより、情念の発現されたものと見なすべきだろう。もともと純粋の理性が勇気であるはずはなく、最も理性的な人が往々にして決断力を欠くなどということはざらにあることだからである。それゆえ、理性はまず勇気の感情を覚醒させ、これによって自らを維持し、かつまたこれを己れの礎石としなければならない。なぜなら、危機に際しては、思想よりも感情がより強力に人間を支配するものだからである。

以上によって明らかなごとく、決断心とは、事に臨んで事態の動機を十分に推測できず、そのために疑惑の念にさいなまれ、躊躇のあまり危機に陥らんとするときそれを免れしめるところのものである。もちろん通俗的には、単なる冒険癖、図々しさ、大胆さ、無鉄砲さ等もこの語の意味に含まれている。しかしながら主観的であれ客観的であれ、また正しかろうが間違っていようが、行動への十分な動機がその人の心中にあるとき、その人の決断心について語ってみても意味をなさない。というのは、そのようなことはちょうど、他人の心を付度し、ありもしない疑惑を有するかのごとく想像して、その人の決断心の深さを語るようなものだからである。

それゆえここではただ、動機が強いか弱いかということについてだけ言い得るにすぎない。われわれは通俗的な用語上のそれぞれについてその誤りを指摘するほどには衒学的ではないが、ただわれわれの論述に対する的はずれの非難を押えるために、ここで若干の注意をしておいたまでのことである。

さて疑惑の状態に打ち勝つこの決断心は、理性によって、しかも理性のまったく独特の方向によってしか喚起され得ない。かなりな観察力とかなりな感情があっても、それらが漫然と並列しているだけでは決断心は決して生ずるものではない。非常に困難な問題に対して非常に優れた観察力をもち、多くの困難を引き受ける勇気にも欠けていないくせに、ひとたび難局に臨むや決断心がすぐにも崩れおちてしまう人々がいるものである。彼らにあっては、勇気と観察力とはそれぞれ別々にあるのであって、そのために第三のものとしての決断心が生じ得ないのである。この決断心というものは、理性が冒険の必要なことを理解し、それによって理性が己れ自身の意志を確立することをまって初めて成立するものである。そしてこの理性のまったく独特な性質こそ、まさに人間のなかにある躊躇と動揺とを羞恥《しゅうち》の念で抑えつけるものであって、それゆえに強烈な感情をもつ人間の心中にあって初めて決断心は成立するものであるといってもよいだろう。つまりその意味では理性の乏しい人間には決断することもあたわないわけである。そのような人間は難局にぶつかって何らの躊躇もなく行動することもできよう。しかしながら彼らは熟考してそうするのではない。つまり熟考せずに行動する者は、また疑惑によって身をさいなまれることもありはしないのである。時としてこのような行動が成功することもあるだろう。しかしここでわれわれは再三ながら次のことを言っておきたい。すなわち、何といってもそのような成功は軍事的天分があって初めて可能になるのが普通である、ということである。それでもなお何ら深い思慮のない一騎兵士官が、時として強い決断力を示すことのある例をもって反駁しようとする者があれば、次のことを想い起してもらわねばならない。というのは、われわれがここで述べているのは理性の独特の性質についてであって、決して偉大な瞑想力についてではないということである。

われわれは、決断力があくまでも理性の独特の性質をまって初めて生ずるものであることを信ずる。しかもこの性質たるや鋭利な頭脳よりも頑強な頭脳に属していることが多い。決断力のこのような由来は、低い地位にあって最大の決断力を示した者が、高い地位につくやその決断力をたちまち喪失してしまうといった多くの事例によって証明することができる。そうした種類の人間は誤った決断のいかに危険なものであるかを知っているので、決断を迫られる事態に直面するや、その本来の理性を失ってしまうのである。そして決断を下さずにいることがどんなに危険なことであるかを知っており、かつまた、かつては何らの躊躇もなく行動に移るのを常としていたのであれば、そのような人間が、決断の必要に迫られて、ますます遅疑《ちぎ》逡巡《しゅんじゅん》するに至るのは当然のことであると思われる。

さてこれまでクー・ディユと決断心について論じてきたのであるが、次にわれわれはこれらと極めて密接な関係にある沈着について論じなければならない。戦争のごとく予期し得ない事態の多く起る世界においては、この沈着こそまことに重要な役割を演ずる。というのは、沈着とはそのような予期し得ない事態に、よく対処してゆく能力のことだからである。不意の情報依頼に対して的確に応答したり、突然ふりかかってくる危険に対して敏速にその救済手段を講じたりするのが沈着の働きである。この応答したり、救済手段を講じたりする処置が適切であれば、この場合はそれでよいのであって、あえてそれが非凡である必要はない。というのは、もしそれが熟慮の上でなされたものであればたとえ平凡なものであり、ありふれた処置であっても、理性の敏速な処置として満足さるべきものだからである。つまり沈着という語は、理性がいつも傍にあって敏速に処置に応じられるという精神状態を意味しているのである。

この好ましい人間の性質が理性の特性に負うものであるのか、それとも感情の平衡に負うものであるのかは、その場合場合の性質によって異なる。もちろん、これら両者のうち一方が完全に欠除していたりしては沈着が生まれることはあり得ないのであるが。例えば適切な応答ができるというのは機敏な頭脳の所産であり、突然の危険に際してその処置を誤らないというのは感情の平衡があって初めて可能なことである。

戦争が醸《かも》し出している四つの雰囲気、つまり危険、肉体的労苦、不確定性および偶然、これらに注視し、かつこれらの重苦しい雰囲気に対処して確実有効な行動を起すためには、是非とも感情と理性との大いなる力が必要であることは言をまたない。この力は状況によって多様に変容して現われるものであって、戦史の記述者によって、あるいはエネルギー、頑強、忍耐、感情および性格の強固さなどとして示されているものは、すべてこの力にほかならない。われわれはこれらの英雄的性質の諸表現を状況に応じて多様に言い表わしているのであるが、根本においては同一の意志の力と見なして差支えない。しかしこれらのものが相互に密接な関係にあるとは言っても、これらがまったく同じものであるとは言えない。次にこれら精神力の関係をもう少し詳しく論究してみよう。

さてこれらの諸観念を明確ならしめるためにまず次のことを述べておく必要がある。というのは、重圧とか負担とか抵抗とかその他いかなる名称で呼ばれようと、戦争当事者の意志の力を喚起するものは、必ずしも直接的敵の行動および敵の抵抗であるのではないということである。敵の行動が戦争当事者に直接影響をあたえるのは、戦争当事者の個々人にであって、指揮官としての活動には何の関係もない。例えば、敵がその抵抗を二時間から四時間に引き延ばすなら、指揮官は明らかに二時間だけ余分に危険にさらされることになりはする。しかしこの危険性の意義は、指揮官の地位が高くなるにつれて減少してゆくのであって、最高司令官の立場から見る限り、この余分な二時間などは無に等しいものである。

第二に、敵の抵抗が直接的に指揮官に及ぼす影響とは、長期にわたる抵抗から生ずる味方の手段の損失と、それに伴って増加する指揮官の責任によるものである、ということである。

この責任に対する心痛によって、指揮官の意志力は試され、喚起されることになる。しかし、このことは指揮官が耐えねばならない最も困難な負担であるわけではない。というのは、このような負担なら指揮官が自分一人で耐えることができれば、それで片がつく問題であるからである。しかるに敵の抵抗のその他の影響は、すべて彼の指揮下で実際に闘っている兵士の上に及び、この兵士達を通じて間接的に指揮官の上にも及んでくる性質のものなのである。

およそ軍隊が勇気に満ち快活にそして軽快に闘争している間は、指揮官が己れの目的を追求するのにその大いなる意志力を示さねばならぬ必要はほとんどないと言ってよい。しかし一旦状況が困難にかたむくや（実際非凡な事業を成し遂げようとするのには、このようなことは必ず生ずるものであるが）事態は油の切れた機械のようにまったく進捗しなくなり、諸矛盾が拡大されてくるものである。指揮官の大いなる意志力はこのような事態を克服するためにこそ必要となってくる。もっとも事態が進捗しなくなるといっても、上官に対する抗命抗弁が起るということを意味しているのではない。個々人にわたってはあるいはそのような事態も起り得るであろうが、ここで問題にしているのは、物質的ならびに精神的諸力の喪失がもたらす全般的印象のことを言っているのである。指揮官といえども流血の犠牲によって惹き起される苦慮の念と自分自身の内部で闘わねばならず、またそれが兵士大衆の内部で醸し出す印象・気分・不安・労苦といったものとも直接間接に闘わねばならない。なぜなら兵士個々人の力が次第に失われてゆき、彼ら自身の意志の力だけではもはや己れを鼓舞したり支えたりすることができなくなるにつれて、兵士大衆の無気力な気分は、最高司令官の意志の上に重くのしかかってくることになるからである。このような時こそ最高司令官の胸中深く秘められた情熱と精神力とによって、兵士大衆の冷えきった胸に当初の情熱と希望の火が再び点じられねばならない。それをなし得て初めて彼は最高司令官たり得るのであり、兵士大衆を統轄し支配する長たり得るのである。もし、しからずして最高司令官の気力が減退し、彼の勇気がもはや兵士大衆の勇気を再び奮いたたしめることができないという状態に立ち至るや、彼は直ちに、危険をいとい屈辱を意に介しない大衆のもつあの卑しい動物的性質に引きこまれてしまう。指揮官がもし何か非凡な功績を打ち樹てんとすれば、彼が已れの勇気と精神力とで闘争しつつ克服しなければならないのはこの圧力である。この圧力は兵士大衆の数が増加するとともに増大するものである。したがって指揮官の地位が高まるにつれて、この重圧に対抗する力もまた増大しなければならない。

　行動のエネルギーとは行動を誘発する動機の強さを表わすものである。その動機の根拠が理性であるのか感情であるのかはさして問題ではない。しかし大いなる力が示されねばならぬところでは、感情に基づく動機が欠かせないのも事実である。

　正直のところ、白熱せる戦闘にあたって人の胸を満たす感情のうち名声と栄誉への願望ほど強烈なものはない。だが残念なことに、これらの感情はドイツ語では不当に扱われ、野心とか功名心とかといった品位のない副次的意義しか与えられていない。もちろんこれらの誇り高い願望が戦争において誤用され、その結果これまで人類に対して甚だしい不正が産み出されてきたことも事実である。しかしその根本に立ち至って考えれば、これらの感情は人間の諸性質のうちで最も高貴なものであり、戦争にあっては大規模な組織体に精神を与える生命の息吹そのものである。他の祖国愛とか熱狂的理想主義とか復讐心とかといった感情がどれほど一般的であり、またどれほど高尚なものであろうとも、それらはいずれも名声や栄誉に対する願望を抜きにしては考えられないものである。というのは、それらの高尚な感情は確かに軍隊一般の志気を鼓舞し高揚させることはできるだろうが、指揮官にとっては、それらだけでは部下の兵士大衆がなし得ること以上のことをなし得るわけではないからである。言うならばそれらの願望たるや、指揮官が己れの地位にふさわしい殊勲を打ち樹てるために是非とも必要なことなのである。つまりそれら名声とか栄誉とかの願望があって初めて、指揮官は個々の軍事行動をあたかも己れの財産であるかのごとく思いなし、豊かな収穫を得るために苦労して開墾したり念入りに播種したりするのである。地位の上下を問わず、およそすべての指揮官に以上のような努力があってこそ、軍隊活動は活気を付与され、軍事行動は成功裡に遂行されるのである。ましてそれが最高位の指揮官に関してなら、そのことの必要性は言うまでもない。考えてもみよ、古来栄誉心のなかった名将などというものがあり得たかどうかを。そのような名将などは、それこそ単なる観念的所産以外の何ものでもないのではなかろうか。

　頑強とは、個々の衝突にあたって抵抗の強さの点について見た意志の力のことであり、忍耐とは、個々の衝突にあたって持続期間の長さの点について見た意志の力のことである。この両者は極めて似かよっており、しばしば混同して用いられている。しかし本質的に異なる両者の差異を見落してはなるまい。つまり個々の強烈な印象に対する反応である頑強は、その基盤を単に感情の強さにもつことにあるのに反して、忍耐は頑強以上に理性の支えを必要とするものなのである。というのは、行動の持続期間が長びけば長びくほど、その行動の計画性もそれだけ必要になってくるものであって、この計画性こそ一部分忍耐の力の源泉となるものであるからである。

次に感情および性格の強固さの問題に移るが、まず感情の強固さとはどんな意味に解すべきかを問うことにする。

これは決して感情表現の烈しいこと、つまり激情を指しているのではない。これがもしそのようなことを指しているのなら、それは普通の用語法に反していることになる。感情の強固さとは、むしろいかなる強烈な興奮のさなかにあっても、またどれほど強烈な激情の渦のなかにあっても、なおかつ理性に従って行動し得る能力のことを指しているのである。とすれば、この能力は果たして単に理性の力にのみ起因するものであろうか。それは極めて疑わしい。もちろん、非常に恵まれた理性を備えていながら、その理性の力で身を処することのできない者がある、などという例をあげてそれを疑っているのではない。というのは、そのような例なら、包括的な理性は備えていても強烈な理性という一種独特なものが欠けているからだとも考えられるからである。そこでわれわれは、激烈な感情の運動のさなかにあってもなおかつ理性に従って行動するいわゆる自制心というものは、感情それ自身のなかにその根拠をもっているのだと考えた方がより真理に近いのではあるまいかと考える。すなわち激烈な感情のさなかにあっても均衡を失わないもう一つの感情があり、この均衡によって初めて理性がその優位を確立し得るのではあるまいか。とするなら、この均衡感情は人間の品位によってもたらされる感情、つまり人間のもつ最も高貴な矜持《きょうじ》にほかなるまい。それはこうも言えるだろう、すなわちその矜持とは明察力と理性とを備えた人間として、いかなる場合も品位をたもつように行動しようという内面的精神的な要求にほかならない、と。それゆえ、感情の強固さとは、いかに激烈な感情の動きのなかにあっても常に均衡を失わないような態度を指す、と断言しておきたい。

さて感情に関してさまざまな種類の人間を分類すれば、まず第一に活動性のあまりない、いわゆる愚鈍だとか鈍重だとかと言われる人物が挙げられよう。

第二に、非常に活発ではあるが、感情を決してある程度以上に発露させない人物が挙げられる。このような人物は多感ではあるが穏健であると称すべきであろう。

第三に、非常に激し易く、その感情はまるで火薬のように素早くしかも激烈に燃え上るが、持続性に関してはまったく期待できない人物がある。最後に、些細なことでは動かないが、一旦動きだしたら敏速ではないが粘り強く行動し、その感情も累積的に大きくなり、かつ極めて持続性にも富むといった人物がある。この型の人物は精力的で深く潜行した激情の持主である。

このような感情上から見た人間の差異は、概ね人間の身体の中で活動している肉体的諸力と密接に関係している。多分これは、われわれが神経系統と名づけているあの両棲類のような組織に属しているのであろう（この神経系統というのは一面で物質に、他面で精神に結びついているものである）。だがわれわれは、自分の貧弱な哲学的知識でもってこの暗黒の世界へこれ以上探究の歩を進めようというのではない。しかし、こうした種類の諸性質が軍事行動に及ぼす影響を考察し、これらの諸性質がどのぐらい感情の強固さをもたらし得るかを瞥見することも、また重要なことであると思う。

鈍重な人間は容易に均衡状態を失うものではないが、もちろんこれをもって感情の強固さと呼ぶわけにはゆかない。この種の人間は戦争下においても相変らず均衡状態にあるという意味で、一面役に立たないわけではない。彼らにはいかなる諸力の葛藤も見られないからである。とはいえ、活動性には乏しいがその反面事態を急転直下悪化させてしまうこともないという長所がある。

第二の型の人間の特性は、些細な事柄にも容易に興奮して行動を起すが、それが大事に至るやたちまち気遅れがしてしまうという点にある。この種の人間は、個々の不幸な出来事を救うためには生き生きとした活動性を示すであろうが、事態が国民全体の問題となるとただ悲観的気分に低落してしまい、何らなすすべを知らないものである。

このような人間は戦争において必ずしも活動性や均衡状態が欠けているわけではないが、しかし彼らから何らかの偉大な功績などを期待することはできない。もっとも彼らとて、非凡な理性と十分な動機に裏づけられて行動を起すなら、あるいはそれも不可能ではないかもしれない。しかしこの型の人間がそのような自立的にしてかつ非凡な理性を備えているなどということは滅多にあるものではないだろう。

煮えたぎるごとき、あるいは燃え上るがごとき感情は、それ自体としては実際活動にとって、したがってまた戦争にとってもあまり役に立つものではない。なるほどそれは強い衝動を喚起させるためには有用であろうが、所詮はそれだけのことであって、このような衝動は長続きはしないものである。もっともこのような人間でも、その激し易い感情や勇気や名誉心などによって導かれるならば、下級の地位にいる間はそれなりに功績を挙げることもあり得る。なぜならば、下級指揮官が統轄すべき軍事行動というものは極めて短期間にすぎないからである。つまり下級指揮官にあってはこの短期間、ただ一回だけの勇猛な決断、ただ一回だけの高らかな精神力を示せば事足りるのである。例えば大胆な襲撃、力強い突進といった行動はわずか数分間の所産にすぎないであろう。これに反して大胆な会戦にはまる一日を要するであろうし、戦役全体についてなら、それこそ一年間も要するものなのである。

このような人間は、感情が急激にこみあげてくるや、均衡状態を保つことが極めて困難になってくる。その結果往々にして彼らは冷静な判断力を失ってしまうことになる。戦争遂行上、この点がこの種の人間の最悪の欠点となるものである。さりとて特に刺激され易い感情の持主が、いかなる場合にも感情の強固さをもち得ず、感情がこみあげてくるや必ず均衡状態が破られてしまうと断言するならば、それは経験的事実と反することになるだろう。一般に彼らとて比較的高貴な感情を持ち合せていることも事実であるし、その感情が彼らの胸中にあって品位の支えにならないとは言えないはずである。このような感情が彼らに欠けているわけではなく、ただそれが効果的な時期に発揮できないだけのことである。したがって大抵の場合、彼らは後になって自責の念にさいなまれるのが普通である。教育・自己観察・人生の経験などによって、常に自己を失わないように心がけ、感情が激昂してきたときにも彼らの胸中に眠っている均衡感覚を時機を失せず想起することに努めるならば、この種の人間もまた感情の強固さを身につけることができるものである。

最後に、かりそめには物に動じないが一旦感動したとなるとその相が極めて深い人間について見るに、これまでの三種の型の人間との関係はちょうど烈火と焔との関係に似ている。この種の人間こそ、困難な軍事行動にあたって、例えて言えば大岩石をゆり動かす巨人のごとき力を発揮する者である。そして彼らの感情の活動たるや、大きな物体の運動にも似て初めは遅々としているが、動き出した以上何ものをも圧倒せずんばやまない力をもっている。

しかしながら、この種の人間が前者のように自分の感情に惑わされ、後になって自責の念にさいなまれるようなことはないとしても、彼らが決して均衡状態を失うことはなく、盲目的激情に溺れることもないなどと言おうとすれば、これもまた経験的事実に反することとなろう。彼らとて高貴な自制心が欠けていたり、あるいはこれが十分でなかったりした場合には、すでに述べたような事態がしばしば起りがちである。われわれはこのような実例を、時として文明程度の低い国民の輩出する英雄について見ることがある。けだし理性の訓練が不十分な彼らにあっては、どうしても激情に翻弄されがちだからである。もっとも文明国民のなかの、とりわけ教養のある階層においてさえ、人間が激烈な感情に捉えられる実例が少なくないのは事実であるが。

したがって、われわれはここでもう一度次のように言っておきたい。すなわち、感情の強固な人間とは、単に感情の激昂《げきこう》し易い者のことではなく、感情が激昂している時でも均衡状態を失わない者、胸中に渦巻く嵐にもかかわらず、常に洞察と信念とを失わない者のことである、と。それは例えて言えば、嵐にもまれる船舶の羅針盤の針のごとく、常にその進路を見失わないようなものでなければならない。

次に性格の強固さ、あるいは一般に性格と呼ばれているものについて述べてみよう。ここで性格というのは、その人自身の信念に対する堅固な態度のことである。その信念が他人の見解の結果であれ、自分の見解の結果であれ、あるいはそれが原則的なものであれ、個人の見解に属するものであれ、はたまたそれが瞬間的な思いつきであれ、常日頃の理性によってもたらされたものであれ、ここでは一切問うところではない。しかしそれはともあれ、この堅固さの対象である信念自体が度々ぐらつくようでは、堅固な態度もとりようがないのは当然である。この信念自体の度重なる動揺は、必ずしも外部からの影響によるものばかりではなく、理性の絶え間ない活動の結果であることもある。とはいえ、これとても所詮は理性が不確実であるからにほかならない。たとえいかように自発的であろうとも、自分の見解を始終変えているような人間は、決して性格をもった者と言うことはできまい。つまり性格をもった人間とは、極めて持続的な信念をもった者を指して言うのである。その信念が持続的なのは、本来それが深い根底をもち、その上十分に明晰であって動揺の余地がない場合もあり、あるいは鈍重な人間に見るごとく、理性の活動が乏しくそのために動揺を生ずるような余地のない場合もあり、あるいはまた理性の立法的原則から生じた明白な意志の行為がある程度まで信念の動揺をおさえている場合もある。

しかしながら戦争の世界というものは人間活動の他の世界と比べて、感情に影響する強烈な印象も多く、かつまたあらゆる知見も極めて不確実に見えてくるものであって、その火中にある人間がややもすると最初の軌道を逸脱してしまい、自他ともに疑惑のなかに閉じこめられてしまうことがあるのはもっともなことである。

危険と苦痛とのために身も心もはり裂けんばかりの瞬間には、理性によって得られた信念も容易に感情に打ち負かされてしまうものである。殊にあらゆる事態がぼんやりしていて明確な輪郭が摑み難いときには、それらを深くかつ明瞭に洞察することは極めて困難であって、見解の動揺変更もやむを得ないことがある。およそ戦争は常にただ実情を推測し予感することによって遂行される場合が多い。それゆえ戦争におけるほど各人の見解が多様に分れ、さまざまな印象が流れこんできて自分の信念を押し潰そうとするものはない。このさまざまな印象の圧倒的量は、いかなる鈍重な理性の持主でも容易に対抗し得ないほどのものである。というのは、それらの印象は余りにも強く、また一見余りにも生き生きとしているので、それらが一束となって迫ってくるや感情は一たまりもないからである。

行動をより高次の見地から導き出そうとする一般的原則と見解だけが、明瞭にして深い洞察を結実させ得る。そしてまた、いわばこのような一般的原則があって初めて、個々の事態に対するわれわれの見解も一貫性を保ち得るのである。だが後から後からと押し寄せてくる見解や現象を眼のあたりにして、なおかつ過去の思弁の結果を固守することはまさに最大の難事である。個々の事象と原則一般との間にはしばしば大きな距離があるものであり、この距離はまた必ずしも明晰な推論の鎖によって連結させられるものではない。したがってその距離を埋めるためにはある程度の自信も必要となり、その反面懐疑の余地も十分残されることになる。このような自信を保つためには、多くの場合、思弁の外にあって思弁を支配している立法的原則以外のものは役に立たない。それは、いかに疑わしい事態に当面しても、自分の最初の見解を固守し、明瞭な信念によって余儀なくされざる限りこれより逸脱すべきでないと命ずる原則のことである。われわれは、すでによく吟味された原則が一層真理に近いものであることを確信し、一時的な現象がたとえどれほど強烈であろうとも、その真実性は極めて劣るものであることを忘れてはならない。たとえ疑わしい事態に当面したときでも、必ずやすでに吟味された確信に優先権を与え、この確信を固守するならば、われわれの行動は、いわゆる性格と呼ばれるあの堅実性と持続性とを獲得することになるだろう。

感情の均衡が性格の強固さに、どれほど大きな影響力をもっているかは容易に理解されるところであろう。それゆえ、感情の強固な人間はまた多くの場合性格も強いものである。

性格の強固さの次に、それの変種である頑固さについて述べておこう。

具体的にどこからどこまでが性格の強固さであり、あるいは頑固さであるのかを論ずることは非常に困難である。だが、一応両者を概念的に区別するというのならさして困難ではないように思われる。

頑固さとは理性の欠除のことではない。それは己れよりも優れた見解に対してそれを受け容れようとしない態度のことである。それゆえ事態を洞察する能力が理性であるとするならば、頑固さは決して理性の欠除によってもたらされるものではない。それはむしろ感情の欠除に基づくものである。この意志の執拗さ、つまり他人の諫告を受け容れようとしない態度は、端的に特殊な我慾に基づくものにほかならない。けだしこの我慾は、自分の精神の活動でもって自己を制し、他人を統御せんとすることに無上の喜びを覚えるものだからである。われわれが虚栄心と名づけているものは、この状態の低劣化したもののことである。虚栄心はただ表面的外観で満足する。それに反して頑固さは一応事実にその依り所を求めている。

したがって、われわれは次のように言っておいてもよいだろう。すなわち、己れの立場がより優れているという信念からではなく、またより高次の原則に対する信頼からでもなく、ただ単に感情的次元から他人の見解に反発するというのであれば、性格の強固さは変じて頑固さになる、と。すでに述べておいたように、このような定義は実際にはほとんど役に立たないとしても、頑固さを性格の強固さの純粋に強化されたものと見なす誤解だけは防ぐことができると思う。もともと頑固さと性格の強固さとはその本質が違うのである。なるほど頑固さと性格の強固さとは相並んでいてその境を接してはいる。しかし、あくまでも頑固さは性格の強固さの強化されたものでは決してないのである。考えてみれば、世間には理性の欠除のために性格の強固さをほとんどもたないくせに、人一倍我慾の強い人間さえいるではないか。

さてわれわれは、戦争において卓越した指揮官のもっている諸特性のうち、感情と理性とが共同して作用する特性について述べてきたが、次に単に理性の能力が問われる軍事行動の諸特性について述べてみようと思う。これは軍事上最重要なものというわけではないが、それにもかかわらず最も有力なものと見なさるべきことだけは間違いないであろう。それは戦争と地形との関係である。

第一に、この関係は絶えず存在し続けているということである。というのは文明国民の軍隊にしてその軍事行動がある程度の空間をもたずして行なわれるということは、まず考えられないことだからである。第二にそれはあらゆる戦力の効果を修正し、時として全面的に変化させてしまう点で決定的に重要である。第三に、それは一面においてしばしば一地方の最も微細な特質に左右されるとともに、他面においては極めて広大な空間にも関係してくる。

このような次第であるから、戦争と地形との関係は軍事行動に著しい特性を与えるものである。人間が戦争以外で土地に関係する諸活動、例えば園芸・農業・建築・治水工事・鉱山業・漁猟・山林業などを考えてみればわかることであるが、それらすべては非常に狭い空間に限定されているし、短時間の間でそれを極めて正確に計量し得ることもわかるであろう。これに反して戦争下における指揮官は、その軍事行動を、肉眼では見渡し得ない、いかなる計量化も許さない、その上不断に変転していて決してその状況を把握し得ないところの空間に関係させなければならない。もちろんこの点については敵もまた同じ困難な状況にある。

しかしながら、第一に困難とは元来そのようなものであるし、それなりに才能と熟練とによってこの困難を克服した者の受ける利益は、計り知れないものがあるだろう。第二に、この困難は両者にあると言ったのは一般的な場合であって、個々の場合なら敵味方のうち一方が他方より、その地形についてより詳しいのが普通である。

この非常に特殊な困難を克服するためには、用語としては若干狭きに失するきらいはあるが、地形感覚とでも呼ばるべき独特な精神的能力が必要である。この地形感覚というのは、いかなる土地についても速やかに正確な幾何学的映像を作り上げる能力のことであり、その結果としていかなる場合にも容易にかつ正確に自分の位置を発見し得る能力のことである。これは明らかに一種の想像力の作用である。その場合、確かに一部は肉眼によって把握され、他の一部は理性によって把握されはする。けだしこの理性たるや、科学および経験から汲み出された知見をもって状況把握の欠陥を補い、肉眼によって得られた断片的素材を総合して全体を構成するものだからである。しかしこの全体を生き生きとして念頭に立ち現わしめ、一つのイメージとして、つまり念頭に描写された一枚の地図として現わしめ、なおかつその個々の特徴を鮮明に浮び上らせるためには、その上にわれわれが想像力と呼んでいるある特殊な精神力が是非とも必要である。ここで想像力というあの女神に、このような効果を期待するからといって、天才的詩人や画家が不興がり、それではまるで多少敏捷《びんしょう》な猟人までがすばらしい想像力をもっていることになる、と肩をそびやかすとするなら、われわれはこの場合非常に制限された意味での想像力の使用、つまりその隷属的奉仕についてだけ論じているのだと弁明しておきたい。しかし、この想像力の使用がどれほど制限されたものであっても、地形感覚が想像力の所産である点については変りはない。なぜなら、もし想像力が全然欠如していれば、地形の形態的関係を明瞭に直観することはできないであろうからである。その際優れた記憶力が有力な補助手段になる、ということを認めはしよう。しかしだからといって記憶力だけで果たしてそのことは可能であろうか。むしろ地形の諸状況についての記憶を一層よく固定化させるためにも、あの想像力という映像能力が必要なのではあるまいか。いずれにしてもこれは難しい問題である。というのも、この二つの精神力をばらばらに分離してしまうことは、一般に極めて困難なことだからである。

それはともあれ、地形感覚については訓練と理性的洞察とがあずかって大いに力あることだけは事実である。有名なルクセンブルク[*4]のこれもまた有名な参謀長であったピュイゼギュール[*5]は、最初この地形感覚についてはまったく不十分であったと述懐しているが、事実自ら認めているように、彼は命令を受け取るべく遠方に出かけるや必ず道に迷ったものであった。

言うまでもなく、この才能の使用も地位が高くなるにつれて大きくなってゆく。一騎兵や猟兵が斥候してまわるぐらいなら、大小の道を識別するのにそれほど大きな知覚力を必要とせず、比較的狭い把握力と想像力とで十分である。ところで事が一軍の最高司令官ともなると、一州一国の一般的地理的状況を知り、道路・河流・山脈などの特徴を常にありありと思い浮べていなければならず、その上狭義の地形感覚までも合せもっていなければならない。なるほど、一般的事物についてはさまざまな報道・地図・書物・メモワール等があり、また個々の事物についてはその属官たちの助言があり、これらすべては最高司令官の地形感覚の作用に大いに役立つものではある。しかしこの地形感覚が鋭ければ、自ら不自由を感じたり、ことさら他人に助言を仰いだりしなくてもすむことになるだろう。

この能力は想像力の作用に帰し得ると述べたが、それは、軍事行動がこの勝手気ままな女神から要求し得るたった一つの利益である。というのは、想像力がこれ以外の方向で発揮されるや、軍事行動にとっては有益になるどころかむしろ有害になってしまうからである。

これまでわれわれは、軍事行動にあたって人間性に要求される精神力の諸表現について考察してきた。それらのなかで、なかんずく理性がいずれの方面においても欠くことのできない協力的要素であることがわかった。軍事行動が表面的にはどれほど単純に見え、複雑さの度合が少ないものに見えようとも、卓越した理性力をもたない人間が卓越した軍事行動を行ない得ないことは、これで明らかになったことと思う。

われわれがこのような結論を得た今、敵の陣地を迂回するような方法は、それ自体自明の方法であり、これまで度重ねて遂行されてきた方法であるので、非常な精神的労苦の所産であるなどと考える必要はない。

もちろん世間一般には、単純で勇敢な兵士は、沈着で発明の才に長け思慮に富んだ人物や、各種の教養を備えた優れた知的人物に対比させられて考えられている。この対比もあながち根拠がないわけではない。しかしこのことは決して、兵士の本質はその勇敢さにあり、いわゆる勇士となるためには何ら独特な頭脳的活動を必要としない、ということを証明するものではない。実際、地位が上昇するにつれてかつての有能さを失い、洞察力もその冴を失ってしまう人間の枚挙にいとまがないことを考えれば、頭脳的活動の必要性はおのずと明らかなことであろう。つまり傑出した軍功は、それに応じた理性の働きによって成就されるものである。そのためにこそ戦争においては高低さまざまな命令に対して、それぞれに見合った理性と名誉とが伴うことになるのである。

さて一戦争あるいは一戦役全体の最高司令官と、これに直属する諸司令官とを比べてみると、その間には極めて深い断絶がある。というのは、後者は直接指揮監督されているために、自分独自の精神的活動の領域が非常に狭められているからである。これを見て世間一般の人は卓越した理性は最高の地位にある者にのみ必要で、これ以下の者には必要ないと考えている。そしてまた、長年の偏った職務のため耄碌《もうろく》してしまったように見える白髪の老下級将官を愚物と笑い者にし、一面その勇気を尊敬するかに見せて他面その単純さを嘲笑してやまない傾向がある。もちろん、われわれはここで、この種の人物により高い職務を斡旋すべきだと言っているのではない。そのようなことは、彼らの勤務成績を向上させるものでないばかりか、彼ら一身上の幸福にとっても何ら寄与することがないであろう。ただここで、われわれは事実をありのままに示し、戦争においては理性がなくとも、単に勇気だけで大殊勲を挙げ得るものだという誤った考えを防いでおきたいと思っただけである。

すでに述べてきたように、下級指揮官にしても、彼が優秀な人材となるためには、優れた精神的能力が必要であるし、それも地位が高まるにつれて、その必要性も大きくなってくるのであるが、これをもって考えてみても軍隊の二流の地位にあって一応の名誉をもっている将官についての世間の見解は、まったく間違っていると言うべきだろう。彼らは一見博学者や文筆家や外交関係の政治家などに比べて単純な人物に見えはするが、だからといって彼らの活動的理性がもっている卓越した性質を見誤ってはなるまい。もちろん時には、下級の地位にあった時に獲得した名声によって身分不相応の高位に進み、そこで無難に務めているので馬脚を露わさずにすんでいるような人物もいるにはいる。このような人物がいるために、その地位にはその地位なりの人格が必要である、ということの理解が一般に妨げられているのである。

したがって、戦争において卓越した軍功をたてるためには、下位から上位に至るまで、それぞれに非凡な天才が必要となる。しかるに歴史家や後世の人々の言によると、天才とは第一位にある者、つまり最高司令官の地位にあって抜群の軍功をたてた者を指して言っているようである。もちろん、この地位にある者にとって、その精神と理性の高さが要求される度合は、二流の者に比べてはるかに大きいことを考えれば、あながちそのような見方も不当と言えないのは事実であるが。戦争全体、あるいはわれわれが戦役と呼んでいる最大の軍事行動を輝かしい勝利に向けて推進してゆくためには、高次の国家関係を洞察する大いなる見識が必要である。戦争推進と政治とがここで合体し、最高司令官は同時に政治家であらねばならないこととなる。

例えばかのカール一二世のような人物は天才とは呼ばれない。なぜなら彼は武力を行使するにあたってそれを高次の見識によって導くことを知らず、そのために輝かしい勝利を手に入れることができなかったからである。またかのアンリ四世[*6]のごとき人物も天才と呼ぶにはふさわしくない。なぜなら彼は短命にして世を去り、軍事上の勝利を数々の国家関係に影響させ、それをもってより高次の領域で己れの立場を築こうとして果たせなかったからである。けだし高貴な感情も騎士道精神も、内敵を服させると同じようには外敵を服させることができないものである。

さて最高司令官たる者が、すべてのことを一目瞭然と正しく把握するための諸々の事柄については、本部第一章を参照されたい。われわれはここで改めて次のように言っておく、すなわち、最高司令官は同時に政治家となるが、それとともに彼は常に軍人であることをやめてはならない、と。なぜなら、最高司令官たる者は、一面で全国際諸関係を把握していなければならないとともに、他面では自分の行使し得る手段でもってなし得る事業の範囲を正確に知っていなければならないからである。

しかしながらこの場合、諸関係は極めて多様であり、かつその境界も定かではないために、最高司令官にとっては非常に多くの要因を一度に考慮しなければならないことになる。あまつさえこれらの要因の大部分はただ蓋然的にしか知り得ないものであるので、もし最高司令官にしてこれらすべての要因を明晰な精神によって即座に把握するに非ざれば、諸々の考察や反省が紛糾錯綜し、もはやいかなる判断も下せないことになってしまうだろう。この意味でナポレオン[*7]は正当にも、最高司令官の下すべき決断は数学的計算にも比せられるものであって、まさにニュートンやオイラーのごとき頭脳をまって初めて可能なものである、と言っている。

最高司令官にとって必要な精神的能力とは、統一力と判断力とであって、それが発展して驚くべき洞察力ともなり、それが飛翔するに及んで数千の不明瞭な諸観念に触れ、たちまちこれらを解決してしまうものである。これに反して凡俗な理性の持主は、苦労して漸くそれらに照明をあてるのだが、そのために自分の力をすっかり出し尽してしまうものである。ところがこれら高次の精神的活動、つまりこの天才的眼力も、これまで述べてきた感情や性格の特性によって支えられているのでなければ、歴史にその名をとどめる事実とはなり得なかったであろう。

それが単に真理であるというだけでは人間を動かす動機としては極めて弱い。それゆえ認識することと意欲すること、知っているということとできるということの間には大きな隔りがある。人間の行動に最も強力な誘因となるのは常に感情であり、そして行動を最も強く維持するのは、もしこのような表現が許されるなら、いわば感情と理性との合金である。われわれがこれまで述べてきた決断力・頑強・忍耐・性格の強固さ等はすべてこれに属している。

だが、これら高次の理性と感情との活動性が最高司令官に備わっていなければならないとしても、それが彼の活動の全体的成果によって立証されず、ただ俗世間的にそのような活動性が最高司令官には備わっているはずだと信じられているにすぎないだけなら、そのような最高司令官はおそらく歴史に名を留めることはできないであろう。

軍事上の諸事件について世人が熟知していることはと言えば、普通極めて単純なことであり、また互いに類似したものである。それゆえ、もし単なる歴史家の伝えるものだけに頼っていたならば、その間克服されねばならなかった諸困難について知ることはほとんど不可能であるだろう。ただ時として最高司令官あるいはその戦友のメモワールなどのなかに、またある事件についてものされた特殊な歴史的研究の副産物として、全体を織りなしている多くの糸の一部分が明るみに出されていることがある。ところが多少重要な行動を起すにあたって、それに先立ってなされた熟慮煩悶の大部分は、故意に隠されているか、それとも偶然に忘却されているかのどちらかである。というのは、それが政治的利害関係にかかわるからということもあろうし、単に建築物の完成後に取り払われねばならない足場としてしか考えられていないということもあろうからである。

最後にわれわれは、高次の精神的能力についてこれ以上の分析を試みることなく、ただ通俗的に用いられている区別に従って、いかなる種類の理性が軍事的天才にとって最も役立つかを見ようと思う。理論と経験とに照して、われわれは次のように言うことができるだろう。すなわち、戦争にあたってわれわれが自分の子弟の生命、祖国の名誉と安全とを託し得るような人物は、創造的頭脳の持主というよりはむしろ反省的頭脳の持主であり、一途にあるものを追い求めるよりは総括的にものを把握する人物であり、熱血漢というよりは冷静な理性の持主である、と。

第四章　戦争における危険について

普通の人が戦争の危険を知らないうちは、戦争というものを恐ろしいというよりはむしろすばらしいもののごとく考えている。感激に酔いしれて嵐のように敵を襲撃する――そのとき誰が弾丸の量と死傷者の数を考えよう――眼をほんの一瞬間閉じ、生死を忘れて冷たい死の境へ身を投ずる――ことに勝利という黄金の目標が真近にあり、名誉欲の渇きを癒すべき清涼な果実を目前にして――これらのことは難しいことだろうか。いやそれは難しいことではないだろう。とりわけ外見上は実際以上に容易なことのように思われる。しかしこのような瞬間というものは実際には滅多にないものであって、あったにしても普通考えられているほど瞬間的なものではない。それはちょうど薬の調合の際に水でその濃度が薄められるように、そのような瞬間も時間でもって薄められ弱められてしまっているものである。

さて、まずは試みに戦争を知らない新参兵を伴って戦場に出かけてみるとしよう。戦場に近づくにつれて、大砲の号音は次第に明瞭となり、遂には弾丸の唸りが砲声に混って聞えてくるようになると、新参兵の全神経はまったくこの砲声に集中されることになる。この時ようやくにして弾丸はわれわれの前後左右に落下し始める。われわれは急いで、軍司令官と幕僚達が立っている丘へと駆けつける。この丘の上でも、すでにもう幾度となく砲弾が落下し、榴弾[*8]が炸裂していて、新参兵の若い想像力は、生命の厳粛さをひしひしと感ずるであろう。突然、戦友の一人が倒れる——榴弾が一群のなかへ落下して、思わず動揺が起る。人は自分がもはや安静を保ち得ず、落ち着きを失ってしまっているのを感じ始める。いかに大胆な者でもこのような状況にあっては茫然とせざるを得ないからである。——あたかも演劇を見るがごとく荒れ狂っている戦闘のなかへと一歩踏みこんで、われわれは師団長の立っているところに至る。ここでは弾丸が相次いで落下し、味方の砲声も次第にその烈しさを増している。——さらに師団長の幕営から旅団長の幕営に至る。この勇猛な旅団長もここでは用心深く、丘や家屋や樹木の陰に身をかくしている。これは危険が刻々と増してきたことを明瞭に物語っている。榴散弾は屋根や野原に降り注ぎ、砲弾はわれわれの傍に、あるいはわれわれの頭上に飛び交い、小銃弾さえも風を切って飛ぶのが頻繁に聞えてくる。——われわれはなお一歩進んで交戦部隊に近づく。それは言語に尽し難い忍耐力でもって長時間の射撃戦を遂行している歩兵部隊である。——ここでは大気は弾丸の音で充満し、短く鋭い音によって弾丸が飛来したとみるや、たちまち耳・頭・魂をわずかにそれて飛び過ぎて行く。それに加えて、負傷して倒れた兵士を見るや、われわれの心は同情で身も引き裂かれんばかりの思いにさいなまれるであろう。

　これら密度の高いさまざまの危険層に触れることによって、新参兵はこれまで頭のなかで考えてきた戦争が、いかに実戦とは異なったものであったかを思い知るであろう。とにかく、新参兵がこのような最初の印象に直面して瞬間的に決断の能力を失わないとするならば、それは恐るべき非凡な才の持主であろう。もっとも習慣がこのような印象を、たちまちのうちに鈍らせてしまうということは事実であるが。人によって程度の差はあれ、一般にわれわれは半時間も経てば、われわれを取り巻いているすべてのものに無関心になり始めるものである。しかしながら心の完全な平静さや平時におけるような心の弾力性をとりもどすことは、普通の人間にはできることではない。――このような事態でさえ、普通の人間には動揺を隠し得ないとするならば、責任の範囲が増大するにつれて、ますます特殊な天才が必要になるということとは、どうしても認めざるを得ないであろう。このような困難な状況にあって、なおかつその活動の程度が、平生室内で見受けられる程度以下に劣らないためには、熱狂的な、あるいは禁欲的な、それとも生まれつきのといったさまざまな種類の勇気とか、強い名誉心とか、危険に対する永年の習慣とかといったものが兼ね備わっている必要がある。

戦争における危険は、戦争に当然つきまとう障害の一つである。したがって、これについて正しい観念をもつことなくして、われわれの認識は真理に至り得ない。それゆえ、ここに戦争における危険について論及しておいたわけである。

第五章　戦争における肉体的労苦について

一般に軍事上の判断が、寒さのためにこわばり、暑さと渇きのために苦しみ、飢えと疲労とで勇気も挫けてしまったときに下されたものであれば、その判断は客観的には正しいものだとは言えないだろうが、少なくとも主観的には正しいものだとは言えるだろう。けだし、これらの判断は判断する者とその対象との関係だけは正確に反映しているからである。考えてみるに、われわれが苦戦の結果について判断を下す場合、われわれがその場に居合せたか、ことにその真只中で参戦していたとすれば、われわれの判断はえてして寛容になりがちであり、また厳密さを欠き狭隘《きょうあい》なものとなりがちである。このように肉体的労苦が戦争に及ぼす影響は大きく、またそれが判断を左右することも著しい、ということを念頭に置いておかねばならない。

戦争における多くの事柄は、その使用に際して正確な尺度を設けることができないのだが、とりわけ肉体的労苦などはその最たるものである。肉体的労苦は濫費されない限りすべての戦力の係数であって、その使用の範囲の限度は何ぴとも測り得ないものがある。しかし注意すべきことは、ちょうど射手の強い腕だけが弓の弦を強く張ることができるように、戦争において軍隊の戦力を最大限に発揮し得るためには、最高司令官の強い精神力こそが必要であるということである。例えば、大敗北を喫し危機に取り囲まれている軍隊があり、まさに建築物の土台が崩れ落ちるように根底から崩壊にひんし、それから脱出するためには軍隊の肉体的諸力を精一杯に発揮させる以外に道はないとする。また他方、勝ち誇った軍隊があり、ひたすら感激に包まれ、最高司令官の自由な意志に導かれて、いかなる肉体的労苦にも耐えられるとする。この二つの場合は全然別なものである。前者にあってはその労苦はせいぜい同情をよび起すものにしかすぎないが、後者にあっては驚嘆の念を禁じ得ないものがある。なぜなら、前者にあっては指揮のいかんにかかわらず軍隊は肉体的労苦を払わねばならぬ状態にあるのだが、後者にあっては労苦を払う必要性のないところにあえて労苦を払おうとするからである。

ここに至って初心者の眼にも、この肉体的労苦こそ暗に最高司令官の理性の活動を阻《はば》み、その感情の諸力をひそかに腐蝕させるものであることが明白になってくるだろう。

以上は、最高司令官がその軍隊に、指揮官がその直属の部下に要求する労苦について述べたのであるが、後はただその労苦を人に強いる勇気とそれを長きにわたって保つ技術について論じる必要が残っている。もっともその際、最高司令官や指揮官自身の肉体的労苦を看過してはならないことであるが、これほどまでに戦争の分析を誠実に行ない、このような点にまで精密に論及してみたのは、最後の最後まで戦争の重みを考察したかったからにほかならない。

なおここで、主として肉体的労苦について論じてきたのは、かの危険と同じように、これは戦争における諸障害の最も際立った原因の一つとなるからであり、それを測る尺度が不確定であるのは、ちょうど弾力体の性質を測るのが困難であるのと似ているからである。

ところで戦争を困難ならしめる諸条件を考察し測定するにあたって、これまで述べてきた考察を濫用してはなるまい。しかしながら、幸いにしてわれわれの感覚のうちには、このような考察の濫用をいましめる力が本来備わっているようである。というのは例えばある人があって、その人が侮辱され虐待されたとする、この時その人は己れの人格的欠点を弁解したりはできず、侮辱を防ぎ、見事に復讐をし終えたとき初めてその人は己れの欠点を誇りとすることができるはずである。それと同じように、いかなる最高司令官も、いかなる軍隊も、危険や困難や労苦などを語ることによって、自分達の受けた屈辱的敗北の印象を打ち消すことはできず、勝利の栄光を得て後、初めてその労苦を誇りとすることができるのである。このようにわれわれの判断は、ややもすれば表面的な安易さに陥りがちであるが、その時われわれの感情がその安易さをおしとどめてくれる。けだし、このような際の感情は一層高次な判断力にほかならないからである。

第六章　戦争における情報

そもそも情報とは、敵軍と敵国についてのわれわれの全知識のことであり、したがってまたわれわれの想定と行動の基礎となるものである。今この基礎の性質、つまりその不確実で変化し易い性質に想いをはせるならば、戦争という建築物がどれほど危険なものであり、どれほど崩壊し易いものであり、どれほどまたわれわれをその廃墟の下に埋め尽し易いものであるかを感ぜずにはいられないであろう。——実際、確実な情報でなければ信用してはならないとか、自分を信頼することなく濫《みだ》りに情報だけを信じてはならないとかということは、どの書物にも見られる言葉であるが、このようなことは所詮は貧弱な書物の上だけでの慰めであり、体系を樹て、概要を書くことを趣味にしているような輩が、自分の蒙昧を押し隠すために吐いた方便の言葉にすぎないのである。

戦争中に得られた情報の大部分は相互に矛盾しており、誤報はそれ以上に多く、さらにその他のものといえど大部分何らかの意味で不確実ならざるを得ないはずである。そこで将校に要求されるものは、事物と人間に関する知識であり、それらに基づく一定の識別力である。しかも彼はこの識別をただ蓋然性に頼ってのみ遂行しなければならないのである。机上において、あるいは真の戦場以外において作成される最初の作戦計画のなかで、すでにこの困難さは少なからず感じられるのであるが、情報が相乱れて入ってくる戦争の混乱のさなかにあっては、この困難さは測り知れないほど大きくなってくる。それらの情報が相互に矛盾しながらも、ある均衡を生じ、批判的吟味を要求するような余地があれば、まだしも幸いである。ところが、多くの情報が相互に補足し合い助長し合って、イメージを一層鮮明なものに着色し、一気に決断へと急がせるような場合は、批判的吟味が忘れられているだけに、一旦それらすべての情報が虚偽、誇張、誤りなどであったなどとわかるや、今までよく吟味もせずに信じ切っていた者は窮地に陥り、まったく愚か者であらざるを得なくなる。一言でいえば、大抵の情報は間違っていると思って差支えなく、しかも人間の恐怖心がその虚偽の傾向をますます助長させるもととなるのである。けだし一般に誰でも善いことよりも悪いことを信じたがる傾向をもち、その悪いことも必要以上に拡大して信じたがる傾向をもっているからである。このような仕方で伝えられる危険についての情報は大抵虚偽のものか誇大なものであるが、それはまるで大海の波のように一度は崩れ去っても、何の原因とも知れないまま再び高く盛り上ってくるものである。そこで指揮官は波がぶつかって砕け散る岩のごとく、自己の内的見識を固く信じて事に当らなければならない。彼の任務は決して容易なものではない。生まれつき冷静な素質を備えている者や、戦争の経験に慣れ、判断力を養い得た者などは別として、一般に指揮官は、虚偽の情報に惑わされんとする傾向と闘って徒らに恐怖に陥ることなく、自分の内的見識を確信しつつ、事態の希望に満ちた側面を見るように心がけなければばならない。彼はそうすることによって初めて均衡を得、正当な判断を下すことができるようになるだろう。もともと事態の真相を看破することの困難なことは、戦争の諸障害中最大なものの一つであるが、指揮官は一事態にあうごとに、それがかつて考えていたものといかに異なるかを思い知るだろう。そして、一般に感覚から受ける印象は厳密な計算によって作られた観念よりも強力なものなので、多少とも重大な事業を遂行しようとするとき、古来いかなる指揮官もその遂行の当初にあたって常に新しい疑惑と闘わねばならなかったのである。それゆえ、他人の入知恵に左右され易い凡庸な人間は、いよいよ事を遂行するにあたって、事態が当初の想定とは異なるのを見て躊躇《ちゅうちょ》してしまうものである。しかも凡庸な人間というものは、もともと他人の入知恵に左右される弊害をもっているだけに、その程度は一層烈しいものとなる。もっともこのような状況においては、自ら計画を立案した者でも、今や事態を目撃するに及んでは、容易に自分のそれまでの計画に疑念をはさみがちである。したがって、このような状況においてはなおさら指揮官たる者は、堂々と自分の信念に自信をもち、もって目前の幻影を排除しなければならない。この種の恐るべき危険の幻影は、いわば大道具によって描き出された舞台の前景のようなものであって、この物々しい大道具が取りのけられて初めて、視界は忽然として開け、自己の最初の計画も滞りなく展開するものである。――これが、計画と実行との間にある一大飛躍というものである。

第七章　戦争における障害

戦争について未だよく知らぬ者は、ここで戦争の困難さについて述べられてもよくわからず、最高司令官には天才と非凡な精神力が必要であると言われてもその意味を十分には理解し得ないであろう。このような人間の眼には、戦争に関する諸般の事柄はすべて単純であり、諸般の知識はすべて野卑であり、それらを組み合せ総合してみたところでたいした価値もなく、それに比べたら高等数学のどんな簡単な問題でさえ一種の学的尊厳によって人を威圧するかのごとくに映るものである。しかしひとたび戦争を見た者は、その困難さの一切を知るだろう。ところが戦争を知らぬ者と戦争を知った者とのこの変化が、いかにして生じたのかを述べることは困難である。ましてその間、随所に活動しているが眼には見えない要因を指摘して述べることはそれに劣らず困難である。

戦争におけるすべてのものは非常に単純である。しかしこの極めて単純なものがかえって困難なのである。この困難は累積され、戦争を未だ見たこともない者には想像だにできない障害となる。例えば、日暮れてなお二駅亭通過しなければならない旅人を思い浮べてみよう。その平坦な道路を駅馬で行くには四、五時間もあれば足りるであろう。それは何ほどのことでもない。彼は一つ手前の駅に着く。ところがそこには馬がない、あっても使いものにならない駄馬である。その上、道路は山道になり破損までしている。夜陰は迫っている。彼は疲労困憊して漸く最寄りの駅に辿り着き、そこに貧弱な避難小屋を見出して喜ぶ。戦争もまさにこれと同じである。戦争においては、作戦の際に考えだに及ばなかったような無数の小さな事態が発生し、所期の計画は崩され、その結果戦争当事者は目標のはるか手前で留まらざるを得ないことになる。このような摩擦や障害を粉砕し得るのはただ力強い鋼鉄のような意志だけである。しかし残念なことにそのような人物は、時としてそれらの摩擦と障害を粉砕するはずのこちらの組織自体をも破壊してしまう恐れがある。このことについては後ほど幾度か論ずるであろう。ともあれ大通りの行手に立っているオベリスクのように、偉大な精神の堅固な意志こそは兵学の中心的位置にあって、他の何ものよりも抜きん出た存在なのである。

ある意味で、現実の戦争と机上の戦争とを一般的に区別する概念は、この障害という概念であろう。軍事的機関、すなわち軍隊とそれに所属する万端の事柄とは非常に単純であり、それゆえに取り扱い易いように見える。しかしながらこれらの機関は、どれ一つをとっても一枚岩でできているのではなく、すべては多数の生きた個人の合成から成り立っているのであり、しかもこの生きた個人のそれぞれがまたあらゆる方面から障害を受けている、ということを考えてみなければならない。いま理論的に言うなら、大隊長は与えられた命令を忠実に実行しなければならないし、大隊はまた軍紀によって結合された一団であり、そして大隊長はその精励衆の認めるような人物でなければならないのであるから、このような大隊長を中心とした大隊の運動は、あたかも鉄軸を中心として回転する木材のごとく、その摩擦などはほとんど考えなくて良いように思われるだろう。しかし現実はそうではない。観念の世界ではあまりに誇張されて真実らしからぬものが、現実の戦争においては実際即座に現われてくる。大隊というものは常に多数の生きた個人から成立している。これらの生きた個人というものは、階級の高低にかかわらず、あるいは行動の停止を、あるいは規律違反を惹き起す原因となるものである。殊に戦争に伴う危険、戦争に必要な肉体的労苦などはこの種の弊害を強めるものであり、ある意味ではその最大の原因と見なされねばならないほどのものなのである。

この恐るべき障害は、あの機械工学上の摩擦のように狭小な面上に集中するわけではない。それは常に偶然的なものであり、前もって計算し得ないような諸現象を生み出す。けだし、それらの大部分が偶然的なものであってみればそれも当然であろう。このような偶然的なものとは、例えば天候などのごときものがそれである。霧が立ちこめるや、いち早く敵を発見することは不可能となり、時期を失せず砲火をひらくことも不可能となり、報告者もまた報告を受けるべき将校の所在を発見することが不可能となる。また雨が降り出せば、三時間の行軍予定が八時間にもなり、そのためにある大隊は到着できずじまいになるものもあれば、また別の大隊は到着の時期を失ってしまうものも出てこよう。あるいはまた低地に足留めされた結果、効果的な襲撃ができなくなった騎兵隊も出てこよう。

以上二、三の細かい例証は、ただ問題を明瞭にするためにだけ挙げたのであって、それによって著者と読者とが一致した問題領域に歩み寄れるようにとものしたにすぎない。というのは、著者と読者の意思の疎通がなければ数巻の書物をもってしても戦争の困難さを伝えることはできないだろうからである。それは多少言い過ぎであるにしても、もし読者の退屈を意に介さなくてもよいものならば、われわれは戦争中に起る諸々の小障害について多くの比喩を用いて説明してもよいと思っている。しかしここではわれわれの言わんとしていることを十分に理解してくれる読者を念頭に置いているので、あえて二、三の比喩を挙げておくに留める次第である。

戦争における行動は、あたかも抵抗多き物質中の運動に似ている。例えば水中においては、最も自然であり最も簡単な歩行という運動でさえ容易にかつ正確に行なうことはできはしまい。それと同じように、戦争においても普通平凡な力によっては並の成績すらも得ることができないのである。それゆえ、真に戦争を知っている兵学理論家の言は、ちょうど水泳の教師が水中で必要な運動を空中で模倣してみせるのに似ているものである。それは水中のことを想い浮べずに傍観する者にとっては実に奇怪で誇大なものに映るだろう。しかし一方今まで水中に潜った経験がなく、またそれらの経験の本質を抽象する能力もない理論家の言は、非実際的で馬鹿げてさえいる。けだし彼らは、誰でも教えることのできること、例えば歩行などということをあたりまえに教えているにすぎないからである。

さらに一言しておくならば、いかなる戦争にも必ず非常に多くの特殊な現象が伴うものであって、それはちょうど暗礁の多い未知なる大海に似ていると言うべきである。聡明な最高司令官ならそれらを予期することができるのだが、それでも肉眼で確かめるわけにはゆかないので、最高司令官といえど戦争に臨むのはまるで暗黒の夜の海に船出するようなものである。時に逆風が起るようなこと、つまり最高司令官の予期していなかった偶然事が起るようなことでもあれば、その時こそ彼のもつ最大の技術と沈着と労苦とが必要になってくる。しかもそれらのことすべては、遠隔の地にあって傍観する者にとっては当然の成り行きのように見えるものなのである。古来から良将とは戦争に慣れた将軍のことを言ってきたが、その意味は戦争におけるこの障害を身をもって体験してきたということにほかならない。もちろんそれらの障害を非常によく知ってはいるが、それに圧倒されてしまって逡巡《しゅんじゅん》する以外に手がないような将軍は、決して良将とは言えない（戦争に慣れた将軍の中でも、こうした小心の者が実際しばしば見出されるものである）。われわれが将軍に求めるものは、戦争に臨んでそのような障害があるだろうことを予期し、その障害のために正確な予定行動が乱されることを心配するのではなく、できるかぎりその障害を克服してくれることなのである。——その上理論的に言っても、戦争における障害を完全に熟知することはできないだろうし、たとえそれができたとしてもなお、機知と呼ばれるあの判断上の訓練はそれによって得られはしないだろう。そしてこの訓練こそ、無限に些細で多種多様な事柄に満ちた戦場において、最も必要なものと言うべきである。というのは重大な事件の場合なら自分自身で十分熟慮する余裕もあり、また他人とも論議する暇があって、さほど機知の働きなどは必要でないからである。戦争に慣れた将校が大小の事件に直面して、いや戦争の各脈搏ごとに常に時機を得た処置をとってゆくのは、それこそ処世の才に長けた社会人が一言一行その宜しきを得ているように、すべて習性ともなった判断の機知によるものである。この習性と訓練とによって、この場合はうまくゆくとか、あの場合はうまくゆかないとかといった具合に、一見して直ちに事態を見抜く機知が養われるのである。それゆえ、このような人は戦争に臨んで自分の弱点を曝け出すようなことにはならないだろう。実際、もしそのようなことが戦争中に頻繁に起るなら、その人に対する信頼は根底から揺さぶられ、最も危険な状態に陥る恐れがあるものである。

このような次第であるから、障害（ここでは仮にそう名づけておくが）という問題は、一見容易に見えて実際はなかなか困難なものである。われわれは後ほどまた幾度となくこの問題に立ち戻ってくるだろうが、その際卓越した最高司令官であるためには、習慣や強固な意志のほかにまだいくつかの独特な精神的特性が必要である理由を説明しようと思う。

第八章　第一部の結論

われわれがこれまで危険、肉体的労苦、情報、障害などと呼んできたものは、戦争の雰囲気を形成する要素として渾然一体となって現われるものであり、すべての軍事行動を困難にする障害物となって現われるものである。したがってこれらはすべて軍事行動を妨害するという意味で、広義の障害という一般的概念でまとめることができる。――ところでこうした障害を円滑にするための油はないものであろうか。――それにはただ一つだけ手はある。この一つの手とは、最高司令官も軍隊も意のままにはできないことであるが、それは何よりも軍隊自身戦争に習熟するということである。

習熟によって肉体は大なる労苦に耐えられるようになり、精神は大なる危険に耐えられるようになり、判断力は目先の印象に惑わされないように鍛えられることになる。このようにしていかなる時にも冷静な判断を下し得る貴重な気質が獲得されるのであるが、この気質こそ下は騎兵や射手から上は師団長に至るまで何びとにも欠くべからざるものであって、また最高司令官にとってもその事業を容易ならしめる極めて重要な要素となるものである。

人間の眼にしても、暗い所では瞳孔《どうこう》が拡大し、わずかの光でも吸収しつつ段々と事物に慣れてゆき、最後には完全に諸物を識別し得るようになるものであるが、ちょうどそれと同じことが戦争に習熟した軍人についても言い得るのである。それに反して、戦争に慣れない、かの新参兵などはまるで暗闇の中をうろつくようなものであろう。

戦争に慣れるという性質は、いかなる最高司令官も、これを自分の軍隊に付与することはできない。平時の演習によって養われるようなものは、せいぜいその貧弱な代用物にしかすぎない。もっともそれが貧弱だというのは実戦と比較しての話であるが、この演習でさえ単に機械的技術だけをこととしている軍隊に比べたらその利益は軽視することのできないものがあるのは言うまでもない。平時の演習をして十分にその効果あらしめるためには、演習中諸障害の一部でも現出させ、指揮官をしてその判断、その用意の周到さ、あるいはその決断心をすら訓練させるようにすべきである。このような演習ならば、その価値たるや、実戦の経験のない者が信ずる以上に莫大なものがあるであろう。初めて経験した場合は、周章狼狽するにちがいない戦争の諸現象を、戦争前に経験しておくことは、その地位階級にかかわりなく軍人にとっては測り知れないほど重要なことである。もしこれらの現象に、彼が前もって一度でも遭遇していれば、彼はすでに半ばそれを熟知しているといってもよいだろう。それは肉体的労苦についてさえ言い得ることである。これを訓練する必要があるのは、身体を慣らすというよりも、むしろ精神をこれに慣らすためである。経験のない者が初めて戦争に参加し、非常な労苦を強いられる度ごとに、それを全体の指揮の欠陥、錯誤、または狼狽によるものだと考え易く、そのために二重に意気を喪失するのが常である。このようなことは、彼が平時の演習でしっかり心構えをしていれば、決して起るはずのないものなのである。

演習のほかに戦争の習熟を養う方法が一つある。これは演習ほどの規模はないが、その重要さにかけては劣るものではない。それはすなわち、他国の軍隊から実戦経験の豊かな将校を顧問として招聘することである。考えてみれば、ヨーロッパ全体が平和であることなどは滅多にあるものではない。ましてや世界全体について見るに、硝煙がまったくあがらないなどということは絶対にあり得ないことであろう。したがって、長く平和の続いている国家は、現に戦争が行なわれている国から数人の将校（もちろん戦場における功績の大なる者）を雇うよう努めるなり、また自国の将校のうち若干名を選んで外国の戦地に派遣し、彼らをして戦争の何たるかを学ばしめるよう努めなければならない。

軍隊全部の兵員数に比べれば、このような将校の数は実に微々たるものではあるが、その及ぼす影響たるや測り知れないものがある。彼らの経験、彼らの精神の方向、彼らの性格の成熟などは、彼らの同僚や部下に影響を及ぼすだろうし、たとえ彼らを責任ある地位につけることができなくとも、彼らは事あるごとに人から意見を求められるその道の識者となり得るだろう。

第二部　戦争の理論について

第一章　兵学の区分

戦争とはその本来の意義から言えば闘争である。というのは、広い意味で戦争と呼ばれているさまざまな活動を貫く基本的原理は闘争だからである。ところで闘争とは、精神的並びに肉体的諸力が諸々の活動において張り合う状態のことを言う。この際、闘争から精神的諸力を排除してはならないのは言うまでもないことである。なぜなら、精神の状態もまた軍事的諸力の上に決定的な影響を及ぼすものだからである。

闘争の必要は、大昔からこれに打ち克つために人類に特殊な発明を促してきた。その結果闘争の形態は非常な変遷をたどってきたが、外見的形態の変遷にもかかわらず、その概念が変ってきたわけではない。そしてこの変らざる闘争の概念こそ戦争の本来の意義をなすものである。

発明は先ず個々の闘争者の武器と装具とから始まった。これらは、戦争が始まる以前に準備され、その用法について、まず訓練されていなければならない。そしてまたこれらは闘争の性質に応じてその性質が規定される。つまり闘争がこれらに法則を与えるのである。しかしこれら武器や装具に関する仕事は、明らかに闘争それ自身とは別ものである。その仕事は闘争のための準備であって、闘争の遂行にはかかわりない。すなわち、武器や装具を準備するということは本質的には闘争の概念には入らないのである。なぜなら、素手による格闘もまた闘争であることを考えれば、それもおのずから明らかなことであろう。

　闘争は武器と装具の性質を規定すると述べたが、逆にまた武器と装具の性質が闘争を規定する場合もある。かくて両者の間には一種の相互作用が成り立つといってもよいだろう。

　しかしながら、やはり闘争自体はその他の仕事とは異なるまったく独特な活動であることには間違いない。というのは、それが危険というまったく特殊な雰囲気の中で行なわれるだけに、一層その感が強いわけである。

　それゆえ、われわれは闘争そのものの活動と闘争に備えるための活動とを区別して考える必要がある。このような区別が是非とも必要な所以は次の一例を考えてもわかるであろう。つまり、一方の活動分野においては極めて有能な人物でも、他方の活動分野においてはしばしばまったく無用の衒学者《げんがく》になり下ってしまう者があり得るという事実がそれである。

　われわれは観察上、この二活動を区別して考える必要があると言ったが、そのためにはすでに武器をとり、装具を装った戦闘力を既存の手段と見なせば観察に便利である。というのは、後はこの既存の手段を有効に使用すべく、その主要な効果を知れば足りるからである。

　それゆえ、狭義の兵学とは、既存の手段を戦争に際して有効に使用する技術のことを言い、これを名づけて作戦というのは極めて適した呼び方であると思う。これに反して広義の兵学とは、戦争のためになさるべき全活動、つまり戦闘力を創造するための全部、徴兵、武装、装具の準備、訓練などすべてが含まれることになる。

いやしくも理論をしてその現実性を失わせないためには、この二活動を分離しておくことが最も重要なこととなる。なぜなら、兵学を説き起すのにまったく戦闘力の創造から始め、これを基本にして作戦の方法に及ぶといったやり方なら、現実的には既存の戦闘力がたまたまその方式に合致している場合にだけ適用されるにすぎないことは明らかであろう。これに反して、もし多くの場合に適用でき、いかなる場合に用いられても有効性を失わない理論を得ようとすれば、兵学は既存にして普通の戦闘手段の大多数の上に打ち樹てられねばならないし、このような既存にして普通の戦闘手段の上に立って、そこに見られる本質的効果をのみ配慮しなければならない。

したがって作戦とは、闘争を一定の秩序のもとに配列し遂行することである。もしこの闘争が一個の独立した行動であるならば、これ以上立ち入って論ずる必要はないであろう。ところが闘争は、それ自体独立性を有する数行動よりなるものであって、この独立性を有する行動とは、すでに第一部第一章で述べてきたように戦闘がまさにそうであり、この戦闘こそが闘争の新しい単位となるものである。さて、これらの戦闘をそれ自体において秩序だて遂行させることと、これらの戦闘を連合させて戦争の目的に結びつけることとは、まったく相異なる活動に属する。すなわち前者は戦術と呼ばれるものであり、後者は戦略と呼ばれるものである。

戦術と戦略とを区別することは今日一般的習慣となっている。そして何ぴとも、その区別の根拠を明瞭に知っているわけではないのに、個々の事実についてはそれがどちらに入れられるべきであるかについては、かなりはっきりと知っているようである。しかしこのような区別がその理由の不明なままかなり広く使用されているわけは、それなりにこの区別に深い根拠があるからにほかなるまい。この根拠をわれわれはこれまで追求してきたのであるが、改めて次のように言うことができよう。すなわち、この根拠はまさに大多数の人々に使用されているもののなかにこそある、と。これに反して、われわれは、二、三の著述家によって勝手に作られた事物の本質に基づかない概念規定などは、まったく現実に使用され得ないものと見なさざるを得ない。

したがってわれわれの区別によれば、戦術とは一戦闘中における戦闘力使用の学問であり、戦略とは戦争目的遂行のために数戦闘を使用する学問である。

個々の独立した戦闘概念の一層詳細な規定や、その戦闘という単位がいかなる諸性質をもっているかについては、後ほど詳細な戦闘論において述べるであろう。今ここでは次のような簡単な規定で一応満足しておくことにしよう。それは空間的に同時に行なわれている諸戦闘にあっては、戦闘という単位は個人の命令の届く範囲のことであり、時間的に相次いで起ってゆく諸戦闘にあっては、その延長は一つの危機が完全に終るまで続くということである。

もっとも数個の戦闘がただ一つの戦闘と見なされるという場合も出てくるだろうが、これをもってしても先に述べたわれわれの分類が間違っているという理由にはならない。なぜなら、およそ現実の事象を分類するにあたっては、その一方のものと他方のものとの間に常に過渡的なものがあって徐々に移行していくものだからである。それゆえ、個々の軍事行動を見るならば、視点を変えないでも戦略とも戦術ともいずれにも見られるべき行動があるものである。例えば、極めて広大な陣地は戦略上の配置に似通っているし、幾つかの渡河計画などは両者に属しているものがある、等々。

以上われわれの区別は戦闘力の使用にのみ関係し、それのみに尽きている。しかるに戦争においては、戦闘力の使用に役立つが、戦闘そのものではない別種な活動がある。これらの活動は戦闘力の使用上あるいは密接に、あるいは疎遠に関係している。つまりこれらの活動とは戦闘力の維持に関係しているものである。戦闘力の創造と養成は戦闘に先立つ重要な条件であるが、戦闘力の維持もそれらに劣らず不可欠な条件である。ところでこの点をもっと正確に考察すれば、戦闘力の維持に関する活動はすべて闘争の準備と見なされなければならないだろう。もっともこのような準備は行動と密接に関係し、軍事行動と錯綜して行なわれるものであって、これが準備、これが行動と明瞭には区別できるものではない。それはともあれ、われわれは狭義の兵学上より見て、諸多の準備活動と同様、このような準備活動を本来の作戦というものから排除することができるだろう。けだし理論を構成するにあたっては、異質のものを除外することこそ重要なことであるはずだし、この必要性にかんがみても、ここで戦闘力の使用と準備とを区別することは許されることであるだろう。そもそも給養とか管理とかというおよそ煩雑な仕事を、誰が一体本来の作戦と同一視する者があるだろうか。というのも両者は確かに交互に関係し合ってはいるが、それにもかかわらず、あまりにも両者の本質的相異性がはっきりしているからである。

われわれは第一部第三章で戦争の本性を説くにあたり、闘争もしくは戦闘は数種の軍事行動の糸の必然的に集まり来る所であると述べた。けだしその意味は、すべての軍事行動なるものは必ずや戦闘をもってその最終的目的としているからである、というのであった。そして戦闘を最終目的とする諸軍事行動も、それぞれ独自の法則に従ってこの目的に突き進むということも述べたいと思っていた。次にこの問題について一層立ち入って述べてみたい。

まず戦闘以外の諸活動は、それぞれ著しくその性質を異にしているということについて。そのなかのあるものは一面において闘争それ自体に属し、闘争と一体化しているとともに、他面においては戦闘力を維持するのに役立っている。またある活動は単に戦闘力の維持にのみ属し、ただその結果が闘争と交互作用をなすことによって闘争自体に条件的影響を及ぼすにすぎないものもある。

一面において闘争それ自体に属するものとは、行軍・野営・舎営などのことである。これらは等しく非常にさまざまな軍隊の状態であるが、これらの状態にある軍隊が考えられる限り、そこには必ず戦闘の観念がなければならないはずである。単に戦闘力の維持にのみ属するものとは、給養・傷病兵の手当・武器や装具の補給などのことである。

行軍は軍隊の使用と完全に一致する。戦闘中における行軍は普通展開と呼ばれていて、これはまだ本来の武器の行使ではないが、それと必然的に密接な結びつきをもち、戦闘の不可欠的部分を構成している。しかし戦闘時以外の行軍は戦略的予定の行動にほかならない。この戦略的予定によって、戦闘が、いつ・どこで・どれほどの戦闘力をもって遂行されるべきかが明らかにされる。戦闘時以外の行軍とは、この戦略的予定を実施するための唯一の手段なのである。

したがって戦闘時以外の行軍は戦略上の手段と言うべきであるが、行軍している戦闘力はいかなる瞬間にも戦闘の可能性を含んでいるのであるから、それは単に戦略上の手段というより、戦術戦略の両法則に従っていると言うべきであろう。もし仮に、ある縦隊に対して河か山のこちら側をとって進むよう指令したとすれば、それは戦略上の決定である。というのは、そこには、もし行軍中戦闘が必要になれば、敵を攻撃するのには河や山のあちら側にいるよりこちら側にいる方が有利である、という意図が秘められているからである。

これに反して、ある縦隊が渓谷を進む代わりにそれに沿った丘陵の背を進むか、あるいはまた行軍の便宜上数個の小縦隊に分れて進むとするならば、それは戦術上の決定である。というのは、この場合の行軍は明らかに戦闘が起きたとき、いかにして戦闘力を行使すべきかというその様式を顧慮した上でなされたものだからである。

行軍の内的序列は戦闘の準備と絶えず関係し合っている。それゆえその性質は戦術的なものであらざるを得ない。けだしこのような際の序列は、起り得べき戦闘に対する前もっての配備以外の何ものでもないからである。

行軍はそもそも、戦略がその活動の中心要素である戦闘を配分せんがための手段であり、しかもこの戦闘はその実際の経過によって戦略の用をなすのではなく、その結果によって用をなすのであるから、活動つまり戦闘の代わりに手段としての行軍が戦略上の考察の対象となることがあるのは当然である。例えばよく決定的で実り多い行軍について云々されるが、これは行軍そのもののことを言っているのではなく、行軍によって生じた諸戦闘の総合のことを言っているのである。このような意味内容の置き換えはごくあたりまえのことであって、その用語法も簡潔を極めているのであるから、あえてそれを退ける必要はない。ただこのような表現は意味内容を置き換えたにすぎないものである故、このような表現に出あって正しい意味を見抜くことをしないならば、いたずらに迷路に踏み迷ってしまうだけであろう。

戦略的戦闘の総合だけを過大評価し、これに戦術的戦闘の勝利とは別個の独立した能力を付与するがごとき考えは、まさに前述の迷路の一例である。このような誤った考えがなぜ生まれてきたかを考えてみるに、行軍や演習を有効に組み合せ総合してゆけば、何らの戦闘も交えることなくその目的が達成され、ここにおいて戦闘なくして敵を屈服させ得る手段が見出される、と考える点にその誤りの源泉があるようである。われわれはこの誤った考えがいかに恐るべきものであるかを後ほど十分に解明したいと思っている。

しかしいかに行軍が闘争にとって不可欠の部分と見なされようと、行軍のうちには闘争とは何の関係もない、つまり戦術的でも戦略的でもないものがまったくないわけではない。単に軍隊の便宜を計るためにすぎないような諸々の設備、例えば橋梁や道路の工事などがこれである。これらはただ戦闘の条件にすぎない。もっとも、これらの設備が時として軍隊の使用と密接に関係し、ほとんどこれと同一視されるべきであるような場合もないわけではない。

例えば敵前において橋梁の工事を行なうような場合がこれである。しかし橋梁の工事それ自体は戦闘とは本質的に種類を異にする活動であって、その理論も作戦の理論とは交渉するところがない。

われわれが野営と呼んでいるのは、舎営とは異なり、軍隊が戦闘の準備をしたまま集合している状態のことである。野営と舎営とは休憩の状態、つまり体力の回復を図ろうとする点では同じであるが、野営の方はそれと同時に戦略上、その地点で戦闘を交えることも予定に入れられている。そしてまたこのような予定は、野営の配備そのもののなかにすでに基礎をもっている。これは野営において防戦を余儀なくされる場合の不可欠の条件であるし、それゆえにまた、野営とは戦略および戦術の主要な部分をなすものであると言わざるを得ない。

他方、舎営とは軍隊の体力をより一層回復させるために野営に代って行なわれるものである。それゆえ舎営は野営と同様に、その位置および面積から見た場合戦略的であり、戦闘の準備のためになされた内的設備から見た場合戦術的なものである。

もちろん野営や舎営の目的のなかには、軍隊の体力の回復のほかに別なものがあることは確かである。例えば一地方の援護、一陣地の維持等の目的がそうである。しかし体力の回復だけを目的とする場合が多いこともまた事実である。すでに述べたように、戦略上追求される目的は非常に多様である。というのは、いやしくもこちらに有利と見えるものはすべて戦闘の目的となり得るからである。したがって戦争遂行上の手段の維持は、しばしば必然的に個々の戦闘の総合の目的となっても怪しむに足らない。

このような場合に当面して、戦略は単に軍隊の維持のためにのみ役立つと言ったからといって、われわれが戦闘の問題から逸脱してしまったと見るのは早計である。なぜなら戦地の一点に軍隊を配備するとは、そもそも戦闘力の行使以外の何ものでもないからである。

しかし野営や舎営における軍隊の維持の必要上、ヒュッテの建築、テントの設置、野営や舎営における給養や清掃作業などといったおよそ戦闘力の行使とは関係のない活動が行なわれるならば、これらの活動は戦略、戦術いずれにも属するものではない。

防禦工事のごときものも、たとえその位置や構造からいって明らかに戦闘設備の一部であり、従って戦術上のものであってもその築造の施行そのものは作戦の理論に属するものではない。なぜなら、これに必要な知識や技能は訓練された戦闘力があらかじめ備えていなければならないものであり、戦闘の理論の前提になるものだからである。

ただ戦闘力の維持をもってその目的とし、戦闘そのものとは何ら関係のない諸活動中、それでも比較的戦闘とつながる活動は軍隊の給養活動であろう。なぜなら、それはほとんど毎日また各個人ごとに間断なく行なわれねばならないからである。その結果、給養は軍事行動の戦略的部分と密接に交錯してくることになる。われわれはここで、戦略的部分なる言葉を使った。というのは、個々の戦闘においては軍隊の給養問題がその計画を左右するなどということはまず滅多にあり得ないからである（もちろん絶対にないと言うのではないが）。給養問題と交互作用をなすのは、したがって大部分戦略的な方面だけということになる。実際、この給養への顧慮が戦役や戦争における戦略計画の大部分を占めるということは稀れなことではない。だがこの顧慮がどれほど頻繁に行なわれ、どれほど決定的なものであろうとも、軍隊の給養活動は常に戦闘力の行使とは本質的に異なったものであって、ただその結果によって戦闘力の行使に影響を与えるものにすぎない。

ところで先にわれわれが挙げた管理的活動は、軍隊の使用という点に関しては右の軍隊の給養に比べて遥かに疎遠な関係にある。例えば傷病兵の手当などは軍隊の健康を維持するためにどれほど重要であっても、直ぐにその影響を受けるものは軍隊のわずか小部分にすぎず、その他大部分の軍隊の使用上に及ぼす影響は甚だ弱くかつ間接的であらざるを得ない。また武器装具の補充なども、戦闘力の補充機関によって不断に施行されねばならぬものを除いて、ただ一定の時期ごとに施行すればよいのであって戦略的計画を立案するに当って滅多に問題になることはない。

しかしここで読者の誤解を防ぐために一言しておかねばならないことがある。というのは、これらの諸問題といえども、個々の具体的事例に当面しては、もちろん戦略的計画を左右するに足るほど重要な場合もあり得るということである。例えば、病院や弾薬予備品の所在地までの距離が非常に重要な戦略的決定を左右する唯一の根拠となる場合も出てくる。われわれはこのような事例を否定しようとしたり、隠蔽しようとしたりする考えは毛頭ない。しかしわれわれの論じてきたものは個々の事例の事実関係ではなく、それらを抽象した理論についてなのである。それゆえ、われわれは次のように主張したいと思う。すなわち、傷病兵の手当・弾薬および武器の補充などの問題は時として戦略的計画に影響を及ぼすことがあっても、その影響は作戦の理論を再考させるほど重大なものではなく、作戦の理論をしてこれらの問題に関する諸手段や諸体系の理論の結果を取り入れさせるほどのものではない、ということである。もっとも軍隊の給養に関してだけは例外であるが。

これまで論じてきた結果をもう一度確認してみれば、戦争に属する諸活動は二つの主要部門に分けられるということである。つまりその一つは戦争の準備のためだけのもの、その二つは戦争そのものである。したがって理論もまたこの区別に従わなければならない。

諸準備のための知識や技能は戦闘力の製作、訓練、維持を包含する。これを総括するのにいかなる一般的名称をもってすべきかは、われわれはここで確定しないままにしておく。しかし、砲兵学、築城学、いわゆる基本技術、戦闘力の編成と管理の全活動、その他これらに類するものの全部がいずれもこれに属していることは明白である。そして戦争の理論はただこれら既存の諸手段を使用して、戦争の目的を達成させるものである。つまり戦争の理論自体が必要とするものは、ただこれら諸問題の結果だけであり、これらの諸材料によって引き渡された諸手段の主な性質の知識だけである、ということになる。われわれはこれを狭義の兵学、あるいは作戦理論、あるいはまた戦闘力使用の理論と名づけている。これらの名称はいずれも同一の対象をそれぞれに言い換えたにすぎない。

したがってこの理論は戦闘を本来の闘争として、行軍・野営・舎営などを多かれ少なかれ戦闘に近いものとして取り扱うであろう。しかし軍隊の給養の問題は、この理論が扱う固有の対象ではなく、この問題はあくまでもその他の既存の諸問題と同様、その結果に関しての面からだけ考察されるであろう。

この狭義の兵学はまた再び戦術と戦略とに区分される。前者は個々の戦闘の形態を論じ、後者はそれらの行使を論ずる。両者ともに行軍・野営・舎営などを論ずるが、それはとりもなおさずそれらが戦闘と関係をもっているからである。そしてこれら行軍・野営・舎営などは戦闘の形態に関係するか、それとも戦闘の意義に関係するかによって戦術的なものともなり、戦略的なものともなる。

おそらく読者のなかには、戦術と戦略とのこのように密接した間柄をくどくどと区別して説くのは、作戦上に直接影響のない無用な論究であると考えるむきもあろう。もちろん、理論的区別がそのまま実戦上に直接影響を及ぼすなどと考えることは極めて衒学的なことであるし、われわれとてもそのようなことを考えているつもりではない。

しかしおよそ一つの理論を構成しようと欲するにあたって、その最初の仕事はと言えば、互いに錯綜し混同し合っている諸概念や諸表象を整理することである。そのためにはまず名称や概念についての理解を得た上で、初めてわれわれは諸々の事柄に関する考察を明瞭かつ容易ならしめることができるものであるし、またこのように考察を進めて行くことによって常に読者と同一歩調をとって行けるはずであると確信している。そもそも戦術と戦略とは、時間的にも空間的にも相互に浸透し合っているものであるが、本質的には全く異なった活動であるので、両者の概念を正確に規定しないでおいては、各々の内的法則と両者の相互関係とは絶対に明らかならしめることができないだろう。

もしこのような分類がすべて無意味だというのであれば、理論的考察などはすべて愚かしいものになってしまうにちがいない。このようなことを考えている人物には、錯綜し、確固たる基礎のない、またおそらく満足すべき結果に至ることのない、ただ平板で、空想的で、空虚なものであるにすぎない諸表象でさえも、全然苦痛になることはあるまいと思われる。実際われわれは、本来の作戦についてこのような混乱した表象を、しばしば聞いたり読んだりしたものであった。それにしてもこのような事態を平気でいられたのは、未だかつて学問的研究精神の持主がこの分野に手をそめたことがほとんどなかったからにほかならないと言っておこう。

第二章　戦争の理論について

1　初め兵学とは戦闘力の準備という意味に理解されていた

以前には兵学あるいは軍事科学という名称は、物質的事柄に関連する知識や技能を総括したものという意味に理解されていた。すなわち、武器の製造・装備・使用、要塞や防禦諸工事の設置、軍隊の組織並びに軍隊諸活動の機構などは、これらの知識や技能の対象であって、それらの一つとして戦争において行使されるべき戦闘力の叙述で終っていないものはなかった。つまり以前の兵学の対象は、あくまで物質的素材にのみ限定され一面化されていたのであって、このことは手工業が進歩して精巧な機械技術になっても変ることはなかった。このような兵学が闘争そのものと関係するところは、ちょうど刀鍛冶の技術が撃剣術に対するところと何ら変りはない。それゆえ、危険を冒し、種々の交互作用が不断に起ってくるのに当面し、なおかつそれらを使用し、予定せられた目的を貫くべく精神力と勇気とを活動させるといったことはついぞ問題となることはなかったのである。

2　攻城学において初めて戦争自体が問題となる

攻城学において初めて、先に述べた諸材料を行使すべき精神、つまり作戦それ自体が論及されてくる。しかしながらこのような精神が攻城の用をなすのは、多くの場合、物質的な諸々の事柄と結びついた限りでの話ではあるが。例えば攻城の際の攻路、塹壕、対坑道、砲台等がそうである。要するに精神は、これらの物質的創造物を並べて珠数つなぎにするために必要な糸ということになる。この種の戦争においては、精神は単にこのような物質的創造物を通してしか具現されなかったので、学者はこのような立論だけでかなり満足するを得たのである。

3　次に戦術がこれに論及することになる

後になって戦術が、機械〔軍隊のことか――訳者〕の特質に基礎を置く一般的性質を、それらの組み合せの機構の上に押し及ぼそうとするに至った。もちろんこの性質は既に実戦の活動には関連していたのだが、まだ自由な精神的活動と結びつくには至っていなかった。というのは、当時の戦術において軍隊と呼ばれていたものは、部隊編成と戦闘序列とによって作り出された自動機械にすぎず、指揮官の命令によって動く時計仕掛のようなものと考えられていたからである。

4　本来の作戦がたまたま論じられることがあっても、それはまったく偶然的なものにすぎなかった

本来の作戦、すなわち準備された諸手段の自由な使用法、言い換えれば個人的必要に適応した使用法は、まったく理論の対象とはなり得ず、こうしたものは個人の天賦の素質にだけ委ねられるべきものである、と長い間信じられてきた。戦争が中世の格闘から徐々に規則的で秩序ある形態へと移行してくるにつれて、この問題も種々に考察されるようになってきたが、大抵の場合それらは回想録や説話の中である程度偶然に窺い知られるにすぎないものであった。

5　諸々の戦争を観察していくうちに理論の必要性が生じてきた

これらの考察が次第に積み重ねられ、歴史がますます批判的な性質を帯びてくるや、戦史にはつきものの論難攻撃、意見の対立などを何らかの目標のもとに統一させるために、その

基礎としての原則や規則が熱望されるようになってきた。けだし根底となる支点や中心となる法則もないまま諸々の意見が入り乱れているといったことは、人間精神にとって決して好ましい現象ではなかったからである。

6 積極的理論を樹立しようとする努力

このような理由によって、作戦についての原則や規則、進んでは体系すらも作ろうとする努力が生まれてきた。このようにして積極的目的は樹立されたが、作戦に伴う無限の困難さはまだ正当に把握されるようにはなっていなかった。われわれが既に指摘してきたように、作戦の限界とはいかなる面から見ようとも不確定なものであった。しかるにすべての体系、すべての理論的構築物には、それが一種の総合であることによって不確実なものを確定的なものとして取り扱う限界性がある。そこにこのような理論がとうてい実践と矛盾せざるを得ない所以があるわけである。

7 物質的対象に限定すること

兵学理論家は早くからその対象の困難さを感じており、その原則や体系を物質的な事柄に一面的に限定することによってこの困難さを回避し得ると考えるに至った。かくて戦争の準備に関する諸科学の場合とまったく同様、ただ確実で積極的な結果を得ることだけが関心事となり、計算可能なものだけが考察の対象とされるようになった。

8　数量をもって勝つこと

数量的優越ということは一つの物質的事柄であった。そこで勝利の結果をもたらすべき諸要因中、これが特に取り上げられて論じられてきた。というのは、数量というものは時間的にも空間的にも配列し得るものであり、したがって容易に数学的法則化が可能なものだからである。この種の主張をなす論者は、数量以外の他の諸状況をまったく無視してもかまわないと考えた。なぜなら、その他の諸状況は敵味方ともに共通であり相殺し合うものだから、と言うのであった。ところで、もしただ研究の都合上この数量という一要因を取り上げて論じたまでのことであるというのなら、この種の主張にも一面の真理があると言えよう。しかしあくまでも数量上の優越をもって唯一の法則と思いこみ、一定の時間に一定の地点で数量的優越を誇ることこそ兵学の全奥義であると考えるならば、それは現実の活動からまったく遊離した議論であると言わねばならない。

9　軍隊の給養

数量の問題以外にも、理論的考察の対象となり、体系づけられようとした物質的要素がある。すなわち軍隊の給養問題がこれである。軍隊の給養こそは、ある一定の組織を有する軍隊が前提となっている限り、作戦主要動因となるべき筋合のものである、というのがこの種の論者の主張である。

もちろんこのような仕方によっても確定的な数量関係は得られよう。しかしこの場合の数量関係とは多くの恣意的前提に基づいているものであり、実際経験上からは何の効力もないものである。

10　策源

またある才人は、精神的関係すらも若干含まれている多くの状況、すなわち軍隊の給養、その糧食および装具の補充、戦地と本国との間の通信の確立、最後に退却路の確保、といった諸々の状況を研究の必要上、策源（基地）なる単一概念のなかに包括しようとした。ところでこの種の論者は、まず右に挙げた諸々の状況に代えるに策源なる単一概念をもってしたが、ついで彼らは策源なる概念の代わりに策源の大きさをもってし、最後に策源の大きさの代わりに戦闘力と策源とが形づくる角度をもってしようとした。かくて得られた結果は、まったく何の価値もない幾何学的結果にすぎなかった。実際、このような代置のどれ一つとして、真理を傷つけ、代置以前の概念のなかに多少とも含まれていた真理の一部を欠落させることなしには、決してなされ得なかったのである。確かに策源という概念は戦略上重要なものであり、そこに思い至ったことは一つの大いなる功績ではあった。しかしこれまで述べてきたように、この概念をそのような意味に使用することは許されないことであって、その結果はまったく一面的な結末に陥らざるを得ないこととなったのである。例えば、この種の論者はこの一面的な結論をさらに押し進めて、包囲形態の効果をあまりにも過大に評価しすぎるようになったことなどその最も良い例であろう。

11　内　線

このような行き過ぎに対する反動として、今度は別の幾何学的原理、つまりいわゆる内線(策源地と本国を結ぶ諸交通路)の原理が王座に上らされた。この原理は、妥当な根拠の上に、すなわち戦闘こそは戦争における唯一の効果的な手段であるという原則の上に立脚しているとはいえ、これまた純然たる幾何学的性質をもちこんでしまったという点で、前述の事例とは反対の一面性に陥ってしまい、現実の活動を支配することができなくなってしまっている。

12　この種の試みにはすべて欠陥がある

前述のごとき理論的追求は、確かにその分析的方面に関しては真理の領域へ一歩前進したものと見なすことはできるだろう。しかしその総合的方面に関しては、つまりその法則や規準の面に関しては、まったく使いものにならないのである。

およそ戦争においては何ものも確かなものはなく、推算するにしてもあまりにも大きい変動を念頭に置いていなければならないはずなのに、この種の理論はいずれも確定的数量上の大きさだけを追求している。

また軍事行動というものは、精神的諸力とその作用によって貫かれている面があるにもかかわらず、この種の理論はそれらを度外視して単に物質的数量だけを考察の対象としている。

さらにまた、戦争とは相対する両軍の不断の交互作用の過程であるにもかかわらず、この種の理論はそれらのうちの一方の活動だけを取り上げて議論している。

13　これらの諸理論はすべて天才を常軌を逸したものとして度外視してきた

このように、貧弱な知識による一面的考察をもって理解し得ないものは、すべて学問の埒外にあるものとして放棄され、天才の領分に属するものとして扱われてきた。けだしこの種の論者からみれば、天才とは常軌をもっては律し得ないものなのであるからである。

たとえ今ここに法則があったとしても、天才の用には供するに足らず、また天分ある者は傲然とこれを無視し、甚しい場合は嘲笑をしか返してもらえないような、そのような法則を甘んじて遵奉しなければならない軍人こそ惨めであろう。しかしまた考えてみるに、天才の軌跡こそ最も優れた法則でなければならないはずである。そして理論とは、天才がいかなる方法で、いかなる理由で天才であるのかを全力を挙げて究明するものであるとさえ言えるだろう。

精神を無視し、これと対立するような理論もまた惨めである。この矛盾は、その理論がいかように謙虚な態度に出ても掩い隠し得るものではない。いやそれが謙虚であればあるほど、ますますその理論は嘲笑と軽蔑とを受け、現実の活動から逐われて行くことになるであろう。

14　およそ理論は精神的数量を考慮するに至って困難なものとなる

いかなる理論でも、一旦それが精神的数量の領域に踏みこむや否や、たちまちそれは無限に困難なものとなる。建築や絵画なども、それが物質的素材の問題である限り、事態は明白である。われわれは未だ機械工学的構成や光学的構成の見地から芸術論争がなされたなどということ例を聞いたためしがない。しかるに一旦論争がその創造物の精神的効果や、精神的印象ないしはそれによって惹起される感情などの問題に及ぶや、論説の法則的統一は失われ、すべては漠然たる観念にすぎないものとなってしまう。

医学というものは普通肉体的現象をしか取り扱わないものである。つまり医学は動物有機体をその対象とする。しかしこの動物有機体は刻々に変化し、前の瞬間と後の瞬間とにおいてその相が同一である保障はない。このことが医学の課題を非常に困難なものにし、したがって医者の知識よりもその診察が重要視されるようになった所以もここにある。ましてこの医学に精神上の作用が附加されるや問題の困難さは一層深刻になる。精神病学者が普通の医者よりはるかに高等視される所以もこの辺にあるのであろう。

15　戦争の理論は精神的数量を度外視することができない

およそ軍事行動は単に物質的素材をその対象とするものではなく、この物質的素材に生命を吹きこむ精神的力もまたその対象とするものであって、この両者を区別して考えることは不可能である。

ところでこの精神的数量を見るにはただ心眼によらざるを得ず、しかもこの心眼たるや人ごとに同じものではなく、また同一人物にあっても刻々に変化しているものである。

危険というものは戦争における一切の活動を取り巻いている一般的要素であって、これに抵抗し得るものは勇気、つまり自分の力に対する自信以外にない。勇気こそは心眼の判断を左右するに足るものであると言えるだろう。比喩をもって言うなら、勇気とは映像が脳髄に達する前に必ず通過せねばならぬ水晶体のようなものである。

しかも経験にてらしてみても、これらの事柄がある一定の客観的価値をもっているということは疑うべくもない事実である。

誰しも奇襲、側面攻撃、背面攻撃の精神的効果を知っている。また誰しも敵が背中を向けるや敵の勇気を過小評価するものだし、敵に追われる時と敵を追う時とは大胆さが違うものである。さらにまた誰しも敵を評価するにあたって、その才能の評判、その年齢および経験などを顧慮し、それによって対策を決めるものである。戦争に臨んで敵味方両方の軍隊の精神および気分を吟味するのも、また当然のことである。すべてこれらの諸効果は皆精神的数量の範囲内にあるものであって、いずれの時代においても反覆して問題となってくるものである。それゆえわれわれは経験にてらして考えてみても、この種の精神的数量の問題を決して度外視することは許されない。そしてまたもしこの問題を度外視するような理論があるならば、その理論は必ずや破綻を来たすことは間違いないであろう。

とにかくこれらの精神的数量を理論上に採り入れるにあたっては、実際経験こそがその拠るべき典拠となるのであって、心理学的ないしは哲学的空論のごときは戦争理論の典拠となり得ないのである。最高司令官たる者はそのような空論に典拠を求めることのないようよろしく心すべきである。

16　作戦理論の主要な困難

作戦理論のなかに含まれている課題の困難さを明瞭に見極め、そこから作戦理論がもたねばならない性格を導き出すためには、われわれは軍事行動の性質を形づくっている主要な特性について、もう一度詳細に検討してみなければならない。

17　第一の特性、精神的諸力と精神的諸効果

これらの特性のうち第一のものは、精神的諸力と精神的諸効果とである。

闘争とは本来敵対感情の表現である。もっともわれわれが戦争と呼んでいる大なる闘争にあっては、敵対感情は単に敵対意志となるだけであって、戦争に参加する個々人には少なくとも敵対感情といったものが伴わないのが普通である。しかしもちろんこのような敵対感情のごとき感情がその際全然みられないわけではない。例えば、個々人の間に敵対感情がなければ、戦争に際して必ずと言ってよいほど附随して現われる国民的憎悪感がこれに代ることがある。もしこのような国民的憎悪感もなく、何ら憤激の種もないとしても、一旦武力衝突

が起れば敵対感情は必然的に生まれてくるものである。というのは、今もし誰かが高飛車に武力を用いてわれわれを襲うとすれば、われわれはこのような行動を命じた相手の上層権力に対してよりも、まず実際に襲ってくる相手に対して復讐の念を燃え上らせるだろうからである。それが人情というものである。ある者はそれを動物的だと言いたがるだろうが、いずれにせよこのような心理が働くことだけは事実である。——従来戦争の理論を樹てる者の多くは、闘争をもって諸力の抽象的な比較とだけ見なしてきて、感情の問題は全然これに関与しないものと考えてきた。これは従来の戦争理論が身勝手に犯してきた無数の誤りのなかの一つである。なぜなら、これらの理論はその誤りからいかなる結果が導き出されるかについて全然何の配慮もしていないからである。

闘争の本性に根ざしている感情の興奮以外にも、本質的には闘争そのものに根ざしているわけではないが、しかし闘争そのものと極めて深い関係にあるために容易にこれと結びつく種々な力がある。名誉心、支配欲、各種の感情等がこれである。

18 危険の印象

最後に闘争は危険という雰囲気を生み出す。すべての軍事行動は、ちょうど鳥が空中を飛びまわり、魚が水中を泳ぐように、この危険という雰囲気のなかにあって運動しなければならない。そしてこの危険という雰囲気の諸効果は、あるいは直接的に、つまり本能的に、あるいは理性を媒介として、感情に影響を及ぼさざるを得ない。感情に及ぼすそれの直接的影響とは、まず危険から逃れようとする努力であって、それが不可能な場合には、恐怖とか不安とかが生まれるであろう。このような状況に臨んで恐怖や不安に駆られないとするならば、その人は勇気があると言うべきである。言い換えれば、その人の勇気がかの本能と均衡状態を保っているのである。しかし勇気というものは決して理性の一様態ではなく、恐怖と同じくやはり感情の一様態なのである。ただ両者の異なる点は、恐怖が肉体の自己保存を目的としているのに反して、勇気は道徳的な自己保存を目的としている点であろう。つまり勇気とは本能の高尚なものである。とにかく勇気が本能である限り、これを使用するのに効果があらかじめ測定される死んだ機械のようなわけにはいかない。以上によってもわかるごとく、勇気とは危険を中和するために存在する緩和剤であるばかりではなく、それ自体がまた一つの特殊な数量的大きさでもあるわけである。

19　危険が及ぼす影響の範囲

危険が戦争に従事している者に及ぼす影響を正当に評価するためには、その影響を決して目前の身体的危険にのみ限定すべきではない。戦争に従事している者は、単にわが身が脅迫されているのを感ずるばかりでなく、また自分の率いている者すべてが脅迫されているのを感じてもいるのである。また単に目前にある危険を感ずるばかりでなく、想像力によって目前の一瞬間と結びついた長時間の危険を併せて感じてもいるのである。最後に危険の加わるのは自己と自己の率いる者に対してばかりでなく、間接に彼の負っている責任を通して戦争の全従事者にのしかかってくる。しかもこの責任というもののために、戦争従事者の心は危険の重みを一〇倍にも感ずるのである。ここに、ある最高司令官があって、一大会戦を提議したり決断したりしようとすれば、彼は己れの負う責任の重さに多少の緊張や憂苦を懐かないわけにはゆくまい。要するに、戦争に従事するということは、単に物的存在として戦争に投げこまれるのではなく、あくまでも生きた行動者として参加する限り、常に危険の領域から逃れることはできない、ということである。

20 他の諸感情

われわれは敵対感情や危険によって生ずる感情をもって戦争における主要な感情と見なしてきた。しかしながらおよそ人生におけるあらゆる感情もまた戦争に無関係ではないのである。無関係ではないという以上に、それらの感情は戦争においてしばしば広汎な作用を及ぼしてさえいる。確かに戦争という人生の厳粛な場にあっては、幾多の些細な感情など打ち消されてしまうことがあるのは当然であろう。しかしこれは下級にあって、一つの危険、一つの労苦を脱出するやたちまち他の危険、他の労苦に陥ってしまう者についてのみあてはまることである。これらの下級軍人は人生の他事を考える暇なく、世間の虚偽の情を忘れ去り（死生の境にあっては虚偽の情を顧る暇はない）、いわゆる単純な軍人気質にならざるを得ないのである。昔からこのような気質こそ軍人の模範とされてきた。しかし上層の軍人においては事情が違ってくる。というのは地位が高まるにつれて、自分の周囲のものを一層多く見なければならないからである。その結果、あらゆる方面への関心が喚起され、善悪さまざまな感情が胸中を去来するものである。羨望と寛容、高慢と謙虚、憤怒と感動、これらはいずれも戦争という大活劇を動かす精神的諸力となり得るのである。

21　理性の個人的相違

軍人における理性の特殊性も、感情のそれと劣らず、戦争に与える影響は大なるものがある。われわれが空想的で誇張癖の強い未熟な人物から期待するものと、冷静で堅固な理性の持主から期待するものとでは、その差が小さかろうはずはない。

22　理性の個人的相違の多様性は目的達成の手段の多様性を生む

理性の個人的相違の影響は主として上級の地位において顕著である。言うまでもなく地位が上級であればあるほど理性的なものが要求されるからである。ところでこの理性の個人的相違が多様であるということこそ、すでに第一部で述べておいたように目的達成の手段の多様性を生み出し、蓋然性と幸運の余地を多からしめたり少なからしめたりするのである。

23　第二の特性、生きた反応

軍事行動の第二の特性は、生きた反応であり、それによって生まれる交互作用である。われわれはここでこのような反応を考慮することの困難さについて語ろうとは思わない。というのは、この困難さはすでに述べたように、精神的諸力を数量的大きさとして取り扱うことの困難さのなかで論じ尽しておいたからである。われわれがここで述べたいと思うことは、このような交互作用はその本性上から見て、いかなる法則をもってしても律し得るものではないということである。およそ何らかの方針が敵に与える作用というものは、軍事諸行動の中で最も個人的な形で現われるものである。しかし、そもそも理論というものは大量な現象を扱わねばならないものである故に、個人的な特殊性の一つ一つを取り上げているわけにはゆかない。つまりそのようなものは理論の及び得ないものであって、当事者の判断と才能とに委ねざるを得ないのである。それゆえ軍事行動のように、一般的諸状況に基づいて作製された計画でも予期せざる個人的現象によって破壊されやすい行動においては、個人の才能に頼らねばならぬ部分が一般に非常に多く、理論的指示によって資する余地はあまりにも少ないのである。

24 第三の特性、諸事実の不確実性

最後に、戦争においてはすべての事実が極めて不確実であるということも、戦争にとって独特な困難さの一つである。ここではすべての行動が、かなり輪郭のかすんだ薄明の境で行なわれねばならない。それはちょうど、霧のなかや月明りのなかで物を見るようなものである。このように確実性に乏しく完全な洞察をなし得ない事柄は、才能によって推察されるか、偶然的幸運に委ねられねばならない。つまり客観的知識の不足を補うためには、才能か偶然

的幸福に頼らざるを得ないこともある、ということである。

25　積極的立論は不可能である

このような対象の性質上、われわれは兵学を積極的な理論的構築物とすることによって、いわばこれを作戦上の足場と見なすことは不可能である、と言わねばならない。強いてそのような理論を作ったとしても、作戦者は自分の才能だけに頼らねばならない事態に当面するごとに、その理論を棄て、その理論と矛盾する行動に出なければならないだろう。また仮にそのような理論がたとえどれほど多方面にわたって構成されていようとも、所詮その結果はすでにわれわれが幾度となく述べてきたものと何ら変らないものであるにちがいない。つまり才能ある者や天才は法則外のところで行動し、そして理論はまったく現実と対立したものとなってしまうだろう。

26　しかし理論を構成するために道がないわけではない

理論を構成するには以上のような困難があるにしても、なおそれを打開するために二つの道が残されている。

先ずわれわれが軍事行動の全般について述べたことは、必ずしも各地位の活動について一様にあてはまるわけではない。地位が低ければ低いほど、個人的自己犠牲的な勇気の要求される度合は多くなり、それに反して理性的並びに判断上の諸困難はますます少なくなってゆく。というのは、彼らが当面する現象の範囲は非常に限られたものであり、その目的や手段も数少なく、行動の資料とすべき事実も明瞭であって、あまつさえそれらの大部分は目に見える形で実在しているのが普通だからである。しかし地位が上昇するにつれて諸困難は徐々に増加してゆき、最高司令官ともなれば、すべてのものが天才に委ねられねばならぬほど困難さは測り知れないものとなる。

以上は地位の相違からくる困難さの違いを見たのであるが、しかし対象の性質そのものから見ても困難さは同一ではない。つまり事物の効果が物質界に直ちに現われるようなものはその困難さの度合が低く、その効果が精神界に現われて意志を左右する動因ともなるようなものはその困難さの度合が高いのである。それゆえ、戦闘の内部序列、準備および実施のために理論的法則を構成することは易いが、実際戦闘の行使に関して法則を構成することは難しい。前者にあっては物質的な武器が互いに相触れるにとどまり、たとえその間に精神作用が働くにしても、根本的には物質が主要な位置を占めている。しかるに後者、つまり戦闘の行使ないしはその効果に関してはもっぱら精神的なものだけが問題となってくる。これを要するに、理論的法則を構成することの困難さは、戦術においてよりも戦略においての方がはるかに著しい、と言うことである。

27 理論は観察にとどまるべきであって、指針であるべきではない

理論の構成を可能ならしめる第二の理由は、理論は必ずしも積極的な教説、言い換えれば

行動への指針となる必要はない、ということである。一般にある活動があって反覆して生起し、しかも常に同一の事柄、すなわち同一の目的と同一の手段を対象としているならば、たとえその間に多少の変動があったり多様な組み合せがあったにしても、これらの事柄は十分理論的観察の対象となり得るものである。しかもこのような観察こそ、あらゆる理論の本質をなすものであり、まさに理論の名に値するものである。そしてまた、このような観察こそは対象を分析的に研究し、観察者をして対象に熟知させ、これを経験に、つまりわれわれの場合では戦史にてらして考える場合には、戦争の理解を容易ならしめるものである。理論がこの経験の理解という究極の目的に近づくにつれて、それは単に客観的な知識というより主観的な能力となり、一切が天才的能力によってしか解決し得ないような事態に当面しても、なおかつその有効性を保ち得るようになるだろう。つまりかくして理論は才能のなかにおいて生き、かつ活動し得るようになるのである。いやしくも理論が戦争を構成する諸対象を研究し、一見定かでないものを鋭く識別し、諸手段の特徴を明確に指示し、その蓋然的な効果を明らかにし、諸目的の性質を明断に規定し、よく批判的観察の光をもって戦争の全領域をてらすならば、理論はその責務の大半を果たしたことになるといってもよいだろう。このような理論なら、書物を通して戦争を学ばんとする者にとっても一応の指針となり、彼のためにその行手をてらし、その歩みを容易ならしめ、その判断力を養い、彼をして迷路に踏みこましめないように指導することも可能であろう。

考えてもみよ、仮に一人の専門家があって暗黒な対象をくまなく究明するために己れの半生を捧げたとする。その人の得たものは、短期間の間に同一の対象を把握しようとする者に比べてはるかに大きいことは言うまでもないことであろう。世人がその問題対象を知ろうとするとき、改めてその問題対象を整理したり分類したりするまでもなく、専門家の研究を基礎にしてさらに問題を展開できるのは、まさにこのような理論の賜である。つまり理論とは未来の指揮官を養成するものであるのみならず、未来の指揮官の自学独習を助けるものではあっても、決して戦場の問題に直接対処するものであるのではない。これは賢明な教育者が少年の精神の発達に方向性を与え、その進路を容易ならしめはするが、直接手を引いて少年の一生涯を自分の意志の下に置こうとはしないのと似ている。

理論上なされた諸々の考察の結果、おのずから法則や規準が浮彫され、つまり真理がおのずからこのような形で凝結するようであれば、理論は別に精神上のこのような自然的法則に矛盾するものでなく、むしろいわばアーケードが已れを受けとめるべき礎石を見出したように、理論はこのような精神上の法則を喜んで取り上げるであろう。しかしながら、それはあくまで人間の思考の哲学的法則を満足させ、諸線が交互するあらゆる点を明確ならしめんがためであって、決して戦場の用に資する代数学的公式を形成せんがためではない。というのは、これらの法則や規準は、人間の思考のためにその内的運動の主要方針を規定するだけであって、その前途のために測量棒を立てるようなものではないからである。

28　以上のような諸観点から見て初めて理論構成は可能となり、理論と実践との矛盾は

止揚される

以上のような諸観点から見て初めて、人の意を満足させるに足る、言い換えれば有用にして現実と矛盾することのない作戦理論が構成され得るのである。そしてまたこの理論を用いる者が、もしその取り扱い法を誤らないならば、理論は軍事行動と極めて密着したものとなり、あの厭うべき理論と実践の対立の問題も消滅してしまうだろう。このような理論と実践の対立の問題は、そもそも従来不完全な理論が惹起してきた問題であって、このためにその理論は健全な常識を失ったものとなり、しかも偏狭で無知な輩をその生来の未熟さのままに甘んじさせる口実ともなったのである。

29　それゆえ、理論は目的と手段との性質を考察する

それゆえ前述のごとく、理論は本来その手段と目的の性質を考察しなければならない。

戦術における手段とは、闘争を遂行すべき訓練された戦闘力のことである。そしてその目的とは、言うまでもなく勝利のことである。勝利の意義については後ほど戦闘を考察する際に一層詳しく述べてみよう。ここではただ、敵が戦場から退却することをもって勝利の徴候としておく。さて戦略が戦闘によって得ようとしていた目的を達成するのは、まさにこの勝利の瞬間である。もっとも戦略の目的によって戦闘の意義が変ってくるし、それによって勝利の性質が変ってくることも忘れてはならない。例えば、敵の戦闘力を弱めることを目的として勝利を争うことと、単に某地点の占領を目的として勝利を争うこととは、若干そのおも

むきを異にしている。したがって戦闘の意義はその目的によって異なり、そのことはまた戦闘の準備と遂行の上にも著しい影響を及ぼしてくるものであって、これらの異同がまた戦術上の考察の対象となり得るのである。

30　手段の使用に常に伴う諸事情

戦闘に常に伴い、多かれ少なかれこれに影響を及ぼす諸事情がさまざまある。われわれは戦闘力を行使するにあたって、これらの諸事情を十分に考察しておかねばならない。

これらの諸事情とは、地勢、時刻、天候の三者がそうである。

31　地勢

地勢とは、その地方の状況と地形そのものとに分けて考えた方がよいだろう。もっとも厳密に言って、戦闘が人工の加わっていない完全な荒野で行なわれる限り、地勢の影響は見出し難いものである。

このようなことは、例えばステップ地方の戦闘などでは実際に見られることであるが、ヨーロッパのように開拓され尽した地方においてはまったく考えられないことである。つまり文明諸国民の間においては、その地方の状況や地形によって影響されないような戦闘など考えられない、ということである。

32　時刻

時刻はその昼夜のいかんによって戦闘に影響を及ぼす。しかしながら、もちろんいかなる戦闘も一定の持続時間をもち、大戦闘ともなるとしばしば長時間にわたって継続することもある故に、昼夜の限界を越えてしまう場合もないではない。したがっておよそ大会戦を企てる者は、早朝のうちに戦端を切るか、午後になって戦端を切るかについて熟慮しなければならない。もっとも時刻のことなどまったく関係のない戦闘が多いことは事実であるし、一般的に時刻の影響というものは極めてわずかであることも事実である。

33　天候

天候が戦闘に確定的な影響を与える場合は時刻の場合よりももっと少ない。もし天候が何らかの影響を与えるとしたら、それは霧の場合ぐらいなものである。

34　戦略における目的と手段

戦略にとって、勝利は、つまり戦術的成功は本来手段にすぎず、直接に講和をもたらすような状況を作り出すことが究極の目的となる。戦略がこの目的を達成するために手段を用いる時、またさまざまな事情がこれに影響を及ぼす。

35　手段の使用に伴う諸事情

これらの諸事情とは第一にその地方の状況や地形のことである。ただ戦術の場合と違うのは、その地方というものの意味する範囲が著しく拡大され、戦地全体の国土と人民に及んでいるということである。第二に時刻であるが、これも戦術の場合と異なり、季節にまで拡大して考えられねばならない。最後に天候であるが、これは異常な現象となる場合に限って影響が出てくる。例えば酷寒のような場合がそうである。

36　戦略は別に新手段を生む

戦略がこれらの諸事情を戦闘の結果に結びつけるや、戦闘の結果はまた新たな価値や目的を帯びてくることになる。しかしながらこの新たな価値や目的が直接に講和をもたらすようなものでない限り、つまり単に従属的なものである限り、やはりこの新たな価値や目的もまた手段と見なされねばならないことになる。すなわち、われわれはさまざまな戦闘の勝利およびその価値をもって、戦略上の手段とすることができるのである。例えば一陣地の占領は、地勢上における戦闘の勝利であるが、同時にまた戦略上から見れば一手段でもある。さらにこの論を一歩進めて、戦略上の手段となり得るのは、単に個々の戦闘にとどまらず、数個の戦闘を総合してこれに共通の目的を与えたものもやはり手段と見なされる、と言えるだろう。例えば一冬期の戦役などは、季節上に組み合せ総合された戦闘であるが、戦略上から見ればこの組み合せ全体が一つの手段でもある。

以上によってもわかるように、戦略の目的として残るものは、直接的に講和をもたらし得るようなものだけであるということになる。そして理論はこれらの目的や手段の作用と両者の相互関係を追求するのである。

37　戦略はその考察の対象である目的や手段を必ず経験から採り入れる

戦略はいかにしてその目的とし手段とすべき諸対象をあますことなく網羅し尽すことができるか、これが第一の問題である。もし哲学的研究法によってこれを行なおうとすれば、戦略問題はさまざまな困難にぶつかって錯雑紛糾し、あげくの果ては作戦および作戦理論の論理的必然性を得ることなど到底不可能なことになってしまうだろう。それゆえに戦略はひたすら経験に拠り、その考察の対象を戦史上の既存の諸組合せ諸総合に求めるのである。もちろんこのような仕方によって得られた理論は、戦史上の既存の諸事情にのみ適用されるものであって、その有効性は著しく制限されたものであることは言うまでもない。しかしこのような制限はある意味でいたしかたのないものである。なぜなら、いかなる場合であれおよそ理論が諸事情に論及するについては、その論旨を戦史から抽象してくるか、あるいは少なくとも戦史と比較した上でなされるものか、のいずれかであらざるを得ないからである。その上実際のところ、この制限というのは大抵概念上だけのことであって、現実の問題についてはさして支障はないものである。

38 手段の分析の及び得る程度

戦略理論はどの程度まで諸手段の分析を行なうべきであるか、これが第二の問題である。この程度は言うまでもなく、諸手段のもつ特殊な性質が、その使用にあたって顧慮されねばならぬ範囲内で十分である。さまざまな銃器の射程や効果などは戦術的には確かに重要であろうが、これに反して銃器の構造などは、それらの効果を生み出す起因となるものであるにもかかわらず、戦術的にさして重要ではない。なぜなら、作戦とは、銅や錫、硫黄や硝石や炭粉などをもって銃砲や弾薬を作ることではなく、ただ一定の効果をもった既成の銃器を使用すれば足りるからである。また戦略には地図を使用するが、この場合も別に三角法上の測量にこだわる必要はない。戦略はいかに一国が組織され、その人民がいかに教育され、いかに統治されれば軍事上最大の結果を得ることができるか、という問題には関与しない。戦略の意図するところは、ただ現時のヨーロッパ列国に見出される事実をありのままに受け取り、それが戦争にいかなる影響を及ぼすかを追求するだけである。

39 知識の簡素化

このような方法によって、作戦理論を構成しようとする者は大いにその諸対象の数を減らすことができるし、作戦に必要な知識を極度に制限することができるだろう。軍事行動全般に役立つ諸般の知識や技能は、軍隊が武装して出動する前には確かに十分必要なことではあるが、一旦戦争に臨んでその活用の究極目的を達するためには、必ずや少数の要綱に圧縮されるものである。それはちょうど、一地方の諸々の細流が海に流れこむ前に数条の大河に合流してしまうのに似ている。戦争を遂行しようとする者は、これら戦争という海に流れこむ直接の大河だけを学べば、それで十分である。

40　名将たる修業に多くの歳月がいらず、また最高司令官が学者である必要のない理由

前述の結論は動かすべからざるものであって、これ以外の一切の結論は信ずるに足らないとさえ言うことができよう。それまで別の仕事をしていた人が一旦戦争になるや忽ち将校となり、さらには最高司令官ともなって登場し、偉大な功績を打ち樹てることがあるのは歴史上しばしば見られる事例であるが、これも以上の理由から容易に理解されることである。また古来から優れた最高司令官が博識で教育ある将校のなかから生まれることなく、大抵の場合その境遇上多くの知識を修得する暇がなかったような人々の間から生まれることが多いのも以上の理由に基づく。それゆえ、未来の最高司令官を育成するために、末端までの詳細な知識が必要であるとか有用であるとか言う輩は常に笑うべき衒学者としてあしらわれてきた。このような知識がかえって害になるだろうことは容易に証明できるだろう。なぜなら人間の精神というものは、己れに授けられた知識と思想とによって育成されるものだからである。いやしくも自分に授けられたものを自分に関係のないものとして排斥してしまうのでない限り、人は大いなるものを授けられれば大器となり、小さいものしか授けられなければ小器に

とどまる以外にはないことは自然の理と言うものである。

41 従来の矛盾

戦争に欠くべからざる知識はこのように単純なものでこと足りることを従来の人々は理解せず、この知識をことさら末梢的な知識や技能と混同してきた。その結果、理論が一旦現実世界の諸現象と衝突するような事態に当面するや、すべてを天才に委ねてしまい、天才は理論を必要としないだの、理論は天才のために書かれるべきではないだのと説明する以外に手はなかったのである。

42 かくて人々は知識の効用を否定し、一切を天賦の才能に帰してしまった

常識的にしか物を考えることのできない輩は、偉大な天才と博識な衒学者との間にあまりにも懸隔《けんかく》のありすぎることを感じ、一種の懐疑論に陥ってしまい、ついには理論など何ひとつ信じられないものだと主張し、作戦の能力など天賦の才能によるものであり、才能いかんによって作戦の成功不成功も決まるものだと思いこむに至る。このような放言も、あの末梢的な知識を後生大事にしている輩に比べたら、より真理に近づいていることは否定されるべきではない。だがそれはともかく、この放言はいささか誇張にすぎる。およそ人間の理性的活動というものは、一定の表象なくして不可能であり、そしてこの表象は少なくともその大部分、生まれながらにして得られるものではなく、学んで然る後に得られるものである。そ

こでここにおいて問題になるのは、いかなる表象が戦争に欠くべからざるものであるか、ということであろう。それについては、戦争に必要な表象とは戦争遂行に直接関係ある事柄についての表象である、とすでに述べておいた通りである。

43　地位に応じて必要な知識も異なってくる

戦争に欠くべからざる知識の範囲は以上の通りであるが、指揮官の占める地位によってもこの範囲内で知識の取捨選択がなされねばならない。すなわち、地位が低ければその知識は狭い対象に向けられ、地位が高ければその知識はより包括的な対象に向けられる。最高司令官の力量ある人物でも騎兵連隊長をさせたら全然駄目な人物もいるし、またその逆の人物もいる。

44　戦争の知識は単純であるが、その習得は必ずしも容易ではない

戦争の知識はその取り扱う対象が少なく、しかも常にただその要点だけを把握すればよいのであるから甚だ単純であると言うことができるが、その運用は決して容易であるとは言えない。軍事行動がいかに困難なものであるかは、すでに第一部で述べておいた。それらの困難のうち勇気でもって克服し得るものは問題外として、理性に基づく活動に関しては下級にあってなら単純かつ容易であるが、上級に昇るにつれてその困難の度が加わり、最上級つまり最高司令官の地位に至っては凡百の理性が遠く及ばない最も困難なものとなる。

45　いかなる知識が必要であるか

最高司令官は博識の歴史研究家である必要はないし、また政治評論家である必要もない。彼に必要なことはせいぜい国政の概略に通じ、因襲的諸傾向、互いに交錯する利害関係、現在の諸問題、現在の諸人物等を知っていれば十分である。また彼は冷徹な人間観察家であったり、鋭利な性格分析家であったりする必要もなく、ただ己れの部下の性格、思想、品行、長所などをわきまえていればよいのである。さらにまた彼は車の構造や馬に砲車を引かせる方法等を熟知している必要はなく、その代わりさまざまな状況に応じて一縦隊の行軍に必要な時間を正確に測定することを知らなければならない。およそこれらの知識は学問的公式や体系によって得られるものではなく、事物を観察し世に処するにあたって、適切な判断力が働き、これらの事柄を把握すべき才能が鋭敏に働く時にのみ得られるものである。

それゆえ、上級軍人に必要な知識は、特殊な才能による考察、つまり研究と熟慮によってのみ獲得することができる。この才能はいわば一種の精神的本能であって、ちょうど蜜蜂が花から蜜を吸い取るように、人生のさまざまな現象からそのエッセンスだけを採り出すのである。またこの知識は研究と熟慮とから得られるばかりでなく、日常生活からも得ることができる。確かに日常生活の豊富な教訓からではニュートンやオイラーのような人物を生み出すわけにはゆかないだろうが、コンデ[*1]やフリードリッヒのような優れた軍略家を生み出すことはできるものである。

それゆえ、われわれは軍事行動の精神的威厳を保つために、虚偽の説や愚劣な衒学趣味に足をとられる必要はないのである。古来、偉大な最高司令官にしてその精神の狭量なものはあった例がないが、これに反して下級にある間は目ざましい軍功を立てていても、高級の地位に昇るや、その精神的力量の不足のために凡々として終ってしまった人物の例は枚挙にいとまがない。いや、最高司令官の地位においてすら、その権限の広狭にしたがって精神能力の間に差異が生じてくるのは、おのずから明らかであろう。

46　知識は能力とならねばならない

ここにもう一つ念頭に入れておかねばならない条件がある。この条件は他のいかなる知識にもまして作戦の場合、特に重要なことである。というのは、作戦の知識はまったく精神のなかに同化してしまっていなければならないということであり、いささかでも同化されずに残っているというようなことがあってはならない、ということである。世上幾多の技術や活動を見るに、行為者はかつて学んだことがあるだけで、平生忘れ去ってしまっていた真理を塵を払って取り出しこれを応用することもできる。いや彼が平生手にしている真理ですらも、完全に己れの精神の外に置くこともできるだろう。例えばある建築家がペンをとりアーケードの礎石の抵抗力を算出したとしても、この答えは複雑な数式の結果であって決してこの建築家の精神の表現ではない。彼は苦労の末漸く材料を選び出すや、これを理性の操作に委ねなければならない。ところでこの理性の操作法にしても彼の発見によるものではなく、また操作の過程でこの操作法の必然的であることを意識しているわけでもない。大部分彼はただ機械的熟練に身を委ねているにすぎないのである。しかし戦争にあってはそうではない。ここでは行為者は、精神上の諸反応や諸事物の形態の不断の変化等を処理しなければならないので、その知識の全体をいわば精神的装置として常に自分の内部に保持していなければならないのである。つまり戦争における行為者は、いかなる場合に当面してもとっさの間に己れの能力によって決断を下さなければならないということである。言い換えるならば、戦争における行為者の知識は精神および生活とまったく同化して真の能力とならなければならないのである。このことが一見名将の行動を極めて容易なものに見せ、一切が天賦の才能のしからしめるものであるかのごとくに思わせる所以である。ここで天賦の才能というのは、もちろん研究や熟慮によって育成された才能でないもののことを指しているのは言うまでもない。

以上の考察によって、われわれは作戦の理論を明らかにし、その解決の方法を指示し得たと信じている。

われわれは作戦について、これを戦術と戦略とに分けたが、すでに述べた通り、このうち戦略に関する理論の方が戦術のそれに比べてはるかに困難であることは疑うべくもない。なぜなら、戦術はその対象の範囲が極めて限られているのに反して、戦略は直接講和をもたらす諸目的の方面に可能性が無限に広がっているからである。そしてまた、この目的を怠りなく追求せねばならぬ者こそ最高司令官であるわけであるから、戦略のなかでも最も困難な問題が常に最高司令官の背にかかっているということになる。

それゆえに戦略の理論、なかんずくその最高の事業に関するものは、戦術の理論に比べて単に事物の観察に終始し、もって交戦者が事物を洞察する際の手助けをするだけで満足しなければならぬ場合が多い。とはいえこのような洞察が全思考力と融合するなら、彼の動作は以前にもまして軽快かつ確実になり、彼自身己れの精神と何の関連もない単に客観的な事実真理に身を屈するようなことはなくなるであろう。

第三章　兵術あるいは兵学

1　用語はまだ一定していない

事象そのものが非常に簡単なものであるにもかかわらず、兵術と兵学のいずれの用語を選択すべきかは未だ決着を見ておらず、またもしいずれかに決定すべきであるとしても、いかなる理由によってそうすべきであるのかも未だ定かではない。われわれはすでに、知識と能力とは異なったものであることを述べておいた。両者は互いに異なったものであって、どんな人も容易にこれを区別することができるだろう。そもそも能力というものは書物の中にあるものではなく、書物にあるものを活用し得ることを言うのであるから、書物の標題に術という語を使用するのは穏当ではないのかもしれない。しかし習慣上、一つの術を駆使するための諸知識（このなかには独立した学が含まれている場合もある）が術の理論あるいは端的に術と呼ばれているのであるから、この区別を徹底させ、およそ物を生産する能力を目的としているものを、すべて術と名づけてもよいわけである。例えば建築術などのように。これに反して学は純粋知識を目的としている。例えば数学、天文学などのように。これによって見ても、一つの術の理論のなかに独立した学が含まれていても何ら不思議ではない。むしろ留意すべきことは、いかなる学にもまったく術が含まれていないものはない、ということであろう。例えば数学において、計算や代数の使用などは明らかに一つの術である。しかしこの間には明確な限界はない。というのは、人間の知識を合成した諸結果から見る限り学と術との区別は明瞭であろうが、人間の心中の作用から見れば両者はまったく区別しては考えられないからである。

2　認識と判断とは区別し難い

およそ思考とはすべて術である。例えば論理学者が、認識の結果得られた諸前提をもとにして判断を下そうとするや、そこから直ちに術の領域に踏み入ることになる。さらに一歩進んで言うなら、精神の認識作用自体がすでに一種の判断であって、したがってこれまた術であるとも言える。果てはまた感覚による認識すらも同様に術と呼ぶことができるだろう。これを要するに、認識能力だけあって判断力のない者も、判断力だけあって認識能力のない者もともに考えられないということであり、つまりは学と術とはまったく切り離しては考えられないということである。しかしこのように微妙な思考の基本的作用も現実の外界にふれ具体化されてくるにつれて、それぞれの領域がますます明瞭に分離されてくる。すなわちもう一度繰り返して言えば、物を創造し、物を産出することを目的とするのが術の領域であり、物を追求し、物を認識することを目的とするのが学の領域である。――以上のことを総括して考えるに、兵術と呼ぶ方がむしろ兵学と呼ぶより一層適切なようである。

　議論がやや詳細にわたったが、それもこの概念がわれわれの論述上是非とも必要であったがためにほかならない。ところでさて、戦争は本来の意味でいわゆる術でもなければ学でもない。従来、この出発点である戦争の観念を正しく設定せず、間違った方向へ展開させてしまったからこそ、知らず知らずの間に戦争を他の術や学と同一視したり、その他多くの無用な推論に陥る結果になってしまったのである。

　この弊害は以前から感じられていて、そのために戦争とは一つの手工業にすぎないという主張さえ出されてきた。しかしこの主張は得るところより失うところの方が多いだろう。というのは手工業とは単に下級の術にすぎず、それ自体狭隘で変化のない法則に従っているにすぎないからである。もちろん兵術がかつて手工業的になされた時代がなかったわけではない。すなわち、かのイタリア傭将コンドッチェリ[*2]の作戦などがまさにそうであった。しかしながら兵術がこのような方向をとったのは、内的理由に基づくのではなく、外的理由に基づくものであった。その上、兵術のこのような傾向が当時においてさえいかに不自然で人の意を満たすに足らぬものであったかは、戦史を見ても明らかである。

3　戦争は人類交通上の一行為である

それゆえわれわれは、戦争とは術の領域にも学の領域にも属さず、むしろ社会生活の領域に属するものであると言いたい。戦争とは大きな利害の葛藤であって、流血によって初めてその解決を見るものである。そしてまさにこの点においてのみ戦争は他のものから区別される。戦争は一般に技術とは比べらるべくもないが、それでも比較的近い技術を尋ねるなら、それは貿易であろう。というのは、貿易もまた人類の利害の葛藤であり活動であるからである。さらにまた人類の利害の葛藤のうちで戦争に近いものを尋ねるなら、それはやはり政治であろう。けだし政治もまた一種の大規模な貿易と見なされ得るからである。いやそればかりではなく、政治はその胎内に戦争を孕《はら》んでいる母胎とも言うべきものなのである。政治のなかに戦争の特徴がすでに含まれているのは、ちょうど生物の特性がすでにその胎児のなかに萌芽的に含まれているのに譬えたらよいだろう。

4　差　異

戦争とその他の技術との間にある差異は、意志の作用がいかなる対象の上に加えられるかにある。戦争における意志の作用の対象は、機械学的技術の場合のように死物ではなく、またたとえ死物ではなくとも、芸術における人間の精神や感情のように一方的に受身なものでもない。戦争における意志の作用の対象とは、何よりも生きて反応するところの事柄である。

それゆえ、死物もしくは一方的受身の対象の上に加えられる芸術や学問の形式を借りてきて、これを戦争に応用しようとすることの不可能なことは、おのずから明らかなことであろう。また戦争のなかに、術および学と同じような死物の上に求められる法則を尋ねようとすることが、いかに不断の誤りを生んでくることになるかも一目瞭然であろう。しかるに従来人々が兵学の典型として仰がんとしたのは、まさにこのような機械学的諸技術のことであった。一方芸術に関しては模倣はおのずと不可能であった。というのは、芸術というものはそれ自身法則や規準を欠いていることが余りにも多く、またたとえこのような法則があったにしても常に不完全かつ偏狭なものであって意見、感情、習慣などの風潮によって絶えず埋没され、洗い流されてこざるを得なかったからである。

戦争において形成され、あるいは解消されてゆく生あるもの相互のこのような葛藤が、一般的法則に従っているかどうか、またこのような法則が参戦者のために有用な規範となり得るかどうかは、部分的に本書で研究されることになるだろう。その際次のことだけは銘記しておきたい。というのは、およそある対象がわれわれの理解力の範囲内にある限り、未だかつて研究の精神によって究明され、多かれ少なかれその内部連関が明らかにされなかった例はない、ということである。想うに戦争もまたその例外ではないであろう。もしこのことが成就されたなら、それだけでも理論の名に値する理論が生まれることになると言うべきであろう。

第四章　順法主義

戦争において非常に重要な役割を演ずる方法と順法主義の概念について明確な説明を与えるために、われわれは、国家の官庁のごとく行動の世界を支配している論理上のヒエラルヒーに一瞥を投じなければならない。

さて、認識と行動の両面にまたがって用いられる最も一般的な概念は法則である。ところでこの概念は、単に語義上から見る限り、明らかに何か主観的で恣意的なもののごとくに見える。しかし実際は、われわれとわれわれの外界の事柄を支配しているものこそが、この法則の本来の内容なのである。認識の対象としての法則は事物やその作用の相互関係であり、意志の対象としての法則は行動の規範であって、したがって命令や禁止と同義的に用いられるものである。

原則というのもやはり行動に対する法則のことであるが、これは法則ほど形式上不変のものとしては用いられない。およそ現実世界は複雑多様であって形式不変の法則などでは到底律し得るものではない。このような現実世界に処するものが原則であり、その他の詳細なことは判断力の自由な決裁に委ねられねばならないのである。つまり原則とは、このような法則の単に本来上の精神的意義だけを指して言うのである。とはいえ判断力は原則が適用され得ない場合に限ってその自由な決裁力を振い得るのであるから、原則は何といっても行動者の真の尺度となるものであり、規準となるものなのである。

原則には客観的なものがあり、これは客観的真理から生じてくるものであって、万人がすべからく従わねばならないものである。また原則には主観的なものがあって、これを格言という。これは原則中に主観的関係だけが含まれているものであって、その作成者に対してのみ一定の価値を有するものである。

規準は往々にして法則の意味に解されているが、実際は原則と同じ意味に用いられている。というのは普通「例外のない規準はない」とは言うが、「例外のない法則はない」とは言わないからである〔ドイツの諺であるので日本語としては若干の違和感が出てくる――訳者〕。これは、規準には適用上、比較的自由裁量が許されていることを示すものである。

他面、規準は、一層深い真理を個々の身近にある諸特徴を手がかりとして認識すべく、この身近な諸特徴からその際に用いられるべき処置対策を類推するための手段としても用いられている。例えばあらゆる遊戯のコツ、数学における種々な簡便法などがそうである。

細則および手引とは、同じく行動の規定であるが、一般的法則であり得るためにはあまりに数が多く、しかもあまり重要でもない、瑣事《さじ》にわたって直接行動に関係する規定である。

最後に方法とか方式とかと呼ばれるものは、数種の可能な手法のうち、常に反復して現われてくるものの一つを選んだものを言うのである。そして、順法主義とは、一般的原則や個人的細則によらずに、方法によって行動を規定することを言う。順法主義を用いるにあたっては、一定の方法の適用される諸行動が本質的部分に関してすべて同一であることが前提とされなければならない。しかし実際には全部が全部同一であるわけにはゆかないものであるから、少なくともできるだけ多数のものがそうであることが望まれる。言い換えれば、およそ方法とは最も蓋然性の高い諸行動に適用されるものなのである。それゆえ順法主義は、一定の個々の前提の上に基づくのではなく、諸行動の平均的蓋然性の上に基づき、所詮は平均的真理を求めるものである。もしこの方法を不断に適用し、これに習熟してゆくなら、適用者はおのずと機械的に完全な技倆を得て、最後にはほとんど無意識のうちに正当な処置をすることができるようになるだろう。

認識に関係する法則の概念は作戦上無用なものである。なぜなら、戦争という複雑な諸現象は規則整然たること少なく、また規則整然たるものは複雑なること少ないものであって、この際、法則という概念を用いるよりは、むしろ単に真相という言葉を用いた方が適切だからである。このように単純な観念や言葉で済むところをわざわざ複雑な概念を用いるのは、いかにも鼻につく衒学趣味と思われてもいたし方あるまい。行動に関係する法則の概念はどうであるかというに、これもまた作戦の理論にとっては必要のないものである。なぜなら、戦争の諸現象は多種多様に変化するものであって、一般に法則の名に値するような規定など求め得ないからである。

ところで原則、規準、細則、方式などは、作戦の理論上必要欠くべからざる概念であり、しかもその必要性というのは作戦の理論が積極的な教唆を与えるとき、特に望まれるものである。というのは、真理はこのような教唆という結晶した形でしか、それらの規定のなかに入り得ないからである。

さて戦術は作戦中、その理論が最も積極的教唆という形をとり易いものであるため、原則、規準などの諸概念はことさら戦術において用いられることが多いわけである。

例えば、やむを得ない場合以外には騎兵をまだ秩序の保たれている歩兵に対して使用してはならないとか、その効果確実となる距離に至るまで火器を使用してはならないとか、戦闘にあってはできる限り戦力を節約して終局的決戦に備えるべきであるとか、という規定はすべてこれ戦術上の原則である。これらの規定は必ずしもいかなる場合にも適用してよいというのではないが、しかしながら参戦者は常にこれらを念頭に置き、事態がこれらの適用に適すると見るや、直ちにこれらを適用することを怠ってはならない。

また例えば、敵の部隊の動揺が尋常でないのを見て敵の退却を推察するとか、敵の部隊が故意にその位置を暴露するのを見てその偽りの攻撃の意図を察知するとか、といった真相を見抜く方法が規準と名づけられているものである。つまり一つの部分的ではあるが眼に見える状況をとらえて、その企図の全体を推察するのがこの規準である。

またもし戦闘中、敵がその砲車を後退させるようなことがあれば、すぐさま味方の軍は勢いを新たにして追撃すべきであるというような規準があるとすれば、この規準は部分的な現象をとらえて敵の全体的状況を推測し、これに対する処置を指示するものである。この際、敵の全体的状況とは、例えば敵が戦闘を放棄しようとしていること、退却を開始しつつあること、そしてこの退却中十分な抵抗をする力も、味方の鋭い攻撃を避ける力もないこと、等といった状況のことである。

細則とか方法といったものは、戦争準備の諸理論を作戦の理論へと転化させ得るものである。けだし訓練された戦闘力はこれらの細則とか方法とかといったものの注入を受けて初めて、これらを己れの活動の原動力となし得るものだからである。部隊編成、演習、野戦勤務等の諸条例はすべて細則や方法の領域である。なかんずく、演習の諸条例は主として細則の性質をもち、野戦勤務の諸条例は主として方法の性質をもっている。本来作戦というものは、これらの事柄と結びつき、これら既成の諸手引を受けて理論化されなければならないものなのである。

しかしこれらの戦闘力を使用するに際して、その活動は自由な余地を残していなければならず、そのために細則を設けるなどということはまったく無用なことである。なぜなら、細則など設けられたら、まったく自由な活動の余地など奪われてしまうからである。これに反して方法というものは、当面する課題を解決するための一般的処方を示すものであって、すでに述べたごとく平均的蓋然性の上に立脚している。つまりこれは原則や規準をして適用に便ならしめる手段であって、作戦の理論にはうってつけのものということができるだろう。ただしその際、方法のもつ本来の性質を見失ってはなるまい。というのは、方法とは行動の絶対的かつ必然的構成（体系）ではなく、一般的形式のうち最良のものというぐらいのものであり、個人的決断に代って目的達成のための近道として特に選び出されたもの以外の何ものでもないからである。

しかし作戦行動は、あるいは単に仮定に基づき、あるいはまったく不確実な状況に基づくことが多いわけであるから、その限りにおいて作戦上に方法がしばしば使用されるのは、必要でもあり、やむを得ないことでもあるように思われる。けだし、われわれは味方の配備の上に影響を及ぼすあらゆる状況を探知することを妨げられているし、あるいはそれを探知するだけの時間的余裕もないからである。いやたとえそれらの状況を探知し得たにしても、そのあまりに複雑なことのために、その情報に従って味方のすべての配備を整備するなどということはとてもできるものではない。したがってわれわれの陣営の配備は、常にある程度の数の可能性に基づいて打ち樹てられなければならないことになる。実際いずれの場合にあっても、必ず幾多の前例のない些細な状況がもち上ってきて悩まされるものであるが、到底それらの一つ一つに気を配っているわけにはゆかないものである。そこで、これらの諸状況を簡単化し、大体のところとおおよその蓋然性に基づいてわれわれの配備を整える以外には手がないのである。そして最後にまた、指揮官の数は地位が下るにつれて急激に増大するものであって、これら指揮官の一人一人に洞察と判断の自由を委ねるということは許されるべきではない。作戦者は、これら下級指揮官の知識がただ勤務上の細則と過去の経験以外にないことを知っている故に、彼らには単に方法によって行動させることを主旨とすべきである。そのことによって彼らの判断は支点を与えられ、彼らの行動は常軌を逸した妄動に陥ることを戒められるだろう。けだし戦争のように経験が極めて貴重な役割を果たす領域においては、このような妄動妄作ほど恐ろしいものはないからである。

このようなわけで順法主義は必要不可欠のものであるが、そのほかにもなおわれわれはこの順法主義に積極的な利益を認めなければなるまい。すなわち部隊を指揮するにあたって、もし反覆して同一形式を使用し、これに慣れてゆけば、その技能の熟練度、正確度は次第に高まってゆくものであって、それはちょうど反覆することによって自然の摩擦は減少し、機械の運転はなお一層円滑になってゆくようなものである。

したがって、この方法というものは軍隊内における地位が下級になればなるほど、ますます不可欠のものとなり多く使用されるものであって、これに反して地位が上級になればなるほどこれの適用は少なくなり、最高の地位に至ってはその適用はまったくなくなってしまうものである。それゆえこの方法が必要なのは、戦略におけるよりもむしろ戦術における場合である。

最も広い意味での戦争は、個別的に扱われなければならない幾つかの決定的大事件より成っているのであって、良かれ悪しかれ方法によって左右されるといった、おびただしい数の些細な事件から成っているのではない。例えて言えば戦争とは、数株の大木に比べることができるだろう。これに斧を加えるにあたっては幹の一本一本の性状と方向とに十分の注意を払うことが必要なのである。そして戦争は穀物の生い茂った田圃に比べられるべきではない。なぜならこの場合は茎の一本一本に配慮するというよりは、それらを刈り取る鎌の良し悪しにその収穫の良し悪しがかかってくるからである。

もちろん、軍事行動における順法主義の及ぶ範囲は、地位によって定まるものではなく、仕事の上から定まるものであることは言うまでもない。ただ地位が高まれば、その司る活動の対象が広くなり、そのために方法に依拠することが少なくなるだけの話である。もし一つの戦闘序列、一つの前衛および前哨の配置を永久に定式化された方法とするならば、最高司令官はそのことによって自分の部下を拘束するだけでなく、ある場合には自分自身をも縛ってしまうことになるだろう。もちろん、方法が最高司令官の独断的発明であっても、あるいはまた周囲の事情によって打ち樹てられたものであっても、それが軍隊や武器の一般的特性に基づいているものならば、作戦の理論の対象となり得る。しかしまるで機械によって劃一的な物を作るように、唯一の方法をもって戦争や戦役の大計画を作成するなどということは断じて許されるべきことではない。

作戦に耐え得る理論、すなわち事理にかなった理論がない限り、高度の活動においても順法主義がすこぶる広範囲に適用されることがあるのはいたし方ないことである。というのは、上級にある軍人といえども、研究と高度な人生遍歴の不足によって自らその技倆を錬磨することができない者があるからである。彼らは、諸理論や諸批評が非実践的で矛盾に満ちているのを見、常識だけを頼りにしてこれらを廃棄し、その代わりに己れの狭い経験だけを頼りにするに至る。ここにおいて彼らは、自由な決裁が可能であり、また必要でもある事態に遭遇する度ごとに、必ず己れの狭い経験によって学んだ手段を適用しがちなものである。ところがこの手段たるや、己れの師とする最高司令官独特の手段の模倣にほかならないものであって、ここにおいて自ずから一つの順法主義が成立せざるを得ないことになる。これを戦史にてらしてみるに、例えば、フリードリッヒ大王配下の諸将は常にいわゆる斜形戦闘隊形[*3]をとることを好み、フランス革命時代の諸将は延長した戦線を用いて包囲することを好み、ナポレオン配下の諸将は密集部隊を用いて猛烈な攻撃をかけることを好んだ。このような同一方法の反覆は明らかに模倣より生まれたものであって、順法主義がいかに最高位の者の領域まで浸透するものであるかを教えてくれるものである。いつの日か、もし作戦の理論が改良され、その結果作戦の研究が容易となり、高級の地位に進む人々の精神や判断力がこれによって教育されるようになったならば、順法主義もこのように濫用されることもなくなるであろう。そのような時が来たなら、真に欠くべからざる方法は少なくとも直ちに理論から導き出され、あのように単純な模倣から導き出されるようなことはなくなるであろう。そもそもいかに偉大な最高司令官であろうとも、彼が好んで用いる手段は彼の主観から出たものであり、彼独特の戦法は彼自らの個性が秘められているものであって、必ずしも模倣者の個性と一致するものではないのである。

　とはいえ、このような主観的順法主義や独特の戦法を作戦立案上まったく排除してしまうことは不可能でもあるし、また正しくもない。むしろこのような順法主義は一時代の戦争の特性が個々の現象の上に発現してきたものであって、作戦の理論が早くこれらを自家薬籠中のものとし得ない限りは、このような順法主義の発生もまたやむを得ないものと見なければならないだろう。あのフランス革命戦争が事態の処理に一種独特の戦法を生み出したのは真に自然の勢であったのである。ところが一体いかなる理論がこの独特な戦法を受けとめ得たと言うのであるか。憂うべきは、このような特殊な事態から生まれた特殊な戦法が久しく時を経てなお墨守され、周囲の諸状況が知らず知らずの間に変化してしまったことを顧みないことである。これは、いやしくも理論にたずさわる者が明瞭にして事理に適った批判力をもって常に心しておかねばならぬことである。例えば、一八〇六年、ザールフェルトにおけるルイ王子、イエナ近傍ドルンベルクにおけるタウエンツィーエン、カッペレンドルフ前方におけるグラーヴェルト、同じくその後方におけるリッヒェル等、これらのプロイセン諸将軍[*4]はいずれも皆フリードリッヒ大王の斜形隊形を採用して破滅の淵へ呑みこまれていったのであるが、これらは単に時代遅れになった特殊戦法の弊害を示すというだけでなく、いかに順法主義が精神上の決定的貧困化をもたらすものであるかのこの上ない実例である。実際、この順法主義のためにホーエンローエ[*5]の軍隊などは戦史上類を見ないほどの大敗北を蒙ることになったのである。

第五章　批　判

理論的真理が実際活動に影響を及ぼす場合、教説による影響よりも批判による影響の方が常に大きいものである、なぜなら、批判は理論的真理を実際の事件に応用することであり、したがって、批判は理論的真理を実生活に近づけるばかりでなく、絶えず反復される応用を通じて悟性をこれらの真理に親しませるからである。それゆえ、われわれは理論に対する視点とならんで、批判に対する視点を確保することが是非とも必要である。

事物を単に羅列し、たかだかその最も目に触れ易い因果関係に触れるにすぎない歴史的事件の単純な説明と、批判的説明とはまったく別のものである。

この批判的説明のうちには、悟性の三つの異なった活動が現われてくると言える。

第一に、疑わしい事態を歴史的に究明し確定することである。これは本来の歴史研究であって、理論とはいささかの関係も持たない。

第二に、原因から結果を演繹することである。これは本来の批判的研究であり、理論にとって欠くことのできないものである。なぜなら、理論のうち経験を通じて確定され、支持され、解明される一切のものは批判的研究の道筋をたどることによってしか解決され得ないからである。

第三に、適用された手段の検討である。これが本来の批判であって、そこには毀誉褒貶《きよほうへん》が含まれている。ここにおいて理論は歴史に役立つ、あるいはむしろ、歴史から引き出さるべき教訓として役立つものとなる。

後の二つ、つまり、歴史的考察の真に批判的な部分においては、事物をその究極の要素にまで、すなわち疑うべからざる真理にまで追いつめることが大切であって、しばしば見受けられるように中途半端なところで、すなわち何らかの恣意的な仮定や前提のもとにとどまっていてはならないのである。

原因から結果を演繹することについて言えば、これにはしばしば、真の原因が知られていないという、克服し難い外的な困難が伴う。人生の諸状況のうちで戦争においてほどこの困難がしばしば現われるものはない。戦争においては、事件が完全に知られることは滅多になく、まして、その動機が知られることはさらにない。動機は行為者によって故意に隠蔽されることもあるし、それが一時的偶然的なものであれば、歴史家の目のとどかないところに消え去ってしまうこともあり得るのである。それゆえ、批判的説明はできるだけ歴史的研究と手を携えて歩まねばならない。しかしそれでもなお、原因と結果がしばしば齟齬し、結果を既知の原因からの必然的帰結と考えることのできない場合も出てくる。したがって、ここに必然的に間隙が生ぜざるを得ず、歴史的教訓として役に立たない結果が生じてくることになる。理論の要求し得ることは、研究がこの間隙に至るほど徹底的に遂行されること、そして、その点で一切の推論が排除されることだけである。真の誤りとは既知の事実をもって結果を説明するのに十分だとするとき、つまり、既知のものに誤った重要性を賦与するときに初めて生じてくるものなのである。

この困難のほかになお、歴史的研究には次のような極めて大きな内的困難がある。すなわち、戦争における結果は単一な原因から生ずることは滅多になく、多くの共同原因から生ずること、したがって素直で公平な意志をもって一連の事件をその発端にまで溯るだけでは不十分で、目の前にある原因のそれぞれについてその関与の比重を見定める必要があること、これがその内的困難である。その結果、諸原因の性質についての一層詳細な探究が要求され、それを通じて批判的探究が理論の本来の分野に踏み入ることが可能となる。

批判的考察、つまり、手段の検討は、適用された手段独自の結果が何であるか、この結果が行為者の意図するところであったか否か、といった問に直面する。

手段独自の結果を知るには、その性質を探求する必要があり、ここでもまた批判的探究は理論の分野に踏み入ることになる。

すでに見たごとく、批判においては疑うべからざる真理に到達することが最も重要であり、したがって、恣意的な仮定にとどまっていてはならないものであった。恣意的な仮定は他の場合には妥当しないものであるし、おそらく同じように恣意的な他の主張と対立するものであって、その結果、果てしない水掛論に終るほかはなく、そこからはいかなる成果も教訓も引き出せはしないものなのである。

　これもまたすでに見たごとく、原因の探求も手段の検討も理論の領域に、すなわち、目の前にある個々の事件のみからは導かれない普遍的真理の領域に踏み込むものであった。ところで、ここに一つの使用可能な理論があるとすれば、考察はその理論のうちで確立されているものを引き合いに出し、それで事足れりとすることができる。しかし、そのような理論的真理が存在しない場合には、探究は究極の要素にまで進められねばならないだろう。その必要がしばしば生じてくると、当然著作家は細部をどこまでも細かく分析しなければならないことになる。そうなれば、著作家はあり余るほどの仕事をしなければならなくなり、そして、どこでも十分な余裕をもって仕事をすることはほとんど不可能となってしまう。その結果、彼は自分の考察に限界を設定するために、恣意的な主張にとどまらざるを得ないことになる。その主張は彼にとっては現実に恣意的なものではないとしても、それが自明のものでも証明されたものでもない以上、他人にとっては恣意的なものとしか映らないのである。

　したがって、応用可能な理論は批判の本質的基盤である。そして、批判は合理的な理論の援助なしには一般に教訓的たることができない。つまり、人を納得させる証明たることも、反駁を許さざるものたることもできないのである。

　しかし、抽象的な真理にのみかかわるような理論が可能だと信じ、批判の任務は個々の事例を一般的法則のもとにおくことのみにあると考えるのは、一つの夢想であるだろう。批判は、神聖な理論の境界に達するときには直ちに方向転換すべきだとするのも、笑うべきペダントリイにすぎない。理論を創り出したものと同じ分析的探究の精神が批判の仕事をも導かねばならないのであって、その場合、精神はしばしば理論の領域に入り込み、理論の領域にとって特に重要な問題となる点を解明することがあり得るし、あってもまた差支えない。むしろ逆に、批判が理論の没精神的な適用に終始するとすれば批判の目的はまったく見失われることにさえなる。理論的探究の一切の成果、一切の原則、規則、方法は、それらが積極的な教説になればなるほど普遍性を欠き、絶対的真理たり得なくなるものである。これらは実際に利用されるために存在しているのであり、それらが適当であるか否かは常に判断力によって決定されねばならない。批判は、理論のこのような成果を法則や規範として尺度に用いるべきではなく、行為者にとって必要なものとして、つまり、判断の支点として用いるべきである。たとえば、一般的な戦闘序列において騎兵は歩兵と並ぶべきではなく、歩兵の背後に位置すべきであるというのが戦術上の既定の事実だとしても、だからと言ってそれに背反する序列の悉くを非難するのは笑うべきことである。批判はその背反の根拠を探求すべきであって、その根拠が不十分な場合にのみ理論的な定理に依拠してこれを批判できるのである。さらに、分散された攻撃は勝利の可能性を弱めるというのが理論上の既定事実であるとしても、分散された攻撃と敗北が結びついてさえいれば、その現実的な関係を詳細に探究しないで、それだけで後者を前者の帰結だと即断するのは非合理的であるだろう。あるいは、分散された攻撃が勝利をもたらすとき、そこから溯って上述の理論的主張が間違っていると結論するのも同じく非合理的である。批判の探究精神はこうしたことを許すべきではない。要するに、批判は理論における分析的探究の結果に主として依拠すべきものである。分析的探究において既定の事実となっているものについては、批判は改めてこれを確定する必要はなく、すでに確定されたものとして前提して差支えないのである。

　批判の課題は、一定の原因からいかなる結果が生ずるか、そして適用された手段が目的に合っているか否かを研究することにあるが、原因と結果、目的と手段が互いに接近している場合にはこの研究は容易であるだろう。例えば、一つの軍隊が奇襲を受けてその能力を秩序正しく合理的に使用することができなくなったような場合には、奇襲の効果は疑うべくもない。——会戦では包囲攻撃はより大きな勝利をもたらしはするが、勝利の確率は小さいこと、これが理論的な定説であるとすれば、包囲攻撃を使用する者が勝利の大きさを主要な目的としているか否かが問題となる。それが主要目的の場合には、手段の選択は正しかったと言える。しかしながら、彼が勝利を一層確実なものにしようとしてそれを使用し、しかも個々の事情に基づかず、包囲攻撃の一般的性質に基づいてこれを使用したとすれば彼はその手段の性質を誤解し、一つの誤りを犯したことになる。これは歴史上しばしば起ることである。こうした場合には批判的研究や検討の仕事は困難ではなく、結果や目的が極く狭い範囲に限られる場合には、仕事は常に容易である。全体との連関を捨象し、事物をこの狭い関係のうちでのみ考察しようとすれば、批判的探究はまったく恣意的になされることになる。

　だが、戦争においては、世間一般の事柄と同様に一切のものが結合して一つの全体を形成し、したがってどんなに小さな原因でもその効果は軍事行為の終局にまで拡がり、たとえわずかにもせよ、最終結果に変化をもたらさずにはいない。同様に、あらゆる手段は究極の目的にまで連なっていると言える。

したがって、一つの原因の結果を追求しようとすれば、観察に値する諸現象をも合せて研究しなければならないし、同様に、手段を検討するにあたっても、これを間近の目的に連関させるばかりでなく、この目的自身をより高度の目的に対する手段と見なし、かくして、次第に高度の目的へと昇り、必然性が検討を必要としないほど確実であるような点にまで到達しなければならない。多くの場合、殊に決定的に重要な方策が問題となる場合には、考察は究極目的にまで、つまり、直接に講和を準備するような目的にまで達しなければならないのである。

明らかに、このように上昇していけば、新しい立場に立つごとに判断の新しい視点が生じ、その結果、すぐ前の視点から見れば有利と思われた手段が、より高い視点から見れば、排斥されねばならなくなることもある。

諸現象の原因の研究と目的に即しての手段の検討とは、一軍事行動の批判的考察においては、手を携えて進まねばならない。なぜなら、原因の研究を通じて初めて、検討の対象となる事柄が明らかにされるからである。

このように連鎖の糸を上下に辿っていく過程には、著しい困難が伴ってくるものである。というのは、求めらるべき原因が実際の事件から遠く離れていればいるほど、同時にますます多くの他の諸原因を考慮しなければならず、それらの諸原因が事件に関与している部分をそれだけ多く解明し識別しなければならないからである。あらゆる現象は、高度になればなるほど、いよいよ多くの個別的な力や状況によって制約される。われわれが敗戦の原因を明らかにしたとしても、むろん、この原因は、この敗戦が全体に及ぼす結果の原因の一部分であるとは言えるが、しかし、単なる一部分にすぎないものである。というのは、状況に応じて最終結果のうちには、多かれ少なかれ、他の原因も影響を及ぼしているからである。

手段を検討するに際しても、その立場が高くなればなるほど、研究の対象は多様化してくる。なぜなら、目的が高度になればなるほど、その達成をめざして使用される手段の数も多くなるからである。戦争の究極目的はすべての軍隊によって同時に追求される。したがって、この目的から発生したもの、あるいは発生し得たものの一切を考慮に入れる必要がある。

このようにして考察はときに広汎な領域に及ぶことになり、誤りに陥る可能性も増し、困難は圧倒的に大きくなるだろう。というのは、実際に生じなかったにしても、生じる可能性の十分にあった事象、したがって、考察から外すことの許されない事象に関して、数多くの前提が設けられるに違いないからである。

一七九七年三月、ナポレオンがイタリアの軍隊を率いてタリヤメントから進撃しカール公[*6]を撃退したのは、カール公がラインからの援軍を迎える以前にカール公に決戦を強要するという意図のためであった。間近の結果のみに視点を限れば、手段の選択は正しかったし、そのことは結果からも証明される。なぜなら、カール公の軍隊は当時なお弱体で、タリヤメントにおいてわずか一回の抵抗を試みただけであり、敵が余りに強力であり、しかも決戦体制にあるのを見たとき、敵に戦場を明け渡し、アルプスのノレアロをも明け渡したからである。

ところで、ナポレオンはこの勝利によって何をめざすことができたのであるか。まさしく、オーストリア専制国家の心臓部に進撃し、モローおよびオッシュ[7]指揮下のライン軍の進撃を容易にし、この二軍と密接な関係を結ぶことがナポレオンの目的であった。ナポレオンは事態をそのように見ていたし、この観点からすれば彼は正しかった。ところが、批判がもっと高い立場、つまりラインにおける戦役が六週間後に初めて開始されるのを見通すことができ、また見通さざるを得なかったフランス総裁政府[8]の立場に立てば、アルプスのノレアロを越えて進んだナポレオンの進撃はこの上もない冒険であったと見なすほかはない。なぜなら、オーストリア軍がラインからシュタイエルマルクにかなりの予備軍を派遣し、カール公がこれをもってイタリア軍を襲撃できたとすれば、イタリア軍が壊滅されるのみならず、全戦役は失われていただろうからである。こうした考えがナポレオンの頭に浮んだのは彼がヴィルラッハ地方にいたときであって、そのために彼はレオベン[9]の休戦提議に喜んで応じたのである。

批判の見地がさらに一段と高くなり、オーストリア軍がカール公とウィーンの間にいかなる予備軍ももっていなかったことが知られたとすれば、イタリア軍の進撃によってウィーンは脅されたと言える。

もし敵の首都が無防備で、シュタイエルマルクにおけるカール公に対して自軍が圧倒的優位を保持していることをナポレオンが知っていたとすれば、オーストリア国家の心臓部に向かっていち早く彼が進撃したのは無謀な行為ではなかっただろうし、その価値はオーストリア軍がウィーンの維持にどれほど重きを置いていたかによってのみ決定されていただろう。

なぜなら、ナポレオンが提示した講和条件を受け入れざるを得ないほどウィーンの維持が大切だったとすれば、ウィーンに対する威嚇は最終目標と見なさるべきであったからである。もしナポレオンが何らかの理由でこのことを知っていたとすれば、批判もまたこの点に留まっていて差支えない。しかし、その点に問題があったとすれば、批判はさらに高い立場に昇り、もしオーストリア軍がウィーンを放棄し、国内の広大な地方に退却していたとすれば、戦況はどうなったであろうかという問題を提起しなければならない。だが、容易にわかるように、この問題に答えるためには、ラインをはさんで対峙する両軍の勝敗をあらかじめ考慮しておかなければならない。ここではフランス軍が決定的に優位に立っていたのであるから（八万人に対する一三万人）、フランス軍の勝利はほぼ疑いをいれないものではあった。しかしここに再び問題が生じてくる。すなわち、フランス総裁政府はこの勝利をいかなる目的のために用いようとしていたのかという問題、つまり、有利な形勢を利用してオーストリア専制国家の軍隊を国境まで追いつめ、この権力を壊滅させるためなのか、それとも単に講和の抵当物件としてそのかなりの部分を占領するためなのかという問題である。この二つの場合について、いかなる結果が生じ得るかを明らかにし、それに基づいてフランス総裁政府がいかなる道をとるべきかを決定しなければならない。この考察の結果が次のごとくであったとする。すなわち、オーストリア国家を全滅させるためには、フランスの戦力は極めて不十分であり、その結果、全滅の試みは事態の急変をもたらし、たとえオーストリアのかなりの部分を占領し保持し得たとしても、フランス軍は戦略的に見て、その戦力にふさわしくない状態に置かれるものとする。考察の結果がかようであったとすれば、それは、イタリアの軍隊がおかれている状勢の判断に影響を及ぼし、これに余り期待をかけることはできないことが明らかとなるに違いない。ナポレオンがカール公の絶望的な状態を完全に知りつつもカンポ・フォルミオの講和条約[*10]を結んだのは、疑いもなくこうした考察の結果である。実際、この条約によってオーストリアに課せられた犠牲と言えば、たとえ勝利を得ても奪回することのできなかったであろうような郡県の喪失だけであった。この講和の成立には次の二つの考察があずかって力あったが、それが欠けていたならばこの生ぬるいカンポ・フォルミオの条約さえもフランス軍は利用できず、大胆な前進の目的たらしめることができなかったであろう。二つの考察とは、第一に、オーストリア軍がこの二つの結果のそれぞれにいかなる価値をおいていたかという問題、つまりオーストリア軍は最終的に勝利を占める可能性があるがゆえに、こうした犠牲を価値あるものだと考えたか否かという問題にかかわる考察である。この犠牲はオーストリア軍の戦争の継続に結びついていたもので、講和によって、つまり講和を通じてそれを受け入れたとしても、オーストリア軍はそれほど不利に陥らずに済むものであった。第二の考察にかかわる問題は、オーストリア政府が、最終的な勝利が敵に帰しても目前の失敗の印象のために軍隊の士気が沮喪《そそう》することがないほど自軍が十分優越していると考えていたか否かという点である。

　第一の問題に関する考察は、いい加減な小理屈ではなく、決定的な実践的価値をもっている。それは、徹底的な計画を目の前にするとき、常に生じてくる問題であり、またそうした計画の実行を最もしばしば妨げるものである。

第二の考察も同様に必要である。それは、戦争が抽象的な敵と戦うものではなく、常に注意を払っていなければならない現実的な敵と戦わねばならぬものだからである。そして、確かに大胆なナポレオンはこの点をよく理解していたので、味方の軍が到着するのに先立って敵を恐怖に陥れる自信があった。同じ自信が、一八一二年彼をモスクワに駆り立てた。しかしモスクワでは彼の期待は裏切られた。それは、巨大な闘争のうちで彼の軍隊の威信がすでに幾分か失墜していたからである。これに反して、一七九七年には彼の軍隊はなお新鮮であったし、徹底的な抗戦の利益も知られていなかったわけではないが、にもかかわらず、もし彼が敗北を予感してカンポ・フォルミオの生ぬるい講和条約に突破口を見出していなかったならば、一七九七年においてさえも彼の大胆さは悪い結果をもたらしていたであろう。

われわれは、この考察をここで打ち切らねばならない。だが、批判的考察の及ぶべき範囲、多様性、困難を示すには右の一例で十分であろう。われわれが究極目的にまで溯り、これほどの拡がりをもつ重要かつ決定的な方策を論ずる場合には、こうした深い考察を行なわねばならないのである。したがって、対象に対する理論的洞察のほかに、天賦の才能が批判的考察の価値に大きな影響を与えることも明らかであろう。なぜなら、事象の全体的連関に光を当て、事件の無数の結びつきから本質的なものを弁別する力は、主として、天賦の才能に基づくからである。

しかし、才能は他の方面でも要求されるものである。批判的考察は現実に使用された手段を検討するばかりでなく、一切の可能な手段を検討しなければならないからである。これは批評家によって初めて提起され発見されねばならないもので、事実、一般にある手段を非難するにあたっては、他の、それよりも優れた手段を提起し得るのでなければならないのである。ところで、多くの場合、可能な組み合せの数は非常に少ないにしても、使用されなかった手段を提示するには目の前にある事柄を単に分析するだけでは不十分で、自発的な創造力がこれに加わらねばならぬことは否定できない事実である。そして、自発的な創造力とは、あらかじめ規則によってこれを律することはできないもので、精神の豊かさから出てくるものなのである。

もっともわれわれは、大天才の活動領域においては、一切が非常にわずかの、非常に単純な実際に可能性のある組み合せにかえされると主張するのではない。しばしば、敵前迂回は大天才の発明になるものと見なされてきたが、これはこの上もなく笑うべきことである。にもかかわらず、自発的創造力のこうした行為は必要であり、批判的考察の価値のほうも、それによって本質的に左右されるものではない。一七九六年七月三〇日、ナポレオンはマンツァーの包囲を解き、前進してくるヴルムゼル軍を迎え、力を統一してガルダゼイ軍とミンキヨ軍[*11]に分れた敵の部隊を一つ一つ撃破しようと決心したが、これは輝かしい勝利への最も確実な道と思われた。そして実際にナポレオンは勝利を収め、以後敵に援軍がやってくる際には、同じ手段を用いて輝かしい勝利を重ねたのである。かくして、この手段は誰しもの称讃の的となっているのは周知の事実であろう。

とまれ、七月三〇日にこの手段を実行するには、ナポレオンはマンツァー攻囲の計画をまったく放棄しなければならなかった。というのは、もし攻囲すれば、攻囲輜重《しちょう》の毀損《きそん》は免れなかったし、この戦役中に別の輜重を設けることはできなかったからである。実際、マンツァーの攻囲は、単なる包囲に転化し、攻囲を続けていたならば初めの八日間で陥落していたはずの要塞は、野戦上のナポレオンのいくたびの勝利にもかかわらず、なお六カ月ももちこたえていたであろうからである。

従来の批判は、ナポレオンの抵抗手段以上に優れた手段を示し得なかったために、これをまったくやむを得ざる悪と見なしてきた。封鎖堡塁《ほるい》線内で進出してくる援兵に抵抗するといった手段は、排斥され軽蔑されていたために、まったく顧みられなかったのである。しかしながら、ルイ一四世時代にはこの手段はしばしば効を奏していたのであって、百年後に誰一人としてそれに考慮を払いさえもしなかったのは、流行に目を奪われていたためというのほかはない。この可能性を許容すれば当時の事情の一層詳細なる探究によって次のことが明らかとなるだろう。すなわち、ナポレオンがマンツァーの封鎖堡塁線内に配置することのできた、たぐい稀れな四万の歩兵は強力な防禦設備が備わっていれば、ヴルムゼルが援兵として送った五万のオーストリア軍を怖れる必要はなかったのであって、このオーストリア軍は堡塁線攻撃の試みを一回たりとも敢行することはむずかしかったであろう、ということである。われわれはここでこの主張を一層詳細に証明しようとは思わない。だが今まで述べてきたことから、この手段も試みる価値のあったものだということは明らかであろう。ナポレオンが、行動のさなかでこの手段に想い至ったか否かもわれわれは決定しようとは思わない。彼の回想録や他の典拠となる印刷物のうちには、それに関する痕跡はまったく見られない。後世の批評家は、この方策がまったく流行遅れになっていたがために、それに全然気がついていないのである。この手段を思い起すことは、もとよりそれほど役に立つことではない。なぜなら、流行の見解から目をそらすだけでそのことにすぐさま想い至るはずだからである。けれども、それを考慮しナポレオンが用いた手段とそれとを比較するためには、そのことに想い至ることが是非とも必要である。この比較の結果がいかなるものであろうとも批評家がこのような比較を怠ることは許されないはずである。

一八一四年二月、ナポレオンはブリュッヒャー[*12]の軍隊をエトージュ、シャンポーベール、モンミライユ等の戦闘において打倒した後、これを捨てて再びシュヴァルツェンベルグ[*13]の軍隊に向かい、モントローおよびモルマンにおいてその部隊を撃破した。これは万人の称讃を博したもので、ここにおいてナポレオンは自軍の主力をさまざまな方向に向け、敵の同盟軍の分裂行進の誤りを見事に利用したのであった。この各方面における輝かしい勝利によっても彼はその敗勢を挽回できなかったが、それは少なくも彼の責任ではないと一般には考えられている。それにつけても今日に至るまで、次のような問を発した者がないのはどうしたことであろうか。というのは、彼がブリュッヒャーから転じてシュヴァルツェンベルグに向かわずに、ブリュッヒャーに対する攻撃を続行し、これをライン河にまで追いつめていたならば結果はどうなっていたであろうか、という問である。もしそうしたならば、われわれは戦役に急激な変動が起り、連合国の大軍はパリに前進する代わりにラインを越えて退却していたであろうと信ずる。われわれは、読者がこの点についてわれわれの信念に同調することを求めはしないけれども、批判がこの二者択一を考慮しなければならないことだけは、いやしくも兵学者と名づけられる者にとっては疑い得ないことであろう。

この例においては、比較のために提示された手段は以前の場合に比べれば遥かに思いつき易い。にもかかわらず批評家は一面的な方針に盲従し、公平な判断力をもっていなかったがために、誰もこの比較を行なわなかったのである。

否認された手段に代ってよりよい手段を提示しなければならない必要から、ある種の批判方法が生じてくる。それは、よりよい手段だと勝手に思い込んでいるものを提示するだけで満足し、本来の証明を行なわないようなやり方である。その結果、必ずしもすべての人がそれを信用するとは限らず、またそれとは別の手段を考案する者も出てくることになって、論拠のない水掛論が発生することになる。戦争に関するすべての文献はこうした事柄に満ちている。提出された手段の優秀さが疑い得ないほど明らかでない限り、常にわれわれの要求するような証明が必要となる。そして、証明とは二つの手段の各々の特徴を探究し、その目的と比較することにある。こうして事態が単純な真理にまで還元されれば、論争は、最終的にやむか、あるいは少なくも新しい結果を生ずるはずである。ところが、証明がない場合であれば、いつまでも果てしない水掛論が続くだけであろう。

例えば、最後に掲げられた例について、われわれが上に述べたことだけで満足せず、ブリュッヒャーに対する追撃を続行するのがシュヴァルツェンベルグに方向を転ずるよりも、よりよい手段であることを証明しようと思えば、われわれは次のような単純な真理にその論拠を求めることになるであろう。

一、一般に、敵に打撃を与えるには、一方向に継続的に打撃を与えた方が力の方向を転換して攻撃するよりも有利である。というのは、方向転換は時間の損失を伴うし、敵の精神力がすでにかなりの損害を蒙って弱められている場合には、一方向への継続的打撃は新しい成功を生むのにはるかに容易だからである。したがって力の方向転換は、獲得された優位の一部を利用しないことになる。

二、ブリュッヒャーはシュヴァルツェンベルグよりもその兵力は劣っていたけれども、その大胆な冒険心ははるかに優れていたのであって、全連合軍の重心はむしろブリュッヒャーにあり、ブリュッヒャーの状態いかんで他の軍隊の帰趨は決せられる状態にあったのである。

三、ブリュッヒャーの受けた損害は、敗戦に匹敵するほど大きく、したがってブリュッヒャーに対するナポレオンの優位は、ほぼ確実にブリュッヒャーをラインに退却させることができるほど大きかったのである。けだし、この方面には取るに足る援軍はいなかったからである。

四、もしナポレオンがブリュッヒャーをライン河畔で撃破していたならば、これほど恐るべき成功はなかったであろうし、これほど敵に大敗北の幻想を抱かせる成功もなかったであろう。殊に、シュヴァルツェンベルグのように決断力がなく臆病な軍司令官に対しては、このことは特に重要であったとしなければならない。ヴュルテンベルグ太子[*14]がモントローにおいて失った兵数やウィットゲンシュタイン伯[*15]がモルマンにおいて失った兵数については、シュヴァルツェンベルグ公はほぼ正確にこれを知っていたに違いない。ところが、ブリュッヒャーが、マルヌからラインに至る隔絶された陣地で受けたであろう損害は、雪崩のように次第に大きくなってシュヴァルツェンベルグの耳に達したであろう。三月末ヴィトリーにおいてナポレオンは、戦略的迂回攻撃によって連合軍を脅かそうと絶望的な方針を打ち樹てたが、これは明らかに威嚇の原則に基づいたものであった。だが、彼はラオンおよびアルシーにおいて敗れていたし、ブリュッヒャーは一〇万の兵を率いてシュヴァルツェンベルグのもとにあったから、状勢はまったく異なっていたと言わねばならない。

むろん、これらの意見に同意しない人もいるだろう。しかし彼らは少なくも、ナポレオンがラインに向かって進撃し、シュヴァルツェンベルグの基地を脅かしたならば、シュヴァルツェンベルグはナポレオンの基地であるパリを脅かしたであろう、と言ってわれわれに反駁することはできまい。というのは、上に述べた理由からシュヴァルツェンベルグがパリに進撃することを思いつくとはとても考えられなかったからである。

右に引用した一七九六年の戦役について言えば、ナポレオンは彼が選んだ道を、オーストリア軍を破るのに最も確実な道だと考えていた。仮にそれが事実だったとしても、それによって達成された目的は空虚な武名のみで、それは、マンツァーの陥落にほとんど見るべき影響を与えることができなかったのである。われわれが選んだ道はわれわれの目から見れば、敵の援軍を防ぐ上にはるかに確実な道であった。ところで、フランスの最高司令官の目から見ればそうは考えられず、それによる成功の可能性はむしろ小さいものだと思われていたのである。しかしそれにしても、次のような問題だけは依然として存在していたはずである。すなわち、成功の確率は高いが、ほとんど用うべきところなく極めて意味の薄い成功と、確率はそれほど高くはないが、はるかに意味のある成功とを秤にかけた場合どうなるかという問題である。問題をこのように設定すれば、大胆な者は第二の方策を選ぶに違いない。それは問題を皮相に観察した場合とは正反対の結果になる。もっとも、ナポレオンは決して大胆さを欠いていたわけではない。しかし疑いもなく彼は、われわれが経験から理解した程度にまではっきりと事態の本質を明察していなかったし、その結果をそれほど遠くまで見通してはいなかったのである。

手段の考察にあたって批判がしばしば戦史に依拠しなければならないのは当然である。なぜなら、兵術においては一切の哲学的真理よりも経験の方が大きな価値をもつからである。しかし、この歴史的な証明には、当然のことながら、独自の特殊な条件が付帯しているものであって、これについては後に特に一章を割いて論じなければならないが、残念ながらこの条件が守られていることは極めて少ないものであり、その結果、歴史的引証は多くの場合、概念を一層混乱させるだけのものとなっているのである。

ここでわれわれは、なお一つの重要な問題を考察しなければならない。すなわち、個々の事例を判断するにあたって、批判は事象をより高い見地から眺め、したがってまた結果として明らかになったものを利用することになるが、それがどの程度にまで許され、また、どの程度にまで義務づけられているかという問題である。あるいは、批評家はいかなる場合にこうした事象を捨象し、まさしく行為者の位置に立たねばならないか、という問題でもある。

もし批評家が行為者を称讃したり非難したりしようとすれば、言うまでもなく、批評家は正確に行為者の立場に身を置き、行為者が知っていたことや彼の行為の動機となっていたことの一切を関連づけ、反対に行為者が知り得なかったことや実際に知らなかったことの一切を排除し、特に結果として明らかになることをも排除するよう努めねばならない。もっとも、これは人が目指すべき目標にすぎず、誰しもそこに到達し得るものではない。すなわち、事件の出発点となる状勢が批評家の目に、行為者の目に映るのと同じように正確に映るものではないからである。決断に影響を及ぼしたかもしれない多数の些細な事情はすでに消え去っているし、多くの主観的動機は決して公言されはしない。そうした主観的動機は行為者や行為者に親しい人々の回想録から知るほかないが、しかもそうした回想録において事象はしばしば非常に漠然と取り扱われ、ときには故意に歪曲されてさえいるものである。したがって、行為者に現前していたものの多くが批評家の目からは常に逸脱せざるを得ないことになるのである。

他方、批評家が知っている多くのことを排除することは一層困難である。主要な事情そのものに根ざしていない、偶然に紛れ込んだ状況に関しては、それは比較的容易であるけれども、本質的な事柄については極めて困難で完全を期し難いものである。

ついで結果について述べる。結果が偶然的な事柄から生じたのでなければ、ほとんど常に結果に関する知識は、結果を惹き起した事柄に関する判断に影響を及ぼす。なぜなら、われわれはこの事柄を結果にてらして知るのであるし、その一部は結果を通して初めて知られ評価されるからである。戦史は、そこに現われるさまざまな諸現象とともに、批判そのものにとって教訓の源泉と言うべきものである。そして、批判が全体の考察から得られた光によって諸事物を明らかにすべきであるのは言うまでもない。したがって、批判が全体的結果から得られた知識を徹底的に排除しようという意図をもたねばならないとしても、多くの場合これを完全に行なうことは不可能であろう。

しかし、このことは後になって初めて現われてくる結果について言えるばかりでなく、事前に存在するもの、つまり、行為を規定するさまざまな材料についても言えることである。多くの場合、批評家は行為者よりもそうした材料について多くのことを知っている。ただ、人はそれらを完全に排除することが容易だと信じているようだが、事実は決してそうではない。既存の状況や現在の状況に関する知識は、確定的な情報に基づくばかりでなく、無数の臆測や前提に基づいているのであって、しかも偶然的ではない事柄に関する情報でさえも、ほとんど常に前提や臆測を含んでいるものである。そしてときには、臆測や前提が確実な情報の脱漏を補うことさえある。ところで、後世の批評家が、もし自分が行為者の立場にあったならば、未知な状況のうちのどれを真なるものだと見なしただろうか、と自問するとき、彼は、既存の状況や現在の状況を実際に知ってしまっている以上、それに何らかの影響を受けることは避け難いはずである。それゆえ、この点に関しても、結果についてと同様、完全な抽象は不可能であって、しかも、それは結果についての場合とまったく同じ理由に基づくのである。

したがって、批評家が行為者の個々の活動について称讃したり非難したりしようとするとき、行為者の立場に身を置くことができる可能性には一定の限界がある。非常に多くの場合、この可能性は実際の必要を満たすに足る程度にまで及ぶだろうが、しかし、ときによっては、そうでないことも多いはずである。人はこのことを忘れてはなるまい。

しかし、批評家が行為者とまったく同一の立場に立つことは、必要でもないし望ましいことでもない。戦争においては、一般に技術的な行為においてそうであるように、鍛錬された天賦の才能が必要とされる。これは、達技と名づけられるもので、行為者によって大きいこともあるし、小さいこともある。前者の場合には、行為者の達技は、批評家のそれをはるかに凌駕している。いかなる批評家もフリードリッヒ大王やナポレオンの達技を有していると主張できはしないだろう。批評家にそれほど大きな才能を要求することが無理であるとすれば、批評家が、行為者よりも広い展望をもつという自己の有利さを利用することは許されねばならない。したがって、批評家が偉大な最高司令官の行為を批判するには、最高司令官が有していたのと同じ既知数をもってこれを検算することはできず、むしろ、批評家は、天才の高邁な活動に潜んでいたところのものを、結果を通し、事実のよく予期に合したるを見てのみ現象の確実な流れを通して認識すべきであるし、天才の目が気づいていた本質的な連関を事実に即して学ぶべきである。

しかし、最高司令官がたとえそれほどの達技を有していなくても、批評家はこれより一段と高い立場に立つ必要がある。そうすれば、豊かな判断の根拠が得られて批判は最高度に主観を排除できるし、批評家の偏狭な精神を判断の尺度としなくてもすむのである。

こうした高い立場に立つ批判、および事態を十分に見通しての称讃や非難は、それだけではわれわれの感情を傷つけるものではないが、ただ、批評家が傲慢になって、事件の完全な洞察によって得た一切の知恵をあたかも彼独自の才能であるかのような調子で語るとき、初めてわれわれの感情は傷つけられるのである。こうした欺瞞は極めて浅薄なものであるが、人は虚栄心にかられてややもすれば、こうした欺瞞を弄しがちであるから、他人の不興を買うこともまた当然である。だが、批評家個人がそのように欺瞞的な越権行為を意識的に行なおうとする場合はそれほど多いわけではない。しかし、そのとき批評家がはっきりその旨を断わらないと卒読の読者に誤解されることになり、読者はすぐさま批評家の価値判断力の欠陥を非難することにもなろうというものである。

したがって、批評家がフリードリッヒ大王やナポレオンの誤りを証明したとしても、それは、批評家自身がそういう誤りを犯さなかったであろうことを意味するのではなく、批評家が最高司令官の地位にあったならば、逆にはるかに多くの誤りを犯したであろうことも考えられるわけである。批評家はこれらの誤りを事物の全体的連関から認識するのであり、行為者の慧眼が誤りに気づくべきであったと主張するだけなのである。

それゆえ、これは事物の全体的連関を通しての判断であり、結果を通しての判断である。しかし、判断に対して結果がまったく異なった影響を与えることもある。それは、結果がまったく単純に、一つの方針の可否に関する証拠として用いられる場合である。これは、結果に即しての判断と名づけることができる。そのような判断は一見すればまったく無条件に排斥されるべきものと思われるけれども、これまた実際には必ずしもそうではないのである。

一八一二年、ナポレオンがモスクワに進撃したとき、一切は、首都の征服とそれに先立つ諸経過とによってアレクサンドル皇帝[*16]を講和に動かし得るか否かにかかっていた。ナポレオンは一八〇七年にはフリードランドの会戦後にアレクサンドル皇帝を、一八〇五年および一八〇九年にはアウステルリッツおよびワグラムの会戦の後にフランツ皇帝[*17]を、それぞれ講和に動かすことができた。もし、一八一二年にナポレオンがモスクワで講和を結ぶことができなかったならば、軍を返す以外に道はなく、しかもそれは戦略的な敗北にほかならなかった。われわれは、モスクワに到着するためにナポレオンが行なったこと、また、その途上でアレクサンドル皇帝に和議を決意させる多くの機会を逃したことは度外視しよう。同様に、退却に伴う破壊的な状況（その原因はおそらく全戦役の経過のうちに潜んでいた）をも度外視しよう。それらを度外視しても問題は依然として同じことである。なぜなら、モスクワに至るまでの戦後の成果がどんなに華々しいものであったとしても、アレクサンドル皇帝がそれに怖れをなして和議を結んだか否かは依然として不確かであるし、また、退却にそれほどの破壊的要素が含まれていなかったにしても、それは戦略的な大敗北であることに変りはなかったからである。アレクサンドル皇帝が不利な講和を結んだならば、一八一二年の戦役はアウステルリッツ、フリードランド、ワグラムの戦役の同一線上に連なるものになったであろう。しかし、アウステルリッツ以下の戦役も、もし講和が結べなかったならば、一八一二年の戦役と同様の破局をもって終っていたであろう。したがって、世界征服者ナポレオンが、いかなる力、いかなる技巧、いかなる叡智をもってしても、運命に関するこの最後の問題は依然として不明のままであるだろう。ところで、われわれは、一八〇五年、一八〇七年、一八〇九年の戦役を度外視し、一八一二年の戦役をもとにして、これら一切の戦役が愚かな戦いであり、その成功は、ことの本性に反するものであり、一八一二年に至って遂にその戦略的誤りは明白になった、と主張すべきであろうか。そうした主張は、甚だしい牽強附《けんきょうふ》会《かい》の意見であり、専横な判断であって、それに十分な証拠を提出することはできまい。というのは、事象の必然的連関の糸をたぐって敗将の決断にまで至ることは、人智の及び得ぬところだからである。

　しかし、逆に、一八一二年の戦役は、他の戦役と同様当然勝利すべきであったが、不測の事態のために、敗北した、という主張は右の主張よりも一層誤っている。なぜなら、アレクサンドル皇帝の剛毅は不測の事態とは見なされないからである。

一八〇五年、一八〇七年、一八〇九年にはナポレオンは敵を正しく判断したが、一八一二年には誤りを犯した、とするのが最も自然な判断であろう。つまり、ナポレオンは前者において正しく、後者においては正しくなかったのであって、そのことはいずれも結果によってわかることなのである。

すでに述べたごとく、戦争における一切の行為は確定的な結果をめざして行なわれるのではなく、蓋然的な結果をめざして行なわれるのである。確実性が欠けている部分は、常に運命とか幸運とか呼ばれるものに委ねられざるを得ない。むろん、こうした部分ができるだけ少ないことを要求することはできるが、それは個々の行為に関してのみ要求できることである。つまり個々の行為に不確実性ができるだけ少ないことは要求できるにしても、それは不確実性の最も少ない行為を常に選ばねばならないことを意味しはしないのである。不確実性の最も少ない行為を選ぶことはわれわれのあらゆる理論的見解に著しく反することさえある。例えば最高の冒険が最高の叡智であるといった例も少なくないからである。

ところで、行為者が運命に委ねなければならぬすべての部分については、彼の個人的な功績や彼の責任はまったくないかに思われる。にもかかわらず、われわれは、期待通りの事態が生じた場合には、心の中で喝采したくなるし、失敗した場合には、知的な不愉快を感ずる。しかし何度も述べてきたように、行為者に対する正不正の判断は、われわれが単なる結果から引き出したもの、あるいは、結果のうちに見出したものから下すべきではないのである。

しかし、誤解のないように言っておくが、ことの成就を見て知性が感ずる愉快な気持や失敗を見て感ずる不愉快な気持は、幸運による成功と行為者の天才との間には、目には見えない微妙な連関があるのではないかという漠然たる感情に基づいているのであって、ことの成就を見れば、そうした感情が満たされてわれわれの気持が満足させられるものであることを否定するつもりは毛頭ない。この見解を証明するものとしては、同一行為者のもとで成功や失敗が繰り返されるとき、われわれの興味が高まって一つの明確な感情の形をとるという事実が挙げられるだろう。それゆえ、戦争における幸運は、賭博における運よりもはるかに高尚であると言える。したがって幸運な戦争遂行者が他の面でわれわれを傷つけない限り、われわれは喜んでその事蹟を追うだろう。

つまり、批判は人間の測定や信念の範囲内にある一切を考慮した後、事物の深い神秘的連関にして目に見える現象の形をとっていない部分については、結果をして語らしめるということである。このようにして初めて、この高貴な黙示は一方で騒々しい粗野な諸論によって破壊されるのを免れると同時に、他方で愚昧な人々によってこの最高法廷が乱用されるのも免れるというものである。

それゆえに結果によるこの判断は、人智が明らかにし得ないものに迫らねばならない。だから、精神力や精神的効果については特に結果による判断が必要とされるのである。それは、一方においてこれらのものが最も判断し難いものだからであり、他方においてこれらのものが意志に極めて接近していて、容易に意志を左右するからである。恐怖や勇気が決断を促す場合には、恐怖あるいは勇気と決断との間には、両者を調停すべき客観的なものは何一つ存在しないのであり、したがって叡智や計画心によって蓋然的な結果に対処すべき余地はまったくないのである。

次にわれわれは、批判の用具、つまり批判の際に用いられる言葉について、この考察を試みてみたい。というのは、言葉はいわば軍事行為に伴うものだからである。確かに検討的な批判は、行動に先立ってなさるべき慎重な判断にほかならない。だから、批判の言葉が戦争における考察・判断と同一の性格をもつことは、この上もなく本質的なことと見なさるべきであって、さもなければ、言葉は実用的な価値を失い、批判は実生活に浸透することができなくなってしまうであろう。

作戦の理論に関する考察の際に述べておいたように、作戦の理論は、戦争中の指揮官の精神を鍛えるべきもの、あるいはむしろ、教育の過程で指揮官の精神を指導すべきものであって、指揮官が精神の糧として使用し得るような積極的な教説や体系を提供すべきものではない。ところで、戦争において目前にある事件を判断するにあたっては、学問的な定理を立てることは必要でも、許さるべきことでもなく、それに、真理もまたそこでは体系的な形態をとって現われるわけのものでもない。つまり、真理は間接的に見出されるものではなく、精神の生得の眼力によって直接に見出されるものなのである。このことは批判的考察においても同様に言えることであろう。

なるほど、すでに述べたごとく、事物の本性を確立するのに多言を弄さねばならない場合には、批判は理論的に確立された真理に依拠しなければならない。しかしながら、戦争における行為者が、この理論的真理に従うのは、それが外的で強固な法則であるからではなく、それが真理の精神を含んでいるからである以上、批判もまた理論的真理を外的な法則あるいは代数学的公式として用うべきではなく（法則や公式の真理は応用され得るものである必要はない）、真理の内的精神に浸って批判すべきであって、一層正確で一層詳細な証明を行なう場合にのみ外的な理論に頼りさえすればよいのである。それゆえ、批評家は神秘的で曖昧な言葉を避け、単純な語法、明晰な、つまり常に目に見える表象をもって語らねばならないのである。

無論これは必ずしも完全に成就されることではないが、批判的叙述をするつもりなら極力そのように努めねばならない。批判はできるだけ複雑な認識の形式を用いてはならず、また学問的な定理構成なども特別な真理装置として用いてはならず、むしろ一切を精神の生得的で自由な眼力を通して明らかにするよう努めねばならないのである。

この努力は言ってみれば敬虔な努力とでも名づけられるものだが、残念ながらこれまでの批判的考察の文献で、こうした努力が払われているものは極めて少なく、その大部分はむしろ虚栄心にかられて観念の飾り物に陥っているのが実情である。

われわれがしばしばぶつかる第一の過誤は、ある一面的な体系を断固たる法則として用いるという救い難く、かつまったく許し難い過誤である。しかし、そうした体系の一面性を指弾することは決して困難なことではない。一度その虚偽性を示せば、その批判家の格式張った言葉は直ちに無効となる。ここで、問題なのは、むしろ特定の体系についてだけであって、そうした一面的な体系の数は結局のところ、ほんのわずかしかないのであるから、その過ちもそれだけでは比較的軽微なものであると見なしておいていいだろう。

一層大きな過誤は体系につきまとう専門語、術語、比喩にかかわるものであり、これは解放された暴徒や指揮を離れた雑兵のごとく、到るところに横行するものである。気に入った体系がなかったり、一体系の全体を学ぶに至っていなかったりしたために、自らの理論を全体的な体系にまとめていないような批評家は、場合に応じてあちこちの体系からその断片を取り出してきてこれを尺度とし、最高司令官の作戦に欠陥があったことを示そうとする。大多数の批評家は、学問的な兵学のこうした断片をあちこちから拾い出してきて自分の支えとしなければ、いかなる推論も展開することができないのである。術語や比喩で固められたこうした小断片は、多くの場合批判的説明の虚飾以外の何物でもない。ところで、当然のことながら、体系に含まれる専門語や術語の一切は、体系のうちではそれ相応の価値をもっているけれども、体系から抜き出されて一般的な公理として用いられたり、日常語よりも大きい証明力をもつ真理の小結晶として用いられたりすると、直ちにその妥当性を失うものである。

平明単純に思考を進めれば、著者は少なくも自分の言っていることを知っているはずだし、読者はその読む内容が理解できるはずであるのに、今日の理論的批判的著作は夥しい術語の使用によって曖昧な十字路を作り上げ、そこで読者と著者とは互いに意志の疎通を欠くことになってしまっている。しかし、もっと悪いことがある。それはこれらの術語がしばしば中味のない空っぽな皮殻にすぎないということである。そのような術語を使用する限り、著者自身、自分が考えていることをはっきりと意識し得ず、曖昧な表現によって単純な語法では得られない満足を得ているにすぎないのである。

批判の第三の過誤は歴史的実例を乱用し、博読を衒《てら》うことである。兵術の歴史がいかなるものであるかについてはすでに述べた。実例と戦史一般に関するわれわれの見解は章を改めて論ずるであろう。だが軽率に引用された一事実は、それと反対の見解を証明するためにも用いられることができるし、時間的空間的に遠く離れ、事情のまったく異なっている場所から引き抜かれ集められた三つあるいは四つの事実は、判断を錯乱させるだけであり、証拠としてはまったく力のないものであるということを知るべきであろう。なぜなら、それらの例を明断に考察すると、ほとんどの場合、がらくたと、博読を衒おうとする著者の意図しか見出されないからである。

そもそも、このように曖昧で中途半端で混乱した恣意的な思考は、実際上どんな役に立ち得るというのだろうか。こうした思考は役に立つどころか、むしろそのようなものがある限り、理論は文字通り実践の対立物となるだけであって、せいぜい戦場で偉大な才能を発揮する司令官に嘲笑されるところとなるのが関の山というものであろう。

作戦上の対象を単純な言葉で素直に観察し、確立し得ることだけを確定しようとしていたならば、批判がこうした過誤に陥ることはなかったであろう。批評家は誤った表現法を避け、学問的形式や歴史的対照を用いて不相応に華麗な叙述に陥らないように努め、常に事実に密着し、戦場において生得の心眼を通してことを運ぶ司令官とともに手を携えて批判論究を進めていかねばならないのである。

第六章　実例について

歴史的実例は、一切を明確にするのみならず、経験科学において最上の証明力を有している。殊に兵術においては、何ものにもましてそうである。己れの覚書のうちに本来の戦争に関する最上の記述を残したシャルンホルスト将軍は、歴史的実例を素材のうちで最も重要なものだと説明し、驚嘆に値するほど見事に実例を利用している。もし彼が、自分が戦った戦争を生き延びていたならば、改作された砲兵論第四部は、彼がいかなる観察と教訓の精神をもって経験を閲歴したかについての一層美しい証拠を提出してくれていたことであろう。

しかし、理論的な著作家が歴史的実例をこのように利用することは極めて稀れであって、むしろ、普通の著作家の使用法は、知性に満足を与えないばかりか、知性を傷つけさえもする。それゆえ、われわれは実例の正しい使用法と誤った使用法との区別を特に念頭に入れておく必要がある。

論ずるまでもなく、兵術の基礎となる知識は経験科学に属している。なぜなら、これらの知識の大部分は事物の本質から得られるものであるとしても、これらの本質そのものは、多くの場合、経験を通して初めて知られるほかはないからである。その上、知識の適用は、非常に多くの状況の影響を受けるものであって、手段の単なる本質だけを知っていたからといって適用の結果を完全に認識することはできないものなのである。

火薬は今日の軍事行動の大きな要因であるが、その効果は経験によってのみ認識されたのであるし、今日でもなお、それを一層正確に知るために間断なく研究が続けられている。秒速千フィートの速度を与えられた弾丸が、それに触れる一切の生物を粉砕することは自明の理であって、それを知るに経験は必要ではない。しかし、弾丸の効果は無数の二次的状況によって一層正確に規定されるものであり、その一部は経験によってしか認識できない。そして、物理的効果は、われわれが考察すべき唯一のものではなく、その上さらにわれわれは精神的効果をも研究すべきであって、それを知り評価する手段としては経験以外にはないのである。火薬が初めて発見された中世においては、その構造が不完全であったために、物理的効果は今日に比べて非常に少ないものであったが、精神的効果ははるかに大きいものであった。長い危機の経験に鍛えられ、多くの戦勝を通して士気を高め、自ら最高の要求を掲げるに至った軍隊がどれほどのことを成就できるかを知るためには、征服戦に備えてナポレオンが養成し指揮した軍隊が、強烈で持続的な砲火のもとでいかに頑強に抵抗したかを見る必要がある。だが頭で考えただけではそれは信じられないことであろう。他方、経験上よく知られているように、今日のヨーロッパの軍隊にも二、三の砲撃で容易に逃散するタタール、コザック、クロアートのような軍隊もある。しかし、いかなる経験科学も、したがっていかなる兵術理論も、その真理に歴史的証明を常に附加するわけにはいかない。歴史的証明を附加すると、あまりに冗漫になるからでもあるし、経験を個々の現象に分析して証明するのが困難であるからでもある。戦争においてある手段が非常に効果的であるとわかれば、それは繰り返し使用されるだろう。次々と使用されて、それはまったく流行となり、かくして経験的事実に基づいて使用され、理論のなかにある一定の位置を占めるようになるだろう。この理論は一般に経験に依拠してはいるが、それは、その手段の由来を示すためであって、それを証明するためではないのである。

だが、使用されている手段を排斥したり、疑わしい手段を確定したり、新しい手段を導入したりするために経験が利用される場合には、事情はまったく異なってくる。この場合には、歴史から引かれた個々の実例が証拠として提出されねばならない。

ところで、歴史的実例の利用法を詳細に考察すれば容易に次のような四つの着眼点が見出される。

第一に、実例は思想の単なる註解として用いられ得る。思うに、抽象的な考察のすべては間違って理解されたり、あるいは、全然理解されないことが多いからである。著作家がこれを恐れる場合に、歴史的実例は思想の曖昧さを補い、著者と読者との間の意志の疎通を助けることとなる。

第二に、実例は、思想の応用として役立ち得る。というのは、実例は、思想の一般的表現では網羅され得ない微細な状況の取り扱いを示す機会を与えるからである。理論と経験の区別はまさにこの点にある。以上二つが本来の実例の使用法である。以下の二つは歴史的証明に属する。

第三に、われわれは、自分の立言を証拠立てるために歴史的事実を利用する。単に一つの現象や効果の可能性を示すだけならば、常にこの方法だけで十分である。

第四に、われわれは、歴史的事件の詳細な叙述やいくつかの事件の総合から、何らかの教説を引き出すことができる。この場合には、実例が教説の真の証拠となる。

第一の使用法では、実例が一面的に使用されるだけだから、多くの場合実例について表面的に述べるだけで十分である。そこでは、歴史上の事実であるか否かは二次的な問題であって、虚構の実例でも用は足りる。ただ、歴史的実例の方が実際的であり、註解される思想を実際活動に一層近づけるという利点がある。

第二の使用法では、実例の詳細な叙述が前提となる。ただ、ここでも歴史上の正確さは二次的な問題で、これは第一の場合と同様である。

第三の使用法では、多くの場合疑いのない事実を挙げるだけで十分である。例えば、塹壕を繞らした陣地が一定の条件のもとでその目的を達し得ることを主張しようとすれば、その主張の証明としてブンツェルヴィッツの陣地[*18]を挙げるだけで十分である。

しかし、歴史的実例の叙述を通して何らかの一般的真理を実証しようとすれば、この実例について真理の主張と関係のある部分の一切を正確かつ詳細に展開し、いわば読者の目の前に実例を慎重に築き上げねばならない。この試みが不十分であればあるほど、論証はそれだけ弱くなり、個々の実例の証明力の弱さを実例の数によって補う必要性が大きくなる。というのは、詳細な状況を提示できない場合には、実例の数をふやすことによってその効果を補足することができると一般に信じられていることであるし、その前提は正しくもあるからである。

騎兵は歩兵と並んでいるよりも歩兵の背後にいた方がいいということ、あるいは、決定的に優位に立っていない限り、会戦中においても戦場にあっても、つまり、戦術的にも戦略的にも、分離された縦隊をもって敵を幅広く包囲することは極めて危険であるということ、この二つを経験から証明しようとすれば次のことが問題となろう。つまり、第一の場合について言えば、騎兵が歩兵の左右翼にいて敗北した会戦の数例と、歩兵の背後にいて勝利した数例を挙げるだけでは十分ではないし、第二の場合についても、リヴォリーあるいはワグラムの会戦[*19]、一七九六年におけるオーストリア軍のイタリアの戦場に対する攻撃、あるいは同年のドイツの戦場に対するフランス軍の攻撃を想起するだけでは十分ではない。むしろ、状況一切や個々の戦闘経過の正確な追究を通して上述の陣地や攻撃の形式がいかにして本質的に悪い結果をもたらしたかが示されねばなるまい。そのとき、上述の形式がどの程度まで非難さるべきか、といったどうしても決定されねばならない問題も示されるであろう。というのは、一切を全体的に非難することは常に真理から外れることだからである。すでに述べたように、事実を詳細に説明し得ないとき、実例の数によって証明力の欠陥を補うことは許されることではあるけれども、これは危険な方策であり、誤用されることが多いのも否めない事実である。われわれは事例を詳細に説明せず、三つあるいは四つの事例に言及するだけで満足し、それによってあたかも強固な論証がなされたかのごとき外観を与えがちである。しかし、一ダースの引用例が繰り返し挙げられても何の証明にもならないような問題もあるので、そうした問題では反対の結論を証明するような一ダースの例を挙げることも不可能ではない。分離された縦隊で攻撃したために敗北した会戦の例を一ダース挙げることができるとすれば、同じ隊列を組んで勝利した会戦の例を一ダース挙げることもできる。これによっても容易にわかるように、このような方法ではいかなる結論も得られはしないのである。

こうしたさまざまな関係を熟視すれば、実例がいかに容易に誤用されるかがわかるだろう。

あらゆる部分にわたって周到に構築されたのではなく、軽率に触れられたにすぎない事件は遠隔の地から眺められた対象のようなもので、各部分の状態にはいかなる差異も認められず、全体が同一の外観を呈することになる。実際、そうした例は相矛盾する意見に論拠を与えてきたに違いない。ある者にとってはダウン[*20]の戦役は賢明な思慮の模範であり、他の者にとっては逡巡と不決断の典型である。一七九〇年のナポレオンのアルプス山ノレアロ越えはすばらしい決断であったとも思われるが、同時にまったくの無思慮とも思われる。一八一二年における彼の戦略的敗北はエネルギー過剰の結果とも見なされ得るし、エネルギー不足の結果とも見なされ得る。これらすべての意見は実際に吐かれたものであるが、そうした意見の成立が事象全体に対する考え方の相違からきたことは言うまでもない。しかしながら、こうした矛盾する意見は両立し得ず、どちらか一方は誤っているに違いないのである。

名将フーキエール[*21]がその回想録を飾るのに豊富な実例を用いたことに対して、われわれは、多くの感謝を捧げねばならない。一方では、これによって多くの歴史的報告が湮滅せずわれわれの手許にもたらされたのであるし、他方ではこれによって初めて理論的抽象的な思想が非常に有効な形で実際活動と結びつけられたのである。もっとも、そこに引用された実例は、理論的主張の註解ないし精密な規定と見なされる限りでのみ有効であって、理論的真理を歴史的に証明しようという、彼がしばしば目指す目的は、今日の公平な読者の目から見れば、十分達成されているとは言えないのであるが。というのは、その回想録ではときに事件が詳細に説明されているということはあっても、内的な連関から必然的に結論を導き出すという点では未だ不十分だからである。

しかし、歴史的事件への単なる言及には、これ以外にも不利な点がある。すなわち、読者の一部がこれらの事件を十分に知らなかったり十分に記憶していなかったりする結果、著者が考えている内容を考えることさえできず、結局、感嘆するだけに終って、いかなる確信も得られないことになってしまうからである。

いうまでもなく、歴史的事件を読者の目前に築き上げたり、読者に髣髴《ほうふつ》たらしめたりした上で、これを証拠として用いるといったことは非常に困難である。なぜなら、多くの場合、著作家にはそのための手段も時間も空間も欠けているからである。だが、わたしの考えでは、斬新な見解、あるいは疑わしい見解を確定しようとする場合には、十の事件に言及するよりも、一つの事件を根本的に叙述する方が、より教訓的である。表面的な言及の主要な弊害は、著作家が例証に応しからざる事柄を証明しようという不当な要求をもって言及を行なう点にあるのではなく、著作家がこれらの事件を十分に吟味しない点、歴史のこうした表面的かつ軽率な取り扱いから無数の誤った見解や理論的計画が生じてくる点にある。著作家が新説を持ち出したり歴史的証明を行なったりするにあたって、事象の正確な連関から疑いなき結論を導くという義務を守るならば、こうしたことは生じないであろう。

歴史的実例に伴うこのような困難や、それを克服するために必要とされる諸手段について納得してもらえるならば、実例の選択にあたって当然近世の戦史が選ばれねばならないことも明らかであろう。ただし、その近世の戦史も十分に知られ、論じられているものに限られることは言うまでもない。

往時の事情は今日と異なり、その用兵術も今日と異なるから、往時の事件はわれわれにとって教訓をあまり含まず、実用的ではない。のみならず、当然のことながら戦史は他のあらゆる歴史と同様に、最初有していた多くの些細な色合や状況を次第次第に失い、色あせたり黒ずんだりした絵のように、その色彩や生命を徐々に失い、ついには大きな全体と二、三の特徴が偶然に残るだけとなり、それが過大視されるに至るものである。

今日の作戦の状態を考察すれば、主としてオーストリア継承戦争[*22]以後の戦争こそが少なくともその武器において今日の戦争と非常に類似し、大小の事情が非常に異なっていても、そこから多くの教訓を引き出すことができるほど十分に今日の戦争に近いと言ってよいだろう。火器が十分に発達せず、騎兵が依然として主要な武器であったイスパニア継承戦争[*23]では、事情はまったく異なっている。時代を溯れば溯るほど戦史はいよいよ応用不可能となり、同時にいよいよ貧弱になる。古代民族の歴史は最も応用不可能で最も貧弱であることは以上の理由から当然である。

しかし、むろんこの応用不可能性は絶対的なものではなく、正確な事情の知識や作戦の変化が影響を及ぼす諸問題についてのみ言えることである。オーストリア人やブルゴーニュ人やフランス人に対するスイス人の諸会戦の経過についてわれわれはほとんど知らないけれども、しかしそれにもかかわらず、優秀な歩兵が最優秀の騎兵に優ることは直ちに明言できる。イタリアのコンドッチェリの作戦時代を概観すれば、作戦全体が使用される道具〔兵隊のこと――訳者〕に依存していたことがわかる。なぜなら、戦争に使用される戦力が、この時代ほど独自の道具という性格をもち、他の国家生活や民族生活から切り離されていたことはないからである。第二ポエニ戦争[*24]において、ローマはイタリアにあるハンニバルを打倒しようとはせず、スペインやアフリカの攻撃を通じてカルタゴと戦ったが、この注目すべき方法は教訓に富む考察の対象たり得る。というのは、この間接的抵抗の効果を支えている国家や軍隊の一般的事情は、今日でも十分知られているからである。

しかし、事物が個別的になり、一般的事情から離れるにつれて、遠い昔の模範や経験を研究することはますます困難となる。なぜなら、それに応しい事件を十分評価することも、今日のまったく異なった手段にそれを応用することも共に不可能だからである。

だが、不幸にして、古今を通じて著作家は古代の事件を口にする傾向が強い。そこにどれほどの虚栄心や山師的気分がはたらいているかは問わないとしても、少なくともそこには人に教訓を与え人を納得させようとする誠実な意図と熱心な努力が欠けているのであって、そうした引用は自分の欠陥や不備を糊塗するための虚飾と見なされてもしかたがないのである。最後に言えば、フーキエールの目指したごとく、歴史的実例だけでもって戦争を論ずることは非常に有益であるだろう。しかし、それを行なうにはまず、いくつかの長い戦争の体験をもち、それを通して理論化のための準備をしなければならないことを思えば、それは十分畢生の事業たり得るであろう。

内的な力に促されてそのような事業を志す者は、この敬虔な仕事に対し長い聖地巡礼に対するような心構えをもたねばならない。彼は歳月を犠牲にし、いかなる労苦をも恐れず、同時代の権勢を恐れず、自己の虚栄心や恥辱を克服し、フランス法典の表現にならえば、真理を、真理のみを、全き真理のみを語るように努めねばなるまい。

第三部　戦略一般について

第一章 戦略

戦略の概念は第二部第一章で定義されている。戦略とは戦争という目的に沿って戦闘を運用する方策のことである。戦略は本来戦闘のみにかかわるものであるが、戦略理論は本来の戦闘活動の担い手たる戦闘力をそれだけ独立に考察しなければならないし、また戦闘力と戦闘との主要な諸関係をもあわせ考察しなければならない。なぜなら、戦闘と戦闘力との間には、前者が後者に左右され、ついで逆に前者が後者に作用を及ぼすといった関係があるからである。戦略は戦闘の成功の可能性に関して、また戦闘の運用上最も重要な要素たる精神や心情の力についても、十分の認識をもたねばならない。

戦略は戦争の目的のために戦闘を使用することである故、戦略は全軍事行動に対して、その目的に適った目標を定めなければならない。つまり戦略は作戦計画を立案し、行動の手順をその目標に結びつけ、行動が目標を達成するように按配する。言い換えれば、戦略は個々の戦役の企画を作成し、戦役における個々の戦闘を秩序立てるのである。これらすべての事柄は大部分前提なしには規定され得ないものであり、しかもその前提はあらゆる場合に当てはまるものではないし、他の多くの詳細な規定はあらかじめ与えられるものではないから、戦略は実際に戦場に赴き、個々の事柄をその場で秩序立て、全体に対する不断の修正を施さねばならない。それゆえ戦略は、一瞬たりともその仕事から手を引くことができないのである。

このことが少なくも全体に関しては考慮に入れられていなかったということは、戦略が内閣においてたてられ、軍隊においてはたてられていなかったという従来の習慣によって証明される。そういう立案方法が許されるのは、内閣が軍隊の大本営と見なされ得るほど軍隊に接近している場合に限られるのである。

ところで、戦略上の作戦計画には理論が伴う。より正確に言えば、理論は事物そのものとその相互関係を明らかにし、原則ないし基準として生ずるいくつかのものを摘出する。

第二部第一章では戦争がいかに多くの重要な問題に触れ合うかが述べられたが、それを思えば、一切を配慮するにはいかにたぐい稀れな心眼が必要とされるかがわかるだろう。

自分の戦争をその目的と手段に従って正確に整備でき、その行動に過不足のない君侯あるいは最高司令官は、そのことによってだけでも己れの天才を証明しているようなものである。しかし天才の力は、一見直ちに人目をひく新案の行動形式のうちに示されるよりもむしろ、全体の最終結果において成功する点に示される。静かな諸前提の的確さと全行動の人目につかぬ調和こそ、われわれが驚嘆すべきものであり、そしてそれは全体的結果のうちに初めて明らかになるものである。

そういう調和の痕跡を全体的結果から溯って追尋しない研究者は、ともすれば天才などとは無縁の場所に天才を探しがちである。

戦略の用いる手段や形式は極めて単純であり、不断に用いられるが故に人の熟知するところとなっている。であるから、それを不自然に力説する批評をしばしば耳にすれば、健全な人間悟性にとってはそれは笑うべきこととしか思われないだろう。諸戦争中にいやというほど現われる月並な敵前迂回行動が、ある場合には輝かしい天才の発現として、他の場合には深遠な洞察力の発現として、さらにまた包括的な知識の発現として称讃される。こうした称讃の言葉ほど嘆かわしくも愚劣なものがほかにあるだろうか。

さらに思えば、戦略の批判は最も通俗的な見解に従って、理論から精神的偉大さを一切排除し物質的なものにのみかかわろうとする結果、一切を均衡と優越、時間と空間といった二、三の数学的関係や二、三の角度や線に局限しようとするが、それは一層笑うべきことである。もし軍事行動がそれだけのものならば、その貧寒さの故に、戦争の学問的研究などは小中学生にとっても易々たるものであるだろう。

だが打ち明けて言えば、ここでは学問的な形式や課題はまったく問題になっていないと言える。物質的な事物の関係はすべて非常に簡単なのだ。そこに働いている精神的な力を把握することこそ一層困難なのである。しかしながら、精神的な力の場合には、精神の発展やその大きさと関係のある厖大な多様性は戦略の最高の領域のうちにのみ探究されるべきで、そこでは、戦略が政策や政略と境を接している、あるいはむしろ、政策や政略そのものとなっているのであって、精神的な力は、すでに述べたごとく、軍事行動の形式に対してよりも活動の多寡に対して影響を及ぼすのである。戦争における大小個々の事件におけるごとく、活動の形式が優位を占める場合には、すでに精神的なものの大きさは僅少となっている。

ところで、戦略においては一切が極めて単純であるが、だからと言って一切が極めて容易であるわけではない。国家の状況に基づいて、戦争がいかなるものであるべきか、いかなるものであり得るかがひとたび決定されれば、それに至る道は容易に見出される。しかし、この道にあくまでも従い、無数の誘因に煩されることなく計画を貫徹するためには、鞏靭な性格のみならず、明晰かつ堅実な精神が要求される。そして無数の優秀な人物のうち、ある者は精神によって、他の者は明敏さによって、また他の者は勇敢さや意思の堅さによって、優秀であるとされるが、そういう人物の誰一人として、おそらく最高司令官として彼を衆に抜きん出させるこれらの諸性質を一身に統一していはしないだろう。

奇妙に聞えるかもしれないが、戦略上の重要な決定には、戦術上の決定よりも一層堅固な意思が必要とされるのである。およそ戦争のこのような事情を知っている者にとっては、このことは疑う余地のないことである。戦術においては、一瞬一瞬に心を奪われ、乗り切ろうとしてもまったく無駄な渦に巻き込まれたような感じで、行動者は危惧の念がわき上るのを抑え、勇敢に前進する。一切がはるかにゆっくりと進行する戦略においては、自己自身の、そして他人の危惧や非難や考えが、したがってまた時宜を得ぬ後悔の念が、入り込む余地がはるかに多いし、さらに戦略においては、戦術におけるごとく、少なくも自分の肉眼で物事を見ることなく、一切を揣摩《しま》臆測《おくそく》しなければならないのであるから、確信もそれだけ弱くなる。その結果、大部分の将軍は行動すべきところで誤った危惧に捉われ、動きがとれなくなるものである。

いま歴史を一瞥してみよう。そのすばらしい行軍と機動性とで有名な、批評家によって戦略上の真の芸術的傑作と称讃される一七六〇年のフリードリッヒ大王の戦役を見てみよう。さて、大王があるいはダウンの右翼を、あるいは左翼を、そして再び右翼を、といったふうに迂回しようとしたことに、われわれは我を忘れて驚嘆すべきであろうか。われわれはそこに深い叡智を見るべきであろうか。否、虚心坦懐《きょしんたんかい》に判断しようとする限り、それはできない相談である。われわれはむしろまず第一に、限られた力で偉大な目標を追求するにあたって、己れの力に適さないことは何も企まず、目的を達成するのに十分なだけのことしかしなかった大王の叡智にこそ驚嘆しなければならないだろう。大王のこのような叡智はこの戦役のうちに顕現しているばかりでなく、彼の三つの戦争[*1]のすべての上に行きわたっている。

講和条約の保証によってシレジアを確保することが彼の目的であった。

多くの点で他の諸国と類似し、二、三の行政部門でそれらに優位しているにすぎぬ一小国の元首の位置にあって、彼はアレクサンダー[*2]になることはできなかったし、もしカール一二世のごとくそれを望んだとすれば、同じように頭を打ち砕かれていたであろう。それゆえ、彼は全作戦においてその力を抑制し、均衡を保った。といっても、その力に堅固さが欠けていたのではなく、火急の瞬間にはそれは驚嘆に値するものにまで高まり得たのであって、次の瞬間には再び平静にかえり、どんなに微妙な政治的活動の動きにさえも服従し得たのである。虚栄心や名誉欲や復讐心のために彼がこの軌道を外れることはなかったのであり、この軌道を歩むことによってのみ、彼は闘争を勝利に導くことができたのである。

　これら二、三の言葉をもってしては、かの偉大な大王の全貌を言い当てることはできない。ただ、この闘争の驚くべき戦果を周到に観察し、それをもたらした原因を追尋するとき、人は、大王の慧眼のみがあらゆる障礙《しょうがい》を突破して彼を成功に導いたことが納得できるだろう。

　これは一七六〇年の戦役にも他のすべての戦争にも共通する偉大な大王の驚嘆すべき一側面だが、殊に一七六〇年の戦役に顕著である。他のいかなる戦役においても、これほど優勢な敵の力と対等に戦ってこれほど犠牲が少ないことはなかったのである。

　他の側面は実行の困難に関するものである。左右への迂回行軍は容易に企画され得る。味方の小軍を常に密集させておき、拡散した敵と常に対等に戦い、迅速な動きで力を倍加する、といった考えを見出したり提案したりするのは容易である。したがって、その発見はわれわれに驚嘆の念を呼び起すものではなく、そういう単純な事柄については、それが単純であるというほかに言うべきことはないのである。

　だがこれらの事柄の実行にあたってフリードリッヒ大王に比肩し得る最高司令官がほかにあるだろうか。ずっと後になって、この戦役を目撃した著述家は大王の陣形に附随していた危険について、またその軽率さについて語っているし、疑いもなく大王がその陣形を取っていた瞬間には、危険は後に考えられるよりも三倍も大きく映じたであろう。

　敵軍の眼下での行軍や、しばしば行なわれた敵軍の砲撃下での行軍についても事情はまったく同じである。フリードリッヒ大王がかの陣形を敷きこの行軍を行なったのは、ダウンのやり方、つまり彼の兵力配備の方法、責任、性格のうちにその陣形や行軍を敢行するに足る保証を見出したからであって、決して無思慮にやったわけではない。しかし、物事をそのように見て、三〇年後にもなおあれこれ書かれたり語られたりする危うさにふりまわされ脅されなかったのは、大王が大胆さ、決断力、堅固などの意思を有していたからにほかならない。戦争のさなかにあってこのように単純な戦略的手段を実行し得るものだと信じる最高司令官はほとんどいないと言っていいだろう。

ところで実行の困難はそれだけではない。大王の軍隊はこの戦役で間断なく動いている。それは二度までもダウンの背後に出で、またラシー[*3]に追われて、不良な間道をエルベからシレジアに向かっている（七月初旬と八月初旬）。軍隊は片時も戦闘準備を怠ってはならなかったし、非常な緊張を極度に要求するような技術をもって行軍を組織しなければならなかった。多数の輜重車を率いていたために行軍は妨げられ、軍隊の糧食は極めて乏しかった。シレジアにおいては、リーグニッツの会戦まで八日間、軍隊は敵の前線をあちこちと移動しつつ、絶えず夜間行軍をしなければならなかった。それは極度の緊張を強いられたし非常な欠乏に直面もしたのである。

これら一切が軍隊の全機構の過度な摩擦なしに行なわれたと信ずることができるだろうか。最高司令官の精神は、測量技師の手が観測儀を動かすごとく、易々とそういう動きを惹き起すことができるだろうか。飢渇した悲惨な兵士達の艱難辛苦の光景を眼前にして、指揮官や総指揮官は心を切り刻まれはしなかっただろうか。愁訴や疑惑の声が彼の耳に届かなかっただろうか。普通の人間にそういうことを敢行する勇気があるだろうか。そして、最高令司官の偉大さと無謬性に対する強い信頼感がなかったならば、そのような緊張は不可避的に軍の士気を沮喪させ、秩序を失わせ、軍事的徳性を破壊しはしないだろうか。――ここにこそ尊敬すべきものがある。この奇蹟的実行をこそわれわれは驚嘆しなければならないのである。しかしこれらの一切は、人が経験を通してあらかじめその困難を嘗めている場合にのみ、その全重量が感じとられる。書物や練兵場からしか戦争の知識を得ていない者には、畢竟、行動の全比重を知ることは不可能である。それゆえ、そういう人は自身の経験の範囲外にあることについてはわれわれに全幅の信頼をおいて欲しいものである。

われわれは以上の例を通してわれわれの考えの筋道を一層明らかにしようとしたのであって、いまは本章の結びとして急いで次のことを言っておきたいと思う。すなわち、戦略の叙述にあたって、われわれは物質的なものにせよ精神的なものにせよ、われわれに最も重要だと思われる個々の対象をわれわれなりに特徴づけ、個々のものから複合的なものへと進み、最後に全軍事行動の関係について、つまり戦争および戦役の計画について述べるつもりである。*

＊　第二部の改訂の手稿中に「第三部第一章のために利用されること」と題して以下の章句が著者の手で記されている。だが、本章の改作はついになされなかった。そこでその章句の全内容を以下に掲げる。

戦力を一地点に配備するだけでは、戦闘が可能となるだけで、必ずしも戦闘が現実に生ずるとは限らない。ところで、その可能性をすでに実在性と、現実の事柄と見なすべきだろうか。無論そうである。可能性はその結果を通して現実的なものになるし、そして、この成果は、それがいかなるものであるにせよ、決してゼロであることにはならないのである。

可能的な戦闘は、その結果からして現実的なものと見なさるべきである。

逃走する敵の退路を封鎖するために一隊が派遣され、その結果敵が戦わずして降伏した場合でも、降伏を決定したものはこの派遣隊が挑んだ戦闘にほかならない。

わが軍の一部が敵の無防備の一地方を占領し、それによって敵軍の補給能力を大幅に奪取した場合でも、わが軍がそれを占領し続け得るのは、敵の奪回に備えて派遣されたわが軍の一部があらかじめ戦闘の構えを示しているからにほかならない。

いずれの場合にも、戦闘の単なる可能性がある結果を惹き起し、そのことによって現実的なものとなり得るのである。仮に上の二つの場合に、敵がわが軍団に太刀打できないほど強力な軍団を差し向け、わが軍団は戦わずして目的を放棄せざるを得なくなったとすれば、わが軍の目的は確かに達成されてはいない。しかし、この地点で敵に挑もうとした戦争に効果がなかったわけではない。それは敵の戦力をその地点に呼び寄せたかったのである。全企画が破損した場合でさえも、その配備、その可能な戦闘に効果がなかったとは言えないのであって、その場合の効果は敗戦のそれに似ているのである。

かくして次のことが明らかとなる。すなわち、敵の戦闘力の殲滅や敵の戦力の打倒は、戦闘が現実に生じたにせよ、単に挑まれただけで実行に移されてはいないにせよ、ともかく戦闘の効果によってのみ可能となるのである。

戦闘の二重の目的

しかし戦闘の効果には、直接的効果と間接的効果の二種がある。それだけで敵の戦力を殲滅するのではなく、迂路によって、しかしそれだけに一層大きな力で敵戦力の破壊を助けるような事柄が戦闘に介入してきて、結局は戦闘の目的と重なるような場合に、効果は間接的なものとなる。地方、都市、要塞、道路、橋梁、倉庫、等々の占領は戦闘の当面の目的とはなり得るけれども、決して究極目的とはなり得ない。これらは常に、敵に対し圧倒的な優位を占め、敵の戦闘を不可能にするような状態のもとで、こちらが戦闘を挑むための単なる手段と見なされねばならない。それゆえ、これらすべては活動方針の単なる中間項、いわばその梯子と見なさるべく、決して活動方針そのものと見なさるべきではない。

例えば一八一四年にナポレオンの首都が占領されたとき、戦争の目的は達成された。パリに起因する政治的内訌が表面化し、恐るべき分裂が皇帝の権力を自壊させた。にもかかわらず、それらすべてが戦争の目的達成に役立ったのは、これらによってナポレオンの戦力と抵抗力が突然非常に弱まり、それに応じて同盟軍が優位に立ち、今やそれ以上の抵抗が不可能となったためであることを見逃してはならない。抵抗が不可能だからこそフランスは講和を結んだのである。もしこのとき外部の情況のために同盟軍の戦力が同じ比率で減少していたならば、その優位は消え、したがってまたパリ占領の全効果と全重要性も消えたであろう。

われわれが以上の議論を展開したのは、これが自然で唯一の正しいものの見方であり、そういう見方からして事柄の重要性が理解されることを示すためであった。この見地に立てば、絶えず次の疑問に逢着する。つまり、戦争や戦役の各瞬間において、両軍が互いに挑み合う大小の戦闘のあり得べき結果はいかなるものかという疑問である。戦役ないし戦争計画を練るにあたっては、この問題が解決されない限り、あらかじめ取るべき処置を決定することはできないのである。

このようにものを見ないならば、他の事柄も正当に評価することはできまい。

戦争や戦争における個々の戦役を、次々に起る幾多の戦闘の連結した鎖と考えることに慣れず、ある地理上の一地点の占領や無防備地方の所有をそれだけで意味のあるものだと考える結果、人はこれを即座に一つの戦利に数えることができると思いがちである。そして、戦闘を事件の全系列の一部だとは見なさないが故に、この占領が後により大きな不利を招くかどうかを問うてみようとはしない。戦争史のうちにはこうした誤りがしばしば見出される。言ってみれば、商人が個々の事業の利益をそれだけ切り離して保存することができないように、戦争においても、個々の利益を全体の結果から切り離すことはできないのである。商人が常に彼の全財産をもって事業を行なわなければならないように、戦争においても最終の総和のみが個々の戦闘の利害得失を決定する。

しかしながら、心眼が、見通し得る限りの戦争の系列に常に注がれている場合には、それは目標に真直ぐに向かっているのであって、その場合には戦力の動きは敏速となり、意思や行動は事情に適合し、外的な影響に乱されないようなエネルギーを獲得することができるものである。

第二章　戦略の諸要素

戦略における戦闘の使用を条件づける原因は、種々の要素に、つまり精神的、物理的、数学的、地理的、統計的要素に、適宜区分され得る。

第一の部類には精神的諸性質および諸効果によって生ずる一切のものが帰属し、第二の部類には戦力の大きさ、その組み合せ、武器の比率等々が帰属し、第三の部類にはその幾何学的性質の計算が一つの価値をもつような作戦線の角度や集中機動および遠心機動が帰属し、第四の部類には瞰制《かんせい》地点、山、川、森林、道路といった土地の影響が、最後に第五の部類には糧食供給の手段が帰属する。これらの要素をそれぞれ切り離して考察するという立場には、考えを明晰にし、種々の部類の価値の多寡をざっと見積れるという利点がある。というのは、それらを切り離して考察すれば、重要だと誤認されているものをそれなりに正当に評価することもできるからである。例えば、策源の価値を作戦線の状態としてのみ考察しようとすれば、そのように単純化された策源の価値は、作戦線と作戦根拠地との角度という幾何学的要素に依存するよりも、それらが進んで行く道路や地方の性質に依存することは明らかであろうからである。

しかし、個々の戦闘ではなく戦略をこれらの諸要素に即して取り扱おうとすれば、それは最も不幸な思想であろう。これらの諸要素の大部分は個々の軍事行動において多様であり、内的に結合し合っているからである。そういう方法をとるとき、人はひからびた分析に陥り、悪夢におけるごとく、この抽象的な基盤から現実世界の現象に架橋するという無駄な試みを永久に重ねることになるだろう。いかなる理論家も、断じてそのような企てに陥ってはならない。われわれはあくまでも全体的現象の世界にとりくみ、その分析にたずさわる場合にも、伝えたいと思う思想、つまり思弁的探究のためではなく、戦争の全体的現象を通して生まれてくる思想の理解に必要以上の分析を進めることがあってならないだろう。

第三章　精神的諸力

精神的諸力は戦争の最も重要な対象に数えられる以上、われわれは第二部第二章ですでに触れたこの対象にもう一度言及しておかねばならない。精神は戦争の全要素に浸透し、他の要素に先んじて一層緊密に、全戦力を動かし指導する意思と結びつき、いわば意思と一体化することになる。というのも、意思そのものが一つの精神的な力だからである。不幸にして精神はすべての読書人には捉え難いものだが、それは精神が数字で示されたり分類されたりできないものであり、実見され実感されることを要求しているからである。

軍隊、最高司令官、政府の知力やその他の精神的特性、戦争が遂行される地方の気分、勝利あるいは敗北の精神的効果等は、もともと極めて多様なものであり、われわれの目的や情勢に対するその位置によって極めて多様な影響を及ぼし得るものである。

書物の中ではそれについてはほとんど、あるいはまったく語られていないとしても、これらの事柄は戦争を構成する他のすべてのものと同様、兵術の理論に属するものである。私は改めて言わねばならない。旧に倣《なら》って戦争の規準や原則から一切の精神的諸力を排除し、それが現われる場合には例外のうちに数え、そうすることによって例外を幾分か科学的に構成する、つまり例外たるをもって規準とするならば、あるいはまた、あらゆる規準を超越する天才を持ち出してきて、規準は愚者のために書かれているのみならず、規準そのものが現に愚劣なものにちがいないなどということを証明しようとするならば、それは貧寒な哲学というほかないのである。

たとえ兵術の理論がこれらの対象を想起させること、つまり精神的諸力の全価値が評価され計算に入れられねばならない必然性を示すこと以上のいかなることも現実になし得ないとしても、それはすでに精神の領域に踏みこんでいるのであって、こういう観点の設定によって、戦力の物理的関係のみを云々する戦略家をすでに断罪していると言えるのである。

しかしながらまた、物理的諸力に関する規準を立てて精神的諸力をその領域外に追放するなどということは、物質的諸力の効果が精神的諸力のそれとまったく融合し、合金が化学操作によって分離されるようには分離され得ないという理由からしても、許されることではない。物理的諸力に関係する規準を立てた場合にも、もし理論が固陋《ころう》な命題に、ときにはあまりに臆病かつ偏狭であり、ときにはあまりにも僭越かつ広漠な命題に引きずりこまるべきでないとすれば、その規準のうちで精神的諸力の占め得る割合を見逃してはならない。おそらく極度に精神を欠いた理論でさえも、無意識の裡に、この精神界にさまよい入らざるを得ないだろう。なぜなら、例えばいかなる勝利も、精神的影響を考慮しなければ、その効果についていささかなりとも説明することはできないからである。そして本書で閲歴する対象も、そのほとんどが半ば物理的、半ば精神的な原因や結果からなる複合物であって、物理的な原因や結果が木製の柄にすぎないのに対し、精神的な原因や結果は貴金属、輝きのかかった本来の白刃であると言うこともできるのである。精神的諸力一般の価値を最もよく証明して、しばしば生ずるその信じ難い影響を最もよく表示するのは歴史である。そしてこれは、最高司令官の精神が歴史から引き出す最も貴重かつ最も実質的な栄養分である。その際注意すべきは、心の糧となるべき知識の種子を拾い出すのは、論証や批判的探究や学問的考察であるよりも、実感や全体的印象や個々の精神の内光だ、ということであろう。

われわれは戦争における精神現象の最も主要なものを渉猟し、勤勉な大学教師のように細心に各々についてその結果の是非を考究することはできるだろう。しかしながら、この方法では議論がややもすれば日常茶飯の話となり、分析の最中に本来の精神は速やかに逃げ去って、いつの間にか誰にでもわかっていることを話しているにすぎない結果となってしまうものである。それゆえ、われわれはここでは特に断片的ではあるが、事物の重要性に関する一般的な注意を与え、本書の見解がいかなる精神のうちに理解されるべきかを暗示するにとどめることとする。

第四章　主要な精神的勢力

主要な精神的勢力とは、最高司令官の才能、軍隊の武徳、軍隊の民族精神などである。これらの対象のうちでどれがより多くの価値をもつかを一般的に決定することはできない。なぜなら、それらの大きさ一般について言うことからしてすでに難しく、大きさを相互に比較することなどはさらに難しいことだからである。人間の判断は気紛れにあれやこれやを重視して他を軽視しがちであるが、いずれをも軽視しないのが最良の道というものである。さてこれら三つの対象の紛う方なき効果を示すのに、十分な歴史的証明を提出するのは有益なことである。

しかしながら、本当を言えば、今日ではヨーロッパ国家の軍隊はその技術や訓練についてはほぼ同一水準に達し、用兵は哲学的に言えば自然に合致したものとなり、その方法はほぼすべての軍隊が共有する一様式となって、最高司令官に狭い意味での特殊な手段（例えばフリードリッヒ二世の斜形戦闘隊形）を期待することもできなくなっている。とはいえ、今日の状勢の下で、軍隊の民族精神や軍事的熟練が一層重要な役割を果たしていることも否定できない。もっとも、永く平和が続けばそれに変化が起り得るとは考えられるけれども。

軍隊の民族精神（熱狂、熱情、信念、所見）は、個々の兵隊に至るまで、一切の者に自由行動が許されている山岳戦において最も強くその影響があらわれる。そのことからしても山岳地は国民の武装蜂起に最上の戦場である。

軍隊の熟練や、多勢を鋳物のように固く結合させる鍛錬された勇気は、開けた平地で最高に発揮される。

最高司令官の才能は、丘陵に富む切断地で最も大きな役割を果たす。山岳地では彼は個々の部分の司令官にもなり得ず、全体の行動は彼の力を超えて進む。これに反して、平地では行動があまりに単純で、彼の力が十分に発揮されるとは限らない。

こうした明白な適応関係に即して、作戦はたてられるべきである。

第五章　軍隊の武徳

武徳は単なる勇気とは異なるし、戦争に対する熱狂とはさらに異なっている。勇気はむろん武徳の構成要素ではあるが、常人のうちに生得の素質として存在する勇気は、軍隊の部分をなす軍人のもとにあって習慣や訓練からも生じ得るもので、軍人の勇気は常人の勇気とは異なった傾向を有するに違いないのである。軍人の勇気は常人のそれに固有の、放縦な活動や力の盲目的発現に向かう衝動を棄て、より高度な要求、服従、秩序、規則、方法に服属しなければならない。戦争に対する熱狂は軍隊の武徳を活気づけ、一層強く燃え立たせるものではあるが、武徳に必須の構成要素であるわけではない。

戦争は命がけの他の諸活動とは区別され、分離される特定の事業である（そしてその関係がいかに一般的であるにせよ、また一国民中戦闘能力のある男子のすべてがそれに参加するにせよ、戦争は特定の事業である）。――この事業の精神と本質とに浸ること、そこに働くべき力を自己のうちで行使し、ふるい起し、取り上げること、その事業を十分明晰に見通すこと、訓練によって事業を確実に敏速に遂行する力を獲得すること、自己の個性を滅却してそこで指定される役割に専念すること、これが軍隊における個々人の武徳である。

したがって、同一個人のうちには軍人性ばかりでなく市民性も同居していることを慎重に考えたとしても、また、戦争を国民的なものだとし、かつてのコンドッチェリによる戦争とは対立する性質をもつものだと考えたとしても、そのことは決して戦争事業遂行の特殊性を否定することにはならないだろうし、そして、もしそのことを否定することにはならないとすれば、その戦争事業を推進する人々は、推進する限りにおいて、優れて戦争の精神に貫かれた秩序、法律、習慣をもつ一種の団体を形成するものであると考えねばならないだろう。そしてまた実際その通りなのである。それゆえ、戦争を最高の見地から考察しようという徹底した傾向をもつ者は、多かれ少なかれ軍隊内に存在し得るし、また存在しているに違いない団体精神（esprit de corps）を過小評価するという大きな誤りを犯すことになりがちである。

この団体精神は軍隊の武徳と名づけられるもののうちにあって、いわばそこに働く自然的諸力を結合する紐帯の役割を果たすのであり、そして武徳はこの団体精神のもとにおいてこそ容易に結晶化するのである。

どんなに破壊的な砲火の中でも平生の秩序を守り通し、架空の恐怖に脅かされることなく、現実の恐怖に対しても一歩一歩戦いを進め、勝利に誇りを感じ、敗北のさなかにあっても指揮官に対する尊敬と信頼を失わず、闘技者の筋肉のごとく窮乏労苦に鍛えられてその肉体的な力を鞏固にし、この労苦を勝利への手段と見なして自軍の軍旗に呪詛が浴せかけられたとは考えず、唯一の簡潔な考えに、つまり自分の武器の名誉に導かれて、これら一切の義務や徳を守る軍隊――そういう軍隊は見事に軍事精神に貫かれていると言える。

この武徳を発揮させなくとも、ヴァンデ[*4]の農民のごとく立派に闘うことはできるし、スイス人、アメリカ人、スペイン人のごとく大きな成果を挙げることもできる。その上、オイゲンやマールボロ[*5]のごとく、あまり頼りにならない常備軍を率いて勝利を収めることもできる。それゆえ、武徳なしの戦勝は考えられないなどと言うべきではない。われわれがここに提出した概念を一層明確にし、一般論をふり回して、武徳が結局すべてであるなどと信ずるようになることを防ぐために、特にこのことは注意されねばならない。武徳はすべてではないのだ。軍隊の武徳は、大まかに考えることができその影響を測定することのできる特定の精神勢力として――その力を測ることのできる道具として、現象するのである。

武徳をそのように性格づけた今、われわれは次にその影響とそれを獲得する手段について探究しよう。

武徳のあらゆる軍事的部門に対する関係は、最高司令官の天才の軍事的部門全体に対する関係に等しい。最高司令官は全体を指揮することができるだけで、個々の部門のそれぞれを指揮することはできない。そして彼が部門を指揮できないところでは、軍事精神がその指導者にならねばならない。最高司令官はその優れた資質の名声に従って選ばれる。大軍の主な指導者は慎重に吟味して選ばれる。しかし下級に行けば行くほどこの吟味は省略され、それに伴って個々人の能力も重視されなくなる。能力の欠陥は武徳によって補われねばならない。まさしくこの役割を果たすのが、戦備の整った国民の生来の諸性質、すなわち、勇気、機敏さ、鍛錬、熱狂等である。これらの諸性質は軍事精神を補うことができるし、その逆もまた可能であって、したがってそこから次のことが明らかになるだろう。

一、武徳は常備軍のみに固有のもので、また常備軍はそれを最も必要とする。国民の武装蜂起や国民の戦争では生来の諸性質が武徳の代わりをし、一層速やかにそれらが発揮される。

二、常備軍と常備軍が対決する場合よりも、常備軍が武装蜂起の国民と対決する場合の方が、武徳はより必要とされる。後の場合には力が分割され、各部分により多くの自由行動が許されるからである。ところが軍隊が集合していていい場合には、最高司令官の天才が大きな位置を占め、軍事精神の欠陥を補う。それゆえ一般に、戦場その他の情勢が戦争を輻輳《ふくそう》させ、力を分散させればさせるほど、武徳はますます必要となる。これらの真相から引き出される唯一の教訓はこうである。すなわち、軍隊にこうした力が欠けている場合には、戦争をできるだけ単純にするか、戦争準備上の他の点に対する注意を倍加し、実質が伴わねば成就できないことを名目ばかりの常備軍に期待しない方がいいということである。

ところで、軍隊の武徳は戦争において最も重要な精神力であり、それが欠けている場合には、最高司令官の圧倒的な偉大さや国民の熱情といった他の精神勢力がこれを補うのでなければ、戦争の成果は費やされた労苦に釣り合わないものとなる。粗鉱のごとき軍隊が精錬されて純粋になったとき、その精神が偉大な事業を成就したという例は、アレクサンダー治下のマケドニア人、シーザー[*6]治下のローマの軍団、アレクサンダー・ファルネーゼ[*7]治下のスペイン歩兵、グスタフ・アドルフ[*8]とカール一二世治下のスウェーデン人、フリードリッヒ大王治下のプロイセン人、ナポレオン治下のフランス人、のもとに見出される。これら最高司令官の驚くべき戦果と、苦境にあっての彼らの偉大さが、強力な軍隊のもとでのみ発揮され得たことを認めようとしないならば、あらゆる歴史上の証拠に故意に目をつぶるほかはないことになるだろう。

こういう精神は二つの源泉からしか生じ得ないし、この二つが共同しなければその精神は生み出され得ない。第一の源泉は連戦連勝を重ねることであり、第二は軍隊がしばしば自ら最高の労苦を強いる活動を行なうことである。こういう活動のうちでのみ、兵隊は自分の力を知る。最高司令官がふだんからその兵隊に労苦を要求していればいるほど、要求は確実に実行される。兵隊は辛苦を克服することにも危険を耐え忍ぶことにも同じように誇りを感ずる。それゆえ、不断の活動と労苦の土壌のうちにこの精神は芽をふくが、しかしまた、勝利の陽光のうちにもその芽をふく、とも言えるのである。それがひとたび強い木に成長すれば、それは不幸や敗北の台風にも、平和の無活動にも、少なくもしばらくの間は耐えることができる。それは偉大な最高司令官の治下での戦争においてしか生起し得ないけれども、むろん少なくも数世代の間は、凡庸な最高司令官のもとにおけるかなり久しい平和の時期にあっても、存続し得るのである。

傷だらけになって鍛錬を積んだ軍隊の広汎で高貴な団体精神と、勤務規律や演習規則で固められたにすぎぬ常備軍の自負や虚栄とを比較すべきではない。――ある程度の厳格さと厳しい勤務秩序は軍隊の武徳を永く維持することはできるだろうが、これを生み出すことはない。秩序、技術、良き意思、ある程度の誇りや覇気は、平時に教育された軍隊の諸特性であり、重視されねばならないが、しかしそれらは独立の価値をもつのではない。全体がうまく行っている場合にはその軍隊は維持されるが、急速に冷却されたガラスのように、少しでもひびが入ると全構造が崩れてしまうものである。世にも士気旺盛な軍隊でも、ひとたび逆境に陥ると直ちに臆病になり、不安に駆られてフランス人のいわゆる「各自勝手に逃れよ」(Sauve gui peut) と弱音を吐くようになる。そういう軍隊は、偉大な最高司令官に指導されなかったら、自力では何事もできはしない。その軍隊を勝利と労苦のうちで鍛え、困難な戦闘に十分な力をつけさせるまで指導するには、細心の注意が必要とされる。以上ともかく、軍隊の精神と軍隊の士気とを混同しないように気をつけなければなるまい。

第六章　大胆さ

大胆さが慎重さや用心深さと対立している諸力の動的体系において、この大胆さというものがいかなる位置を占め、いかなる役割を果すかについては、成果の確保に関する章ですでに述べておいた。そこにおいて、大胆さに法則を与えるという名目で大胆さを制限しようとする理論がいかに不当であるかを示しておいたつもりである。

しかし、人間の心を、いかに恐ろしい危険に対しても泰然自若《たいぜんじじゃく》たらしめるこの高貴な気力は、戦争において一つの独得な活動原理とも見なさるべきである。大胆さというものが戦争のうちに市民権を得ていないとしたなら、実際、人間活動のいかなる分野でそれを獲得し得るというのだろうか。

輜重兵や鼓手から最高司令官に至るまで、大胆さは最も高貴な徳であり、兵器に鋭さと光沢を与える真正の鋼鉄である実を言えば、大胆さは戦争においては独得の優先権をさえ有している。空間、時間、量についての勝算以外に、大胆な軍隊が臆病な軍隊と対峙するときにもたらされる一定の成功率が認められねばなるまい。それゆえ、大胆さは一つの真正な創造力である。このことを哲学的に証明するのはそれほど困難ではない。大胆と臆病が対立しているとき、臆病はすべて均衡の喪失であるから、成功は大胆さの上に必然的にもたらされるかに見えるのである。大胆さが不利になるのは、用意周到にしてしかも大胆な敵と対立する場合だけであると言わねばならない。この場合には敵は大胆な味方と匹敵し得るほど強靱なのである。しかし、そういう場合は稀れであろう。というのは、慎重な軍勢の大多数は恐怖の念から慎重になっているものだからである。

大軍においては、大胆さの高まりが他の諸力を減殺させることはあり得ない。なぜなら、大軍は戦闘秩序や勤務の枠組、組織によってより高い意思に結びつけられているのであって、外部からの洞察力で指導されているからである。ここでは大胆さは、いつでも跳ね上れるように引き緊められたバネのようなものである。

高位の指揮官になればなるほど、大胆さを無目的たらしめず激情の盲目的発作たらしめないよう、大胆さを制限するより高位の精神が必要とされる。なぜなら、自身を犠牲にすることが少なくなればなるほど、他人の生存と全体の安寧とにいよいよ密接に結び付くことになるからである。それゆえ、大軍における統制は第二の本性（習慣）と化した勤務規律によって行なわれるが、指揮官にあっては熟慮がその大軍を統制しなければならないのであって、ここでは個々の行動の大胆さが容易に過失となる。けれどもそれは美しい過失で、他の過失と同一視されてはならない。時宜《じぎ》を得ぬ大胆さを濫《みだ》りに発揮する軍隊に幸あれ。それは発育過剰ではあるが、活力旺盛な証拠である。向こう見ず、つまり目的を欠いた大胆さでさえも、軽視さるべきではない。もともとそれは真の大胆さと同じ心情の力であって、ただ知能の助力がなく、一種激情的に発揮されるというだけのことである。ただし、大胆さが服従に叛き、断乎たる上官の意思を軽視するときだけは、大胆さはそれ自身の故ではなく不服従の故に、危険な悪として取り扱われねばならない。戦争においては服従以上に大切なものはないからである。

戦争に対する洞察力が等しい場合には、大胆さによってもたらされる弊害よりも優柔不断によってもたらされる弊害の方がはるかに多いのは言うまでもなく、読者もこれを認めるだろう。

そもそも、合理的目的が附加されれば大胆さは容易に発揮されるものであって、したがってその際大胆さの価値は低くなると思われるかもしれない。けれども、事情はまさにその逆である。

明晰な思想が出現したり、知力が全体を支配したりするときには、心情の力はその大部分を奪われる。だからこそ、地位が高くなればなるほど、大胆さが次第に稀少になるのである。洞察力や悟性は地位とともに高まるものではないのに、指揮官にはその職務に応じて、客観的な数量、関係、思慮が外部から大挙して押しよせ、その結果指揮官は洞察力が弱ければ弱いほど、それらの客観的情勢に苦しめられるのである。「第一位にあって光輝を発する者、第一位に登れば光輝を失す」というフランスの諺が戦争生活において妥当する最大の根拠はここにある。歴史上、凡庸な、あるいは優柔不断な最高司令官として知られるほとんどすべての将軍は、下級の地位にあったときには、大胆さと決断力に優れていた者が多かったのである。

　必然の成り行きで大胆な行動に赴く場合でも、その動機はさまざまである。その必然性にもまたさまざまな段階がある。必然性が差し迫っている場合、つまり、行動者が大きな危険を冒して目標を追求しなければ、もう一つの、同じく大きな危険に直面しなければならないような場合は、行動を使嗾《しそう》するのは決断力――むろんそれとても価値あるものだが――のみである。一人の若者が騎士としての技倆を示すために深い絶壁を跳び越したとすれば、それは大胆さである。もし彼が首を切ろうとするトルコ兵の一隊に追われて絶壁を跳び越したとすれば、彼には決断力があっただけのことである。必然性と行動が離れていればいるほど、悟性は必然性を意識するためにいよいよ多くの関係を閲歴しなければならないのであって、必然性が大胆さに干渉することは少なくなる。一七五六年フリードリッヒ大王が戦争を不可避と考え、敵に先んじなければ自己の没落を防ぐことができないと考えたとき、戦争の開始は必然的なことであった。だがそれは同時に極めて大胆な行為でもあった。彼のような地位にあってそのようなことを決断し得る者はわずかしかいなかったからである。

　戦略はもっぱら最高司令官もしくは最高指導者の管轄領域ではあるが、軍隊のその他一切の成員の大胆さは他の武徳と同様、戦略にとってどうでもいいものではない。大胆な国民より成り、大胆の気風が常に養われている軍隊は、この武徳を欠いている軍隊とは異なった事業を企てることができる。それゆえにこそ、われわれは軍隊の大胆さについて論じてきた。しかし本来から言えば、最高司令官の大胆さがわれわれの対象である。だがこの武徳についてわれわれの知識の最善を尽して一般的な性格づけを行なった以上、それについて多くを語る必要はあるまい。

高位の指導的地位に就くにつれて、知能、悟性、洞察力の活動が段々と支配的になり、心情の一特性たる大胆さはますます抑制されるのであって、それゆえ、最高の地位にある者が大胆であるのは極めて稀れであるが、逆に言えば、最高位者の大胆さは一層驚嘆に値するとも言えるのである。大胆で、しかもそれを統制する知力を備えていること、これが英雄の徴である。こういう大胆さは自然の成り行きに逆らったり、蓋然性の法則を無謀に破壊する点にあるのではなく、天才的な判断力が選択をするに際して、電光石火のごとく、半ば無意識に行なうところの優れた計算性に強く支えられている点にあるのである。知力や洞察力は、大胆さに鼓舞されればされるほどその翼に乗ってより広大な地域に及び、視野は一層包括的になり、結果はより正確となる。しかしむろん、目的が大きくなればなるほど危険も一層大きくなることは否定できない。優柔不断な人間についてはしばらく措くとして、普通の人間はせいぜい危険や責任のない書斎での架空の現実のもとで、つまり、活き活きとした直観なくして正確な結果に達し得る場合にのみ、正確な結果に到達するものである。それが、危険や責任が身近に迫ってくると、彼はその展望を失い、また展望が他人の影響によって与えられるとしても、決断力を失ってしまう。けだし決断力は他人の助けを借りることができないものだからである。

かくて、大胆さなき優れた最高司令官はないこと、優れた最高司令官は大胆さという心情の力が生得的に備わっていない人間からは出ないこと、大胆さはその職の第一条件と見なさるべきこと、などといったことは信じられてよい。大胆さは生得のものであるとともに、教育その他の人生を通じてさらに錬磨され変形されるものだが、地位の向上につれてどの程度それが失われるかは二次的な問題である。この力が大きければ大きいほど、天才の羽搏《はばた》きも強くなり、飛翔力も高くなる。そして冒険も大きくなるが、それとともに目的も大きくなる。行動が遠方の必然性に導かれてその方向を決定されたのか、それともその根底に功名心が横たわっていたのか、つまり、フリードリッヒ的行動であるか、それともアレクサンダー的行動であるかは、批評の見地からすればほぼ同じことである。後者はより大胆なるが故に空想力を刺激し、前者はより多くの内的必然性を有しているが故に悟性を満足させるのである。

しかしなおここに考察すべき重要な問題がある。

大胆さが軍隊に備わり得るのは、それがすでに国民のうちにある場合か、大胆な指揮官のもとで戦争に勝利を得て獲得される場合か、そのいずれかによる。後者の場合には、最初は大胆さは欠けているものである。

ところで現代においては、国民を大胆にする手段としては、ほとんど戦争以外に、しかも大胆な指導のもとでの戦争以外にはない。つまり、福祉の増進と交通の活発化のうちにあって国民を堕落させる柔弱な心情、快感の欲求などを阻止するには、大胆な指導によるほかはないということである。

国民の性格と戦争に対する習熟とが相互作用を保ちえている場合にのみ、国民は国際的政治世界で確固たる位置を占めることができるのである。

第七章　不屈

読者は角度や線についての学問的な議論を期待していたであろうが、今までに語られたことは日常茶飯事のことである。けれども、著者は数学的でもないものを数学的に見せかける気は毛頭ないし、読者が懐くかも知れぬ不審の念をあえて怖れるものではない。

戦争では、他の何ものにもまして、物事は普通に考えられるものと異なってくるし、近くで見るのと遠くで見るのとでは様子がまるで違う。建築技師は作品が進行し、計算通りに行くのをどんなに安心して見ることができるだろう。建築技師よりもはるかに多くの予期せざる効果や偶然にぶつかる医者でも、自分の手段の効果や形式を正確に知ることができる。だが戦争においては、大軍の指導者は真偽さまざまの情報、恐怖や疎漏《そろう》や軽率から生ずる過失、真偽の見解や悪意や真偽の義務感や怠惰や疲労から生ずる反抗的気分、誰も考えつかなかった偶然、等々に絶えず襲われることになる。要するに、戦争指導者は無数の印象にさらされているのであって、しかも印象の大部分は不安や心配を惹き起す傾向のもので、士気を鼓舞するようなものは最も少ないものである。これら個々の現象の価値を迅速に判断するには永い戦争体験が必要であるし、波濤に立ち向かう巌《いわお》のごとくこれらの現象に耐えるためには高い勇気と内的な強靱さが必要である。これらの印象に負けるような者は自分の事業を完遂し得ないのであって、他の決定的な根拠によって翻されない限り、初志を貫徹する不屈さは極めて重要な均衡力となる。——さらに、戦争において名誉ある事業を遂行しようとすれば、無限の努力、辛苦、艱難を強いられるのであって、精神的肉体的に虚弱な者は常に崩壊の危機にさらされるが、強大な意思力をもつ者は、同時代や後代の人々にいつまでも讃嘆されるような目標を達成することができるものである。

第八章　数の優位

数の優位は戦術においても戦略においても勝利の最も一般的な原理であり、以下に展開する議論でもまずこうした一般的な観点から数の優位が考察されねばならない。

戦略は戦闘が行なわれるべき地点、戦闘が行なわれるべき時間、戦闘の際の戦力などを決定する。この三重の決定を通して、戦略は戦闘の開始に極めて本質的な影響を及ぼす。戦術に従って戦闘が行なわれ、その結果がすでに現われている場合には、それが勝利であれ敗北であれ、戦略はできる限りそれを戦争の目的に沿って利用する。戦争の目的は当然、非常にかけ離れたところにあることがしばしばで、手近にあることは極めて稀れである。一連の他の諸目的が、手段としてこの目的に従属する。より高次の目的に対しては手段となるこれらの諸目的は種々雑多な形で利用され得るし、究極目的、つまり戦争全体の目標でさえほとんど戦争ごとに異なっている。われわれがこれらの諸目的に関連する個々の事柄を学ぶにつれて、これらのことは次第に明らかになって行くが、ここでわれわれは、たとえそれが可能だとしても、これらの諸目的を余す所なく列挙し、全対象を論じ尽すつもりはない。それゆえ、戦闘の使用についてここでは触れないでおく。

戦略は戦闘を規定する（いわば戦闘を指定する）ことによって戦闘の開始に影響を与えるが、戦略によって決定される事柄も、一望のもとに尽せるほど単純ではない。戦略は時、場所、戦力を決定するが、その決定の仕方はさまざまで、それに応じて戦闘の結末および成果は異なったものとなる。それゆえ、われわれはこれらの問題も、最初は少しずつ、実戦を一層詳細に決定する事柄に即して、検討することにする。

戦闘の使命や、その発生原因となった諸状況に従って戦闘に与えられる一切の限定を排除し、最後に、一つの所与であるという理由で軍隊の諸価値をも捨象すると、後は戦闘の裸の概念、つまりむき出しの戦争そのものだけが残ることになり、そこでは戦闘員の数だけが相互に識別される相違となる。

それゆえ、この場合にはその数が勝利を決定するだろう。この点に達するために数多くの抽象を行なわねばならなかったことからしてすでに、戦闘における数の優位は勝利を構成する一要因にすぎないこと、したがって数の優位により一切が獲得されるのでもなければ勝利の主要因が獲得されるのでもなく、四囲の状況によっては極めてわずかの成果しか挙げられないであろうこと、は明らかである。

しかし数の優位には程度があり、二倍、三倍、四倍等々の優位というふうに考えることができるのであって、優位が増大するにつれて他の一切が克服されることは誰しも理解できることである。

この点からすれば、数の優位が戦闘の結果を左右する最も重要な要因であることは認められねばならないが、ただそれには、数の優位が他の諸状況と拮抗するほど大きくなければならない。このことから直ちに、決定的瞬間にはできるだけ多数の軍隊を戦闘に集結させねばならない、という結論が生ずる。

軍隊が十分であるか否かを問わず、この点に関しては手段の許す限りのことをしていなければならない。これが戦略の第一原則である。ここに言う第一原則は、ギリシャ人やペルシャ人についても、イギリス人やインド人についても、フランス人やドイツ人についても普遍的に当てはまる。しかし、われわれはヨーロッパの軍事的関係に目を向けて、もう少し詳細にこの問題を考察してみたい。

ここヨーロッパでは、軍隊の武器、編制、種々の技術などは極めて類似していて、わずかに軍隊の士気や最高司令官の才能に相違があるだけである。近代のヨーロッパの戦史を通読してみても、マラトンの戦い[*9]のごとき例はほとんど見出すことができないのである。

フリードリッヒ大王はロイテン[*10]において三万の軍隊をもって八万のオーストリア軍を破り、ロースバッハ[*11]において二万五千の軍隊をもって五万の連合軍を破った。これはしかし、二倍あるいはそれ以上の敵に打ち勝った近代における唯一の例である。カール一二世のナルヴァの会戦は引用するに適切な例ではない。当時のロシア人はほとんどヨーロッパ人と見なすことができなかったし、それにこの会戦の状況そのものがよくわからないからである。ナポレオンはドレスデンにおいて一二万の軍隊をもって二二万の敵に当ったのであって、敵の優位は二倍に満たない。コランにおいてフリードリッヒ大王は三万の軍隊をもって五万のオーストリア軍に敗れたし、ナポレオンも必死のライプチッヒ戦において一六万の兵力をもって二八万の兵力に敗れている。これらの場合にも敵の優位は二倍に満たないのである。

以上のことから、今日のヨーロッパでは、二倍の兵力をもつ敵に対して勝利を得るのはどんな才能のある最高司令官にも極めて難しいことがわかる。二倍の兵力がどんなに偉大な最高司令官にも匹敵し得るのを見れば、普通の場合には、大小の戦闘を問わず、他の状況がどんなに不利であっても、勝利を得るには著しい優位、それも二倍を超える必要のない著しい優位で十分であることは疑いを容れない。無論、十倍の兵力をもっても敵を圧倒するに十分でないような峠も考えられ得る。しかし戦闘一般においては、そういう場合は殆んど問題とならない。

それゆえ、現今のヨーロッパやそれに類似した事情のもとでは、決定的瞬間に兵力を増大させることが極めて重要であり、多くの場合このことがまさしく何ものにもまして重要なことであると言える。決定的瞬間に多数の兵力を集結できるか否かは、軍隊の兵力の絶対量とその配備の手腕とにかかっている。

故に第一の規則は、できるだけ多くの軍隊を率いて戦場に向かうこと、であろう。これは極めて陳腐なことと思われようが、事実は決してそうではない。

長い間兵力が重要なものと見なされていなかったことを証明するには、大部分の戦史、一八世紀の詳細な戦史においてさえ、兵力はまったく記載されないか、附記されるだけで、それに特別の価値が置かれていないことに注意すれば足りる。七年戦争史を書いたテンペルホーフ[*12]は兵力について正確に記述した最初の著者であるが、それとても極めて皮相な記述にすぎないのである。

一七九三年から九四年にかけてのヴォージュ山中におけるプロイセンの戦役について多くの批判的考察を試みたマッセンバッハ[*13]でさえ、山、谷、道路、小径については数多く語りながらも、相互の兵力については一語も費やしてはいないのである。

数の優位が重要視されていない他の証拠は、多くの論者の頭脳に巣くっている驚くべき思想のうちに見出される。その思想によれば、一定量の軍隊が最善で、その量が標準量であり、それを超える過剰兵力は有害無益だというのである。*

*　その例としてさしあたってはテンペルホーフとモンタランベール*14が思い浮ぶ。前者についてはその著作の第一部一四八頁を、後者については一七五九年のロシア作戦計画の際の書簡を参照のこと。

最後に、当然重要だと見なされるべき数の優位を軽視したがために、戦闘あるいは戦争において利用可能な兵力の一切を現実に利用しなかった数多くの例があることを心にとめておくべきだろう。

著しい優越をもってすれば一切の可能なことを強行し得る、という確信をしっかりと懐いていれば、この確信は戦争計画に必ず反作用を及ぼし、できるだけ多くの戦力をもって進むこと、そして自ら敵に優越するか、あるいは少なくも優越している敵を前に身を守ることを教えてくれるはずである。戦争を遂行する絶対兵力についてはこれだけにしておく。

この絶対兵力の程度は政府によって決定される。そして、この決定とともにすでに本来の軍事行動が始まっていて、これは軍事行動のまったく本質的かつ戦略的部分であるが、ほとんどの場合、この戦力を戦争に導く任にある最高司令官は、兵力の決定に参画し得ないとか、あるいは、種々の事情に妨げられて兵力の十分な拡張を行ない得ないとかのために、その絶対兵力を所与のものと見なさねばならないのである。

それゆえ最高司令官に残されたことは、巧みな兵力の利用によって、絶対的優位が得られない場合でも、決定的な瞬間には相対的優位を作り出すべく努めることである。

その際、空間と時間の測定が最も本質的なものと思われるために、人は戦略においてはその測定が兵力の利用全体に通ずるものと考えるに至っている。さらに戦略および戦術上、偉大な最高司令官とは測定に秀でた才能をもつものであるかのごとくに考えるに至っている。

しかし、空間や時間の比較は、一切の根底であり戦略のいわば日々の糧であるとしても、それほど難しいものでもなければ、決定的なものでもない。

戦史を素直に通読すれば、そういう測定の間違いが現実に著しい敗北の原因となっている場合は、少なくも戦略上では、極めて稀れであることがわかるだろう。果敢で活動的な最高司令官が、迅速な行軍により同一の軍隊をもって数個の敵軍を破った場合（フリードリッヒ大王やナポレオンの場合）、これを空間と時間の巧妙な組み合せという概念で説明すべきだと言うなら、それは伝統的な用語に踏み迷って徒らに混乱していることになるだろう。考えをはっきりさせ実りあるものにするには、事柄を正しい名称で呼ぶことが必要である。

敵（ダウン、シュヴァルツェンベルグ）についての正しい判断、ある期間僅少の兵力を敵に対峙させる大胆さ、強行軍を行なうエネルギー、思い切った急襲、高度な活動性、これらは危機の瞬間に潑溂《はつらつ》たるものとなるが、これらこそ勝利の原因なのである。そして、これらは空間や時間といった単純なものを正確に比較する能力とはまったく無関係なのである。

ロースバッハとモンミライユの勝利がロイテンとモントローの勝利に活気を与えた場合に見られる、かの諸力の反跳的作用でさえ、偉大な最高司令官が防禦の際にしばしばそれに頼っているにもかかわらず、明晰かつ正確に観察すれば、歴史上に現われることは極めて稀である。

むしろ相対的優位の原因、つまり優位する兵力を決定的な地点に巧妙に集結させる根拠となるのは、この地点の正確な測定、戦力を初めから維持するに適した方向の決定、瑣事に煩されることなく優勢な戦力を統一させておく決断、などである。この点でフリードリッヒ大王とナポレオンは殊に優れている。

以上でわれわれは数の優位に然るべき重要性を回復し得たと信ずる。それは根本理念と見なさるべきことであるし、あらゆる場合まず第一に、そしてできる限り追求さるべきである。だからと言って、数の優位を勝利の必須条件であると考えるのは、われわれの議論を完全に誤解していることになるだろう。われわれは戦闘において兵力に与えられるべき価値について述べたまでのことである。兵力ができるだけ増強されれば原則は全うされたことになるのであって、戦闘が兵力不十分の故に回避さるべきか否かを決定するのは、もっぱら諸関係の全体に対する考察に依るのである。

第九章　奇　襲

前章の問題、つまり相対的優位を得るための一般的努力から、もう一つの努力が現われてくるが、それも同様に一般的でなければならない。その努力とは敵に対する奇襲である。それは多かれ少なかれあらゆる企画の根底に横たわっている。なぜなら、それなしには決定的瞬間における優位はおよそ不可能だからである。

それゆえ、奇襲は優位に至る手段となるが、しかしそれ以上に、奇襲はその精神的効果によって独立の一原理と見なされねばならない。奇襲が大成功を収めた場合には、敵軍に混乱と士気喪失とが招致される。これが勝利に大きく貢献することについては大小さまざまな例がある。ところで、ここでは攻撃の際に用いられる本来の奇襲ではなく、処置万端を尽し、殊に戦力を分割して敵を奇襲する努力が問題となるのであって、それは防禦の際にも用いられ得るし、戦術上の防禦戦においては殊に重要なものとなる。

われわれは次のことを確信している。すなわち、奇襲は例外なく一切の企画の根底に横たわるものであり、企画の性質と他の状況に従ってその程度が種々に異なるのみである、と。

すでに軍隊、最高司令官、いや、政府の性質に応じてこの相違が生じてくる。

秘密と迅速とは奇襲の二大要因であり、両者は政府や最高司令官の強大なエネルギーと軍隊の厳格な服従とを前提としなければならない。脆弱な司令官とだらしない軍紀のもとでは奇襲を図っても無駄である。この努力はあまりに一般的であり、あまりに不可欠であり、それが全然成果を生まないということはあり得ないので、逆にまたすばらしい成功を収めるということも稀れである。しかし奇襲の本性上それも致し方のないことである。つまり、この手段によって大きな戦果が得られると考えるのは誤っているということである。理念の上ではそれはわれわれを強く惹きつけるものをもっているが、実行するとなると軍隊の全機構の摩擦に妨げられることが多いからである。

奇襲はむしろ戦術において用いられることが多いが、それは戦術においては時間や空間が比較的狭いという至極当然の理由による。それゆえ、奇襲が戦略のうちで用いられる場合には、戦略の方策が戦術の領域に近づけば近づくほど実行の可能性が増し、政治の領域に近づけば近づくほど実行が困難となるのである。

戦争の準備には通常数カ月を要するし、軍隊を主要な配置点に集結させるには大倉庫の設備や長い行軍が必要とされるが、これらの方針はいち早く敵に察知されるものである。したがって一国家が他の国家に奇襲戦をしかけたり、大部隊で奇襲攻撃をかけたりすることは極めて稀れである。攻城戦の多かった一七、八世紀には不意に要塞を攻囲するためにさまざまな努力がなされ、これが兵術上の奥義とされていたが、それでも成功した例は実に乏しいのである。

これに対して、一両日で解決できる事柄に関しては奇襲ははるかに行ない易く、敵に一歩先んずることによって陣地、地方の一地点、道路等々を奪取することはしばしばそれほど困難ではない。しかしながら、奇襲が容易であれば明らかにそれだけ効果は少なく、困難であればそれだけ効果は大きい。ところで、このように小規模な奇襲が大きな成果、例えば一会戦の勝利とか大倉庫の奪取とかにつながるとも思われようが、そして理屈の上ではむろんそれは十分考えられることだが、しかし歴史上そのようなことが実証されていはしない。なぜなら、全体としてそのような奇襲が大きな成果を生んだ例は極めて少ないからである。このことから、奇襲には多くの困難を伴うということを結論としてもいいだろう。

むろんそういう例を求めて歴史を探索しようというのなら、人は歴史批評の虚飾や金言やひとりよがりの専門家口調に惑わされることなく、事実そのものに目を向けるようにしなければならない。例えば一七六一年のシレジアの戦役のうちに、この点に関して有名な一日がある。それは七月二二日で、その日フリードリッヒ大王は敵将ラウドンに先んじてナイセ付近のノッセンに行軍したが、歴史批評によれば、これによってオーベル・シレジアにおけるオーストリア軍とロシア軍の合流は不可能となり、大王に四週間の時間的余裕が与えられたと言う。だが、権威ある史書*によってこの事件を詳細に追尋し、素直に考えれば、七月二二日の行軍にこのような意義があったとは決して思われないだろうし、一般に、この点に関して通説となっている議論全体が矛盾だらけであることがわかるだろう。大王の成功の原因はむしろ、当時の機動癖に染っていたラウドンの行動が極めて理不尽なものであったという点にあるのである。真理と明解な論証を渇望する者なら、右のごとき歴史的証明に満足することはできないはずである。

＊　テンペルホーフ『老獪なフリードリッヒ大王』。

戦役の進行途上で奇襲の原理に大きな効果を期待するなら、そのための手段として甚大な活動性、迅速な決断、強烈な行軍などが要求される。しかし、これらのものが高度に備わっている場合でも必ずしも所期の効果が得られないことは、強大な活力をもっていたと考えていい二人の最高司令官、フリードリッヒ大王とナポレオンの側からして知られる。フリードリッヒ大王は一七六〇年六月に突如としてバウツェンからラシーを襲い、ドレスデンに向かったが、この奇襲によっても何らの成果も挙げ得ず、むしろその間にグラッツが敵の手に落ちて、形勢を著しく悪化したのみであったのである。

ナポレオンのオーベルラウジッツからベーメンへの侵寇は問わないとしても、彼は一八一三年二度にわたってドレスデンから突如としてブリュッヒャー軍に向かったが、二度とも所期の成果をまったく挙げることができなかった。それは時間と戦力を徒らに費消する空撃であって、ドレスデンの方が極めて危険な状態に陥るほどであった。

それゆえ、この領域で奇襲が大きな成果をもたらすには指導者の活動性、力、決断力だけでは不十分であり、他の状況に助けられることが必要なのである。しかし、われわれは奇襲に大きな成果を否認しようとするのではなく、それは種々の好条件にめぐまれて初めて達成されること、しかもその条件は容易に見出されるものでもなければ、行動者が安易に生み出し得ることも滅多にないことを主張しておきたい。

かの最高司令官達もこの点に関して注目すべき例を残している。ナポレオンには一八一四年ブリュッヒャーの軍隊が本軍から離れてマルヌ河を下っているときに試みた有名な作戦の例がある。二日間の奇襲行軍は大成功を収めたが、これは容易なことではなかった。三日行程の長さをもつブリュッヒャーの軍隊は孤立無援の状態で撃破され、主戦の敗北にも劣らぬ敗北を喫した。それはまったく奇襲による成果であった。なぜなら、ブリュッヒャーがもしナポレオンの襲撃がそれほど近いと考えていたならば、その行軍はまったく別の方向を辿っていただろうからである。これはブリュッヒャーの誤りが成功を生んだと言える例である。ナポレオンはむろんこうした状況を知らなかった。それゆえ、そこにはナポレオンに幸運な偶然が介入していたと言えるわけである。

一七六〇年のリーグニッツの会戦についても事情は同じである。この会戦においてフリードリッヒ大王が見事な勝利をおさめ得たのは、彼が設営したばかりの陣地を夜間に再び移したからであった。そのためにラウドンはまったくの不意打ちに会い、七〇門の大砲と一万の兵隊を失なった。当時フリードリッヒ大王はあちらこちらに頻繁に移動することを原則とし、それによって会戦を不可能ならしめたり、あるいは少なくも敵の計画を狂わせていたけれども、一四日から一五日にかけての夜間の陣地移動は奇襲の意図のもとになされたのではなく、大王自身が言っているごとく、一四日の陣地が彼の気に入らなかったからであった。つまり、ここでもまた偶然が強く働いていたのである。夜間移動と近寄り難い地形が奇襲の成功を助けなかったならば、その結果は異なったものになっていたであろう。

戦略上より高度の、そして最高度の領域においても実りある奇襲の例がいくつかある。ここでは、スウェーデンと戦った大選挙侯[*15]の、フランケンからポメルンに至る、そしてマルクからプレーゲルに至る、二回の果敢な進軍と一七五七年の戦役、および一八〇〇年のナポレオンの有名なアルプス越え[*16]とを想起するにとどめよう。最後の例では一軍が降伏して全戦場を明け渡し、また一七五七年の戦役でも敵軍が戦場を引き渡して降伏するところであった。最後にまったく不意打ちの戦争の例としては、フリードリッヒ大王のシレジア侵寇を挙げることができる。ここでは到るところで戦果は偉大で驚くべきものであった。しかしそういう例は歴史上極めて少ない。いずれにしても、そういう奇襲と、ある国家が活動力とエネルギーを欠いているために（一七五六年のザクセンや一八一二年のロシア[*17]）戦闘準備が完了しない間に受けた奇襲とを、混同してはならないだろう。

ところでなお、事柄の核心に触れる注意書が必要である。つまり、正しい方針を立てる人のみが奇襲できるということである。誤った方法で敵を奇襲すれば、成功するどころか、おそらく手酷い反撃を蒙らねばならないだろう。いずれにせよ、敵は味方の奇襲をそれほど気にする必要はなく、むしろ味方の失策のうちに損害を免れる手段を見出すものである。攻撃の方が防禦よりも多くの積極的行動を含むから、奇襲はむろん攻撃として用いられることが多いが、後に見るように、決してそれだけのものではない。攻撃用の奇襲と防禦用の奇襲とがぶつかり合うこともあり得るので、その場合には正鵠を得ていた方が勝利を占めるにちがいないのである。

ところで問題はそうあるべきなのだが、しかし実際には必ずしもその通りになるわけではない。しかもそれは単純な理由による。奇襲のもたらす精神的効果によって、それを行なった者にはしばしば最悪の事態が有利なものとなり、反対に敵方は機先を制せられて確固とした決断が下せなくなるのがしばしばだからである。そのことはここでは特に第一級の指揮官ばかりでなく、すべての指揮官について言える。というのは、奇襲は統一の絆《きずな》を著しく弛めるという独得の効果をもっていて、容易に個々人が前面に押し出されるからである。

ここでは両軍相互の一般的関係が勝敗の大きな決め手となる。精神的優位によってすでに敵の意気を沮喪《そそう》させ挫けさせているならば、奇襲による成功の可能性も大きく、本来なら当然滅亡すべき場合でさえも立派な成果を獲得することができるものである。

第一〇章　策　略

策略を用いるには意図を隠していなければならない。そして、機智があからさまな言い訳と対立するごとく、策略は直接的で素朴な、つまり直接的な行動様式と対立する。だからそれは説得、利害、暴力の手段とは何らの共通点をもたず、同じくその意図を隠すという点で欺瞞《ぎまん》と類似している。いや、全体が完結してみれば、策略は欺瞞そのものでさえある。しかし、それでもなお策略は直接約束を破るのではないという理由で、端的に欺瞞と名づけられるものとは区別される。策略家は自分が欺こうとする人間の頭を混乱させ、誤った理解が合流して遂に一つの作用となり、事物の本質をまったく異なったものにするように、策を練るのである。それゆえ、機智が観念と思考を弄ぶ手品であるとすれば、策略は行動を弄ぶ手品であると言える。

戦略という名辞は策略という言葉から作られたものであること、そして、戦争の主要な諸関係がギリシャ以来真偽さまざまの変化を蒙っているにもかかわらず、この名辞は依然としてその最も本来的な本質を言い当てていることは、一見すると当然であるかのように思われる。

暴力行為の実施、つまり、戦闘そのものは戦術にかかわることだとし、戦略を戦闘のための能力を巧みに利用する技術だと考えれば、バネのごとくいつも引き締っている強烈な名誉心、容易に屈しない鞏固な意思、等々のごとき心情の力を除けば、戦略活動を指導し鼓舞するのに、策略以上に適した精神的な資質はないように思われる。前章で述べた奇襲の一般的必要性からしてすでにそのことが暗示されている。なぜなら、あらゆる奇襲の根底にはわずかながらも策略が横たわっているからである。

しかしさまざまな戦争遂行者の老獪《ろうかい》な活動、機敏さ、策略の間に優劣をつける必要がどんなにあるとしても、これらの諸性質が歴史のうちに示されるようなことは少ないし、諸関係や諸状況の総体のうちから浮び上ってくるようなことも滅多にないことは銘記しておかねばなるまい。

その理由は簡単であり、結局は前章で述べたところと同じところに帰着する。

戦略はその関係する方策をもって戦闘を秩序立てること以外のいかなる活動にもたずさわらない。戦略は声明を出したり宣言を布告したりといった言葉の上での行動にはたずさわらない。比較的容易なそれらの仕事は、主として策略家の手に委ねられる。

例えば偽の作戦計画や命令を出したり、故意に敵に虚報を伝えたりといった類のことは、戦略的に見て通常極めて効果の薄いものであるから、個々の自然発生的な機会に用いられるのみで、行動者から発した自由な活動と見なすことはできないのである。

しかし、戦闘を秩序立てるといった行動を周到に展開し敵を圧迫するためには、時間と戦力を相当量費やさねばならず、しかも対象が大きくなればなるほど多量の消費が必要となる。だが、通常このような消費は好まれないから、いわゆる陽動戦略が所期の効果を挙げることは極めて少ないのである。実際、単なる見せかけのために相当量の戦力を比較的長期間にわたって使用することは、それが無為に終り、それだけの戦力を決定的な地点で欠くことになるという危険が常に伴うだけに、危険なことである。

この冷厳な真理を戦争遂行者は痛感しているのであって、それゆえ彼らは狡猾な奇策を弄することをしない。ということは、事の必然性を冷静に考えれば、直接行動に赴くほかはなく、奇策を弄する余地はなくなるのである。一言で言えば、戦略の将棋盤には策略や老獪さという駒が活躍する余地はほとんどない。

以上のことから、最高司令官にとっては、策略よりも的確な明察の方が一層必要で有用な性質だということになる。もっとも策略も、必須の心情の諸性質を犠牲にして成り立ったものでないならば決して有害なものではないが、往々にしてそれらを犠牲にしている場合があまりに多いのである。

しかし、戦略的指導に服している兵力が少なければ少ないほど、策略はそれだけ用いられ易くなるのであって、いかなる先見の明、いかなる叡智によっても救い難く、万策尽きたかに見えるほど弱体となった軍隊にとっては、策略が最後の助けとなる。軍隊の状態が絶望的であればあるほど、一切が絶望的な最後の一戦にかかっていればいるほど、策略が軍の大胆さと並んで大きく登場する。そのような場合、あらゆる計算を無視し、後の結果については一切考えないまま、大胆さと策略とはともにふくれ上り、あるかなきかの希望の微光を一点に集中させ、ともかくも暗闇を照らし得る一条の光線たらしめ得るであろう。

第一一章　空間上の兵力の集合

最善の戦略は、まず第一に常に十分な兵力を備えていること、次に決定的瞬間に十分な兵力を備えていること、である。それゆえ、兵力を創り出すという必ずしも最高司令官の任務ではない努力を除けば、戦略にとって、自分の兵力を集結させておくことほど重大で単純な法則はない。差し迫った目的のためやむを得ない場合の他は、いかなる兵力も本軍から切り離されてはならない。われわれはこの規準に固執し、それを確実な指導真理と見なす。いかなる原因による兵力の分割が合理的であるかについては、徐々に考察するつもりである。われわれはまた、この根本原則があらゆる戦争において同一の普遍的な結果をもたらし得るのではなく、目的と手段に応じて結果が異なることをも見るであろう。

　信じ難いと思われるかもしれないが、戦力の分割や分離が、その理由が明確に知られないまま習慣的にそうだという漠然たる感情だけに従って行なわれた例は、枚挙にいとまがないほどである。

　全戦力の統合を規範とし、あらゆる分離をやむを得ざる変則と考えるならば、そういう愚行は完全に避けられるし、それだけでなく多くの誤った分割理由は斥《しりぞ》けられるはずである。

第一二章　時間上の兵力の統一

われわれはここで、実際に応用される場合に多くの紛らわしい点が生ずるような概念を問題とする。それゆえ、考えを明確に定着させ展開させることが必要となるので、再び細かい分析を試みねばならない。読者はよろしくこのことを諒とされたい。戦争は対立する戦力の衝突であって、当然、強い方が他方を壊滅させるのみならず、これを完全に掃蕩し駆逐する。それゆえ、兵力を長期的に（次から次へと）繰り出して行くことは許されず、ある衝突のために予定されている全兵力を一度に使用することが戦争の根本法則であるかに見えるにちがいない。

事実その通りである。がしかし、それは戦争が現実に機械的な衝突に類似している場合に限られる。戦争が破壊的な兵力の持続的な相互作用として成立している場合には、むろん兵力を少しずつ長期的に使用して効果を挙げることはできる。戦術の場合がそれで、それは主として、銃が戦術の主要な基盤であることによるが、別の理由からしてもそうである。射撃戦において、五百人の兵に対して千人の兵を用いたとすれば、損害の大きさは敵と味方の兵力の大小によって決定される。千人の兵は五百人の兵の二倍の射撃をする。しかし千人の方がより密集していると考えられるから、千人に向かう弾の方が命中する数も多い。その命中率が二倍であると仮定すれば、双方の損害は等しくなるだろう。例えば、五百人のうち二百人が戦列を外れれば、千人のうちにも同じく二百人の落伍者が出るだろう。ところで、かの五百人の背後に同数の兵がそれまでまったく銃火を浴びないで潜んでいたとすれば、両軍とも八百の戦闘員がいることになるが、一方には十分な弾薬と十分な戦力をもって新たに登場した五百の兵がいるのに対して、他方にはそろって十分な弾薬をもたず戦力の低下した八百の兵がいるばかりである。もっとも、千人の方が数が多いというだけで五百人であった場合に受ける損害の二倍の損害を蒙るという仮定はむろん正確なものではない。それゆえ、根本方針に従って兵力の半数を残しておいた方がより大きな損害を蒙り、かえって不利だと見なされるべき場合もあるにちがいない。同じく、一般の場合には千人の方がいち早く優位に立ち、敵をその陣営から駆逐し退却させる場合もあるにちがいない。ところで、この二つの場合には千人の方が有利であるが、この有利が、戦闘に疲弊した八百の兵をもって少なくもそれほど弱体化してはいず、しかも五百人のまったく無疵な兵をもっている敵に当るという不利に拮抗するか否かは分析を進めて行っても決定できることではなく、ここでは経験に頼るほかはない。そして、いくつかの戦争を経験した将校ならば誰しも、一般の場合には無疵の兵力をもつ方が有利だとするであろう。かくて、戦闘に大兵力を用いることが不利となる場合もあることが明らかとなる。数の優位が最初は極めて多くの利点をもつと思われるにしても、ひょっとすると、やがてその埋め合せをしなければならないかもしれないのである。

しかし、そういう危険が気づかわれるのは全軍が、無秩序、つまり解体や衰弱の状態に陥っている場合、一言で言えば、あらゆる戦闘において勝利者のもとにもたらされる危機に陥っている場合だけである。こういう衰弱状態の場合に限り、比較的無疵の兵力の出現は決定的となる。

しかし、勝利とともに勝利者のもとに生ずる危機状態に終止符が打たれ、勝利によってもたらされる精神的優越のみが存続する場合には、無疵《むきず》の兵力はもはや不利を挽回することはできず、ともども掃蕩《そうとう》される。ひとたび撃滅された軍隊はもはや強力な予備軍による他日の勝利を期待することはできないものである。ここに戦術と戦略を最も本質的に分かつ源があ る。

すなわち、戦術的成果、つまり戦闘終結以前の戦闘渦中の成果は大部分敵の全軍の混乱と衰弱が存続している間に現われるのに対して、戦略的成果、つまり、戦闘全体の成果、確固たる勝利は、大小いずれを問わず、戦闘終結後に現われるものである。部分的戦闘の成果が一つの独立する全体と結びつけられたときに初めて戦略的成果は現出するので、そのときには危機の状態はやみ、戦力は本来の形を取り戻し、実際に殲滅された部分のみが衰弱しているという結果になる。

この区分からすれば、戦術においては兵力の持続的使用が可能であり、戦略においては同時的使用しか行ない得ないことになる。

戦術においては最初の成功が一切を決定することはなく、次の戦闘を考慮しておかねばならないのだから、当然のこと、最初の勝利のためにはそれに必要と思われる兵力しか用いず、他の兵力は銃火や白兵戦の及ぶ範囲から遠ざけ、無疵の敵に無疵で対決したり、衰弱した敵を無疵の兵力によって打ち破ったりするのに備えねばならない。しかしそのことは戦略には通用しない。というのは、すでに述べたごとく、一方において、ひとたび戦略的成果が現われると、この成果とともに危機が去り、反撃される恐れが少なくなるからであり、他方、戦略的に用いられる兵力は必ずしもそのすべてが衰弱するわけではないからである。敵の兵力と戦術的に衝突するもの、つまり部分的戦闘の渦中にあるものだけが弱体化されるので、戦術において兵力が無駄に費やされることがなければ、衰弱は必要最小限度にとどめられ、戦略的に敵と対立している全兵力が弱体化することはないのである。味方の兵力の優位のために、ほとんどあるいは全然戦闘には加わらず、ただそれが戦場に駆けつけているというだけで決定的な影響を与えるような軍団は、敵味方の決戦の後にも衰えを見せず、休養していた軍団とまったく同じように新しい目的のために使用できるものである。味方を優位に導くこのような軍団が全体的成功にいかに多く貢献するか、それはもう言うまでもあるまい。それが戦術的衝突の渦中にある兵力の損害を著しく減少させ得ることは、確かに見易い道理である。戦略においては損害が使用された兵力の規模に応じて増すのではなく、むしろそれによって損害がしばしば減少し、したがって当然、決戦が味方に一層有利となるのだから、戦略においては、どれほど多くの兵力を用いても使い過ぎになることはなく、また使用さるべき兵力は同時に使用されねばならないことになる。

しかしながら、われわれはこの命題をさらに別の面から試してみなければならない。これまでわれわれは闘争そのものについてのみ述べてきた。確かに、闘争は本来の軍事行動であるけれども、それと並んで、この活動の担い手として現われる人間や時間や空間が考慮されねばならないし、それらが及ぼす影響もまた考察されねばならない。

疲労、緊張、欠乏は本質的に闘争に属しはしないけれども、戦争に固有の、多かれ少なかれこれと不可分に結びついている害毒であり、しかも特に戦略と関係している害毒である。それらは戦術のうちにも発生し、おそらくは戦術のうちで最高度に達するかもしれないが、しかし戦術的活動は比較的短期間で終るのだから、緊張や欠乏の効果もそこではあまり問題とならない。ところが、時間と空間が拡大する戦略においては、それらは常に顕著な効果を現わすのみならず、しばしばまったく決定的な影響を及ぼす。無敵の軍隊が戦闘においてよりも病気のためにより多くの損害を蒙るのはざらに見かける例である。

われわれはすでに、戦術上での銃火や白兵戦による壊滅の可能性を考察したが、いま戦略上での疲労、緊張、欠乏等による壊滅の可能性を考察すれば、これらの害毒にさらされた軍隊が戦役の末期あるいは他の一くぎりの戦略の末期には衰弱の状態に陥り、新たな兵力による補充を決定的に必要とすることは言うまでもなく明らかであろう。それゆえ、ここでもまた、戦術の場合と同様に、最初の成功のためには必要最小限度の兵力を用い、無疵の兵力を最終的成功のために保存しておくべきことがわかるであろう。

この考えは多くの実例からして極めて正しいと思われるが、それを正確に評価するにはそれに含まれる個々の概念を検討しなければならない。まず第一に、単なる増兵の概念と新たな無疵の兵力とを混同してはならない。戦役の終末にはほとんどの場合、勝者も敗者も新兵力の増援を切望し、決定的な力をもってそれが現われることを期待するものである。だが、それはいま問題ではない。なぜなら、こうした兵力の増援は、最初から多数の兵力があれば必要とはされないからである。しかし、戦術上の予備軍がすでに戦闘で疲弊した一隊よりも優れているという事実を踏まえて、新たに戦場にやってきた軍隊がすでに戦場にある軍隊よりも精神的価値から見て優れていると考えるのは、まったく経験に反している。戦役に敗れた部隊が士気や精神力を喪失するのと同様に、勝った部隊は士気や精神力という点では一層価値の高いものとなっているのであって、そうした効果は一般的に言えば功罪相半ばすると言えるし、その場合でもなお、戦争の経験だけは実際に戦闘を経た者の純粋な収穫として残るのである。もちろん、この場合は敗戦よりも勝利の戦役に一層あてはまることであるという点に注目しなければならない。それは、敗北の可能性が大だと思われる場合には、もともと兵力が不足しているので、その一部を将来の使用のためにおくといったことは考えられないからである。

この点が明らかになれば、緊張や欠乏によって戦力が蒙る損害は、戦闘の場合のごとく、その規模に応じて増大するものであるか、という問が次に生じてくる。そしてその問に対しては〝否〟と答えねばならない。

緊張は大部分、軍事行動があらゆる瞬間に多かれ少なかれさらされている危険から生ずる。

この危険に到るところで対処し、行動を着実に進めて行くことが軍隊が戦術的かつ戦略的に果たすべき数多くの活動の目的である。この任務は軍隊が弱体であればあるほど困難であり、敵軍に対して優位に立てば立つほど容易である。誰がこれを疑うことができるだろうか。したがって、はるかに脆弱な敵に対する戦いは同等な力、あるいは同等以上の力をもつ敵に対する戦いよりも緊張を強いられることが少ないものである。

緊張の場合は以上のごとくであるが、欠乏については若干事情が異なる。欠乏は主として二つの事柄、つまり、生活手段の不足と部隊の舎営ないし快適な野営に用いる場所の不足とにある。この二つの不足は同一個所にいる軍隊の兵数が多くなるにつれて増大する。けれども、まさに軍隊が優勢ならば、軍隊を拡散させより多くの場所を占めること、したがってまた糧食補給や宿営の手がかりを見出すことも、一層容易になるのではなかろうか。

ナポレオンは一八一二年のロシア侵入に際し、未曾有の大軍を一道路に集結させ、それによって同じく未曾有の欠乏を招致したが、それは、決定的瞬間にはどれほどの兵力を集めても十分すぎるということはない、という彼の原則に起因する事態であったとしなければならない。彼がこの原則を過大視したか否かはいま問うところではないが、しかしながら、もし彼がその原則によって招致される欠乏を避けたいと思ったならば、もっと広い領域を進軍するほかはなかったことだけは確かである。ロシアにはそうするに十分な空間があり、どんな場合でも空間が不足するということはなかったはずである。それゆえ、極めて優勢な兵力を同時に使用すれば大損害を蒙らざるを得ない、といったことを証明する根拠をこの例から導き出すことはできない。ただ、過剰戦力として将来の使用のために保留され得る軍隊の一部が全軍に多くの便宜を与えているにもかかわらず、暴風雨や避け難い緊張のために損害を受けるような場合には、われわれは改めて一切を総合的視野のもとに考察し、次のごとく問わねばならない。この損害は多方面で優勢な兵力が産み出し得る利益に匹敵するであろうか、と。

しかしなお極めて重要な論点がある。部分的戦闘においては、予定された成功を収めるのに必要な兵力をおよそ決定するのはそれほど難しくはないし、したがって余剰兵力も比較的容易に決定され得る。だが戦略においては、戦略的成果が特定のものではなく、その限界がはっきりしないために、兵力を決定することは不可能に等しい。それゆえ戦術において余剰兵力と見なされ得るものでも、戦略においては、機を見て戦果を増すのに用いられる手段と考えられねばならない。戦果が大きくなれば利益も増し、かくて兵力はどれほど増大させても過ぎるということはなくなる。このことたるや、兵力を慎重に節約することによっては決して得られない利益なのである。

恐るべき優勢な兵力によってナポレオンは一八一二年モスクワ侵入に成功し、首都占領に成功した。まさしくこの優位によって彼がロシア軍の壊滅に成功していたならば、彼は多分モスクワで平和条約を締結していたであろう。それ以外に条約締結の方法はなかったのだ。この例はわれわれの考えを証明するのではなく、説明するだけであって、証明するにはさらに詳細な議論を展開しなければならないが、今はその場所ではない。

以上の考察はすべて兵力の継続的使用という考えにのみ向けられていて、予備軍の本来の概念には向けられていない。むろんその概念は終始引き合いに出されているけれども、それは、次章で見るように、さらに別の考えと関連してくるのである。

われわれがここで結論として言いたいのは、戦術においては戦力が現実に使用される期間だけによって衰弱し、したがって時間が結果を構成する一要因として現われるのに対して、戦略においては本質的にそういうことはないということである。時間は戦略においても戦力に破壊的な作用を及ぼすが、その効果は戦力の厖大さによって減殺されるし、戦術におけるとは別の形で現われるものであって、それゆえ戦略においては、戦力を次々と使用するという理由で時間がそれ自身独立のものとして戦略のうちに組み入れられることはあり得ないのである。

それ自身独立のものとしてと言うわけは、時間を通じてもたらされはするが時間そのものとは区別される他の状況のために、時間が敵味方の一方に対して価値をもつことは考えられ得ること、いや、考えられねばならないということであって、そういう価値はどうでもいいとか重要ではないとかとして片付けられるべきでなく、われわれは別の面からこれに考察を加えねばならないということである。

われわれが展開しようとした法則は次のごとくである。すなわち、戦略的目的のために予定され待機している全兵力は、その目的に向かって同時に使用さるべきであり、この使用は全軍が一行動一瞬間に凝縮されていればいるほど完全なものとなるということである。

しかもなお戦略には追加攻撃や継続的戦闘の効果といったものがあり、それらは究極的成功の主要手段、つまり、新兵力の持続的展開であるだけに、見逃すことはできない。これまた他の章の対象となるもので、われわれは読者がわれわれの見解を誤解することのないよう、その事実を指摘するにとどめておく。

次にわれわれはこれまでの考察と密接に連関する事柄を取り上げる。それを確定することによって初めて全体が十分に明らかとなるはずである。戦略的予備軍がすなわちそれである。

第一三章　戦略的予備軍

予備軍は二つの異なった使命をもつ。すなわち、第一に闘争の続行と更新、第二に予測されざる事態への対処、である。第一の使命を果たすには兵力の継続的使用が前提となるが、これは戦術上の問題で、戦略上の問題ではない。征服されようとしている地点に一軍団を派遣するような場合は明らかに第二の使命の範疇《はんちゅう》に属する。というのは、ここで抵抗を試みねばならないことは十分に予測されることではないからである。しかし、闘争を長びかすという使命だけのために温存された軍団は銃火の外に置かれているというだけで、戦闘指揮官に服属しており、したがって戦略的予備軍ではなく戦術的予備軍である。

だが、予測せざる事態に備えて兵力を用意しておく必要は戦略上にも生じ得るので、予測せざる事態の発生が考えられる場合に限って、戦略的予備軍も必要となる。戦術においては、敵の方策は多くの場合目算によって探知されるものだが、森林や地面の起伏によってその方策が隠されることがあるから、当然、多かれ少なかれ常に不測の事態に備え、全体のうちで弱い地点を補羣し、味方の兵力に応じて自由に変え得るようにしておかねばならない。

戦略的活動は戦術的活動と直接に結びついているから、戦略にも不測の事態は発生し得る。戦略においても多くの指令はまず目算に従って、不確かな時々刻々に入ってくる情報に従って、最後に戦闘の現実的成果に従って与えられる。それゆえ、その不確かさに応じて戦力を将来の使用のために取っておくことは戦略的指導の本質的条件である。防禦の場合、殊に河川、山脈等のごとき特定の地域の防禦の場合には、明らかにその必要が絶えず生じてくる。しかし、戦略活動が戦術活動から遠ざかるにつれてこの不確かさは減少し、戦略活動が政治と接する領域では不確かな点はほぼ完全に消滅する。

敵が会戦に向かう縦隊をどこへ導くかは目算によってしかわからない。だが、敵がどこで河川を渡渉するかはその直前に探知し得る二、三の設備からして察知できるし、どの方面からわが国を襲撃するかは通常攻撃の開始以前にすでにあらゆる新聞の報道によっても知られ得る。作戦の規模が大きくなればなるほど奇襲を用いる余地は少なくなる。時間と空間は厖大になり、行動の基盤となる諸関係が周知のものであり、かつ変更を許さないものである結果、戦闘の結果は十分の時間的余裕をもって予測し得るか、さもなければ、確実に探知し得るものである。

他の面からしても、戦略のこの領域で予備軍を用いることは、たとえ予備軍が現実に存在しているとしても、全体が規則的に動いていればいるほど効果の薄いものとなる。

部分的戦闘の結果はそれだけでは無であり、全体的戦闘の結果のうちに初めて部分的戦闘の価値が決定され得ることはすでに見たとおりである。

しかし、全体的戦闘の結果も相対的な価値しかもたず、全戦力の何割が勝利を博したかによって、その価値に種々の段階が生ずる。一軍隊中の一軍団の敗北は一軍隊全体の勝利によって償われ得るし、一軍隊の敗北でさえもより優秀な他の軍隊の勝利によって償われるのみならず、敗北がかえって好結果をもたらすこともあり得るのである（一八一三年のクルムにおける二日間の戦闘）。誰しもこれを疑うことはできまい。だが、それぞれの勝利の価値（それぞれの全体的戦闘の勝利）は敗戦した兵力の数が増すにつれて独立の意味をもってくること、したがって敗北を将来の戦勝によって補う可能性はそれに応じて減少してくること、これも同様に明らかである。これについての詳細な規定は別の場所で考察しなければならない。ここではそういう問題が疑いもなく存在することを指摘すれば足りる。

ところで最後に、右の二つの考察に第三の考察を附け加えておこう。戦術における戦力の継続的使用が主要な決戦を常に全戦闘の最後に置くのに対して、戦略における同時的使用の法則が逆に主要な決戦（それは最終的決戦である必要はない）をほとんど常に大行動の初めに設定するとすれば、この二つの結果から、戦略的予備軍はその使命が包括的になればなるほどいよいよ無用で不必要で危険なものとなることは明らかであろう。

　ところで、戦略的予備軍なる観念が矛盾をきたす点を決定するのはそれほど困難ではない。その点は主要な決戦にある。主要な決戦こそは全兵力をもって臨まねばならないものであるが故に、この決戦の後で初めて使用される予定の予備軍（鞏固な兵力）などはまったくナンセンスなことである。

　それゆえ、戦術がその予備軍を、敵の予測されざる配備に対処するためのみならず、戦闘における不測の敗北を挽回するための手段として用いるのに対して、戦略は、少なくも大決戦に関しては、そういう手段を放棄しなければならない。戦略においては、一地点の不利は原則として他の地点の有利によってしか挽回されず、一地点の兵力を他に移動させることによる挽回は効を奏することが少ない。あらかじめ兵力を温存しておいてそういう不利に備えようなどという考えは決して懐くべきではないのである。

　われわれは、主要な決戦に参加することなく保存される戦略的予備軍の観念がいかに矛盾しているかを説明したが、それは、まったく疑いを容れないことであるにもかかわらず、他の概念の仮面の下に隠れて好ましい外観を呈しつつ常に前面にあらわれてくるものであるが故に、われわれは前二章と同様、これに分析を加えざるを得なかったのである。ある者はそのうちに戦略的叡智と達見の精華を見、他の者はそれを捨て去るとともにあらゆる予備軍の観念を、したがって戦術的予備軍の観念をも捨て去ってしまう。この観念上の混乱は現実活動にも及んでいるので、その顕著な例を見たいと思えば、一八〇六年プロイセン軍が二万人の予備軍をマルクのオイゲン・フォン・ヴェルテンベルグ公の麾下に駐屯させたため、予備軍が遂にザール河に適当な時機に達することができなかった例、そして、同じくプロイセン軍の二万五千の兵が後日の戦闘に備える予備軍として東部および南部プロイセンに空しくとどまっていた例を想起されるがよかろう。

これらの例からして、読者はわれわれのドン・キホーテ流の議論もまたやむを得なかった所以を理解されるだろう。

第一四章　兵力の経済

すでに述べたごとく、人の考えを原則や意見によって一本の直線にまとめ上げるのは容易なことではない。そこには常に自由裁量の余地が残されている。生活上の実用的な技術の場合はすべてそうである。横座標と縦座標とによっては美しい線を描くことはできず、絵画的な円や楕円は代数学的な公式からは出てこないのである。それゆえに、行動者は生得の慧眼から生まれた反省に培われて、ほとんど無意識のうちに正鵠を射ることがあるし、あるいは微妙な判断作用に頼らねばならないこともあるし、またときには、法則を単純化してその規準となる特徴を浮び上らせたり、支えとなる新しい方法を導入したりしなければならないことも出てくるものである。

全兵力が参戦するよう絶えず注意するといった、言い換えれば、兵力のいかなる部分も無駄にしないよう気を配るといった観点も、こうした単純化された特徴の一つであり、用兵上のこつである。敵に十分の圧力を与えない場所に兵力を置いたり、敵の攻撃のさなかに兵力の一部を行進させる、つまり一部を無駄にする、といったことは不経済な用兵である。そういう意味では兵力の濫費《らんぴ》ということはあり得るので、それは目的に反した用兵よりも一層不経済でさえある。ひとたび行動が予定されれば、あらゆる部分が活動することが第一に必要となる。ところが、いかに目的にそぐわぬ活動でさえも敵の兵力の一部を消耗させこれを撃破するものであるのに、全然無駄な兵力というものはその間はまったく戦力として働かないのである。こうした意見は言うまでもなく前三章の原則と連関してくる。いずれも同一の真理を述べているので、ここではただ、それを少し包括的な観点から考察し、一個の観念に集約したまでのことである。

第一五章　幾何学的要素

幾何学的要素あるいは戦力配備の形式が戦争においてどれほど支配的な原理となるかは、

大小の部分を問わずほとんど一切が幾何学的に配慮され得る築城術を見れば明らかである。戦術においても幾何学は大きな役割を果たす。それは狭義の戦術、つまり部隊の運動規範の基盤である。だが、野戦築城においても、陣地や攻撃の配置においても、それらの角度や線が戦闘を決定する規準となる。この点については多くの誤用が生じたし、あるものは児戯にも等しいものであった。しかしながら、敵の包囲を目指す今日の戦術上のあらゆる戦闘において、幾何学的要素は新たに大きな効力を発揮してきた。その使用法は極めて単純ではあるが、絶えず反復されているのである。にもかかわらず、一切の動力、つまり精神力、個人的特性、偶然等が要塞戦の場合よりも多くの影響を与える戦術においては、幾何学的要素は要塞戦の場合ほど支配的ではない。戦略においてはその影響は一層少なくなる。確かに戦略においても戦力配置の形式、領土や国家の形態が大きな影響を及ぼすが――幾何学的原理は築城術におけるほど決定的ではないし、戦術におけるほど重要でもないのである――その影響がどういう形をとるかは徐々に必要に応じて述べていこうと思う。ここではむしろ戦術と戦略の間に横たわる差異に注目しておきたい。

　戦術においては時間と空間が速やかにその絶対的最小限に縮小される。一部隊が敵の部隊から側面攻撃や背面攻撃を受けると、直ちにその部隊はあらゆる退路を絶たれてしまうなどのごときがその例である。そのような形勢になれば激闘を続けることはほぼ絶対的に不可能であるから、その部隊はそういう形勢を脱出するか、あるいは前もってそれを予防しておかねばならない。こういう理由で、相手を不利な形勢に陥れようとする組み合せはすべて初めから大きな効果をもつので、その効果とは主として敵に攻撃の結果を憂慮させる点にある。それゆえ、戦力の幾何学的配備は好結果をもたらす上に本質的な要因である。

そうは言っても、戦略は空間と時間が大規模であるために、幾何学的成果をそれほど期待できない。銃火は一戦場から他の戦場にまで達しはしないし、戦略的迂回計画が実現するのにしばしば何週間、何カ月も要する。さらに、空間が大きすぎるために、どんなによい方策を立てても、最終的に目標に達する可能性は極めて少ないのである。

それゆえ、戦略においてはそのような組み合せのいわゆる幾何学的要素の効果ははるかに少なく、逆にともかくもその場で実際に獲得したものの効果の方がはるかに大きい。実際に優位を占めれば、それは、敗北に対する憂慮のために破壊されたり絶滅されたりする前に、十分な効果を発揮する余裕が与えられるからである。それゆえにわれわれは、戦略においては戦闘を連繫する広大な戦線の形よりも、勝戦の数と規模とが重要であることを確実な真理と見なして憚《はばか》らないつもりである。

まさにそれと正反対の意見が最近の戦争理論に好んで取り上げられる主題となっている。思うに、その意見のお蔭で戦略に一層の重要性が与えられたと信じられているのであろう。人々は戦略のうちに再び知能の高度な働きを見出し、それによって戦争は高級なものになった、新式の概念を用いて言えば、科学的になったと信じているようである。われわれはこうした妄説をあばくことが完全な理論を立てる上に是非とも必要だと考える。そして、幾何学的要素は妄説の出発点をなす主要概念であるから、この点をここではっきりと指摘したわけである。

第一六章　軍事行動の停滞について

戦争を敵対者殲滅《せんめつ》の行為だと見なせば、必然的に敵対する両軍は一般に前進するものだと考えねばならないが、同時にしかし、それぞれの瞬間をとってみれば、これまたほとんど必然的に、一方が待機し他方のみが前進すると考えねばならない。というのは状況が双方にまったく平等であること、あるいは双方に平等な状況が久しく続くことはないからである。状況は時間の経過とともに変化するし、その結果、現在の瞬間が一方に有利であれば他方には不利となるはずである。ここにこのような状況を熟知している敵味方二人の最高司令官がいると仮定すれば、一方にとって行動すべきだと考えられる瞬間は、他方にとっては待機すべきときだと考えられるだろう。したがって、両者が同時に前進することに利益を感ずるようなことも、同時に待機することに利益を感ずるようなこともありはしないだろう。この相互関係はここでは一般的両極性という根拠に基づくものではなく、したがって第二部第五章の主張と矛盾するものではない。むしろそれは、二人の最高司令官にとって同一の事柄、つまり将来の形勢の有利不利の可能性が行為の決定根拠になっていることに起因するのである。

だが、この点での状況の完全な平等の可能性を認めたとしても、あるいは相互の形勢の知識が不十分なために二人の最高司令官が状況を完全に平等だと考えざるを得ない場合を考慮に入れたとしてもなお、政治的目的が相違するために両軍にとっての軍事行動の停滞の可能性は生まれてきはしない。双方が防禦しようとすれば戦争は発生しない以上、戦争においては、どちらか一方は政治的に見てどうしても攻撃者であらざるを得ない。ところで、攻撃側は積極的な目的をもち、防禦側は消極的な目的しかもたない。――それゆえ、前者は積極的な行動を試みねばならない。それによってのみ積極的な目的は達成できるからである。したがって両軍がまったく平等の状況にある場合には、攻撃者が積極的目的の故にその行動を迫られるのである。

以上の考え方からすれば、軍事行動の停滞は厳密に言ってことの本性に矛盾することになる。というのは、敵対する両軍は不断に相手を根絶せざるを得ず、水と火のごとく、平衡に達することなく、一方が完全に消滅するまで相互に働きかけざるを得ないからである。数時間組み合ったまま動かない二人の力士について、人は何と言うだろうか。軍事行動はねじを巻かれた時計のように絶えず動いているものなのだ。――だが、戦争の本性がそれほど熾烈であるにもかかわらず、それは人情の弱味に縛られているので、一方で危険を求め、作り出しつつも、他方がこれを恐れるという矛盾は誰にでも起るものなのである。

戦史一般に目を向けると、目標に向かっての絶えざる前進とは正反対の例があまりに多いために、明らかに、静止と非行動が戦時下の軍隊の根本状態で、行動は例外だと思われがちである。それはわれわれの考えの方向を惑わせるに足るほどのものであるかもしれない。しかし、戦史上の多くの事件がそうであるとしても、その最後に連なる戦争はわれわれの見解を支持してくれている。フランス革命戦争[*18]がまさにそうであって、この戦争はわれわれの見解の真実性を十二分に示し、その必然性を十二分に証明してくれている。革命戦争において、殊にナポレオンの諸戦役においては、戦争遂行上、われわれがすでに戦争の要素の自然法則と見なした無制限のエネルギーが費やされている。それゆえ、無制限のエネルギーの発揮は可能であり、そしてそれがすでにして可能であるとすれば、そうなるよう是非とも努められねばならないのも当然である。

　実際、理性的に考えて、戦争における兵力は行動という目的以外の何のために用いられるのだろうか。パン屋はパンを焼きたいときにのみ窯を熱する。馬を車に繋ぐのは車を走らせたいときだけである。だとすれば、戦争の厖大な労苦が、敵に同じ労苦を味わせようというただそれだけのためにどうして払われねばならないというのか。

　一般的原理の証明はこれで措《お》く。次にその変化を論じなければならないが、ここでは個々の場合に基づくものは除き、ことの本質に触れるもののみを論ずる。

　さて、内的均衡力として現われ、戦争という時計のあまりに急速かつ不断の進行を妨げるものとして現われるものには三つの原因が考えられる。

　絶えざる休止の傾向を生み、それによって戦争を遅滞させる第一の原因は、人間の心にある生得の臆病と不決断とであり、これは精神世界を圧迫する一種の重力であるが、しかしながらこれは引力によって生ずるのではなく、反発力によって、つまり危険や責任を恐れる心によって生ずる重力なのである。

戦火たけなわとなれば凡庸な精神には行動がいよいよ困難となり、運動が長びくにつれて渋滞も大きく繰り返し現われるようになるにちがいない。武装の目的を考えるだけではこの困難を克服することは難しく、戦争の中で水を得た魚のごとく活き活きとしてくる軍事精神が最高度に発揮されるか、それとも上から大きな責任を押しつけられるかしなければ、停滞が日常一般のこととなり、前進は例外的なこととなるだろう。

第二の原因は、人間の洞察と判断の不完全さである。戦争では味方の状勢はその時々に正確に知ることができるが、敵のそれは隠されていてわずかの材料から推測しなければならないから、敵状の洞察や判断は殊に不完全であらざるを得ない。そのためにしばしば一方の利益だけが優越しているにもかかわらず、両軍とも同一の対象を自分に有利だと考えるといったことが生じてくる。かくて、すでに第二部第五章で述べたごとく、誰しも待機することが賢明な策だと信じるようになるのである。

戦争という時計を制動し往々にして著しい停滞を惹き起す第三の原因は、防禦により大きな力が発揮される点にある。つまり、A軍がB軍を攻撃する自信がないからといって、必ずしもB軍がA軍を攻撃するに十分な力を備えているとは限らないのである。防禦の場合なら増すであろう力も攻撃する場合には失われるのみならず、かえって敵に帰属することにもなるのであって、平たく言えばa+bとa-bの差がちょうど+2bとなるようなものである。つまり、両軍が同時に攻撃する自信をもたず、しかも現実に十分な攻撃力を備えていない場合があり得るのである。こういう理由から、慎重すぎる用心や大きな危険を恐れる心といったものが兵学のなかに位置を得て、戦争の根本的な激烈さを抑制することになるわけである。

しかしながら、大きな利害によって惹き起されたわけではない過去の戦争において、武装下にあった時間の十分の九が無為に過されたという長い停滞の事実を、これまでの三つの原因によって説明することには無理がある。この現象は主として、戦争の本質と目的の章で述べられた、一方の側の要求と他方の側の状態と気分が戦争遂行に及ぼす影響に起因する。

これらの事柄は、戦争を中絶させるに足るほど圧倒的な影響を及ぼし得る。戦争が単に武装中立、あるいは商議を援護する威嚇、あるいはわずかでも有利な立場を占めて事を待つという控え目な試み、あるいはいやいやながらも果たさねばならない同盟義務にすぎない場合も珍らしくないのである。

すべてこれらの場合には、利害の衝突は少なく、敵対のための名分が薄弱で、敵に多大の損害を与えたくもなければ敵から受けたくもなく、つまりは大きな利害に駆り立てられることがないから政府もそれに多くを賭けることを望まず、かくて戦争本来の敵対精神が十分に発揮されない温和な戦争が発生するのである。

戦争がこういうふうに中途半端なものになればなるほど、戦争理論は確固たる論理的支点や支柱をますます欠き、理論の必然性が減少して偶然性が増加することになる。

にもかかわらず、これらの用兵にも智慮の用いられる余地はある。いや、智慮の活動範囲は他の場合よりも一層多様で一層広汎であるかもしれない。それは金貨による大賭博が銅貨による小賭博に変ったようなものである。そしてこのような戦争のうちに、つまり多くのちっぽけな虚飾、真面目とも冗談ともつかぬ前哨戦、効果のない無為の配備、それが何のために行なわれたのか理解できなくなっているためにかえって外見上はもっともらしく見える陣地や行軍——これらの馬鹿馬鹿しい作戦に時を費やす戦争のうちに、当時の多くの理論家は兵術の精髄を見出したのである。古い戦争のこうした佯撃[*19]、観兵式、冗談半分の衝突のうちに、当時の理論家達はあらゆる理論の目標、つまり物質に対する精神の支配を見出したのであって、彼らにとって最近の戦争は逆に粗野な摑み合いにすぎず、そこには何ら学ぶべきものはなく、単に野蛮状態への退歩と見るべきだ、としか考えられなかったのである。このような見解はその対象たる昔の戦争と同様けちくさいものである。大きな兵力、大きな情熱の欠けているところでは、当然、凡庸な智慮を多少華々しく発揮させることは容易なことである。しかしながら、大兵力を指導したり、暴風雨を乗り切ったりするのは、それにも勝るより高度な精神活動ではなかろうか。竹刀術にすぎぬ上述の兵法などは真の用兵術のなかに包括されるものではなかろうか。前者の後者に対する関係は、船上の運動と船そのものの運動との関係のごときものであろう。前者は敵もまた味方以上に優れたことをし得るはずがないという暗黙の条件のもとにのみ成立する。だが敵は果たして長い間この条件のままであろうか。考えてもみよ。フランス革命は古い兵術の思い上りを一挙に粉砕し、シャロンからモスクワにまで進撃したではないか。そして、同じくフリードリッヒ大王は旧来の戦争の習慣に安住していたオーストリア軍を奇襲し、専制君主制を震撼《しんかん》させたではないか。——中途半端な政策と金縛りの兵術をもって、猪突猛進の敵に当る政府は禍いなるかな。そのような政府の活動と緊張の欠如は、すべて敵の力を増すこと以外の何ものでもない。そもそも竹刀での練習試合から真剣勝負に移るのは容易なことではなく、真剣によるわずかな一撃でさえも安易な全体を瓦壊させるには十分なのである。

以上に述べたすべての原因から、一戦役における軍事行動の進展は持続的ではなく断続的であること、したがって、流血の戦闘の間には静観の期間があり、その間は両軍が防禦の態勢にあること、さらに、より高い目的をもつ方が普通攻撃側にまわり、一般に前進の陣形を取ること、そのためにその挙動には防禦側とは多少異なるところがあること等々といったことが明らかとなるだろう。

第一七章　今日の戦争の性格について

われわれは今日の戦争の性格を十分考慮しなければならない。それによってあらゆる作戦、殊に戦略上の作戦は大きく左右されるだろう。旧来の全手段がナポレオンの勝利と大胆さによって崩壊し、第一級の国家が一撃のもとに殲滅されて以来、スペイン人が持久戦を通して、国民武装や蜂起手段が個々の点では脆弱で穴だらけでも、全体としては極めて有効であることを示して以来、ロシアが一八一二年の戦役を通して、第一に広大な国家は容易に征服されはしないこと（それはもっと以前にわかっていてもよかったことだ）、第二に最後の勝利の可能性は必ずしも二、三の会戦や首都や一地方を失おうとも決してなくなりはしないこと（以前にはそれがあらゆる外交家の不変の原則であり、彼らはどんなに不利な講和にも容易に応じた）、敵の攻撃力が疲弊したときには味方の軍隊は自国の真直中《まっただなか》で極めて強大になり、巨大な力をもって防御を攻撃に転化し得ることを教えて以来、さらに一八一三年プロイセンが突発的な苦難の際に民兵を用いれば軍隊の普通の兵力を六倍に増すことさえでき、そしてこの民兵は国内でも国外でも使用し得るものであることを示して以来――これらすべての場合を通じて、国力、戦力、戦闘力を増すものとして国民の心情や士気が恐るべき要因となることが示された。――各国政府がこのような手段をすべて知っている以上、将来の戦争において、自己の存在が危険にさらされた場合であるにせよ、烈しい名誉心に駆られた場合であるにせよ、ともかく各国政府がこれらの手段を用いないでおくことはまず考えられないのである。

対立する両国家の総力をもって戦われる戦争が、常備軍相互の戦争とは別の原則に従って編成されねばならないことは言うまでもない。かつて常備軍は艦隊に等しく、陸軍と他の国家の関係は海軍と他の国家の関係に等しかった。それゆえ、陸戦の兵術は海戦のそれと似通っていたが、今日ではそういうことはまったくなくなっている。

第一八章　緊張と休息　戦争の動学的法則

われわれは第三部第一六章で、大部分の戦役においては停滞や休息の時間が行動の時間よりもはるかに長いことを見てきた。ところで、前章で述べたごとく、今日の戦争が従来とはまったく異なった性格をもっているとしても、本来の行動が常に多少の休止によって中断されることは疑いない。したがって、われわれは二つの状態の本質を詳しく考察しておく必要がある。

軍事行動が停滞しているとき、すなわち両軍いずれも積極的行動に出ようとしていないときには、休息とそして均衡が成立する。むろんここに言う均衡は最も広い意味に用いられていて、物理的かつ精神的戦力だけでなく、あらゆる関係や利害が考慮に入れられている。さて、両軍の一方が新たな積極的目的を抱き、その達成に向かって活動を開始し（それは単に準備的なものであっても構わない）、敵がこれに対抗すると、ここに戦力の緊張が成立する。これは決着がつくまで、つまり一方がその目的を放棄するか、あるいは他方が敵に目的の貫徹を許すかするまで持続する。

両軍の行なう戦闘の組み合せの効果に基づいて決着がつくと、次いでいずれかの方向に運動が起る。

この運動が、その際克服しなければならない味方の摩擦などの困難のため、あるいは、新たに登場した均衡力のためにその持続力を失うと、再び休息あるいは新しい緊張や決定が生じ、次いで多くの場合反対方向に向かって新しい運動が生ずる。

均衡、緊張、運動をこのように思弁的に区分することは、実際行動にとっては一見そう思われる以上に重要である。

休息や均衡の状態の下でも多くの活動がなされるが、それらは便宜的に生ずるものにすぎず、大変動を起そうとする目的から生じたものではない。それらの活動のうちには重大な戦闘、いや、主要な会戦さえも含まれ得るけれども、それらは全然異なった性質をもち、それゆえ異なった効果をもつのである。

ひとたび緊張が発生すると、決戦は一層効果的になる。それは、緊張の際にはより大きな意思の力が発揮され、事態がより急迫してくるからでもあるし、一切が大きな運動に向かってすでに準備され方向づけられているからでもある。決戦はそこでは、閉鎖され塡塞《てんそく》された坑道の爆発に似ている。これに対して、休息状態で同じように大きな事件が起っても、それは多かれ少なかれ多量の火薬の大気中での破裂に類似している。

だが言うまでもなく、緊張の状態には種々の程度があることを考えねばならず、したがって緊張と休息の間には数多くの段階があり、最も力の弱い緊張は休息とほとんど異なるところがない。

ところで、以上の考察からわれわれが引き出すべき最も本質的な結論は以下のごとくである。すなわち、緊張状態においてとられるすべての方策は均衡状態におけるそれよりも一層重要で有効であること、そしてこの重要性は緊張が最高度になる従って無限に高まること、などがその結論である。

例えばヴァルミー[*20]における砲撃はホッホキルヒ[*21]における戦闘よりも一層決定的だったのである。

敵が防禦不可能となって明け渡した地帯における味方の陣形は、もっと有利な状況で決戦を行なおうとする意図の下に敵が退却した場合とはまったく異なっていなければならない。前進しつつ戦略的攻撃をかけている軍隊に対しては、一つの誤った陣地、たった一つの誤った行軍でも決定的な結果をもたらすことになる。これに反して均衡状態にある場合には、これらのことがよほど目立たない限り、一般に敵の活動を誘発することはないものである。

従来の大多数の戦争は、すでに述べたごとく、均衡状態に、ある期間あるいは少なくも低度の緊張の状態にある期間が圧倒的に多く、その結果、そこに起る事件も大成果を挙げることは滅多になく、しばしば、女帝の誕生日を祝うための余興（ホッホキルヒ）、単に軍の名誉を満足させるための戦い（クネルスドルフ[*22]）、最高司令官の虚栄のための小競合（フライベルク[*23]）等にすぎなかったのである。

最高司令官はこの二状態を的確に認識し、それに即して行動する才能をもつ必要があるが、一八〇六年の戦役はしばしばこの才能が欠如するものであることを教えている。一切が主要決戦に向かって凝集し、その勝利のためには最高司令官が精魂を傾けねばならないといったかの恐るべき緊張の時期に、プロイセン軍において提起され、その一部が実行に移された処置（フランケンの偵察）はと言えば、均衡状態においてわずかな振動を与え得るにすぎなかったと思われる程度のものだったのである。このような、活動力を消尽するだけで何の役にも立たない混乱した処置や意見のために、戦局を救うに足る必要な処置が閑却されてしまったのである。

以上でものされた思弁的区別は、われわれの理論の進展のためにもまた欠くことのできないものである。というのは、攻撃と防禦の関係やこの二重行為の選択に関して以下に述べることはすべて、兵力が緊張し運動している危機の状態に関係しているからであり、均衡状態に起り得る活動は附録としてのみ考察され、取り扱われるからである。思うにこのことは、危機が本来の戦争であり、均衡は単にその反映にすぎないことを思えば明らかであろう。

第四部　戦　闘

第一章　概観

第三部でわれわれは戦争において効果的な要素と見なされ得る事柄について考察したから、今度は戦闘、つまり、その物質的かつ精神的な効果によって、あるいは単純にあるいは複雑に全戦争の目的を包括する本来の軍事行動について考察してみたい。この活動とその効果のうちに、既述の諸要素が再び見出されるにちがいない。

戦闘の構成は戦術的なものである。われわれは戦闘を全体的に知るためにその構成を概括するにとどめる。詳細に規定された目的に応じてあらゆる戦闘は独自の形態をとる。この詳細な目的については以下において初めて述べられるはずである。しかしながら、各戦闘の独自性は戦闘の一般的性質と比較すればほとんど取るに足らぬもので、独自性の大部分は非常に類似している。だから一般的性格を何度も繰り返して述べる労を省くためには、戦闘の特殊な形態を問題とする前に一般的性質を考察しておく必要がある。

かくて、まず次章でわれわれは今日の会戦の戦術的経過の特色を簡単に述べてみよう。というのは、今日の会戦はわれわれの戦闘概念の根底をなしているからである。

第二章　今日の会戦の性格

すでに述べた戦術と戦略の概念からして、戦術の性質が変れば、それが戦略に影響を及ぼすのは言うまでもないことであろう。戦術的現象が場合によってまったく異なった性格を有するとすれば、戦略的現象もまた、首尾一貫した合理的なものであろうとする限り、まったく異なった性格をもたねばならないだろう。それゆえ、戦略における主戦の使用について詳しく知る前に、主戦の最近の形態を特徴づけておく必要がある。

今日大会戦において通常どんなことが行なわれるだろうか。大軍が前後左右に整然と配列し、全体の小部分だけが比較的に展開して数時間の射撃戦を交える。その時々に小規模な突撃、銃剣攻撃、騎兵の襲撃がはさまれ、かくて一進一退の戦況が続く。こうしてこの一小部分が次第にその軍事的情熱を失い、滓《かす》ばかりが残るに至ると、それは退却させられて他の部分がこれに取って代る。

このように会戦は湿った火薬のごとくぶすぶすとゆっくり燃え、そして、夜の帳《とばり》が降りて何も見えなくなると、誰も盲目的偶然に己が身をさらすのを好まないから、休息が訪れて両軍とも未だ使用可能な残兵、つまり、火山の爆発のごとく崩壊してしまっていない残兵の数を算定する。さらに、得たり失ったりした場所や退路の安全が測定される。これら測定の結果は、敵味方両軍にあったと信じられている勇気と怯懦《きょうだ》、智慮と愚昧に関する個々の印象と合体して一つの全体的印象を形成し、それをもとにして、会戦場を撤退するか、それとも次の朝戦闘を再開するかが決定されるのである。

この記述は今日の会戦の完成図をめざすものではなく、単にその色調だけを伝えようとするものだが、ここに記したところは攻撃側にも防禦側にも妥当することで、計画された目的や土地の状況によってもたらされる個別的な色合いをそれに加えても、この色調は本質的には変らないのである。

しかし、今日の会戦がそういう性格をもつようになったのは偶然ではなく、両軍が軍事編成と兵術上ほぼ同じ水準に達していること、そして、戦争が大きな国民的利害に基づいて戦われるようになり、本来の粗暴な姿にかえっていること、などが会戦をして今日のような性格たらしめたのである。このような条件のもとでは会戦は常に上述の性格を保持するだろう。

今日の会戦に関するこうした一般的概念は、後に兵力、地形等々、会戦を規定する個々の要素の価値を決定するにあたっては、特に必要となるだろう。ただし上の記述は一般的で巨大で決定的な戦闘かそれに類するものについてのみ妥当するものである。小戦闘もこうした傾向をもたないわけではないが、大戦闘よりその傾向は少なく、はるかに変化に富んでいる。その証明は戦術上の問題に属するけれども、われわれは以下においてこのことを若干の特徴を通して明らかにする機会をもつであろう。

第三章　戦闘一般

戦闘こそ本来の軍事行動であって、他の一切は戦闘を成立させる要素にすぎない。それゆえ、われわれは戦闘の性質を注意深く考察してみよう。

戦闘は闘争であり、闘争の目的は敵の壊滅と征服である。だが個々の戦闘における敵とは、味方に対峙する戦闘力のことにほかならない。

これは単純な概念で、後にわれわれはそこにかえってくるだろうが、そのためにはまず若干の他の概念をそれに添加しておかねばならない。

国家とその戦力を一体と考えれば、戦争を単一の大戦闘と考えるのも極めて自然な見方で、粗野な国民の単純な関係においては事情はこれとあまり変らない様相を呈している。しかし、今日の戦争は無数の大小さまざまな、同時的あるいは継続的な戦争からなっているのであって、活動がそんなにも多くの個別行動に分解されている原因は、戦争を惹き起すもとになる諸関係が極めて多彩化していることにある。

今日の戦争の最終目的、つまり政治的目的からしてすでに単純であるとは限らず、また単純である場合にも、行動が多くの条件や配慮のもとになされる結果、目的は一個の大行動によってはもはや達成されず、全体と結びついた大小さまざまの行動によって初めて達成され得るのである。これら個々の活動は全体の一部であり、したがって特殊な目的を通して全体と結びついている。

戦略的行動が戦闘力の使用であり、戦闘力使用の根底には常に戦闘の理念が横たわっている以上、あらゆる戦略的行動は戦闘の概念に還元されることについてはすでに述べた。だとすれば、戦略の領域における一切の軍事行動は個々の戦闘という単位に還元でき、われわれは個々の戦闘の目的のみを考察すればいいことになるだろう。われわれはまず、これらの特殊な目的を順次考察しつつ、それによって惹き起される事柄について述べてみよう。ここでは、あらゆる戦闘がその大小を問わず全体に従属した特殊な目的を有する、と言うだけで満足しておこう。そうだとすれば、敵の壊滅や征服はこの目的のための手段にすぎないと見なされねばならない。そして、実際にそう見なされてもいるのである。

けれどもこの結論は形式的にのみ正しく、その背後に潜む連関によってのみ重要であるにすぎない。ここでこのような結論を述べたのは、後に再説する煩を避けるためだったのである。

敵の征服とは何か。それは敵の戦闘力を壊滅することである。それが殺傷によるのか他の方法によるのか、また敵の全滅なのか闘争継続を不可能ならしめる程度の破壊なのかは問うところではない。それゆえ、戦闘の特殊な目的の一切を捨象すれば、われわれは敵の全面的あるいは部分的壊滅を全戦闘の唯一の目的となすことができよう。

　ところで、われわれは次のごとく主張する。というのは、多くの場合、殊に大戦闘においては、戦闘を個別化するとともに戦闘を大きな全体と結びつける特殊な目的は、上述の一般的目的をわずかに変えたものか、一般的目的に結合される副次的目的にすぎず、それは戦闘を個別化するという点では重要であるとしても、一般的目的と比較すれば取るに足らないものであり、したがってその副次的目的が達成されただけでは、戦闘の使命のうちの些々たる部分が成就されたにすぎないことになる、ということである。この主張が正しいとして、敵戦闘力の壊滅は単なる手段にすぎず、目的は常にそれとは別のものであるとする右の考え方が形式的にのみ正しいこと、しかも、敵戦闘力の壊滅こそは一般的目的のうちに含まれるのであり、特殊的目的などはこの一般的目的をわずかに変形したものにすぎないという事実を閑却するならば、右の考え方は必ずや誤った結論に到達するであろうことは言うまでもない。

　右の事実が忘れられていたがために、フランス革命戦争以前の時代にはまったく誤った見解が生まれ、戦争本来の手段たる敵戦闘力の壊滅の必要が少なくなればなるほど兵学理論はそれだけ高級になると考えるような傾向や体系、断片が生じてきたのである。

　むろんそのような体系が成立したのは、別の誤った前提がともに採用され、敵戦闘力の壊滅の代わりに他の事柄が有効だと誤認されて持ち出されたことにもよる。われわれは適当な場所でこれらの見解を反駁するだろう。だが、戦闘を取り扱うにあたっては、敵戦闘力壊滅の重要性とその真価とを重視し、単なる形式的真理に惑わされて邪道に陥ることのないよう注意する必要があるだろう。

しかし、敵戦闘力の壊滅が多くの場合に、あるいは最も重要な場合に中心的な事柄であることをいかにして証明し得るであろうか。特別な技巧を用いて敵戦闘力を直接に壊滅することなく、間接的に一層大きな壊滅を与える可能性、あるいは小規模ながら特別巧妙に仕組まれた襲撃を通じて、そういう方法がはるかに近道だと感じさせるほど徹底的な敵戦闘力の麻痺や敵の意思の転換をもたらす可能性、こうした可能性を考察する極めて繊細な思想に対していかなる処置を講じたらいいのか。むろん、各地点の戦争には価値の多寡があるし、戦略においても各戦闘を巧みに配分しなければならない。いや、戦略とはまさしくこうした技術にほかならないとも言える。われわれはそのことを否定するつもりはないが、しかし敵戦闘力の直接的壊滅こそがいかなる場合にも重きをなすことは、声を大にして主張したい。われわれがここで壊滅原理について主張したのはまさしくこの圧倒的な重要性のためにほかならない。

だがここで想起せねばならないのは、われわれは戦術ではなく戦略を論じていること、したがって兵力の消耗を少なくして多くの敵戦闘力を壊滅するための戦略上の手段は考慮の外にあり、直接的壊滅とは戦術的成果を意味すること、したがってわれわれの主張は戦術的成果のみが戦略的大成果を生むという点にあること、などである。その主張を、以前に一層明確になされた表現を用いて言えば、戦術的成果は用兵上圧倒的な重要性を有する、ということになる。

この主張の証明はかなり簡単であるように思われる。それは、あらゆる複雑な（技巧的な）

組み合せには多くの時間を要するということに基づいている。単純な襲撃と複雑で技巧的な襲撃とのどちらがより大きな効果をもたらすかと言えば、敵が受動的な対象と考えられる限り、疑いもなく後者が有効である。けれども、複雑な襲撃はすべて多くの時間を要し、しかも、この時間のうちに味方の一部に逆襲が加えられて全体の準備が崩壊するようなことがあってはならない。いま敵が短時間で遂行される単純な襲撃を決定したとすれば、敵が優位に立ち、大計画の効果を破壊することになるのだ。それゆえ、複雑な襲撃の価値を考えるにあたっては、その準備期間中に訪れる一切の危険を考慮に入れねばならないので、その使用は敵の短期間の襲撃によって味方が破壊される恐れのない場合にのみ可能である。そういう恐れがある限り、われわれはより短期の襲撃を選んだり、敵の性格、情勢や他の状況に応じて計画を切りつめたりしなければならない。漠然たる抽象的な概念の世界を捨てて実践に目を向ければ、機敏で勇敢で決断力に富むような敵は広汎で複雑な技術を用いる暇を味方に与えないことがわかるし、そして、まさにそういう敵に対してこそ最大限の技術が必要となることがわかるだろう。こうした場合には、単純で直接的な成果が複雑な成果に優位すると思われる。

それゆえ、われわれの意見は、単純な襲撃が最上だというのではなく、状況が許す以上に煩雑な計画を立ててはならないということであり、また敵が戦闘的であればあるほど、いよいよ直接的な闘争が必要である、ということである。したがって、複雑な作戦計画の面で敵を凌駕《りょうが》するよりも、それと正反対の面で敵を凌駕すべく努めねばならない。

この対立の最終の礎石を求めるならば、一方のそれは智慮であり、他方のそれは勇気であることがわかるだろう。ところで人は、適度な勇気と偉大な智慮を備えている方が、適度な智慮と偉大な勇気を備えているよりも一層多くの効果を挙げる、と考えがちである。だが、これらの要素がひどく不釣合いでない場合には、危険をその特徴とし勇気がその真価を発揮すべき領域と見なさるべき戦場において、智慮を勇気に優先させる理由はないのである。

以上の抽象的な考察に加えてなお、われわれは、経験からしても別の結論は生まれてこないこと、それどころかむしろ、経験こそわれわれの結論をそういう方向に駆り立て、そういう考察の機縁を与える唯一の原因であることだけは述べておきたい。

歴史を率直に読めば、あらゆる武徳のうちで用兵上のエネルギーこそが軍人の栄誉と功績に絶えず最大の貢献をしていると信ぜざるを得ないはずである。

敵戦闘力の壊滅を全体的戦争のみならず個々の戦闘においても中心事と見なす、という原則が、戦争を生む諸関係から必然的に発生する形式や条件の一切に妥当する原則であることは後に示されるだろう。

さしあたり本章では、われわれはその原則の一般的重要性を指摘すればよかった。この結論をひっさげてわれわれは個々の戦闘にかえって行くつもりである。

第四章　戦闘一般続論

前章では、われわれは敵の壊滅が戦闘の目的であることを主張するにとどめ、そして特殊な考察を通して、敵戦闘力の壊滅が戦争において常に重きをなすことを理由に、右の主張が多くの場合、殊に大戦闘においては正しいことを証明しようとした。敵戦闘力の壊滅にまじって多かれ少なかれ主要な位置を占める他の目的については、次章で一般的に特徴づけ、以下順次詳しく述べて行くことにする。ここでは戦闘をそれらの目的から切り離して、敵の壊滅を個々の戦闘における完全に十分な目的として考察する。

ところで敵戦闘力の壊滅とは何を意味するのか。それは、味方の戦闘力以上に敵の戦闘力を弱体化することである。味方の兵数が敵にはるかに優位している場合、両軍が同数の損害を受けたとすれば、当然、味方の弱体化は敵のそれよりも程度が軽く、したがって味方に有利であると考えられる。ここでは、戦闘から他の一切の目的が排除されているのだから、敵戦闘力により大きな壊滅を与えるために間接的にのみ用いられるようなものも除外されねばならない。かくして、相互的な破壊過程の後で直接に得られるものだけが目的と見なされ得ることになる。なぜなら、この利得は絶対的なもので全戦役に共通し、全戦役の終結時に常に純粋な利得として計上されるものだからである。ところで、敵に対するそれ以外の勝利は、すべてここでは無視してきた別の目的に基づいて得られたものであるか、あるいは一時的で相対的な優位をもたらすものにしかすぎない。それを示すには一例で十分であろう。

巧妙な編成によって敵を非常に不利な状態に陥れ、敵の戦闘続行が危険となり、二、三の抵抗を試みた後敵が退却したとすれば、味方はこの地点で敵を征服した、と言うことができよう。だが、この征服で味方が敵とまったく同比率の戦闘力を失ったとすれば、戦役の総決算の際には、成果からして勝利と言えば言えるこの勝利の利益はゼロに等しいものになる。したがって、敵を戦闘放棄の状態に陥れるという意味での敵の制圧はそれ自身独立に考慮さるべきではなく、それゆえまた、目的の定義のうちに採用することもできないのであって、このような定義のうちに入れられるべきものは、すでに述べたごとく、破壊過程で直接に獲得されたものしかないのである。だが、この利益に属するのは戦闘の渦中で敵に生じた損失ばかりでなく、敵の退却後その直接の結果として生ずる損失もまたこれに属するのである。

ところで、よく経験されることだが、ほとんどの場合、戦闘の渦中における物質的戦闘力の損失は勝者と敗者の間にそれほど開きがあるものではなく、多くの場合まったく同一であり、ときには反比例することさえもあるので、敗者にとっての致命的な損失は退却とともに初めて現われる損失、つまり勝者が蒙《こうむ》ることのない損失なのである。おびえ切った歩兵大隊の弱い残兵は敵の騎兵に打ち倒され、疲労した者は坐り込み、破壊された大砲や弾薬車は放置され、それ以外の者も悪路のために速やかに行軍できず、敵の騎兵に追いつかれる。夜間には、バラバラの部隊は道に迷い、無防備で敵の手に落ちる。かくて、勝利の実質は多く勝敗決定後に獲得されるものである。それは矛盾するかに見えるが、その矛盾は次のごとき理由に基づくのである。

物質的戦闘力の損失は両軍が戦闘の渦中で蒙る唯一の損失ではなく、精神的戦闘力もまた震撼され、破壊され、潰滅するのである。戦闘を続行し得るか否かが問題となるときには、人間、馬、大砲の損失ばかりでなく、秩序、勇気、信頼、団結、計画の損失も同じく考慮されねばならない。特にこの問題で決定的な役割を果たしているのは精神力であり、勝者が敗者と同じ物質的損失を蒙った場合にはすべて、精神力のみが勝敗の決定を下すことになる。

さらに、物質的損失の比率は戦闘中には測定し難いが、精神的損失の比率はそうではない。それは主として二つの事柄によって知られる。一つは陣地の喪失であり、もう一つは敵の予備軍の優勢である。敵の予備軍に比較して味方の予備軍の減少が著しければ著しいほど、それは均衡を維持するのにますます多くの戦闘力を味方が費やしたことを意味する。このことのうちにすでに敵の精神的優位の明白な証拠が示されているので、それを見ればほとんど必然的に、最高司令官の心には一種の苦々しさと自軍に対する過小評価の念が生ずるものである。しかし重要なことは、辛抱強く戦ってきたすべての軍隊が多かれ少なかれ燃殻のような観を呈することである。それは消耗し、溶解し、その物質的かつ精神的な力は尽き、その勇気すらも挫けている。それゆえそのような軍隊は、数の減少は問わないとしても、有機的全体としてみれば、戦闘前とは似ても似つかぬものとなっているのであり、したがって精神力の損失は、予備軍使用の程度によって正確に測定されると言えるのである。

それゆえ陣地の喪失と新たな予備軍の欠如は普通退却を決定する二大原因であるが、とはいえ、われわれは部隊間の連絡の不十分とか全体の作戦計画の不完全とかの内に潜む他の原因を排除したり隠蔽したりする気は全然ない。

とまれ、あらゆる戦闘は、物質力と精神力を競う流血を伴った破壊的活動である。最後の決算で二つの力を多く残した方が勝者である。

戦闘においては精神力の損失が勝敗決定の主たる原因であったが、決定が下されてもこの損失は増大し続け、全行動の終結時に至って漸くその最高点に達する。秩序や統一の喪失はしばしば個々人の抵抗を駄目にする。全体の勇気は挫かれ、勝敗を超越し危険をも顧みなかった最初の緊張は弛緩し、そして、今や多くの者にとって危険は勇気を鼓舞するものではなく、苛酷な懲罰に思えてくる。それゆえ、敵が勝利を占めるや否や味方の戦闘機械は弱く鈍くなり、もはや危険には危険をもってする能力を失うのである。

勝者はこのときを利用して、物質的戦闘力の破壊による本来の利益を生み出さねばならない。そこで得られるものだけが確実なのだ。精神力は次第に回復され、秩序は取り戻され、勇気は再び高揚するのであって、多くの場合、優位を占めた効果はわずかしか残らず、また全然残らないこともしばしばで、場合によっては非常に稀れではあるが復讐心や強烈な敵愾《てきがい》心《しん》をかき立てることになり、逆転効果が生ずることさえあるのだ。これに反して死傷者、捕虜、大砲の収奪等で得た利益は決して計算から消えることはあり得ないのである。

会戦中の損失は主として死傷者にあり、会戦後の損失は主として大砲の損失と捕虜とにある。前者は多かれ少なかれ勝者にも敗者にも出るが、後者はそうではなく、普通一方の側にのみ生ずるか、あるいは少なくとも、一方に著しく多く生ずる。

そのために大砲と捕虜がいつでも勝利の獲物と見なされているし、同時に、勝利の規模がそこにはっきりと現われるが故に、それが勝利の尺度と見なされている。精神的優位の程度さえも他のいかなるものによるよりもそれによってよく知られるし、殊に、それと死傷者の数とを比較すれば万全で、ここに精神的効果を生む新しい力が登場するのである。

戦闘中やその直後に挫折した精神力が次第に回復され、しばしば破壊の痕跡をとどめないことさえある事情はすでに述べた。これは小部隊の場合で、大部隊の場合には滅多にあるものではない。それでも軍隊内の大部隊の場合ならそういうこともあり得るだろうが、この軍隊が属する国家や政府などにおいては滅多に、あるいは絶対に見られるものではない。ここでは関係が一層公平に一層大局的な見地から測定され、敵の手に移った戦利品の規模やこれと死傷者の数との関係から、味方の弱さや不十分さが容易にかつ確実に認識されるのである。

精神力の均衡の喪失がこのように絶対的な価値をもつものではなく、総決算のうちに必ずしも現われてこないからと言って、一般にこれを過小評価することがあってはならない。それは抗し難い力をもって一切を撃破するほど圧倒的な重さをもつことさえあるのだ。それゆえ、それは往々にして行動の大目標ともなり得るが、それについては別の場所で述べる。ここではなお、若干の根源的関係について考察しなければならない。

勝利の精神的効果は戦闘力の規模とともに増加するが、単に算術的に増加するのみならず、幾何級数的に、つまり、その規模において増加するのみならず、強度においても増加する。敗北した一師団の秩序は容易に回復される。硬直した四肢が身体の他の部分に触れて容易に温められるように、敗北した師団の勇気は他の師団の勇気に接するや直ちに再び高揚される。それゆえ、小さな勝利の効果は完全に消滅するものではないとしても、部分的には失われてしまう。しかしながら、軍隊そのものが会戦に敗北した場合には、そうではなく、全軍がともども崩壊する。大火は幾つもの小火とはまったく程度の異なった高温に達するのである。

勝利の精神的な重さを決定すべき他の関係は、戦闘を交えた戦闘力の比率である。少数の兵をもって多数の兵を撃破することは二倍の利得であるばかりか、それ以上の、特にもっと一般的な優越を意味し、この優越に敗者は常に戦々恐々としていなければならない。にもかかわらず、こういう場合実際にはその影響はほとんど目に見えない。行動の瞬間には敵の実際の兵力の算定は通例不確実であるし、味方の兵力の評価も不正確だから、優位している方も測定の誤算にまったく気がつかないか、長期にわたって気がつかないことがあるものであって、そのために、気がついていたら生じていたかもしれない精神的不利の大部分を経験せずに済むことがあるものである。無知、虚栄、あるいはまた慎重な智慮のために隠されていたこの力は後世の歴史家によって初めて明るみに出され、そのときになって軍隊や指揮官の栄誉が讃えられるのだが、しかし時すでに遅く、そのときにはこの力が遠く過ぎ去った事件に精神的影響を及ぼすことはもはやあり得ないのである。

捕虜や大砲の収奪が勝利の実質、つまり、勝利の真の結晶をなす主要素であるとすれば、戦闘の配備もまた主としてそれを基準に計画されねばならない。この場合、敵の殺傷は単なる手段として現われる。

これが戦闘の編成にいかなる影響を与えるかは戦略のあずかり知らぬところであるが、戦闘そのものの計画は、味方の背後を安全にするという点と敵の背後を脅かすという点で、戦略と関係してくる。後者は捕虜の数と収奪した大砲の数とに密接に関係していて、しかも多くの場合、つまり、戦略的状況がそれに不利な場合には、戦術だけでこの点を解決することはできない。

二面から攻撃される危険、いかなる退路も確保できないというさらに恐るべき危険、これらの危険は運動や抵抗力を麻痺させ、勝利と敗北の彩りを明確にする。その上そのことは敗軍の損失を増加させ、しばしば損失を極限まで、つまり潰滅にまで押し進める。したがって、背後を脅かされれば、敗色が濃厚になると同時に、敗北が決定的となるのである。

このことから全用兵上の、殊に大小の戦闘における真正な本能、つまり、自軍の退路を安全にし、敵の退路を絶とうとする本能が生まれる。その本能は、勝利とは単なる殺害とは別のものだ、というすでに述べた勝利の概念から帰結する。

退路に関するこの努力のうちに、闘争の第一のより詳細な、しかもまったく一般的な規定が見出される。いかなる戦闘においても、暴力の単なる衝突と並んでこの努力が二重もしくは一重の形をとって現われる。どんなに小さな部隊でも、敵を攻撃する度ごとに自軍の退路を考えないことはないし、さらに、多くの場合、敵の退路を狙うものだという努力がそれである。

複雑な戦闘の場合にはこの本能の円滑な展開が妨げられたり、困難なときにあたってはそれが一層高次の見地と背馳したりすることが多いが、ここでその点を問題にするのは本題からはずれてくる。それゆえわれわれはここで、この本能を戦闘の一般的自然法則として確立するだけにとどめておく。

かくてこの本能は、到るところで働き、到るところでその自然的重力によって行動を制肘し、そして、それをめぐってほとんど一切の戦術的かつ戦略的術策が展開される中心点となっている。

さて、勝利の全体的概念になお一瞥を投げてみると、そこには三つの要素が見出される。

一、敵の物質的戦闘力の一層大きな損失。

二、精神的戦闘力の一層大きな損失。

三、計画放棄による損失の公然たる承認。

死傷者に関する両軍の報告は決して正確でなく、誠意をもって報告されることは稀れで、多くは故意に歪められている。戦利品の数の表示でさえも十分信頼できるというものではなく、したがって、その数があまり多くない場合には、勝利になお疑わしい点がある。しかも、精神力の損失に関しては戦利品以外に適当な尺度がない。それゆえ、多くの場合勝利の唯一の正しい証拠としては敵の闘争の放棄しか残らない。したがって、損失の承認は降伏の印と見なさるべきで、それによって、この個別的な戦闘における味方の権利と優越が認められたことになる。そして、この種の敵の恥辱は、均衡の破壊による他のすべての精神的成果とは区別さるべきだが、これこそ勝利の本質的部分である。軍隊外の世論、すなわち両交戦国や他の一切の同盟国の国民や政府に影響を与えるのはこの部分のみである。

そうは言っても、戦場からの退却は計画の放棄と必ずしも同一ではなく、そこで闘争を頑強に遂行し、しかる後退却した場合でも同一ではない。例えば頑強な抵抗の後に撤退した前哨についてなら、彼らがその意図を放棄したとは誰しも言わないだろう。敵戦闘力の壊滅を意図する戦闘においてさえも、戦場からの退却は必ずしも意図の放棄と見なし得ない。例えば、あらかじめ退却を予定し、一歩一歩抵抗を試みつつ退却するような場合は計画の放棄とはまったく別種のものである。これらのことはすべて戦闘の個別的目的の項で述べられるはずで、ここでは、多くの場合に戦場からの退却と計画の放棄を区別するのは困難であること、そして、計画の放棄が軍隊の内外に与える印象は過小評価さるべきではないことを指摘するにとどめたい。

確固たる名声を得ていない最高司令官や軍隊にとっては、このことのために、他の場合には適切な処置とされる多くの方法でも固有の困難を伴うことになるものである。その困難とは、退却をもって終る一行程の戦闘が、たとえそうではなくとも敗北の行程として現象してしまうこと、しかも、この現象が極めて不利な影響を与えるということである。この場合、自分の本来の意図を全軍に示して不利な精神的影響を予防するといった策を講ずることはできない。なぜなら、それを有効に行なうには自分の計画を完全に知らせねばならないが、それは言うまでもなく己れの根本的利益にあまりにも反したことだからである。

右の勝利概念の特殊な重要性に注意を促すために、ただ一つ、戦利品がそれほど多くなかった（数千人の捕虜と二〇門の大砲）ゾールの会戦を想起してみよう。その会戦でフリードリッヒ大王は、シレジアへの撤退をすでに決定していた。しかもその撤退は全軍の状態からして十分根拠のあるものであったにもかかわらず、なお五日間戦場に滞留することによって勝利を布告した。彼自身言っているように、彼はこの勝利の精神的圧力をもって講和を結ぼうと考えていた。ところで、講和を結ぶにはなお二回の勝利、つまり、ラウジッツ州のカトリッシュ・ヘンネルスドルフの戦闘とケッセルスドルフの会戦が必要だったのである。それでも、ゾールの会戦の精神的効果が無駄であったと言うことはできないのである。

敵側の勝利によって震撼されるものが主として精神力であり、それによって味方の被戦利品が莫大な数に上るとすれば、戦闘を失うことは完全に無抵抗の敗北となる。このような敗北においては、被征服者の精神力が極度に解体する故に、しばしば抵抗は完全に不可能となり、行動は逃避、すなわち遁走のみとなる。

イエナとベル・アリアンス[*1]はこうした敗北であったが、ボロジノ[*2]はそうではなかった。しかしながら、それらは程度の差にすぎない故に、単一の標識によって限界を定めようとすれば、どうしても衒学的にならざるを得ない。だが理論的思考を明確にするためには、やはりその中軸となる概念を確定しておくことが是非とも重要である。そのようなわけで、潰滅に対応する勝利と単純な敗退に対応する単純な勝利との間に名称の区別がないのはドイツ語の術語の欠陥であると言えるだろう。

第五章　戦闘の意義について

前章でわれわれは戦闘をその絶対的形態において、いわば全戦争の縮図として考察した。今度は、それがより大きな全体の一部分として、他の部分に対して有する諸関係に目を向ける。まず第一に、われわれは戦闘のもち得る一層詳細な意義を問わねばならない。

戦争は相互の壊滅にほかならないから両軍の全兵力が打って一丸となり、二大兵力の大衝突によって一切が決定されると考えるのは極く自然の考え方で、おそらくは実情にも適しているように思われる。——確かにこの考えは多くの真理を含んでいるし、その考えに固執し、したがって小戦闘はもともと必要な排泄物にすぎず、いわば鉋屑《かんなくず》であると考えるのは全体として極めて有効であるかに思われる。けれども事態はそれほど単純には片付けられない。したがって、個々の戦闘の戦闘力の分割によって戦闘が多様化するのは言うまでもない。したがって、個々の戦闘の一層具体的な目的は戦闘力の分割とともに問題となる。しかし、これらの目的や、そういう目的をもつ多くの戦闘は一般にいくつかの種類に分類される。今この種類を知ることはわれわれの考察を明解にするのに役立つことと思う。

敵戦闘力の壊滅はむろん全戦闘の目的であるけれども、これに他の目的が結びつくこともあるし、他の目的が優越することさえもあり得る。だから、われわれは敵戦闘力の壊滅が主要な目的である場合とそれがむしろ手段である場合とを区別しなければならない。敵戦闘力の壊滅以外になお、一地方の占領や一物件の占領が戦闘の一般的使命となることもあり、しかも、それらの一つだけが目的となることもあるし、そのうちのいくつかが目的となることもあって、後の場合には通常、目的のどれか一つが主たる使命となっているのである。ところで、戦争の二つの主要な形式、つまり攻撃と防禦（これについてはすぐ後に述べる）は、目的のうち第一のものを変えることはないが、後の二つは当然変化させるので、それに基づいて一つの表ができあがる。

攻撃的戦闘

一、敵戦闘力の壊滅
二、一地方の略奪
三、一物件の略奪

防禦的戦闘

一、敵戦闘力の壊滅
二、一地方の防禦
三、一物件の防禦

ところが、偵察とか陽動といった、明らかにこれら三つのどれ一つとしてその目的となってはいない戦闘を想い起せば、これらの規定は戦闘の全領域を尽してはいないと思われる。実際に第四の種類を附け加えることは可能であるにちがいない。正確に見れば、敵状探知のための偵察、敵を疲れさす警報、敵を一地点にとどめて置いたり、他の地点に移動させたりするための陽動においては、そこで目的とされるものは間接的にしか、つまり、上述の三つの目的のうちの一つ、通常は第二の目的を主目的だと見せかけることによってしか達成されない。なぜなら、偵察しようとする者は、あたかも実際に攻撃し、襲来し、駆逐しようとしているかのごとく装わねばならないからである。しかしながら、この見せかけは真の目的ではない。しかも、われわれがここで問うているのは真の目的のみである。とすれば、われわれは上に述べた攻撃者の三つの目的に第四の目的を、つまり、敵を誤った処置に導くという目的、言い換えれば、偽りの戦闘を挑むという目的を添加しなければならない。この目的が攻撃的戦闘の場合にしか考えられないのは、事柄の性質上当然であろう。

他方、一地方の防禦も二種に分れ、その地点を一般に放棄すべきではないという絶対的な場合と、ある期間だけそれを必要とするという相対的な場合とがあることも注意されねばならない。後者は前哨戦や後衛戦において絶えず生ずるものである。

戦闘の種々の使命の性質が戦闘の配備に本質的な影響を及ぼすことは言うまでもない。敵の哨兵を単にその陣地から駆逐する場合と、これを全面的に撃破する場合とでは、行動はまったく異なるだろう。万難を排して一地方を防禦する場合と単に敵を一定期間引き留めておけばいい場合とについても同様である。前者の場合には、退却はあまり問題とならないが、後者ではそれが中心問題となる。

しかし、こうした考察は戦術の問題に属するもので、ここではそれは説明の便宜上、例として引いたものにすぎない。戦闘の種々の目的について戦略上述べるべきことは、これらの目的に触れる章で論じてみよう。ここでは二、三の一般的注意を記すにとどめる。

第一に、目的の重要性はおよそ右に掲げた順序に従って減少する。次に、この三つの目的のうち主戦では第一のものが常に優位を占めるべきである。最後に、後の二つは防禦的戦闘に際しては本来いかなる利子をも生まぬ目的であると銘記すべきであろう。言い換えれば、それらはまったく消極的なものであって、何か他の積極的なものを容易にするという理由で間接的に役立ち得るのみなのである。それゆえ、この種の戦闘が頻発すれば、それは戦略的状況がよくないしるしである。

第六章　戦闘の継続期間

戦闘をそれだけ取り出して考察するのをやめ、他の戦闘力との関係から考察すると、戦闘の継続期間が独自な意義を持ってくる。

戦闘の継続期間の長短はいわば副次的従属的な成果と見なさるべきである。勝利にとっては戦闘の決定が早ければ早いほどいいし、敗者にとっては継続期間が長ければ長いほどいい。速やかな勝利は勝利の力を増すものであるし、敗北決定の遅滞は損失を少なくするものである。

このことは一般的な真理であるが、相対的防禦を目的とする戦闘にそれを適用する際には実際に重要なこととなる。

この際には戦闘の成否が継続期間のみによって決定されていることがしばしばである。だからこそ、継続期間は戦略的要素の一系列に入れられるのである。

戦闘の継続期間は戦闘の本質的な諸関係と必然的に結びついている。この諸関係とは、戦闘力の絶対量、両軍の戦闘力や武器の関係、土地の性質等のことである。二万の兵の磨滅は二千の兵の場合ほど速やかではない。二倍あるいは三倍の敵に対する抵抗は同数の敵に対するほど永続きしない。騎兵戦は歩兵戦より速く決着がつくし、歩兵だけの戦闘は砲兵を含む戦闘よりも速い。山や森では平地ほど速く前進できない。——これらはすべて自明の理である。

以上のことからして、戦闘がその継続期間によって意図を成就しようとすれば、兵力や武器の関係や陣地が考慮されねばならないことになる。だが、この規則はこうした特殊な考察を要する場合よりも、この問題について経験的に知られる次のような主要な結果を継続期間と直接に結びつけようとするとき、一層重要なものとなるのである。

八千ないし一万の武装兵力をもつ普通の師団[*3]は、かなり優勢な敵にそれほど有利ではない地方で抵抗するときでさえも、数時間もちこたえられるし、敵がほとんど、あるいはまったく優勢でない場合には、多分半日はもちこたえることができる。三ないし四師団編成の一軍団は二倍の時をかせぐし、八万ないし一〇万の軍隊はほぼ三倍ないし四倍の時をかせぐことができる。ところで、その間全軍は結束し続けねばならないのであって、この時間のうちに援兵が召集されかつ戦闘の分裂が生じなければ、援軍の効果は戦闘の成果と速やかに合流することになる。

この数字は経験から借用されたものである。ところで、以上のことと同時に重要なことは勝敗決定の時期、したがってまた、戦闘終結の時期を一層詳細に特徴づけることである。

第七章　勝敗の決定

あらゆる戦闘には勝敗決定に中心的な役割を果たす極めて重要ないくつかの時機があるのは事実だが、にもかかわらず、勝敗は決してこのような瞬間瞬間のうちに決定されるものではない。敗戦とは秤が徐々に下降することなのだ。だが、あらゆる戦闘には、勝敗の決定を指し示す時点が存在するものであって、それ以後に戦闘が再開された場合、それは新しい戦闘であって、古い戦闘の続行ではなくなるのである。この時点を明確に見きわめることは、援軍を急いで戦闘を再開する必要があるか否かを決定する上に、極めて重要なこととなる。

再開すべきではない戦闘において新たな兵力が徒らに犠牲にされたり、なおそれが十分可能であるのに勝敗逆転の試みを怠ったりするのはよくあることだ。ここに最も著しい二例がある。

一八〇六年ホーエンローエ公はイエナで三万五千の兵を率いて六万ないし七万のナポレオン軍と戦いを交え敗北したが、この敗北は三万五千の兵がことごとく粉砕されたと見なされ得るほど大きなものであったにもかかわらず、将軍リッヒェルは約一万二千の兵をもって会戦を再開しようとした。その結果、彼も一瞬のうちに同じように粉砕されたのである。

これに対して、同じ日アウエルシュテットでは二万五千のプロイセン軍が二万八千のダヴー[*4]軍と、正午まで戦って敗れたが、軍の秩序は乱れることもなく、敵軍以上に損害を受けていたわけでもなく、しかも、敵軍には騎兵が全然いなかった――にもかかわらず、プロイセン軍は将軍カルクロイト[*5]麾下の一万八千の予備軍を用いて会戦を逆転しようとはしなかった。かの状況のもとでは新たな会戦に敗北することはあり得なかったのである。

あらゆる戦闘は一つの全体をなし、その中で部分的戦闘は全体的成功に向かって統一される。勝敗の決定はこの全体的成功にかかっている。この成功は必ずしも第六章で示されたような勝利である必要はない。なぜなら、敵があまりに早く遁走する場合には、そのための素地が作られず、そのための機会がないことが多く、さらに、頑強な抵抗が行なわれる場合でさえも、一般に勝敗は勝利の主要概念に合致する戦勝が得られる以前に決定されるからである。

そこでわれわれは次のように問う。通常、勝敗決定の瞬間、つまり、新たな敵と対抗し得る予備戦闘力によっても戦闘の不利を挽回できないような瞬間とはいかなるものか、と。

その性質上、勝敗決定のない偽戦を度外視して言えば、答は次のごとくである。

一、動的な物件の占領が目的である場合には、その物件の喪失が常に勝敗を決定する。

二、一地方の占領が戦闘の目的である場合には、勝敗は大部分その喪失によって決定されるが、常にそうだとは限らない。つまり、この地方が特に堅固に守られている場合だけがそうなのだ。容易に近づける地方ならば、それが他の点でどんなに重要だとしても、それほどの危険なしに奪還される可能性がある。

三、右の二つが勝敗を決定しないすべての場合、つまり、敵戦闘力の壊滅が主要目的となる場合には、勝敗は、勝者が混乱の状態、したがって、ある種の無能状態を脱却した瞬間、言い換えれば、第三部一二章で述べた兵力の継続的使用の利益が途絶えた瞬間に決定される。われわれが戦闘の戦略的統一をこの点に置いたのはこのような理由に基づく。

したがって、前進する敵が秩序整然として健全な状態にあるか、あるいは、その一小部分だけが無秩序で無能な状態にあり、味方が多かれ少なかれ混乱しているときには、戦闘は再開されるべきではないし、敵がその健全さをすでに回復している場合も同様である。

実際に戦っている味方の戦闘力が小さくとも、予備軍として戦闘に備えているだけで勝敗に影響を与えうる戦闘力が大であるほど、敵の新たな戦闘力が勝利を奪回する可能性はますます薄れる。それゆえ、兵力をできるだけ節約して戦闘を遂行し、到るところで強力な予備軍の精神的効果を信用しようとする最高司令官や軍隊は勝利に向かって最も確実な道を歩んでいると言える。最近ではフランス軍、殊にナポレオン指揮下のフランス軍にその見事な例が見出される。

さらに、勝者のもとから、戦闘的危機の状態が去り、かつての健全さが回復される瞬間が来るのは、全体の規模が小さいほど早い。全速力で敵を追撃する騎兵小哨は数分間で旧秩序を取り戻すし、また、危機もそれほど長くは続かない。一騎兵連隊の要する時間はそれよりも長い。散兵線に散っている歩兵隊となるともっと長く、各種の兵から成る師団があちこちと勝手な方向に進み、戦闘が秩序破壊に一役買っている場合には、さらに長い。この混乱は互いに他人の位置を正確に知り得ない場合には普通一層ひどくなる。したがって、勝者が、縦横に入り乱れ、一部は無秩序に陥った戦闘部隊を再び収集し、幾分か整備し、適当な場所に配置し、かくて戦場の秩序を回復するに至るのは、全体の兵力の規模が大きいほど、遅くなると言えるのである。

危機にある勝者に夜が訪れれば、秩序回復の時期はさらに遅れるし、最後に、その地方が切断され隠蔽されている場合にも遅くなる。だが、この二点に関しては注意すべきことがある。夜襲に成功が約束されるような状況は滅多にない以上、夜はまた屈強の防衛手段となるものであって、一八一四年三月一〇日ラオンにおける戦闘の際のマルモンに対するヨーク[*6]の夜襲はそのことを証明する恰好の例となろう。同様に、隠蔽切断されている地方もまた長い危機に陥っている勝者を敵の反撃から守ってくれる。それゆえ、夜と隠蔽切断された地方はともに戦闘の再開を容易にするというより、困難にするのである。

これまでわれわれは敗色濃厚な軍隊に対する援軍を単なる戦闘力の増強と見なし、したがって、援軍は味方をちょうど背後から助けるものと考えてきた。普通援軍はそうしたものであるけれども、それが敵の側面や背後を衝く場合には事態はまったく異なってくる。

側面攻撃や背面攻撃の戦略的効果については別の場所で述べる。戦闘を建て直すものとして問題になるそれらの攻撃は主として戦術に属するものであり、したがってここでは戦術的結果のみが論じられるが、それは結局戦略の領域にも踏み込んで考えられねばならないからにほかならない。

　戦闘力を敵の側面や背後に向ければその効果が非常に高まることもあるが、しかし、常にそうだとは限らず、逆に効果を弱めることもある。戦闘力配備上の他の点についてと同様、この点を決定するのは戦闘の状況であるが、いまわれわれはそれに触れることはできない。だがさしあたって次の二点はわれわれの問題にとって重要である。

　第一に、側面攻撃は原則として決戦そのものに対してよりも決戦後の成功に対して一層有効である。ところで、戦闘を建て直す際には何よりもまず決戦を有利に導くよう腐心すべきで、成功の大小を問題とすべきではない。だとすれば、戦闘の建て直しのための援軍は本軍から離れて敵の側面や背後に向かうよりも、本軍と合体する方が有効であるとしなければならない。側面攻撃や背面攻撃が決戦を有利にする場合もないではない。しかしながら、大多数の場合にはそれは決戦後の成功に貢献するのであって、それは次に述べる第二の重要な点に基づく。

　第二の点とは、戦闘建て直しのための援軍が原則として行なう奇襲の精神的効果である。

　側面や背後からの奇襲の効果は常に大きく、勝利に伴う危機に遭遇し拡大分散の状態にある勝者はそれに対抗することができない。戦闘の初期においては敵もまた兵力を集中させてそれに備えているので側面襲撃や背面襲撃の効果は薄いが、戦闘の末期にはまったく別のすばらしい効果を挙げることができるものである。

それゆえ、多くの場合敵の側面や背後を衝く援軍の効果は非常に大きく、あたかも同一重量のものを長い槓杆で持ち上げる場合のごとく、そういう状況のもとでは普通の手段を取っては不十分だと考えられる兵力をもって戦闘の建て直しを図ることができるものであることをわれわれは断乎として認めねばならない。この効果は、精神力が完全に優位を占めている以上、ほとんど測定することはできないが、まさしくそれゆえに、この奇襲攻撃は大胆さと冒険心の本来の舞台であると言えるのである。

不利な戦闘に援軍を送ったらいいのかどうかが疑わしいままに決定を下さねばならないときには、これらすべてのことに注意し、それに協力する全兵力を考慮しなければならない。戦闘が終結したと見なされない場合には、援軍によって開始される新たな戦闘は以前の戦闘と合体し、共同の結果をもたらすのであって、そのとき、最初の不利はまったく計算から外される。勝敗がすでに決している場合にはそうではない。そのときには、前後二つの結果が生ずる。ところで、援軍がある程度の兵力しかなく、敵と対等に太刀打ちできないようであるならば、第二の戦闘に有利な結果を期待するのは難しい。第一の戦闘を考慮しないで第二の戦闘を試み得るほど援軍が強力ならば、それは第一の戦闘の敗北を補い凌駕するほどの成果を挙げることができるだろうが、それでも第一の敗北を計算から消滅させることは決してできるものではない。

クネルスドルフの会戦でフリードリッヒ大王は最初の突撃によりロシア陣の左翼を征服し、七〇門の大砲を奪取したが、会戦の終りには陣地も大砲も失われ、最初の戦闘の全結果は計算から消えた。もしその場にとどまって第二の戦闘を翌日に延期することができたならば、大王がそれを結局は失ったにしても、最初の戦闘の有利は第二の戦闘の不利を補っていたであろう。

他方、戦闘終結以前にその戦闘の不利を理解し、これを有利に転ずることができれば、負の結果が計算から消えるのみならず、それはさらに大きな勝利の基礎となる。すなわち、戦闘の戦術的経過を正確に考えてみれば、戦闘が終結するまでは部分的戦闘の全成果は不確定で、それは主要な成果によって相殺されるのみならず、逆転されることもあるということは容易に理解されるはずである。味方の戦闘力が衰退に向かっていればいるほど、敵の戦闘力も疲弊しているのであって、敵の危機もいよいよ大きく、味方の新兵力はますます優位に立つことになる。そこで、全体的成功が味方に帰し、敵が戦場から追われ戦利品が奪回されれば、敵がそのために費やした全兵力はそのまま味方の利益となり、味方の以前の敗北はより高度な勝利への段階にほかならないことになるのである。かつてのめざましい軍功のために、その勝利戦で失われた兵力を顧みることのなかった敵は、いまや、この犠牲にされた兵力に悔恨の情をそそられるばかりである。かくて、勝利の魅力と敗北の呪詛は一転して主客ところを変えることになる。

したがって、味方が決定的に優勢で、敵の以前の勝利にさらに大なる勝利をもって報復し得る場合でも、それがかなり重大な戦闘であれば不利な戦闘の終結を延ばして逆転する方が、改めて戦闘を行なうよりもはるかに優れている。

一七六〇年ダウン元帥はリーグニッツで、戦闘中のラウドン将軍を救援しようとした。しかし彼は、ラウドンが翌日大王軍攻撃に失敗するや、十分な兵力をもっていたにもかかわらず、救援に赴こうとはしなかった。

右のことから、会戦に先立つ流血の前哨戦は必要悪で、やむを得ざる場合以外は避けられねばならないということになる。

われわれはなお別の帰結を考察しなければならない。

終結した戦闘が完成した事柄であるとすれば、それは新しい戦闘を決定する根拠たり得ず、新しい戦闘は他の状況から決定されねばならない。だが、この結論に反撥を覚える一つの精神力があるので、われわれはそれを考慮しなければならない。それは復讐と報復の念である。最高司令官から一鼓手に至るまでこの感情は瀰漫《びまん》しているのであって、名誉挽回を志す軍隊ほど士気旺んな軍隊はない。ただし、これは敗北部分の全体に対する割合が小さい場合に限られ、それ以外のときにはその感情は無力感に変貌するものである。

ところで、損失を即座に取り返すために、他の事情が許すならば、特に第二の戦闘を試みるためにその精神力を利用するのは、極めて自然の傾向である。そのとき、この第二の戦闘が多く攻撃となるのは理の当然である。

副次的戦闘の系列にはこのような報復戦の例が数多く見受けられる。だが、大会戦は、このような弱い力に左右されるには、余りにも多くの他の規定理由を有しているのが普通である。

疑いもなくそのような感情に駆られて、尊敬すべきブリュッヒャーは、三日前モンミライユにおいてその二軍団を撃破されたにもかかわらず、一八一四年二月一四日、第三軍団を率いて戦場に赴いた。彼がナポレオン自身に遭遇することを知っていたならば、当然一層重要な理由から彼は報復を延期したであろう。だが、彼はマルモンへの復讐に胸をふくらませていたので、名誉ある復讐心によって勝利を得るどころか、逆に、誤算のために敗北を喫したのである。

戦闘の継続期間と勝敗決定の瞬間は、共同して戦闘すべきだとされている諸兵団相互の距離を決定する。諸兵団の配置は、それが同一の戦闘をめざしている限りでは、戦術に属する問題である。しかしながら、配置が戦術に属するとされるのは、それが極めて接近している結果、二つの異なった戦闘などは考えられず、全体の占める空間が戦略的には単なる点としか見なされない場合だけである。ところが、戦争ではしばしば、共同して襲撃すべきだとされている兵力が相互に分割されねばならなくなることもあるので、その場合には、共同の戦闘に向かっての統一が主要な意図ではあるが、戦闘を分割せねばならぬ可能性も出てくるのである。そうした配置は戦略的なものとなるであろう。

そうした種類の配備とは、兵団や縦隊が分散して行なう行軍、戦略的地点を支える前衛および予備的側面前衛軍、広大な舎営地に分散している軍団の集結、等である。これらは不断に生ずるもので、いわば戦略財政の補助貨幣をなすものであるが、これに対して、主戦やそれに類する一切は金銀貨幣と見なさるべきものである。

第八章　戦闘に関する両軍の合意

いかなる戦闘も相互の同意なしには生じ得ない。決闘の全基盤をなすこの理念から、歴史家慣用のある論法が生まれてきた。そしてそれは多くの曖昧で誤った考えに人を導く源泉となっている。

すなわち、歴史家の考察はしばしば、一最高司令官が他の最高司令官に戦闘を挑み、後者がこれに応じない場合をめぐって展開するのである。

しかし、戦闘は非常に変形された決闘であって、戦闘の基盤は相互の闘争意欲、つまり、相互の闘争に対する同意にあるのみならず、この戦闘に結びついたさまざまな目的のうちにもある。この目的は常により大きな全体に属していて、単一の闘争と考えられる戦争の全体がより大きな全体に属する政治的目的や政治的使命を有する場合には一層そうである。それゆえ、相手を打倒したいといった単なる欲求はまったく従属的な位置を占めるにすぎないか、あるいはむしろ、それだけでは何の役にも立たないものであり、より高い意思を動かす神経にすぎないものと見なさるべきものである。

古代の諸民族の間や、さらに常備軍の初期の時代には、敵に戦闘を挑むも敵これに応ぜず、といった表現が用いられたが、これは今日以上に現実的な意味をもっていた。けだし、古代の諸民族のもとでは、障害物のない平野の闘争で覇を争うのが通例で、兵術とは軍隊の配備や集結に、つまり、戦闘の編成にほかならなかったからである。

ところで、昔の軍隊は原則として陣営に保塁を築いていたから、その陣地は不可侵のものと見なされていて、戦闘は、敵がその陣営を離れ、手のとどく所、いわば試合場に足を踏み入れたとき、初めて可能となったのである。

それゆえ、ハンニバルがファビウスに戦闘を挑んだが無駄だった、[*7]と言われる場合、この言葉は、後者に関しては、彼が戦闘を計画していなかったことを意味するにすぎず、それだけでは、ハンニバルが物質的もしくは精神的に優越していたことにはならない。だが、ハンニバルに関しては、この言葉は適切である。なぜなら、それはハンニバルが実際に戦闘を望んだことを表現しているからである。

近代初期の軍隊でも、大戦闘や大会戦では同じような事情があった。すなわち、大軍は戦闘編成を通じて指導されたが、巨大で不器用な一全体として、多かれ少なかれ平野を戦場とし、切断地や隠蔽地や山地は攻撃にも防禦にさえも適さなかったのである。だから、防禦者も戦闘を避けようと思えば幾分かはその手段を見出すことができた。こうした事情は次第に衰えつつもシレジア戦争まで持続し、七年戦争に至って初めて、近づき難い地方においても敵の攻撃が可能となりだしたのである。確かに、そうした地方はそれを利用するものにとっては依然として助けとなるものではあるけれども、それはもはや戦争の自然力を呪縛する魔法の圏ではなくなったのである。

最近三〇年以来、戦争はそういう意味では非常に文明化され、もはや戦闘によって雌雄を決しようとする者にとってはいかなる障害物もなく、彼は自由に敵を追跡し攻撃することができるようになった。それをしない者はむしろ戦闘を望んでいるとは考えられないのである。それゆえ、今日敵に戦闘を挑むも敵これに応ぜず、などといった表現はその戦闘が有利ではないことを告白していることにほかならず、今日では通用しない表現を用いて彼はその事実を隠蔽しようとしているにすぎないのである。

むろん今でもなお、防禦者が戦闘を拒否しないながらも、これを避けることはある。例えば、自分の陣地やその防禦を棄てる場合のように。そのときにはしかし、攻撃側が半ば勝利を得たことになり、攻撃側の一時的優勢が承認されたことになるのである。

それゆえ、攻撃者が前進を中止するに際して、敵が挑戦に応じないからといった言葉の上での勝利を弁解に用いることは今日ではもはや不可能である。防禦者は撤退しない限り戦闘を欲していると見なされるのであるから、敵としても攻撃されない場合には自分の方こそ戦闘を挑んだのだと申し開きができるわけである。もちろんこれも額面通りには受け取れないけれども。

だが、他面から言えば、今日では退却しようとしてできる者は戦闘を強制されるものではない。ところで、敵の退却によって得られる攻撃者の利益は普通満足すべきものではなく、現実に勝利を収めることが是非必要となることが多いから、攻撃者はそのような敵に戦闘を強制するために、ときには、数少ない手段を巧みに探し出し利用するものである。

そのために最も主要な方法は、第一に、敵を包囲して退却を不可能としたり、戦闘に応じざるを得ないほど退却を困難にすることであり、第二に、敵を奇襲することである。後の方法は、軍隊の動きが緩慢であった昔には有効であったが、最近では非常に効果の薄いものとなっている。柔軟性に富み動きの活発な今日の軍隊は敵の面前で退却に就くことをも恐れず、地形が特別に不利でない限り退却はそれほど困難ではないからである。

一七九六年八月二日カール大公が、退却を容易にするというただそれだけの目的で、嶮岨なアルプス地方においてモローに挑んだネレスハイムの会戦はこの種の例として適切なものであろう。だからと言って、われわれはこの有名な将軍にしてかつ兵学者たる大公の理論を悉く承認するわけではない。

ロースバッハの会戦にもう一つの例がある。そこでは連合軍の最高司令官は、実際にはフリードリッヒ大王を攻撃する意図をもっていなかったと言われている。

ゾールの会戦については大王自身、戦闘を行なったのは敵の面前での退却が危いと思われたからにほかならない、と言っている。もっとも大王は別の理由をも挙げてはいるが。

本来の夜襲は別として、全体的に言えば、こうした例は極めて稀れであって、敵が包囲されて戦闘を余儀なくされる例は主として、マクセンにおけるフィンク[*8]の兵団のごとき、孤立した兵団にのみ生ずるものなのである。

第九章　主戦　その勝敗の決定

主戦とは何か。主力の闘争である。しかしむろんそれは副次的目的をめざす煩瑣《はんさ》な闘争ではないし、目的達成が困難だとわかれば直ちに放棄されるような単なる試みでもない。それは現実の勝利をめざす、全力を挙げての闘争である。

主戦においても副次的目的が主目的に混入されることもあるだろうし、それに、それを惹き起した諸関係に伴って主戦には多くの特殊な色調が与えられるだろう。なぜなら、主戦もまたより大きな全体に所属し、その全体の一部をなすにすぎないからである。しかしながら、戦争の本質が闘争であり、主戦が主力の闘争である以上、主戦は常に戦争の本来の重心と考えられねばならないし、それゆえにまた、全体として主戦の顕著な特徴は、他のどんな戦闘にもましてそれ自身で独自の存在価値をもつことにあるとされるのである。

このことは主戦の勝敗決定の仕方、そこで得られる勝利の効果に影響を及ぼし、戦闘の手段たる理論が主戦にいかなる価値を賦与すべきかを決定する。そこでわれわれは、主戦をわれわれの特殊な考察の対象に据え、それと結びついているかもしれない特殊な目的に言及する前に、主戦そのものを考察することにする。主戦の特殊な目的は、それが実際に主戦の名に値する限り、主戦の性格を本質的に変えることはないからである。

　主戦が主として独立の存在価値をもつものとすれば、その勝敗決定の根拠はそれ自身のうちになければならない。言い換えれば、主戦においては可能な限り勝利が追求されねばならないのであって、それは個々の事情に基づいて放棄されるべきではなく、ただ戦闘力がまったく不十分だと思われるときにのみ放棄さるべきである。ところで、この時期をもっと明確に指し示すものはなんであろうか。

　近代兵術が問題とされだした時代において久しくそうであったように、軍隊の一定の人工的な秩序と連繋が軍隊の士気を鼓舞して勝利を導く主要条件であれば、この秩序の破壊が勝敗の分岐点となる。一翼が撃破されて接合点から離れれば、それが全体の運命を決定することになるわけである。また別の時代にそうであったように、防禦の本質が軍隊とその地盤や障害物との緊密な結合にあり、軍隊と陣地が一体化しているのであれば、この陣地の重要な一地点の征服が勝敗の分岐点となる。つまり陣地の鍵が失われれば、それを新たに防禦することはできず、戦闘の続行は不可能になるわけである。以上二つの場合には、軍隊はまるで楽器の弦のようなものであり、弦が切れれば楽器全体が駄目になってしまうのに似ている。

　第一の幾何学的原理や第二の地理的原理は、かつて、戦闘部隊を硬直させ、現存兵力の全面的な利用を大いに妨げるものであったが、今では少なくともその影響力の大部分は失われ、それらはもはや重要な作用を演じてはいない。今日でも軍隊は一定の秩序をもって闘争に引き入れられるが、それはもはや決定的なことではないし、また今日でもなお地上の障害物は抵抗の強化に役立ってはいるが、それはもはや唯一の足場ではないのである。

本部第二章でわれわれは今日の会戦の性質を俯瞰しようと試みた。その戦闘像からすれば、戦闘秩序とは使用の便宜のための兵力の整備にすぎないし、戦闘の経過とは、相互にこの戦闘力を徐々に消耗して行く過程であり、どちらが先に敵を疲弊させるかが最後の目標であった。

それゆえ、主戦における戦闘放棄の決定は他のいかなる戦闘にもまして、残存する無疵の予備軍の割合から生じてくる。なぜなら、予備軍だけがなお精神力を保持し、すでに燃え尽きた燃殻にも比すべき粉砕され撃破された軍隊はこれに太刀打ちできないからである。すでに述べたごとく、土地の喪失も精神力の喪失の尺度である。それゆえ、土地も考慮に入れられるけれども、それは損失そのものであるよりも、既成の損失のしるしであって、両軍の最高司令官が主に注意すべきはあくまでも無疵の予備軍の数なのである。

普通会戦は目に見えないながらも初めから一定の方向をもっている。その上、この方向は会戦のためになされた編成によってすでに決定的に与えられているので、悪条件のもとで戦端を開きながらそのことを意識しない最高司令官は洞察力に欠けていると言わねばならない。会戦に一定の方向がない場合でも、当然会戦の経過とともにゆっくりと均衡の変化が生じ、その変化はすでに述べたごとく最初ははっきりしないが、時々刻々明確になるのであって、それは誤った会戦録に惑わされて普通ひとが考えるような、行ったり来たりの振子運動ではないのである。

だが、長い間均衡がほとんど破られなかったり、一方に傾いた後に再び回復され、今度は他方に傾くといった場合もある。それでも多くの場合、敗軍の将は退却のはるか以前に敗北に気付いているものであって、突発事が圧倒的な強さで全体の経過に作用を及ぼしたなどといったことは、大抵、敗軍の将が自分の敗戦を弁明するのに用いる口実にすぎないのである。われわれはここでは経験に基づいて公平に判断する人々にのみ訴えたいが、彼らはきっとわれわれに賛意を表し、実戦の経験をもたない読者の一部に向かってわれわれを弁護してくれるであろう。こうした経過の必然性を事柄の本質から導こうとすれば、われわれはこの問題が所属する戦術の領域に踏み込みすぎることになるだろう。ここではその結果のみを問題にすればいいのである。

敗軍の将は戦闘放棄を決定するはるか以前にすでに不利な結末を予測している、と述べたが、もちろんそれと反対の場合もないわけではない。それを認めなければ、われわれは自己矛盾する命題を主張することになるだろう。つまり、会戦の決定的な方向によってすでに会戦の敗北が認められるとすれば、もはや方向を転換するために兵を起す必要もなく、したがって、方向決定と同時に退却せねばならぬことになるだろう。もとより、会戦が一方に大きく傾いていながら、勝利が他方に微笑むという場合もあるが、それは普通のことではなく、稀れにしか生ずるものではない。しかし、幸運に見放された最高司令官はすべてこの稀れな場合を頼りにするものだし、また、逆転の可能性が残されている限りそれを頼りにしなければならない。彼は、より大きな努力、残存する精神力の高揚、克己、あるいは幸運な偶然による事態の好転を期待し、勇気と智慮の限りを尽してそのために努力する。われわれはこれについてさらに多くのことを述べようと思うが、さしあたっては、均衡変化のしるしが何であるかを示しておきたいと思う。全体的戦闘の結果は一切の部分的戦闘の結果の総計から成る。ところで、個々の戦闘の結果は三つの異なった対象のうちに定着する。

第一に、それは指揮官の意識内の純然たる精神力に定着する。師団長が自分の大隊の敗北の様子を見たならば、彼の振舞や報告はその影響を受け、さらにそれの報告は総司令官の処置に影響を及ぼす。それゆえ、部分的戦闘の敗北は挽回されたにしても、その敗北の結果は消え失せることがなく、敗北の印象はその意思に反して最高司令官の心に堆積されるのである。

第二に、部分的戦闘の結果は自軍の急速な解体によって定着されるが、緩慢に進行する今日の会戦ではこれは十分測定され得る。

第三に、部分的戦闘の結果は失われた土地に定着する。これらの三つは最高司令官に会戦の方向を指し示す羅針盤である。自軍の全砲台が失われ、敵の砲台は一つも失われていない場合、自軍の大隊が敵の騎兵に撃破されながら、敵の大隊は到るところで圧倒的な大軍を形成している場合、自軍の砲兵線の退却を余儀なくされる場合、一地点の征服のために無駄な努力が費やされ、自軍が前進する度ごとに見事な霰弾射撃に会ってけちらされる場合、味方の砲撃が敵に対して弱くなり始める場合、負傷者とともに多くの無傷者が退いたために、銃火の下にある大隊が異常に速く潰滅する場合、作戦計画が破壊されたために軍隊の一部が分断され捕えられた場合、退却に危険が伴い始める場合、こうした一切の場合のうちに最高司令官は会戦の方向を見定めねばならない。この方向が長く続き、決定的となればなるほど、方向転換はいよいよ困難になり、会戦放棄の瞬間は近づく。次にこの瞬間について述べてみよう。

既に一再ならず述べた如く、多くの場合残存する新鮮な予備軍の割合が主戦の勝敗を完全に決定する。敵の予備軍が圧倒的に優勢だとわかれば、最高司令官は自軍の退却を決意する。会戦中に生じた一切の敗北や損害は新たな兵力によって挽回修復され得るというのがまさしく最近の会戦の特質である。というのは、最近の会戦秩序の編成法や部隊を戦闘に引き入れる方法からすれば、殆んど到るところで、どのような事情のもとでも予備軍の使用は可能だからである。したがって結末が不利に終ると思われても、予備軍が優勢である限り最高司令官は戦闘を放棄しはしないだろう。だが味方の予備軍が敵のそれに劣るようになるや勝敗は決定されたと見なさるべきで、以後何をなすかは一部はその特殊な状況に依存し、一部は最高司令官に与えられた、ややもすれば頑迷固陋《がんめいころう》に堕する恐れのある勇気と堅忍不抜の精神に依存している。最高司令官がいかにして自他の予備軍の関係を正しく測定するかは戦争遂行上の技術の問題で、ここではそれには触れずに彼の判断の結果に信頼を置くことにしよう。しかし判断が下されたとしても、それだけで勝敗が決定されるわけではない。なぜなら、徐々に生じただけの動機ではそれを決定するには不十分であり、それは単に決心を一般的に規定するにすぎず、断乎たる決心が生ずるにはなお特殊な動機が必要だからである。その動機には二つあって、いずれも繰り返し現われる。すなわち退路の危険と夜の到来とである。

会戦が進むにつれて退路がいよいよ危険にさらされ、予備軍が潰滅して新たな力を生み出すことができなくなれば、後は運を天にまかせ、秩序整然たる撤退によって、ぐずぐずしていれば四散潰走するかもしれない軍隊を救うほかはない。

だが、夜戦が特殊な条件のもとでしか成功の見込みがない以上、原則として全戦闘に終止符を打つのは夜である。ところで、退却には昼よりも夜が適しているから、退却がまったく避け難いとか極めて確実だと認めた者は、夜陰に紛れて退却する。

普通に見られる最も主要なこれら二つの動機の他に、それより小さく個別的だが、無視さるべきでない動機がなお数多くあることは言うまでもない。なぜなら、会戦の均衡が破れて一方に勝利の比重が傾けば傾くほど、各部分の結果はますます微妙な作用を及ぼすようになるからである。それゆえ、味方砲兵の喪失、敵騎兵連隊による襲撃の成功、等々がすでに成熟しつつある退却の決意の実行を促すこともあるのである。

この問題を終るに当って、最高司令官の勇気と洞察力が相争わざるを得ない場合に言及しておかねばならない。

一方において、連勝の征服者たるものの傲然たる自負、生来の頑固さを伴った不屈の意思、高貴な感激に基づく狂おしい抵抗の念などが、戦場から退いて名誉を汚すことを望まないとすれば、他方には、一切を放擲《ほうてき》して最後の最後まで賭けることを望まず、秩序整然たる退却に必要なものを残しておこうとする洞察力がある。ところで、戦争において勇気と果断の価値がどんなに高く評価されねばならないとしても、そして、全兵力を挙げて勝利をめざそうとしない者には勝利の見込みがどんなに少ないとしても、堅忍不抜にも限度があって、行き過ぎた堅忍不抜は救い難い愚昧としか名づけようがなく、いかなる批評家によっても是認され得ないのである。全会戦中最も有名なワーテルローの会戦において、ナポレオンは逆転すべくもない会戦を逆転させるために全兵力を賭け、最後の一銭までも投げ出した結果、遂に乞食同然の姿で戦場を逃れ、国内からも逃げ出すことになったのである。

第一〇章　主戦続論　勝利の効果

人は、立場の相違により、多くの大会戦が厖大な成果をもつことに驚くとともに、他の会戦に成果が欠けていることにも驚くかもしれない。いまわれわれは大勝利のもたらす効果の性質について考察したい。

ここでは容易に三つのものが区別される。戦闘のための装置そのものに対する、つまり最高司令官や軍隊に対する効果、戦闘に参加した国家に対する効果、そしてこれらの効果が戦争のその後の進展中に示す本来の効果、の三つである。

戦場での死傷者、捕虜、大砲の損失に関して勝者と敗者の間に普通に生ずる些細な相違だけしか考えない者には、この些細な相違から発展する結果はしばしばまったく理解できないだろうが、こうしたことは極く自然に生ずることなのである。

すでに第七章で述べたごとく、勝利の大きさは敗軍の兵力規模の増加に算術的に比例して増大するのみならず、加速度的にも増大する。大戦闘の結果敗者は勝者よりも一層大きな精神的打撃を与えられるのであって、その効果はさらに物質的諸力に大きな損失を招致し、その損失が再び精神力に反作用し、かくて、両者は互いに深刻になっていくものである。それゆえ、こうした精神的効果は特に重視されねばならない。それは勝軍と敗軍とでは逆の方向に作用する。つまり、それは一方で敗軍の力を掘り崩し、他方で勝軍の力と活動力を高めるのである。しかし、主たる効果はむしろ敗軍の側にある。なぜなら、ここではその効果が新しい損失の直接の原因となるし、そのうえ、危険、緊張、苦難、等々といった一般に戦争のうちにあって戦争を困難にする一切の状況に同化し、それらと結びつき、それらに助けられて一層増大するからである。これに対して、勝軍のもとでは、それらは単に勇気の一層大きな振動を抑制するおもりとなるにすぎない。それゆえ、敗軍は最初の均衡状態の水準からはるかに沈下し、勝軍はそこから上昇するのであって、勝利の効果を語る場合には主として敗軍に現われた効果に目をつける必要がある。この効果が小規模の戦闘よりも大規模の戦闘において一層強烈であるとすれば、主戦の効果は従属的戦闘よりもはるかに大きいことになる。主戦はそれ自身のために、それが全力を挙げて獲得すべき勝利のために存在する。この場所で、この時間に敵を征服するのがその目的であり、作戦計画網はすべてここに合流し、将来に関する遠い希望や漠然たる想念はすべてここに集中する。主戦こそあらゆる問題を解決する運命の賽《さい》である。――ここでは、最高司令官の精神の緊張のみならず、むろん下級になるほど緊張も弱まりその重要性も少なくなりはするけれども輜重兵に至るまで全軍の精神の緊張が要求される。あらゆる時代を通じて主戦はその性質上、準備のない、予期せざる、盲目的な義務遂行ではなく、一部は自発的に、一部は指揮官の意図に従ってなされる多くの普段の活動を基礎として、全軍の心を一層緊張させるところの重大な軍事行動である。会戦の結果に対する緊張感が高まれば高まるほど、その効果も大きくなることは当然のことである。最近の会戦における勝利の精神的効果は近代的戦争の初期の時代におけるよりもさらに大きい。すでに述べたごとく、最近の会戦は戦闘力の文字通りの角逐であって、個々の編成や偶然によるよりも物質的かつ精神的な戦闘力の総和によって勝敗が決定されるのである。人は一つ過ちを犯しても次の機会に取り戻すことができるし、幸運や偶然については他日の幸運を期待することができるだろう。ところが、精神的物質的な諸力の総計は一般にそれほど速やかに変るものではない。一般に勝利によってその差異が決定されると、それは長い将来にわたって極めて大きな意義を有するもののごとくである。確かに軍隊の内外で会戦に参加した者の大多数はこの差異に気がつかないけれども、会戦の経過そのものが、それに参与するすべての者の心情にそのような結果を押しつけるのであって、公の報道ではこの経過が種々な作為的事項によって糊塗されているにしても、勝敗決定の原因が個々の事態にあるよりもむしろ全体のうちにあることは、外部の世界にも多かれ少なかれ知れ渡っている。

会戦でそれほど大きな敗北を蒙った経験のない者は大敗北について具体的な、それゆえ、完全に正しい理解を得ようと苦心するかもしれないが、あれこれの小敗北に関する抽象的な理解だけでは会戦の大敗北の真相を把握することなどできはしない。これについて少し具体的に述べてみよう。

敗戦において想像力を、あるいはそう言ってよければ、悟性を惹きつけるものは第一に兵力の減少、ついで、多かれ少なかれ常に現われ、攻撃が成功しなかった場合にも見られる、土地の喪失である。その次に、これまたほとんど例外なしに、あるいは強くあるいは弱く、常に生ずる当初の秩序の破壊、部隊の混乱、退路の危険などである。そして最後に、多くは夜に行なわれるか、あるいは少なくとも夜に入ってまで続行される退却である。この最初の行軍において早くもわれわれは疲労した者や道に迷った者の多くを、そしてしばしば、最も遠くまで突進し、最も長く辛抱した勇士をも後に残して進まねばならない。戦場において上官のみを捉えていた敗北感は、いまや、一兵卒に至るまで全階級に行き渡り、会戦においてその真価を示した勇敢な仲間の多くが敵の掌中に委ねられたという恐るべき印象によって、そして自分達が無駄な努力をしたのは指揮官の責任だと考える各部下が指揮官に対して抱く不信の念によって、敗北感は一層深刻なものとなる。しかもこの敗北感は制圧可能な単なる空想ではない。敵が味方に優越しているのは明々白々の真実なのだ。その真実はかつてさまざまな原因のうちに隠されていてあらかじめ見通すことができなかったかもしれない。あるいはまた、その真実は以前に認識されてはいたけれども具体的な証拠がないために、偶然への期待、幸運や神の摂理への信頼、大胆な冒険心などによって背後に押しやられていたものであったかもしれない。いずれにしても冷酷な真実が峻厳苛烈にわれわれの前に迫ってくるのである。

これらすべての印象は、武徳の備わった敗軍には絶対に見られないあのパニック、他の敗軍でも例外的にしか見られないあのパニックとははるかにその様相を異にする。これらの印象は最優秀な軍隊にも生ずるものであって、長い戦争経験や勝利の経験、最高司令官に対する大きな信頼感によってときに軽減されることはあっても、敗北の当初には必ず生ずるものなのである。それはまた単に、戦利品を奪われたことから生ずるのではない。戦利品は普通もっと後になって初めて奪われるものであるし、またそれほど速く一般に知れ渡ることはない。このような印象は均衡がゆっくりと慎重に崩れて行く場合にも生じるが、いずれにしても常に同一の効果を及ぼすのであって、いかなる場合にもわれわれがそれを予知することはできるものである。

戦利品の規模がこの効果を高めることはすでに述べておいた。

ところで、戦闘の装置としての軍隊がこのような状態にあるとき、その軍隊はなんと弱められることであろう。すでに述べたごとく、用兵上通常の困難を何倍にもしたこのような弱体化の状態にあって、敗軍が新しい努力によって敗北を挽回することがどうして期待できるだろうか。会戦前には両軍は実際上、あるいは、想像上均衡の状態にあった。いまそれは失われ、それを回復するには外的原因が必要とされる。そのような外的支点がないとしたら、徒らに新しい努力を重ねてみても、それは新しい敗北を生むだけであろう。

それゆえ、どんなに控え目なものであっても敵が主戦に勝利を収めれば、味方の不利は、新しい外的事情によって勝敗が逆転するまで絶えず増大する。味方にとって外的事情による逆転の可能性が薄いにもかかわらず、休むことなき勝利者たる敵軍が名誉を求めて大目的の追求に乗り出してくる場合、怒濤のごとく押し寄せる優勢なその破壊力を十分に発揮させず、幾重にもわたる小規模な抵抗でその進行を弱め、勝利の力を一定の目標段階にとどめさせておくためには、味方にとって優れた最高司令官と軍隊における優秀な百戦練磨の武徳が必要とされる。

そこでさて、軍隊外の国民や政府に対する効果だが、それは、緊張し切った希望の突然の潰滅とまったき自信の念の消失である。こうしたものが失われた後に生じてくるものは、恐るべき拡張力をもった恐怖であり、それによって国民や政府は完全な麻痺状態に陥る。主戦敗北の雷撃によって全国民はまさに卒中に見舞われたようになる。この効果は所によって程度の差はあるにせよ、到るところに現われる。各人は、不幸を防止するために急いで仕事に取りかかるべきであるにもかかわらず、自分の努力が無駄に終りはしないかと危惧し、危急の場合に逡巡し、力なく腕を垂れて一切を運命のままに委ねるのである。

ところで、戦争自体の進行の上に生ずる勝利の効果は、勝利を得た最高司令官の性格と才能いかんによって部分的には決定されるが、しかし主としてそれは、勝利の前後の諸関係いかんによって決定されるものである。最高司令官に大胆さと計画的精神がなかったなら、どんなに輝かしい勝利も大きな成果をもたらさないだろうし、さらに、周囲の事情が大胆さや計画的精神と氷炭相容れないものならば、これらの精神力はたちまち尽きてしまうだろう。もしフリードリッヒ大王がダウンの位置にあったならば、コランにおける勝利の利用の仕方はまったく異なっていたであろうし、プロイセンの代わりにフランスがいたならば、ロイテンの会戦の成果はまったく異なったものになっていたであろう。

大勝利から大成果が期待される場合の諸条件については、それに関連した問題を論ずる際に明らかにされるだろう。そのとき初めて、一見勝利の大きさとその成果の間に生ずる食い違いが（人はそれをよく勝利者のエネルギーの不足のためだと考えるが）理由のないものではないことがわかるだろう。ここで主戦のみを問題にしているわれわれは、上述の勝利の効果は常に生ずるものであること、そしてそれは勝利の強度が高まるにつれて高まり、会戦が主戦であればあるほど、つまり、そこで全戦闘力が統一され、この戦闘力のうちに全兵力が、兵力のうちに国家全体が含まれれば含まれるほど高まるものであること、を言及するにとどめる。

だが、勝利の効果の理論はまったく必然的なものと見なさるべきだろうか。むしろ、敗軍の方がその敗戦に対処する十分な手段を見出し、その結果を再び廃棄するよう努力すべきではないだろうか。この問には然りと答えるのが当然のように思われる。だが、多くの理論が水掛け論に終始するこの邪道にはわれわれは踏み込まないようにしよう。

むろん勝利の効果はまったく必然的なものである。なぜなら、それは事柄の本性に根ざし、あたかも、東か西に向かって発射された砲弾が地球の反対方向の自転運動によってその一般的速度を弱められつつもなお運動し続けるごとく、それを減殺する手段が見出されても、勝利の効果がなくなることはないからである。

戦争全体は人間の弱点を前提とし、この弱点に目をつける。

それゆえ、われわれが主戦の敗北後になすべきことを論ずるとき、絶望の果ての状態においてもなお残っている手段を考察し、結果大勢の挽回がまだ可能だと思われる場合があっても、それは上に述べた敗北の効果が次第に消えてゼロに等しくなることを意味しはしない。これは精神力についても物質力についても同様である。

もう一つの疑問は、主戦の敗北によって、他の場合には現われない力が喚《よ》び起されるのではないか、ということである。そういう場合はむろん考えられるし、実際にそれは多くの国民のもとですでに生じていることである。しかしこうした鞏固な反作用を惹き起すことはもはや兵術の領域に属する問題ではない。兵術はただ、それが前提さるべき場合のみを考えればいいのである。

ところで、敗北によって喚び起された敗者側の力の反作用によって、勝者側の勝利の結果がかえって有害なものになるような場合、むろんそういう場合は極く稀れな例外に属するが、そういう場合があるとすれば、それは同じ勝敗といえ、敗退した国民や国家の性格に応じて種々異なった成果をもたらすということをますます確実に証拠だてていることになる。

第一一章　主戦続論　会戦の使用

個々の場合に用兵がどういう形をとるにせよ、そして、その結果何を必然的なものと見なさねばならないにせよ、戦争の概念さえ想起すれば、われわれは確信をもって次のように言うことができる。

一、敵戦闘力の壊滅は戦争の主要原理であり、積極的行動をとる側にとっては、目標に至る主要な道程である。
二、戦闘力のこの壊滅は主として戦闘においてのみ生ずる。
三、大なる一般的戦闘のみが大きな成果をもたらす。
四、戦闘が統一されて一大会戦となるとき、結果は最大である。
五、主戦においてのみ最高司令官はみずから指揮する。しかし、多くの場合彼が部下に指揮を委ねるのは当然のことである。

以上の真理から、互いに補完し合う二つの法則が生ずる。すなわち、敵戦闘力の壊滅は主として大会戦およびその結果のうちに求めらるべきだという法則と、大会戦の主目的は敵戦闘力の壊滅でなければならぬという法則である。

むろん、壊滅原理は多かれ少なかれ主戦以外の手段のうちにも見出されるし、状況に恵まれた小戦闘においても莫大な敵戦闘力が壊滅される場合もある（マクセンの戦闘）。他方、主戦においてさえしばしば一哨所の占領あるいは維持が重要な主目的となる場合もあるが、しかし一般的に言えば、主戦が敵戦闘力の壊滅のみをめざし、この壊滅が主戦によってのみ達成されることは、依然として真理である。

それゆえ、主戦は集中的戦争、全戦争もしくは全戦場の重心と見なされねばならない。太陽の光線が凹面鏡の焦点に集中して、完全な像を結び最高熱に達するごとく、兵力や戦争状況は主戦に集中され圧縮されたとき最高の効果を発揮するものである。

戦闘力の大きな全体への集中は多かれ少なかれあらゆる戦争に見られるものだが、自発的に攻撃する場合にせよ、やむを得ず防禦する場合にせよ、それはすでにこの全体をもって主戦を行なおうとする意図を示している。そのとき主戦が行なわれないとすれば、それは敵対の動機にそれを和らげ抑止する動機が加わり、運動が弱められたり、変えられたり、あるいはまったく阻止されたからである。しかし、多くの戦争の基調をなすこの相互に無行動の状態においても、主戦がいつ行なわれるかもしれないという観念が常に両軍の行動を方向づけ、遠く離れてはいるものの、彼らの進路開拓の焦点となる。戦争が実戦に近づき、敵意や憎悪が昂じて相手の征服を促せば促すほど、全行動はいよいよ流血の闘争に向かって統一され、主戦はその激しさを増すのである。

大きな、積極的な、したがって敵の利害に深くかかわる目的が目標となっているところではどこでも、主戦が最も自然な手段として現われる。それゆえ後に詳しく述べるように、主戦は最善の手段であり、大決戦への恐怖から主戦を回避するならば、それ相当の報いを受けるはずである。

積極的目的は攻撃側にあるのだから、主戦も主として攻撃側の手段である。だが、ここでは攻撃と防禦の概念を詳しく規定することはできないが、防禦側であっても、遅かれ早かれその位置の必要に対処し任務を解決するには、やはり多くの場合主戦を用いる以外に有効な手段はない。

主戦は血醒《なまぐさ》い解決の道である。次章で詳しく考察するように、主戦は単なる殺し合いではないし、その効果は敵の兵士を殺害するよりもむしろ敵の勇気を挫く点にあるけれども、血は常にその代償であり、虐殺は主戦の名称として応わしいとともに、主戦の性格を適切に表現しているのである。そしてまた最高司令官のうちにある人間らしさはこれに戦慄するはずである。

しかし、それ以上に人間の心を震えさせるのは唯一の決戦によって勝敗が決定されるという考えである。ここでは一切の行動は時空の一点に凝縮されるので、その瞬間には、こうした狭い空間内では味方の兵力の展開や活動が不可能となるのではないか、このように時間が制限されていなかったらそれだけでも大きな利益があるのではないか、といった漠然たる考えが心に生ずる。これらは単なる妄想だが、妄想としても一定の力をもつのであって、他のいかなる決戦の際にも生ずるこのような人間的弱点は、恐るべく重要な戦いを極端にまで押し進めねばならぬ最高司令官の心には一層強く現われるものである。

そこで、政府や最高司令官は常に決戦を回避し、決戦なしに目標を達成したり、秘かに目標を放棄したりすることに努めてきた。そのとき歴史家や理論家は懸命になって、決戦回避の道をとるこうした戦役や戦争を主戦に代るものと見なしてきたし、のみならず、それを一層高度な技術であるとさえ見なしてきたのである。かくして、今日では、戦争の経済という点からすれば、主戦は過失によって必然的に生じた悪であり、秩序ある慎重な戦争では決して生ずるはずのない病的な現象である、と考えられるに至っている。そして、流血の伴わざる戦争を遂行し得る最高司令官のみが栄誉の月桂冠を受けるに値するとされ、戦争の理論はこのことを教える真のバラモン教義であるとされているのである。

歴史はこの妄想を打破したが、しかしながら、これが再びあちこちに出現して、戦争の指導者を、人間的弱さに見合った、まことに人間らしい、非流血論者に仕立てあげることがないとは誰しも保証できない。ひょっとすると、人はナポレオンの戦役や会戦を粗野で半ば愚劣であると考え、古い時代遅れの装いを凝らした礼刀を再び崇拝することがあるかもしれない。理論がそういうことを警告すれば、それは理論を傾聴する者にどれほど役立つことであろう。われわれは親愛なる祖国においてこうした方向に重要な意見を吐く人々と手を結び、この方面での指導者たる彼らに仕え、彼らに問題の誠実な検討を要求したいと思う。

勝敗の大きな分岐点が大会戦のうちにのみ求めらるべきことは、戦争の概念からして当然であるのみならず、経験的にも立証される。昔から大勝利のみが大成果をもたらしていることは、攻撃の場合には無条件に、防禦の場合にも多かれ少なかれ言えることである。ナポレオンでさえも、もし流血を恐れていたならば、ウルムの会戦で彼一流の勝利を収めることはできなかったであろう。実際それは以前の戦役における勝利の余慶と見なさるべきものである。大冒険的な決戦によって事業を成就しようとしたのは勇敢で大胆不敵な最高司令官ばかりでなく、すべて幸運な最高司令官はみなそうであった。この言い方は極く大雑把なものだが、こうした包括的な問題に対する答としてはそれで十分であろう。

流血なしに勝利を博した最高司令官などというものはいない。流血の会戦が恐ろしい舞台だとしても、そのことは戦争の価値を一層高める理由になるだけである。人間性に則って己れの剣を段々に鈍くし、鋭い剣をもった相手がやってきて自分の両腕を切り取るがままにしてよいわけはなかろう。

われわれは大会戦を主要な決戦と見なすが、戦争あるいは戦役に必要な唯一の決戦とは考えない。大会戦が全戦役の勝敗を決定するという機会は近代になって漸く多くなってはきたが、それでもそれが全戦争の勝敗を決定する場合は極く稀れな例外に属するのである。

大会戦による勝敗の帰趨は、会戦自体、つまり会戦に集められた戦闘力の量や勝利の強度によって決定されるばかりでなく、相互の軍事的勢力や会戦に参加した国家間の数多くの諸関係によっても決定される。ただ現存の戦闘力の大部分を大決戦につぎ込むことによって勝敗の大筋を決定することはできるので、その規模もすべての点でとは行かなくとも多くの点で予測することはできるし、またその決定は唯一の決定ではなくとも最初の決定であり、後の勝敗に影響を及ぼすものである。それゆえ、予定された主戦はその関係からして多かれ少なかれ常に全体系の先駆的中心ないし重心と見なさるべきである。最高司令官が闘争精神や軍事精神をもって出陣し、敵を必ず撃破しようという感情や思想、そのような意識をもって出陣すればするほど、彼はいよいよ最初の会戦に一切を賭け、そこで一切を獲得しようと望み、それに努めることになるだろう。ナポレオンは出陣にあたって、ほとんどいつでも、敵を最初の会戦で直ちに撃破しようと考えていた。フリードリッヒ大王もまた、その戦闘規模は小さく危機も限られていたにせよ、小軍を率いて国内でロシア軍やオーストリア軍を迎撃しようとするとき、同じような考えを抱いていた。

主戦による勝敗の決定が部分的には主戦自体、つまり主戦に用いられる戦闘力の量と成果の大きさに依存することはすでに述べた。

戦闘力を増せば主戦の重要性がそれだけ高まることは言うまでもなく、ここではただ、主戦の規模に応じて主戦の勝敗の及ぼす影響が拡大されること、そしてそれゆえに、自信の念が強くて大決戦を好む最高司令官は常に戦闘力の大部分を主戦につぎ込みながら、他の地点の任務を本質的に怠ることにはならずに済んだこと、この二つを注意するにとどめる。

勝利の成果、より正確には勝利の強度、に関して言えば、それは主として四つの事情に依存する。

一、会戦遂行の戦術的形式
二、土地の性質
三、各兵種の割合
四、戦闘力の割合

迂回攻撃をせずもっぱら正面攻撃に終始する会戦では、敵を迂回したり、多かれ少なかれ敵の戦線の転換を迫る会戦よりも大きな成果を挙げることは滅多にない。切断地や山地では衝突力が到るところで弱められるために成果は比較的小規模である。敗軍の騎兵が勝軍と同じか、これに優位している場合には、追撃の効果は失われ、それとともに戦果の大部分は著しく失われる。

最後に、言うまでもないことだが、優勢な戦闘力が迂回や戦線転換に使用された場合の勝利は、勝軍の兵力が敗軍のそれよりも少ない場合に比して、より多くの成果をもたらす。ロイテンの会戦は確かにこの原則の現実的価値に疑いをさしはさむ論拠となるかもしれないが、繰り返しを厭わなければ、例外のない規則はないことをもう一度思い返していただきたい。

こうしたすべての方法は最高司令官がその会戦に決定的な性格を与える際の手段となる。むろんそれとともに彼が危険にさらされることも多くはなるが、彼の全行動は精神世界のこのような法則に支配されざるを得ないのである。

かくして、戦争においては主戦の重要性に匹敵するものはなく、戦略上の最高の叡知は主戦のための手段の性格、場所や時間や兵力の方向の巧妙な確定、成果の利用のうち等に顕現する。

しかしこの問題が重要だからといって、それが極めて複雑で陰微なものであるということにはならない。むしろそれらは一切が極めて単純で、組み合せの技術もまた極めて明解なのである。しかし主戦にまつわるさまざまな叡知を用いるには、現象に対する鋭利な判断力、エネルギー、堅忍不抜の精神、若々しい計画的精神といった英雄的特性（これについては以下しばしば触れるはずである）が必要とされる。したがって、ここでは書物の上の知識はほとんど必要ではなく、必要なのはむしろ書物以外の戦場の経験から与えられる教訓である。

主戦への衝動、主戦への自由で着実な歩みは、自分の力に対する信頼と必然性に対する明晰な意識から、言い換えれば、生来の勇気と多くの人生経験によって磨かれた眼識から生じてくる。

偉大な実例は最上の教師である。しかしながら、それは理論的偏見の雲に蔽われてはならない。なぜなら陽光でさえも雲にさえぎられ変色するからである。長い間に瘴《しょう》気《き》となって拡散するそのような偏見を打破することは、理論の急務である。なぜなら人間の悟性が偽造したものは、人間の悟性によってしか壊滅され得ないからである。

第一二章　勝利を利用するための戦略的手段

勝利をめざしてできる限りの準備をするという困難な作業は、戦略上の、人目を惹かない静かな功績であるが、これを利用するとき、戦略は輝かしく華々しいものとなる。

会戦がどのように特殊な目的をもち得るか、戦争の全体系のうちでそれはいかなる位置を占めるか、諸関係の性質からして勝利の範囲はどの辺まで及び得るか、その最高点はどこにあるのか——これらすべての問題は後に論ずることにする。しかし、追撃なしにはいかなる勝利も大きな効果をもち得ないこと、勝利の範囲がいかに小さくとも追撃は必要であること、これらはいかなる事情のもとでも真理であって、われわれは繰り返しそれについて述べることを好まないから、ここでは勝利一般に必然的に附随するものについて少し考察しておく。

撃破された敵に対する追撃は、敵が戦闘を放棄して陣地を撤退する瞬間に始まる。それ以前の一進一退の運動は追撃に数えらるべくもなく、会戦の発展そのものに属する。普通、右の瞬間における勝利は疑い得ないにしても、極めてその可能性は小さく弱いものであり、その日の追撃によって勝利が完成されなければ、その後の戦役に積極的に寄与するところは少ないだろう。既述のごとく、多くの場合追撃によって初めて勝利の実質なる戦利品が獲得されるのである。さしあたって次にこの追撃について語ってみたい。

通常、会戦を開始する際には両軍の肉体的な力は非常に弱っている。なぜなら、会戦直前の運動は多くの場合緊迫した性格を有しているからである。長い闘争中の努力によって疲労はその極に達する。かくて勝軍も、敗軍に劣らず混乱し、当初の序列から離れることになる。このため、秩序を回復し、分散した兵を集め、消費された弾薬を補う必要が勝軍側にも生じてくる。これらすべてが勝軍自体を危機に陥れることであるが、それについてはすでに述べておいた。ところで、敵の敗北した部分がわずかで他の部分に収容され得る場合や、そうでなくとも敵にとって著しい補強が期待できる場合には、勝軍は容易に勝利を奪回される危険を感ずるので、この危険性のために追撃が直ちに中止されたり、あるいは少なくもそれが強く抑制されることになる。しかし、敗軍の補強が恐るるに足らぬ場合でも、上に述べたような事情から勝軍の追撃の速力は大いに弱められる。勝利が奪回される恐れはないけれども、戦闘が不利になる可能性は残っていて、それがいままでに獲得された優勢を弱めるかもしれないのである。そのうえ、いまや欲望や弱点をもった生身の人間の全重量が、最高司令官の意思にかかってくる。彼の指揮下にある数千の兵はすべて休息と保養を欲し、危険と労働の舞台にまず幕が降りることを望んでいる。例外といっていいほどわずかの兵しか将来のことを予見予覚してはいないし、必要なことが達成された後になお、その瞬間には勝利の単なる装飾品としか見えない成果について考えるだけの勇気をもつのはその例外的な少人数だけである。だが、かの数万人の気分は最高司令官の周辺にまで及ぶ。なぜなら指導部の全階層を通じて、生身の人間のこうした利害は最高司令官の側近にまで着実に伝わるからである。最高司令官自身も多かれ少なかれ精神的かつ肉体的な努力から内的な活動力を弱められ、したがって多くの場合こうした純粋に人間的な感情に発する活動領域は狭くなり、一般に行動は最高司令官の名誉心、エネルギー、あるいはまた、不屈の精神に依存することになる。多くの最高司令官が戦闘力の優勢によって得た勝利に追い打ちをかけるのを躊躇するのはそういう理由に基づくのである。ところで、われわれは勝利の最初の追撃を一般にその日の日没まで、せいぜいそれに続く夜間までに限定したい。なぜなら、それを過ぎれば勝軍にも疲労回復のための休息が常に要求されるからである。

さて、この最初の追撃にもその性質上さまざまな段階がある。

第一は騎兵のみによる追撃である。この場合にはほんのわずかの切断地でも追撃を防止するに十分であるのだから、追撃は真の撃退であるよりもむしろ威嚇や監視である。混乱し弱体化した敵軍に肉薄して個々の小隊を追撃する際には騎兵は大きな効果を挙げることができるけれども、全軍に対する場合には常に補助力たるにすぎない。というのは、退却者はその退却を庇護するために新鮮な予備軍を使用し、ほんのわずかの切断地さえあれば、各種の兵と結合して騎兵の追撃に対抗できるからである。ただ、文字通り潰走していて完全に解体している敵軍だけはその限りではない。

第二の段階は各種の兵から成る強力な前衛隊による追撃で、もちろん騎兵の大部分もそれに加わっている。そのような追撃は敵軍をその後衛が位置する近辺の強力な陣地にまで、あるいは、敵軍の次の陣地にまで撃退する。通常敵軍はそのような陣地を構えるだけの余裕がないものであるから、追撃はもっと遠くまで及ぶことになる。だが、多くの場合それは一時間を越えることはなく、どんなに多くとも二時間どまりである。それ以上になると前衛隊が本軍の支援に不安を感ずるからである。

第三の最強度の追撃は勝軍自体が力の及ぶ限り前進する場合である。この場合には、敗軍は敵の攻撃準備や迂回準備を見ただけで、地の利を得ている陣地をほとんど放棄し、さらに、後衛は頑強な抵抗を試みようとはしないものである。

以上三つの場合のいずれにおいても、全行動が終結する前に夜が訪れれば普通追撃は中止されるが、稀れに夜を徹して追撃が続行されることもある。この場合の追撃は並外れて強力な追撃と見なされねばならないだろう。

夜戦においては一切が多かれ少なかれ偶然に委ねられるし、そうでなくとも、会戦の終末には秩序立った結合や成り行きが大幅に破壊されることを思えば、敵味方両軍の最高司令官が夜の暗闇で戦闘を続行するのを恐れる気持は十分理解できるだろう。敗軍の全面的解体か勝軍の武徳のたぐい稀れな優位かによって成功が確定的となっていない限り、夜戦では一切が相当程度運命に委ねられることになって、どんなに向こう見ずな最高司令官でもそれをあえて行ない得ないのである。それゆえ、原則として会戦の勝敗が日没直前に決した場合でも、夜は追撃に終止符を打つ。夜になると敗軍は直ちに休息や集結を行なうか、あるいは夜間に退却を続ける場合には、はるか遠くにまで退却できる。一夜明ければ敗軍の状態はすでにかなり改善されている。分散し混乱していた兵の多くがもとの位置に戻り、弾薬は補給され、全軍は新しい秩序のもとに集結している。いまや敗軍は勝軍に対してさらなる抵抗を試みるが、それは新しい戦闘であって以前の戦闘の延長ではなく、絶対的に良好な結果が生まれる望みはないとしてもやはり新たな闘争であり、単に勝利者による落穂拾いではないのである。

したがって勝者が夜を徹して追撃し得る場合には、それが各種の兵から成る強力な前衛によってのみ行なわれるにしても、勝利の効果は異常に強化されるのである。ロイテンおよびベル・アリアンス（ワーテルロー）の会戦はその好例である。

追撃の全活動はもともと戦術的なものであって、われわれがそれについて述べるのは、それによってもたらされる勝利の効果の差異をより明確に意識するという、ただそれだけのためである。

最初の追撃を次の衛戍《えいじゅう》地まで進めるのはあらゆる勝利者の権利であり、以後の計画や事情とはほとんど関係なく行なわれる。以後の計画や事情が主力戦の勝利の積極的成果を非常に減少させることはあり得るけれども、それは追撃による勝利の最初の利用を不可能ならしめることはできず、また、たとえそのことがあり得るとしても、理論上に目立った影響を与えるほどのものだとは考えられない。そしてこの追撃戦において、近代の戦争はエネルギーのまったく新しい領域を開いたと言わねばならない。基盤が狭隘で範囲が限られていた以前においては、他の多くの点でもそうだが、特に追撃という点に関して不合理な伝統的制約が成立していた。最高司令官にとっては勝利の概念、勝利の栄誉が主要事と思われていたために、本来の意味での敵戦闘力の壊滅といったことは考えられず、それは多くの戦争の手段のうちの一つにすぎないとされ、決して主要な手段とは見なされなかったし、まして唯一の手段とは考えられなかった。敵が刀を鞘に納めるや、直ちに味方も納めた。勝敗決定後直ちに闘争を中止するのがこの上なく自然のことと見なされ、それ以上の流血は不必要な残虐であるとされた。この誤った哲学があらゆる面でその影響を及ぼしているとまでは言わずとも、これによって与えられた視点が、全兵力の疲弊による闘争継続の物理的不可能といった考えの跳梁を許していたとは言えるのである。むろんそこには自分の軍隊をいたわる気持も働いていたのであって、己れの軍隊が以後に待ち受ける仕事に対して、そうでなくとも力の不十分さを感ずるような時機がやがてやってくるだろうと予想し、実際にまた攻撃の続行が原則としてそういう事態をもたらすとすれば、いたわりの気持が生ずるのも当然である。だが追撃によって蒙る戦闘力のさらなる損失が敵の損失とは比較にならぬほど小さいことが明らかである限り、この計算は誤っている。そのような考えは、戦闘力が中心的な問題であると見なされたために生じたものにすぎない。往時の戦争で勝利確定後に強力な追撃を続けたのがカール一二世、マールボロー、オイゲン、フリードリッヒ大王のごとき本来の英雄のみで、他の最高司令官が普通戦場の占拠だけで満足したのはこの誤った打算のためであった。最近では、用兵に伴う事情が多端になり用兵に費やされるエネルギーが大きくなったために、こうした伝統的な制約は打破されている。追撃は勝利者の主要な仕事となり、そのために戦利品の規模も大いに拡大されているので、追撃のない会戦はあったにしても例外的現象で、常に特殊な事情に基づくものとなっている。

　ゲルシェンやバウツェンにおいて全面的潰走を免れ得たのは連合軍騎兵が優勢だったからにほかならないし、グロスベーレンやデンネヴィッツではスウェーデン皇太子の不決断のために、ラオンでは老将ブリュッヒャーの性格の弱さのために、全滅を免れたのである。

　しかしボロジノ戦もこれに属する一例であり、われわれはそれについてさらに二、三附け加えざるを得ない。というのは、この戦いにおける非はナポレオンにあるとは考えられないからであるし、これが他の多くの類例とともに、一般的関係が会戦の当初から最高司令官を捉え束縛したという稀有な例に属すると思われるからでもある。さて、フランスの著作家でナポレオンの大崇拝者達（ヴォードンクール、シャンブレー、セギュール）[*9]は、ナポレオンがロシア軍を戦場から完全に掃蕩せず、最後の兵力をロシア軍の殲滅に用いなかったことについて、そうすれば単なるロシア軍の敗戦を全滅にまで至らしめることができたであろうと言って彼を非難している。ここでは両軍相互の形勢を詳しく述べることはできないが、それでも、ニェーメン河を渡るとき三〇万の兵をもっていた軍団がボロジノ戦ではわずかに一二万となり、その結果ナポレオンが全戦役の焦点たるべきモスクワに進軍するのに十分な兵力が残っているか否かを憂慮したであろうことは明らかである。彼がボロジノで戦い取った勝利は首都占領についてかなりの確信を彼に与えた。なぜなら、ロシア軍が八日以内に第二の戦端を開き得るとは到底考えられなかったからである。ところで彼はモスクワで和議を結ぶことを希望した。むろんロシア軍の殲滅は和議を一層確実にするものであったが、しかし和議の第一条件は到着すること、つまり主力を率いて到着し、首都に対して、また首都を通した政府および全国に対して、彼自身統治者として現われることであった。彼がモスクワに引き入れた兵力は、結果的に見ればこの目的のためにはもはや十分ではなかったが、もし彼がロシア軍の粉砕をめざして自軍をも粉砕する結果を招いていたとしたら、その数はもっと少なくなっていたであろうし、ナポレオンはそのことを十二分に感じていたのであって、われわれから見れば彼の行動は完全に正しかったかに思われる。しかしそうは言っても、この例は一般的事情のために勝利後の最初の追撃が阻まれた場合の一つに数えることはできない。つまりそこでは単なる追撃が問題ではなかったのだ。勝利は午後四時に定まっていたが、ロシア軍は戦場の大部分を未だ保持し、それを明け渡そうとはせず、新たなる攻撃に対してはなお頑強に抵抗する気配を示していたのであって、確かにその抵抗はロシア軍の全滅によって終りを告げるものだったかもしれないが、味方にも多くの死傷者が出るはずのものであった。したがって、ボロジノの会戦はバウツェンの会戦と同様、全面的には撃破され得なかった会戦に数えねばならない。ただ、バウツェンでは敗軍がいち早く戦場を棄てて退却したのに対して、ボロジノでは勝軍が中途半端な勝利に満足して兵を引いたのであって、それは勝利が疑しいものに見えたからではなく、全面的な勝利を収めるに必要な兵力がなかったからである。

さてわれわれの問題にかえろう。これまでの考察の結果、最初の追撃に関して明らかなことは、第一にこの追撃のエネルギーが勝利の価値を決定する主要素であること、第二にこの追撃は勝利に附随する行為であるが、多くの場合勝利そのものよりも重要であること、そして第三に、ここでは戦略は戦術に接近し戦術によって戦略上の勝利を完成するのだから、戦術に対してこのような勝利の完成を要求するのは戦略がその権威にかけても行なわねばならないことだということ、この三つである。

しかし勝利の効果はこの最初の追撃で消滅することは滅多になく、むしろ勝利によって速力を増しつつ真の運動が展開されるのはそれからである。この事態の展開はすでに述べたごとく他の諸事情に条件づけられているが、いまはそれを論ずべきときではない。ただ、以下で繰り返し論ずるのを避けるために、ここで追撃の一般的性格について若干述べておいた方がいいだろう。

第二、第三の追撃についても三つの段階に区別することができる。すなわち単なる追行、本来の追迫、分断を狙った平行行軍、がそれである。

単なる追行によって敵を追う場合は、敵は再び戦闘を挑み得ると考えるに至る地点まで退却を余儀なくされる。したがって、それは獲得された優勢を残りなく発揮するのに役立つし、そのうえ、敗軍が連れ去ることのできない一切のもの、傷病兵、疲労者、多くの行李や各種の運送用具等をわれわれの手に残すであろう。しかし、この単なる追行は敵の解体状態を促進することはない。それは次の二方法によってのみ可能である。

すなわち、旧営地に向かって敵を追い、常に敵が放棄した地方のみを占領することに満足せず、絶えず敵にそれ以上のものを要求し、したがって適切に編成された前衛をもって敵が戦列を建て直そうとする度ごとにその後衛を攻撃するよう味方の配備を整えれば、これによって敵の運動は促進され、その解体は助長されるだろう。——だが敵軍の解体は主として退却中にいささかの休息もとれないという事態によって惹き起される。辛い行軍の後で休息しようと思っているとき敵の砲声が再び聞えてくる場合ほど兵士に忌わしい印象を与えるものはない。毎日一定時間こうした印象を繰り返し与えられると、軍隊は恐慌状態に陥る。そこで、このような軍隊は敵の意に従うほかはなく、いかなる抵抗も不可能だと認めるようになり、そしてこの意識が軍隊の精神力を著しく減退させることになるわけである。この追迫の効果は、敵を夜間行軍に追いやるとき最高度に発揮される。勝軍がさらに進んで日没時に、敗軍が本軍自体のためあるいは後衛のために選んでおいた陣営から再び彼らを追い払うならば、敗軍は本格的な夜間行軍をするか、あるいは結局同じことだが、少なくも夜間にその陣地をもっと後方に移さざるを得ないだろう。それに反して、勝軍は夜間ゆっくりと休息できるはずである。

行軍の編成と陣地の選定はこの場合にもまた多くの事柄、殊に糧秣、大切断地、大都市、等々に依存している。だから退却軍に自分の意を押しつけるからといって、追撃者が退却者に夜間行軍を強制し自分は夜間に休息するといったことがいかにして可能なのかを幾何学的に説明しようなどということは、笑うべき衒学趣味であろう。それにしても追撃者の行軍の配備がこのような傾向をもち得ること、それによって追撃の効果が非常に高められることはやはり応用可能な原理である。実際の追撃でこれがほとんど顧慮されないのは、そのような行動は追撃軍にとっても衛戍地の確保や日課の履行といった正規の行動よりも困難だからである。朝早く出発し、午後野営に就き、日の暮れぬうちに必要品を調達し、夜は休息に使うといった平常任務に比べれば、敵の運動に合せて味方の運動を調整し、したがって出発の直前に初めて運動を決定し、昼夜の別なく出発し、ますます多くの時間を敵の視野の中で過し、敵と砲撃を交え、散開戦闘を行ない、迂回を計画するなどといったこと、要するに必要なあらゆる戦術的方策を駆使することは、はるかに困難である。これが追撃軍にとって著しい負担となるのは当然で、そうでなくとも負担の多い戦争では、緊急に必要とされる負担以外は免れようとするのが人の常である。こうした考察は不変の真理であり、軍隊全体にも、普通の場合には強力な前衛にも当てはまるだろう。だからこそ、第二段階の追撃、つまり敗軍に対する間断なき追迫は滅多に行なわれないのである。ナポレオンでさえも、一八一二年のロシアにおける戦役では追迫をあまり行なわなかったが、それは明らかに、この戦役の艱難辛苦のためにそれでなくともすでに自軍は疲弊しており、目標達成以前に全滅する恐れがあったからである。これに反して、他の戦役におけるフランス軍はこの点でもそのエネルギーにおいて傑出している。

最後に、第三の最も効果的な追撃は、退却軍の次の目標地点に向かって平行行軍することである。

すべての敗軍は当然その背後の近く、あるいは遠くに、さしあたってどうしても到達したい地点を有している。それは、例えば道路が狭いためにそれ以上の退却が脅かされている場合もあるし、首都や倉庫等のように敵よりも先に到達することがその地点自体のために重要である場合もあるし、確固たる陣地があり他の軍団と合流できるといったことのために、この地点で軍隊が抵抗力を獲得し得る場合もある。

さて、勝軍が側道を通ってこの地点に行軍すれば、明らかにそれは敗軍の退却を手ひどく急立て、遂に敗軍を潰走状態に陥れることができるだろう。敗軍がそれに対抗するには三つの方法しかない。第一の方法は、敵そのものに向かって反撃を加え、絶望的な攻撃によって、その形勢からは一般に不可能な成功の可能性を作り出すことである。言うまでもなく、それには進取の気迫に富む大胆な最高司令官と、敗北はしても全滅してはいない優秀な軍隊とが必要とされる。そのために、敗軍にこの方法が利用されることは極めて少ないだろう。

第二の方法は退却を急ぐことである。だが、これはまさに勝軍の思う壺である。そしてそれは軍隊に過度の労苦を強い、落伍兵、破壊された大砲、各種輜重に莫大な損害を蒙る結果となる。

第三の方法は、進路を変えて、切断される恐れのある地点を避け、敵から離れて比較的気楽な行軍をし、急行軍でも害を少なくすることである。この最後の方法は、支払能力のない債務者がさらに借金をするのに似て、困窮をいよいよ大きくするばかりだから、最も有害な方法である。この方法が有効な場合もあるし、それが残された唯一の方法である場合もあり、それが成功した例もあるけれども、一般的に言えば、この方法で一層確実に目標が達成されるという明確な確信に基づくよりも、他の許し難い理由に基づいてこの方法が採られていると言えるのである。許し難い理由とは、敵と白兵戦に陥りはしまいかという不安である。この不安に陥る最高司令官に禍《わざわい》あれ。軍隊の精神力がいかに損われ、敵とのあらゆる接触が味方の不利になるかもしれないという心配がいかに正当なものであるにせよ、接触のすべての機会を小心翼々として回避することによって惹き起される害悪はそれ以上のものである。もしナポレオンがハナウの会戦を避け、マンハイムかコブレンツでライン河を渡ろうとしていたならば、彼は一八一三年の戦役に際し、ハナウの会戦後に残っていた三万ないし四万の兵を率いてライン河を渡ることができなかったであろう。防禦者たる敗軍が依然として地の利を占めており、このような条件のもとに小戦闘が慎重に遂行されれば、そのとき初めて敗軍の精神力は再び高められるのである。

このような場合にはどんなに小さな成果でも信じ難いほどの作用を及ぼすものである。しかしこの試みをなすためには、大多数の最高司令官にとって絶大な克己《こっき》が必要とされる。他の方法、つまり敵軍回避の方法は、一見したところ小戦闘より容易に思われるので、多くの場合この方法が取られる。しかし通常この敵軍回避こそ勝利者の最も望むところで、それはしばしば敗軍の全滅をもって終るものである。だがここでわれわれは、問題になっているのは全軍であって、分断され迂路を通って再び本軍と合流しようとしている個々の部隊ではないことを注意しておく必要がある。このような小部隊の場合には事情は異なり、回避戦術の成功も珍しくはない。ところで、目標地点に向かっての両軍の競走には一つの条件がある。それは、追撃部隊が被追撃部隊と同じ道をとって進み、相手の残したものをすべて拾い上げるとともに、敵がいつでも近くにいるという印象を相手に必ず与えることである。ベル・アリアンスからパリに向かうブリュッヒャーの追撃行軍は他の点では追撃の典範たるべきものであったが、この点では手抜かりがあった。

もとより、以上のような行軍は追撃者をも弱めるものであって、敵軍が他の強力な本軍に収容されたり、優秀な最高司令官に指揮されていたり、壊滅がそれほど期待されない場合には、使用さるべきではないだろう。しかし、この手段を用いてもいい場合には、それは巨大な機械のごとき働きをする。その際、敵軍の傷病兵の損害はかなりの数にのぼり、不断の憂慮によって精神は弱まり挫け、遂に秩序ある抵抗はほとんど考えられなくなる。毎日何千という捕虜が易々と追撃者の手に落ちる。こうしたまったくの幸運の時期に、勝利者は恐れることなく兵力を分割し、軍勢の限りを尽して激流に投じ、各方面に支隊を派遣し、無防備の要塞を占領し、大都市を占拠すべきである。彼は新しい事態が発生するまで、あらゆることを敢行すべきであって、多くのことを敢行すればするほど新事態の発生は遅れるのである。

主戦における大勝利と大規模な追撃戦が輝かしい効果を収めた例はナポレオンの戦争にはいくらでもある。ここでは、イエナ、レーゲンスブルク、ライプチッヒ、ベル・アリアンスの会戦等を指摘するにとどめよう。

第一三章　敗戦後の退却

主戦に敗北を喫すれば軍隊の力は破壊されるものだが、それも物質力より精神力の破壊の方が著しい。新たに有利な状況が生まれない限り、第二の会戦は完全な潰走、恐らくは全滅をもたらすだろう。それは軍事上の公理である。事柄の本性上、退却は、兵力の補強によるか、強力な要塞の擁護によるか、大切断地によるか、敵戦闘力の散逸によるか、そのいずれによってであれ兵力の均衡が再び回復される地点まで行なわれる。損失の程度、敗北の大小に応じて均衡の瞬間に遅速が生ずるが、それは敵の性格によって一層大きく左右される。敗軍が、会戦以後その事情にはいささかの変化も生じていないのに、遠からぬ地点で陣容を建て直す例は少なくない。その理由は敵の精神的な弱さにあるか、あるいは会戦で得られた敵の優勢が烈しい突撃をするのに十分大きくはないことにある。

敵のこうした弱点や欠点を利用し、状況からしてやむを得ない場合以外一歩も退却しないためには、殊に精神力の関係をできるだけ有利に保つためには、ゆっくりと絶えず敵に抵抗しつつ退却し、敵が嵩《かさ》にかかって追撃してくる度ごとに大胆で勇敢な反撃を行なう必要がある。偉大な最高司令官や百戦練磨の軍隊の退却は、常に手負いの獅子の退却に似ている。そしてこれはまた疑いもなく最上の理論でもある。

確かに、人は危地を脱しようとするとき、しばしば空虚な形式を用いて時間を無駄に費やし、かえって危険に陥ることがある。実を言えばそういう場合には速やかに退去するのが先決である。老練な最高司令官はこの原則を重視する。しかしそのような場合と敗戦後の一般的退却とを混同してはならない。後者に関して言えば、その際二、三の速やかな行軍によって敵に先んじ、一層容易に安全な位置を獲得できると考えるのは大きな誤りである。最初の運動はできるだけ小さくなければならないし、一般に、敵に意のままの追撃を許さないことが原則とされねばならない。この原則を守ろうとすれば、追撃する敵との間に流血の戦闘が生ずるのを避けることはできないが、右の原則はまさにこの犠牲に値するのである。この原則を守らなければ、退却が急立てられて退軍行動は直ちに破滅に陥り、ついで後衛の殺戮戦で本来失われなくともよい兵力が落伍者として失われ、ついには勇気の最後の痕跡すらも潰滅してしまうものである。

最上の軍団から成り、勇敢な最高司令官に指導され、緊急の場合には全軍の応援を受ける強力な後衛、土地の綿密な利用、敵の前衛の無謀さや土地の起伏を利用して活動するこちらの強力な伏兵、要するに文字通りの小戦闘の誘発と計画——これらは上の原則を実行するための手段である。

退却の困難の度合は、会戦の行なわれた状態の利不利に、そして会戦の持続時間の長短に応じて決定される。優勢な敵に対して兵力の限りを尽して抵抗するとき、退却がいかに混乱するかは、イエナとベル・アリアンスの会戦が示すとおりである。

時々、退却の際には兵を分割し数個の大隊に分れて退却したり、あるいは偏心的に退却したりすべきだといった議論が聞かれる（ロイド、ビューロフ）。分割が単に便宜上行なわれ、必要の際には共同の攻撃も可能であるような場合は問題外である。それ以外の分割はすべて極めて危険であり、道理を外れた大きな誤りでさえある。あらゆる敗戦は軍隊を弱め解体させるものであって、第一に必要とされるのは、集結し、集結した軍隊のうちに再び秩序や勇気や信頼を回復することなのだ。敵が勝利を追求しているときに軍隊を分割して両面からこれを脅かそうなどといった考えは、まったく愚劣の極みと言うべきであろう。敵が小心翼々の臆病者であるならば、そんな手段によって敵を脅かすこともできるだろう。だが敵の弱さを確信できない場合には、そんな手段は決して用いらるべきではない。会戦後の戦略的事情から、分割による左右の掩護が必要とされる場合にも、分割は最小限度にとどめられねばならない。しかもこの分割は常に邪道と見なされねばならないし、事実また、会戦後の分割などは滅多に行ない得ないものである。

フリードリッヒ大王はコランの会戦後プラハの攻囲を放棄して三縦隊に分れて退却したが、彼はそれを自ら好んでなしたのではなく、兵力の位置とザクセン掩護の必要上やむを得ずなしたものなのである。ナポレオンはブリエンヌの会戦後、マルモンにはオーブ河に向かって退却させ、自らはセーヌ河を越えてトロアに向かったが、このとき損害を蒙らなかったのは連合軍が追撃を怠って同様に兵力を分割し、一部（ブリュッヒャー）はマルヌ河に向かい、他の一部（シュヴァルツェンベルグ）は兵力の弱体化を恐れてまったく緩慢に前進したからにほかならない。

第一四章　夜　戦

夜戦がいかに行われ、その経過の特色がいかなるものであるかは、戦術の問題である。ここでわれわれは、その全体が戦略上の独自の手段として現われる限りでのみ、夜戦について考察する。

もともと一切の夜間攻撃は高度の奇襲にすぎない。一見したところ、このような攻撃は特に効果的であるように思われる。なぜなら、防禦者は不意を衝かれるのに、攻撃者は当然のことながら発生すべき事態に対して準備が整っていると考えられるからである。何という相違だろう。一方にはこの上なく混乱した状態の絵が、他方にはそこから果実を摘み取るのにもっぱら忙しい攻撃者の図が、空想的に描かれる。それゆえ夜襲の観念は、指導的地位になく責任のない人の胸裡に懐かれることが多く、現実にはほとんど行なわれないと言っていいのである。

夜襲に関する一切の考えの前提となっているのは、防禦者の方策が以前に採用されたり、言明されたり、偵察探究されたりしていたために攻撃者にはすでに知られていること、これに反して、攻撃者の方策は実施の瞬間に初めて着手されるので敵には知られていないということである。しかし、後の前提ですらすでに必ずしも実情に即していはしないし、まして前の前提はなおさらのことである。ホッホキルヒ会戦前のフリードリッヒ大王に対するオーストリア軍のごとく、敵を眼下に見下すほど敵に接近している場合でなければ、われわれが敵の配備についてもつ知識、つまり偵察、斥候、捕虜、スパイなどの言葉から得る知識は常に極めて不完全であるし、それにこれらの報告は多かれ少なかれ古いものであり、それ以後敵の配備に変化が起っている可能性もあるので、このような事情からしてもそのような知識は不確実と言うべきであろう。それにしても、以前の戦術や野営法のもとでは敵の配備を探知することは今日よりはるかに容易であった。幕営線は今日の廠舎《しょうしゃ》や露営よりも見分け易かったし、長く伸びた正規の正面線に沿った陣営は、今日しばしば用いられる師団を縦隊に編成した陣営よりも容易に見分けられた。しかし今日においては、一師団が縦隊をなして野営している地方を眼下に見下し得たとしても、その真相を理解することは容易でない。

しかし、問題は陣形だけを知ればいいというのではない。戦闘の経過中に防禦者が用いる方策も同様に重要である。しかもそれは砲撃のみにかかわることではない。この方策が次々と変ることも、最近の戦争で夜襲が一層困難になった原因である。今日の戦闘では、防禦者の配備は最後的なものであるよりもむしろ暫定的なもので、それゆえ今日の戦争では以前に比べて防禦者による不意の逆襲の可能性の方が大きくなっているのである。

したがって夜襲に際して攻撃者が防御者についてもつ知識が直観の欠陥を補うに足ることは滅多にないか、むしろ皆無だとさえ言える。

ところがさらに防御の側からすれば、防御者は自分の陣地のある地方について攻撃者よりも詳しく知っているというわずかな利点がある。それはちょうど、部屋の住人が暗闇でも外来者より容易に室内の配置がわかるように、防御者は自軍の戦闘力の各部分を攻撃者よりも容易に知ることができ、容易にそれに到達できるわけである。

要するに、夜戦では攻撃者も防禦者と同等な眼力を必要とするので、特殊な事情がない限り容易に夜戦を決定するわけにはいかないのである。

ところで、この特殊な事情とは多くの場合軍隊の従属的な部分にのみ関係していて、全軍に関係することは滅多になく、したがって夜襲も原則として従属的な戦闘にのみ用いられ、大会戦においては滅多に用いられ得ないのである。

事情が有利ならば、優勢なる軍隊をもって敵軍の従属的部分を攻撃し、ついで包囲し、それを全滅させるか、不利な戦闘に陥れて大損害を与えることは可能であろう。だが敵軍の従属的部分はそれほど不利な戦闘に陥るよりもこれを回避しようとするだろうから、その企みは大奇襲によるのでなければ成功しない。ところが、非常に隠蔽された地方の場合は別として、大規模な奇襲は夜間にしか達成され得ない。したがって敵の従属的な戦闘力の誤った配備につけ込んで右のような利益を獲得しようと思うならば、たとえ戦端が開かれるのは明け方になってからだとしても、夜を利用して少なくともあらかじめの編成は整えておかねばならない。敵の前哨やその他の小隊に対する小さな夜間行動はすべてこのようにして成立するのであって、その狙いは、常に優勢な軍勢と包囲攻撃によって敵を不意打ちし、不利な戦闘に巻き込んで大損害なしには脱出できないようにすることにある。

被攻撃部隊が大きければ大きいほどこの試みは困難になる。というのは、強大な部隊のうちには、援軍が来るまで、後退しつつある期間もちこたえるだけの手段があるからである。

この理由から、通常、敵軍全体は夜間攻撃の対象とはならない。なぜなら敵軍は外部からの援軍を期待できないとしても、その内部に多面攻撃に対処するに足る手段を有しているからである。各人がそのようなありふれた攻撃形式に対して最初から準備している現代においては殊にそうである。敵の多面攻撃が成功するか否かは、それが不意に行なわれるか否かとはまったく別の条件によって決定されるものである。いまはこれらの条件に言及することは控えて、われわれは、迂回が大成功を納めることもある代わりに大きな危険に陥る可能性もあること、したがって、個々の特殊事情を除いて考えれば、極めて優勢な兵力をもって敵軍の従属的部分を攻撃するときにのみ大成功が約束されることを述べるにとどめたい。

しかし、敵の小部隊を包囲し、迂回するのは、殊にそれが夜間の場合、比較的行ない易い。というのは、攻撃軍がいかに優勢であるといっても、この攻撃に賭けられるのは全軍のうち従属的な部分にすぎず、その小部隊で大冒険をうつのは全軍でうつよりも行ない易いからである。その上、他の大部隊、あるいは全軍が普通この冒険的部隊の支柱となり、収容部隊となるので、それによってもこの冒険性の危険性は軽減されるわけである。

だが、夜間攻撃軍が比較的小部隊に限られるのはこの攻撃が冒険であるからばかりではなく、その実行が困難だからでもある。この攻撃の本来の意味は奇襲にあるのだから、実行に際して潜行が主要な条件となる。ところで、これは大部隊の場合よりも小部隊の場合に行ない易く、縦隊をなす全軍にとってはほとんど実行不可能でさえある。こうした理由から、夜間攻撃は多く個々の前哨に対してのみ敢行され、大部隊に対しては、ホッホキルヒのフリードリッヒ大王の場合のごとく、それが十分の前哨をもたないときにのみ敢行され得る。本軍自体のもとでこれが敢行されるのは、はるかに稀れである。

戦争が急速かつ強力に遂行される最近では、そのために両軍が強力な前哨をもたず著しく接近して野営を張る事態がしばしば生ずるが、それは両軍が勝敗決定の危機状態にあるために起ることである。しかしながら、そういうときには両軍の戦闘準備もまた確固としている。これに対して以前の戦争では、両軍が互いに他を抑制するという意図しかもたないときでもその陣営を敵の間近に張り、かなり長い間そうした状態が続くことがよくあった。フリードリッヒ大王は何週間にもわたって、砲撃を交えることができるほど、オーストリア軍に接近したままでいたのである。

しかしこのような夜襲に適した布陣は、最近の戦争ではまったく顧みられなくなった。糧食補給の点でも陣営設定の点でももはや完全に独立した一軍団を形成し得ない今日の軍隊では、自軍と敵軍との間に通常一日行程の距離を置くことが必要となっている。ところで、ここに一軍の夜襲について特に考察するならば、そのために十分な動機は次の四つに要約されるが、これは滅多に存在しないと言っていい。

一、敵が特別に無思慮か無謀であること。これは滅多にないことだし、たとえあっても、普通大きな精神的優越によって相殺されている。

二、敵軍が恐慌状態にあるか、あるいは一般に、上部の指揮がなくともやって行けるほど自軍の精神力が優越していること。

三、自軍を包囲する優勢な敵軍を突破する場合。この場合には一切が奇襲にかかっているし、脱出しようとするだけの意図で兵力の一層大きな集結が可能となる。

四、最後に、味方の兵力が比較にならないほど少なく、途方もない冒険をしない限り成功の見込みがないといった絶望的な場合。

だがこれらすべての場合を通して、敵軍を眼下に見下し得ること、そしてその敵軍はいかなる前衛によっても掩護されていないこと、が夜襲の前提となっている。

とまれ、大部分の夜戦は夜明けとともに終結するように按配され、敵への接近と最初の襲撃だけが、敵を一層混乱に陥れることができる故に夜陰に紛れて行なわれる。これに対して、戦闘が夜明けとともに始まり、夜が敵への接近のためにのみ利用される場合には、これはもはや夜戦に数えられるべきではないのである。

第五部　戦闘力

第一章　概観

われわれは戦闘力を次の観点から考察しようと思う。

一、その兵員数とその編成とに関して。
二、戦闘時以外におけるその状態について。
三、その補給の点に関して。
四、最後に土地と地形とに対するそれの一般的関係に関して。

戦闘力の諸関係とは、闘争の必然的条件ではあり得ても闘争そのものではない、というのが本部の主題である。もちろんこの諸関係は、闘争とは多かれ少なかれ密接な結びつきと相互影響とがある。それゆえ具体的な闘争を考察する際、この諸関係はしばしば問題になってくる。しかしわれわれはこの諸関係を、その本質において、またその特性において、各々一つの独立せるものとして考察しておかねばならない。

第二章　戦場・軍・戦役

これら三つの異なる要素を、戦争に際し時間・空間・分量にわたって正確に規定づけることは、事柄の性質上できることではない。しかし時折まったく誤解されていることがあるために、われわれは大抵の場合好んで使っているこの言葉の使い方をもっと明確にしておく必要がある。

1　戦　場

戦場とは元来全臨戦地域の一部であって、掩蔽《えんぺい》された諸側面と、そのためにかなりの独立した面をもつ地域のことを言う。この掩蔽は要塞によることもあり得るし、その土地の大きな障害物、または臨戦地域の他部分から遠く隔たっていることによる場合もあり得る。――そのような一部分というのは、全体の単なる部分というのではなく、それ自体が小さい全体をなすものであり、多かれ少なかれ臨戦地域の他の部分に起った変動が直接ではなく、間接の影響をその上にもつというような小全体である。ここで正確な戦場の特徴を言うなら、一軍が前進しているときは他軍は退却しており、一軍が攻撃しているときは他軍は防禦していることが考えられるというだけのことである。もちろんこの厳密な意味を到るところに持ち出すことはできまいが、これは本来の重点がどこにあるかを明示するには役立つだろう。

2　軍

戦場の概念を援用するなら、軍の定義は容易である。すなわち軍とは同一の戦場にある兵員のことを言う。しかしこれだけでは軍なる言葉の使い方を包括していないことは確かである。一八一五年、ブリュッヒャーとウェリントン[*1]は同一の戦場にあったが、各々別の軍を指揮していた。それゆえ最高司令権は軍の概念のもう一つの特徴である。とはいえこの特徴は、先に述べた特徴とは非常に似かよっている。なぜなら事態が正常であれば、同一の戦場には唯一の最高司令権があるだけであり、この戦場の司令官はその権限に応じた程度の独自性を決して欠くわけにはいかないからである。

しかし軍隊の単なる絶対的兵員数は、一見そう思われるほどには軍なる名称にかかわりはない。というのは数個の軍が同一の戦場にあって共同の最高司令権のもとに行動しているところでは、それらの軍はその兵員数によって軍なる名称を担っているのではなく、従来からの関係上そう言われているまでのことだからである（例えば一八一三年のシレジア軍、北方軍のごとく）。一つの戦場にあって闘うべく規定された兵団は、軍団には区分されても、決して幾つもの軍には区分されない。少なくとも後者の区分は通常つかわれている言葉の意味には反するであろう。他方、遠く隔たった地方において独立的に行動している別動隊の各々に同一の軍なる名称を与えようというのは、あまりにペダンティックであるだろう。ただし革命戦争におけるヴァンデ革命軍のごとき場合なら、たとえそれほど兵員数は多くなくとも、軍と呼んでおかしくない場合があるのは注意しておくべきことである。

要するに、軍と戦場との概念は通常平行しており、相互に関係を持ち合っているということである。

3　戦役

一年間にすべての戦場に起った軍事的諸事件を総称して、しばしば戦役と呼んでいるが、これはむしろ一つの戦場において起った軍事的諸事件をそう呼んだ方がより一般的であり、定義にかなっているとも言い得る。しかしこの概念を一年間でかたがつくものと考えるのはまずいことである。なぜなら、今日では戦争は決まった長い冬期野営によってみずから一年間の戦役に区切をつけるようなことはあり得ないからである。ところで一つの戦場の諸事件自身もかなり大きく区分されている。それゆえ、戦場において多かれ少なかれ一つの大きな破局の直接効果が終り、新しい紛糾が始められるようなときには、一年間（一戦役）に諸事件を整然と整理するような自然的区分も考慮されねばならない。しかし一般的には、一八一三年一月一日に両軍が遭ったメメル河畔で一八一二年の戦役が終ったとは誰しも考えはしないだろうし、その後エルベ河をはるかに後退したフランス軍の退却を一八一三年の戦役に数える人もあるまい。なぜならこの退却は明らかにモスクワからの総退却の一過程にすぎないからである。

これらの概念の確立をこれ以上厳密になし得ないということは、決して不都合なことではない。というのは、これらは哲学的定義のように諸規定に対する何らかの源泉としては使用し得ないからである。これらの諸概念は論述に明確さと正確さとを与えるものとして役立てばそれでよいのである。

第三章　兵力の比率

われわれは第三部第八章において、戦闘における兵員数の優越がどんな価値をもつか、およびそれが戦略上の一般的優越にどれほど重要であるかについて述べておいた。したがってそこから兵力比率の重要性が出てくるのは当然であり、われわれはここで少しこの問題について詳しく論じてみたい。

われわれが近代戦史を偏見なく考察するなら、兵員数の優越が日ましに決定的重要性をおびてきていることを認めざるを得まい。それゆえ、決定的戦闘には可能な限りの兵員数を動員せねばならないという原則を、今日われわれは以前にもまして確認しておかねばならないのである。

軍隊の勇気と戦意とは、いかなる時代にも物理的諸力を増加させてきたし、今後ともそうであろう。しかし、史上あるときには軍隊の組織と装備における優れた優秀さが、またあるときには行動力における優れた機敏さが、著しい精神的優越をもたらした時代があったことも確かである。さらに言うなら精神的優越性とは新しく採用された戦術体系であったこともあり、この戦術が包括的大原則に従った巧妙な地形利用という努力に向けられたこともあった。この領域でなら一方の将軍が他方の将軍に、時折決定的優位を占めることが可能であった。しかしこのような努力自身は廃れてしまい、自然にしてより容易な作戦に席を譲らねばならなかったのである。――いま先入観念なく近年の戦争の諸経験を見れば、われわれはそこに前述のごとき諸現象がほとんど見られなくなったこと、これは全戦役を通してだけでなく決定的戦闘、特に主戦においてもそうなのであるということ、を認めざるを得ないのである。この問題については前部第二章に述べておいた。

今日、諸軍隊は兵器、装備、訓練などについて相互に非常に類似しているので、これらのことに関して最良の軍隊と最悪の軍隊との間に際立った区別はつけ難い。例えば、科学的装備をした軍団の育成には多分かなりの差異があることであろう。だがそれとても、一方の軍隊がより良き装備の創始者、応用者であるとするなら、他方の軍隊はその素早い模倣者であるというぐらいのことがせいぜいであるにすぎない。軍団長や師団長などの高級将軍でさえ、その操作法に関してはかなり同一の見解、同一の方法を把握しているものであって、国民や軍隊の教養と必ずしも平行せず、まったく偶然に委ねられている最高司令官の力量を例外として、その操作能力はなお戦争経験に大きく依存している。すべてこのような諸事物に均衡が成立すればするほど、それだけ兵員数の比率が決定的となるのである。

近代諸会戦がもつ性格は、このような均衡の結果である。例えば偏見なしにボロジノの会戦史を読んでみるがよい。そこでは世界最強のフランス軍が、装備や各兵士の教養などでははるかに劣弱なロシア軍と対決した。しかしこの全会戦を通して、優秀な技術や知力の唯一回さえの効力も見られなかったのである。そこではただ相互に冷静な兵員数の推移があっただけである。そして兵員数は両軍均衡をたもっていたので、結局最高司令官の気力がより剛毅であり、軍隊の戦争経験がより豊かである方の側に均衡がわずかに傾いたにすぎない。われわれは、他にほとんど例を見ないほど、この会戦を兵員数の均衡が成立していた例として挙げておく。

とはいえ、われわれはすべての会戦がそうであると言うつもりはない。しかしこれが大部分の会戦の基調であることに間違いはないのである。

徐々にかつ精確に相互の兵員数を推測し合うような会戦においては、兵員数に余力がある方により確実な勝利がもたらされるのは言うまでもない。実際近年の戦史においては、往年にしばしば見られたごとき、二倍の兵力をもつ敵に打ち勝ったような会戦はほとんど見あたらないのである。近代最大の将軍ナポレオンでさえ、一八一三年のドレスデン会戦を唯一の例外として、その勝利を得た主戦においては常に優越した、少なくとも著しく劣弱ではない軍を結集することを心得ていた。そしてライプチッヒ、ブリエンヌ、ラオン、ベル・アリアンスにおける会戦のごとく、彼にしてこのことが不可能であった場合には、敗北のやむなきに至ったのである。

しかしながら兵員の絶対数は大抵の場合、将軍がもはやいかんともすることのできない与件である。さればといって、著しく劣弱な軍隊に戦争は不可能であるというのがわれわれの考察の結論ではない。戦争というものは常に政治の自由裁決によって起るものではない。これは両軍の兵員数が極めて不均衡である場合などには特に痛切に感じられる。したがって戦争にあたって両軍の兵員数比率は種々なる場合が考えられるはずである。そしてまたこのようなときこそ、これまで役に立たないと言ってきた特殊な戦法がとられるべきであろう。

戦法というものは、したがってそれにふさわしい闘争力ある場合にだけ活用できて、そうでない場合には無力であると言うなら、もはやそれは活用の価値なきものである。戦法の活用にはいかなる限定もありはしないのである。

その兵員数が劣弱であればあるほど、その軍の追求すべき目標も小なるものとなり、また敵との戦闘期間も短くなる。それゆえあえて言うなら、劣弱の軍は目標を限定し、戦闘期間も短く切り上げるよう配慮すべきである。兵員数のいかんが戦争遂行上、いかなる変化を惹き起すかについては、問題あるごとに逐次述べてゆくだろう。ここでは一般的見解を挙げておくだけで十分である。しかしこの見解を十分に理解するために、われわれはさらにもう一つの点を附け加えておきたい。

不幸にも勢力不均衡にして戦争に巻き込まれた国は、その兵員数が不足であればあるほど、危機に迫られてその内部緊張、その気力はいやましに増大するだろう。しからずして反対のことが生じた場合、すなわち英雄的決意でなく、無気力な絶望だけが蔓延したる場合においては、いかなる戦法も効力がないのである。

兵員のこのような気力を結集し、そしてその目標をむやみに拡げるようなことがなければ、輝かしい戦闘と慎重な自制との見事な効果が成り立つものである。われわれがフリードリッヒ大王の諸戦争に敬服せねばならぬのはまさにこの点である。

しかしこの自制と慎重も不可能になれば、そのときこそ兵員の緊張と気力とがいやましに重要になってくる。兵力の不均衡が著しく、本来の目標を制限することも不可能となり、危機の継続期間も長びきそうになり、そしてまた兵力の節度ある活用ももはや意味なしということになれば、兵員の緊張は遂に絶望的一戦に集中するであろう。かくして圧迫された劣弱の軍は、何の頼みにもならないものに期待することをやめ、絶望のさなかにあって勇者にのみ湧き起る精神的優越性に最後の望みをかけるであろう。今やこの軍は最高の大胆さを最高の賢明さと見なすであろうし、必要あらば思い切った詭計をも用いるであろう。もしそれらをもってしてもこの軍に利なければ、名誉ある敗北をとげて、来るべき復活への権利を国民のうちに遺留するまでのことである。

第四章　各兵種の比率

われわれは本章において、歩兵、騎兵、砲兵の三主要兵種について論ずるであろう。以下の分析は本質的には戦術論に属するものであるが、本論をより明確に考察するためには是非とも必要であるので、しばらく紙面をさいてみたい。

戦闘は、本質的に異なる二要素からなる。すなわち、火砲による殲滅原理と白兵戦ないし個人的戦闘とである。後者はまた攻撃の場合と防禦の場合とに分れる（攻撃といい、防禦といい、ここではその要素について論じているのであるから、まったく絶対的に理解さるべきである）。砲兵は明らかに火砲による殲滅原理によってのみ効果があるとするなら、騎兵は個人的戦闘によってのみ効果があり、また歩兵はその両者をかね備えていると言える。

個人的戦闘において、防禦の本質とは大地に根のはえたごとく頑強に抵抗することであり、これに反して攻撃の本質とは疾風のごとき運動にある。騎兵は前者の性質をまったく欠くが、後者については優れている。故に騎兵はもっぱら攻撃にのみ向いている。歩兵は頑強な抵抗をなす性質に優れているが、しかし運動の性質もまったくないわけではない。

戦争における基本的兵員をこのように各兵種のもとに分類してみると、他の二種の兵に比べて歩兵の優越性と一般性とが明らかになるだろう。というのは歩兵は、三基本兵種の性質を一身にかね備えている唯一のものだからである。さらに戦争において三兵種の結合がいかに戦力のより完全な使用になるかもこれで明らかになるだろう。なぜなら、そうすることによって初めて、歩兵に不変な方法で結びついている殲滅と運動との原理を任意に強化できる状態になるからである。

火砲による殲滅原理は今日の戦争において明らかに極めて有効である。しかしそれにもかかわらず、一対一の個人的戦闘こそが本来戦闘の基礎と見なされねばならないこともまた明白である。それゆえ、砲兵だけからなる軍隊などは実戦においてはまったく無意味であるだろう。騎兵だけからなる軍隊なら考えられないこともない。しかしその戦闘力は極めて微弱なものとなるだろう。これらに反し、歩兵だけからなる軍隊は単に考えられるというばかりでなく、前二者に比べてはるかに強力なものとなるだろう。それゆえ、この三兵種を自立性に関して考察すれば、歩兵、騎兵、砲兵の順序になる。

しかし三兵種の各々が他と結びついたときの各々のもつ重要性はまた別問題である。殲滅原理は運動原理よりはるかに有効であるので、砲兵をまったく欠いたものは、騎兵をまったく欠いたものよりはるかに劣弱な軍隊となるであろう。

歩兵と砲兵とだけからなる軍隊が、すべて三兵種を備えた他の軍隊と対戦するとき、なるほど不利な状態になることは事実である。しかし騎兵の欠けている部分をかなり多数の歩兵で補うならば、若干の処置の変更によって戦術運用を十分遂行できることもまた事実であろう。もっとも前哨が不備のためにかなりの困難が予想されるだろうし、撃破した敵を活発に追撃することもできず、殊に自軍の退却に際しては大いなる辛苦と努力が払われねばならないかもしれない。しかしこれらの諸々の悪条件は、それだけではこのような軍隊を戦役から閉め出す十分な理由とはならない。――ところでもし単に歩兵と騎兵とよりなる敵軍と対戦した場合なら、このような歩兵と砲兵とよりなる軍隊も有効な活躍ができるであろう。しかし、歩兵と騎兵とだけからなるような軍隊が、すべて三兵種を備えた敵の軍隊に抗戦するなどということはまず考えられないことである。

個々の兵種の重要性に関するこれらの考察は、戦争のあらゆる具体的な場合を一般化して抽象したものであることは言うまでもない。したがってここに見出された真理は、個々の戦闘のあらゆる特殊な場合に活用されることがその本来の意図ではない。例えば、前哨または退却掩護の任にある歩兵大隊は、二、三門の大砲を伴うよりは騎兵一個中隊を伴った方が良いであろう。また例えば、敗走する敵を急速に追撃もしくは迂回せんとする騎兵および騎砲兵はまったく歩兵を伴う必要はない、等々。

これらの考察の結果をもう一度要約すれば次のごとくである。

一、歩兵は各兵種のなかで最も自立的である。
二、砲兵はまったく自立性を欠く。
三、歩兵は数種の兵を結合した場合、最も重要である。

四、騎兵は最も附随的なものである。
五、三兵種が結合されればその戦闘力は最大となる。

三兵種の結合によってその軍の戦闘力が最大になるとすれば、その三兵種の絶対的に最良の比率はどうであるかという質問が当然発せられるであろう。しかしこの質問に答えることはほとんど不可能に近い。

これら各兵種の調達と維持に必要な諸力の支出を相互に比較し、そしてそれらの各々が実戦において果たす役割を再び比較するなら、まったく抽象的に最良の比率を表わすある一定の結果が得られるに違いない。しかしそんなことは観念の遊戯以外の何ものでもないだろう。以上の比率を出すことなどそもそもできないことなのである。もっともその一要素、すなわち経費の点でなら比率を出せないこともない。だがその他の要素とは人命の価値に関することであって、これについては何ぴとといえども数字では列挙し得ないであろう。

さらにこの三兵種の各々は極めて特別な国力に基づいているという事情（すなわち歩兵は人口の量に、騎兵は馬匹の量に、砲兵は軍事費に基づいているという事情）は、われわれが諸国民諸時代を概観してはっきりわかることであるが、このことは以上の比率を決定するにあたってまったく異なった要素をもたらすものである。

それゆえ、他の理由から比率の基準が是非とも必要だということであれば、各兵種の調達と維持に必要な諸力の支出を比較するのではなく、支出がはっきりわかる要素、すなわち経費の点だけをわれわれは基準にすべきである。この点に関してなら、さしあたっての正確さで一般的に次のように言うことができる。すなわち、普通の経験によれば百五十騎編成の一騎兵中隊と、兵員八百人の一歩兵大隊と、六ポンド砲八門編成の一砲兵中隊とは、装備費、維持費とも大概同額になるということである。

比較の他の部分、すなわち各兵種が実戦にあたって果たすところの役割を比較するなどということは、はるかに困難なことである。もっとも単に殲滅原理だけを問題にするのなら、そのような比較を調べることも不可能ではない。しかし各々の兵種にはそれ独自の性格があり、したがってまたそれ固有の活躍圏があるものなのである。とはいえこの活躍圏もまた一定していないのであって、時によりあるいは広く、あるいは狭くなることがあり得る。もっともそれにつれて戦争遂行上若干の変容が加えられることはあっても、決定的な不利をもたらすようなことはないのだが。

とにかくこの点に関して、人はしばしば経験が教えるところのものを持ち出し、戦史のなかにそれを確証するに足る十分な根拠が見つけられるものと信じている。しかしそれらは何ら根源的なもの、必然的なものに還元されるはずのないものであり、学問的探究精神には何の価値もない単なるお喋りにすぎないものと言わざるを得ない。

さて、各兵種の最良の比率についてある一定の大きさが考えられるとはいえ、これは精確にわかるものではなく単なる観念の遊戯にすぎないのだが、もし各兵種のうちの一つが敵の軍隊の同兵種のものと比べて、あるいはより優越していたり、あるいはより劣弱であったりした場合、どんな結果が生ずるかについては言えないこともない。

砲兵は火砲の殲滅原理を強化する。これは各兵種中最も破壊力をもつものであり、それゆえこれを欠けば軍隊の強力な戦闘力はまったく弱体化されてしまう。しかし他方、砲兵は最も運動性のない兵種であるので、軍隊の運動をまったく鈍重なものにしてしまう。さらに砲兵は個人的戦闘能力がないので、己れを掩護してくれる部隊を必要とする。したがって砲兵の数が多く、それを掩護するために与えられるはずの部隊が到るところで敵の攻撃に耐え得ないとするなら、しばしばこの軍隊は敗北を喫せざるを得ない。そうなると新たなる不利が生じてくる。すなわち、敵軍は奪った砲や弾薬を直ちにわが軍に向かって逆用することになる。砲兵は要するに、三兵種のうちでことさらそのように厄介な特色をもっているものなのである。

騎兵は軍隊の運動原理を増大させる。もし騎兵の兵員数が少なければ、すべてが緩慢に（歩兵によって）行なわれ、すべてが慎重に処理されねばならないことになって、軍事的要素のうち迅速性が弱められてしまう。それはちょうど、勝利の豊かな実りを大鎌で刈りとるのではなく、小鎌で刈りとるようなものである。

騎兵の過剰はもちろん決して戦闘力を直接弱めるものではなく、むしろ内部的不均衡と見なされるべきものであって、維持費が困難であるために間接的に戦闘力を弱体化させる結果になってくる。過剰な一万の騎兵の代わりに五万の歩兵をもち得ることを考えてみれば、そのことは容易にわかるであろう。

一兵種の過剰から生じてくる以上のような特性は、狭義の戦争論においては非常に重要である。というのは、このような戦争論は既存の戦闘力の活用法を教示するものであり、最高司令官にとってこの戦闘力は各兵種の割合まで細目に決められて与えられているので、それに変更を加えることなどほとんどできないからである。

それゆえ、一兵種が過剰であることによって変様を受ける戦法の特徴を考えてみれば、次のごとくである。

砲兵が過剰であれば作戦は防禦的受動的性格を帯びざるを得ない。そのような場合、軍の安全は、堅固なる陣地、地形の大切断部、または山岳陣地によって求められるであろう。けだし地形の障害物は過剰な砲兵を防禦し保護して敵軍を手許に引き寄せ、それを殲滅するのに役立つものだからである。そしてこのような場合、全戦争は慎重にして形式的なあのメヌエットのごときゆっくりした足どりになるであろう。

これに反し砲兵が少なければ、攻撃的、能動的、運動的原理を十分に駆使することが可能となる。この場合、行軍、苦労、努力がわれわれにとって特有の武器となり、かくて戦争は多様にして活気に満ちたものとなるであろう。もっともこのような場合、大事件の代わりに小事件が頻発することになりはするだろうが。

騎兵が多数であれば、広大な平野が戦場として選ばれ、迅速な運動が好まれるであろう。このような場合、敵軍からはるかに離れて休息と安寧を享受できるが、敵軍はこれらを得られないという利点がある。あるいはより大胆な迂回作戦をとることもできるし、一般に思い切った運動性を発揮することができるであろう。なぜならば、われわれは広大な空間を支配し得るからである。牽制作戦や侵入作戦が戦争の有効な補助手段である限り、われわれは容易にこれらを活用することができるのである。

一方、騎兵の数が少なければ軍隊の運動力は弱められる。しかしだからといって砲兵の過剰の場合がそうであったように殲滅原理の強化が伴うわけではない。このような場合は慎重な配慮と明確な見通しが戦争の主要性格となる。敵軍を常に視界内に置くこと、これと密接していること、決して性急に軽率な運動などは起さないこと、常に全軍による緩慢な進軍を行なうこと、常に防禦を心がけ、その際は地形の障害物を利用すること、そしてもし攻撃に移らねばならぬときには敵軍の重点を最先にたたくこと、これらが軍に騎兵の数が少ない場合の自然的傾向である。

一兵種の過剰によって起る戦法の種々なあり方はそれほど包括的でも徹底的でもないので、それだけで全作戦計画の方向を決定できるものではない。戦略上攻撃するか防禦するか、ここで戦うか他の場所でか、決戦を挑むか他の攪乱作戦をとるか、それらは他のより本質的な諸事情によって決定されるものである。もしこのことが理解されなければ、少なくとも副次的なものを本質的なものと取り違えるような恐れが生じてくる。しかし事実はそうであっても、つまり本質的問題はすでに他の諸事情によって決定されてしまっていても、一兵種の過剰な結果生ずる影響の余地もなお残されている。というのは、戦争のあらゆる状況、ニュアンスを通して、攻撃には慎重かつ見通しをもち、防禦には大胆かつ積極的でなければならぬ、等々は以上の影響の余地が残されている点だからである。

しかし反対に戦争の性質もまた各兵種の比率に著しい影響を及ぼし得る。

第一に、予備軍と国民軍とに基づいた国民戦争には、言うまでもなく大量の歩兵を創設せねばならない。なぜならば、そのような戦争にあっては人員の不足より軍備費の不足が著しいからである。その上、このような戦争においては軍備費は必要最低限度に制限されるものであって、八門の砲をもつ一砲兵中隊の代わりに、一歩兵大隊どころか二、三の大隊まで創設することができるという打算もなされ易いのである。

第二に、弱小国が強国に対して国民皆兵、ないしはそれに類似した予備兵動員でも対決し得ないときは、その兵力の不足部分を補うために砲兵を補強するのが先決の手段となる。なぜなら、それは兵員を補強し、戦闘力の根本的原理、すなわち殲滅原理を高めるからである。その上、このような弱小国は大抵一定の狭い戦場で防禦戦を展開するよう余儀なくされるものであり、砲兵はそれゆえ極めて適したものとなる。フリードリッヒ大王がかの七年戦争の末期にこの手段を用いた例がある。

第三に、騎兵は運動性の兵種であり、決定的勝利のための兵種である。したがって普通の比率よりはるかに騎兵数の過剰なることが、広大な戦場で縦横に波状攻撃を加え決定的勝利を得る際の重要な要素となる。ナポレオンの例がこれにあたる。

攻撃の場合であれ、防禦の場合であれ、以上の結果はそれ自身では何ら影響をうけるものではないということは、後ほど戦術のこの両形態に言及する際明らかにされるであろう。攻撃側も防禦側も一般に同一の空間を行動し得ること、少なくとも多くの場合、両者とも同一の決定的勝利を期待し得ることをここで考えておく必要があるだろう。これは一八一二年の戦役を想起してみればすぐにもわかることである。

普通、中世においては騎兵数が歩兵数に比べて圧倒的に多く、今日に及んで徐々にそれが減少してきたと考えられている。この考え方は少なくとも一部分はまったくの誤解に基づいている。数から言えば当時でも騎兵の比率は考えられているほど平均して大きくはなかったのである。このことは中世を通して戦闘力のかなり正確な資料にあたってみればわかることである。十字軍[*2]を構成していた歩兵、およびドイツ皇帝のローマ遠征に従軍した歩兵の大集団を考えてもみるがよい。とはいえ騎兵の重要性が今日よりははるかに大であったことは事実である。騎兵は国民中の最良の部分より成る強力な兵種であった。それゆえ、たとえ数は少なくとも常に主要部隊と見なされたし、一方、歩兵はほとんど無視され主要部隊とは見なされていなかったのである。したがって当時にあっては、歩兵はあたかも存在しなかったかのごとき誤解が生じたわけである。もちろん、ドイツ、フランス、イタリアなどの国内小戦争において、全軍が騎兵だけから成る衝突事件が現在よりはしばしばあったことは事実である。騎兵が主要な兵種であったのであるから、それも別にあり得なかったことではない。しかし一般的には、より大量の歩兵によって一軍が編成されている例を考えれば、その事実ですべてを決定することはできない。戦争遂行にあたってすべての封建的隷属関係が廃止され、戦争が、徴募され傭われて給料をうけとる兵員によって行なわれるようになるや、つまり、戦争が給料と募集に基礎を置くようになり、したがって時代的には三十年戦争[*3]およびルイ一四世治下の諸戦争時代[*4]になって初めて、このような役にも立たない歩兵の大軍を常時かかえている習慣が廃止されたのである。そしてもし火器の著しい発達によって歩兵の重要性が増大し、それによって幾分か歩兵数を大量にかかえておく必要性が生じてこなかったなら、おそらく騎兵だけで軍を編成するようなこともあり得たであろう。この時代の歩兵対騎兵の比率は、少ない場合で一対一、多い場合は三対一にも及んでいたのである。

その後、火器の発達につれて、騎兵のもつ重要性は段々失われていった。このことはすでに自明の事柄であるが、この火器の発達とは単に兵器そのもの、ないしはその火器の操作技術にのみ限定されてはならず、その火器によって武装された軍隊の用兵術についても言われることなのである。モルヴィッツの戦いにおいてプロイセン軍は、火器操作技術を最高度に発揮したのであるが、この点では今日といえどもそれ以上のことはなし得ないほどであった。それ以来、障害地を利用した歩兵の使用と散兵戦における火器の使用とが採用されたのであり、これは殲滅行動における偉大な進歩と見なさるべきことである。

以上のようなわけで、騎兵の比率が大いに低下したのは兵員数に関してではなく、その重要性に関してであるというのが本論の意見である。これは一見矛盾しているように見えるが、実際はそうではない。というのは、中世における歩兵とは、軍隊構成上たとえ多数を占めていたとしても、騎兵に対する内的比率によって多数であったのではなく、費用のかかる騎兵として出陣し得ない者がすべて歩兵に編入されたまでのことであるからである。したがって歩兵は単に便宜上のものであって、もし騎兵の数がその内的重要性によってのみ決定されるものだとしたら、どれほど多数であっても決して十分過ぎることはなかったであろう。その重要性が著しく低下したにもかかわらず、騎兵がこれまで永きにわたって保ってきた比率を今日もなお維持している意味をこれで理解できるであろう。

実際、オーストリア帝位継承戦争以来、歩兵対騎兵の比率が全然変らず、常に四対一、五対一、六対一の間を上下していたことは注目すべきことである。なぜならこの事実は、まさにこの比率にこそ自然的必要性を満足させるものがあり、したがって直接にはうかがい知り得ぬ両者の比率の大きさが明示されているものと考えられたからである。しかしわれわれはそのことをあえて疑いたいと思う。そもそも、幾多の著名な例を挙げるまでもなく、多数の騎兵が存在したことには明らかに他の諸要因があったのである。

ロシアとオーストリアなどはその例に挙げられる国家であるが、これら両国は国家組織にタタール的制度の残存が見られるからこそ、なお騎兵が多いのである。ナポレオンは己れの目的遂行上、いやがうえにも強大な軍を必要としていた。そしてそのために彼は、可能な限りの兵員を徴募兵によって満たすことができたのであり、それ以上己れの軍隊を強化するためには、必要兵員として配慮する必要なくむしろ財政処置によって解決できる補助兵としての騎兵を増加しさえすればよかったのである。さらに彼の行軍は広大な領域にわたっていたので、当然騎兵の価値も普通の場合より重要であったことを無視してはなるまい。

フリードリッヒ大王は、周知のごとく自国の徴兵負担を軽減させるよう細心の注意をめぐらした人である。大王にとっては、自国の軍隊を可能な限り他国の費用で維持、強化せんとすることが主要課題であった。未だプロイセンもウェストファリア諸州も大王の小領土に属していなかった事実を思えば、大王の腐心も肯けることである。

　ところで騎兵は兵員数が少なくてもよい上に、徴兵によって容易に補充することができるものでもあった。これに加えて大王の徹頭徹尾運動性に重きを置いた戦争体系が、騎兵の増加をもたらす要因となったとも言える。このようなわけで、大王の歩兵が減少するに反し、その騎兵は七年戦争の末期まで増加の一途を辿ることとなったのである。それにもかかわらず、この大王の騎兵は七年戦争の末期においてさえ、戦線にある歩兵の四分の一をかろうじて越える程度にすぎなかった。

　とはいえ、この時代においてさえ、非常に弱小の騎兵しか擁していない軍隊が戦闘に参加して勝利をおさめた例がないわけではない。グロス＝ゲルシェンの会戦などがその好例である。その戦闘に参加した両軍団だけに限って考えてみれば、ナポレオン軍は兵員一〇万、うち騎兵は五千、歩兵は九万の編成であった。これに対して連合軍の兵員七万、うち騎兵は二万五千、歩兵は四万であった。このようにナポレオン軍は二万の騎兵の不足に対して五万の過剰歩兵をもっていたことになる。しかしもし歩兵対騎兵の比率が五対一をもって妥当であるとすれば、ナポレオン軍の連合軍歩兵に対する過剰は一〇万であるべきはずであった。したがってその合計は一四万となる。ところがナポレオン軍はそれよりはるかに劣弱な歩兵で勝利をおさめたのであり、歩騎五対一の比率に従って一四万対四万の歩兵でなければ一敗地にまみれたであろうなどという主張はこの際あてはまらないのである。

もちろん、連合軍にとって騎兵が多いことの利益はこの会戦後にもすぐ明らかになった。というのは、ナポレオン軍は戦勝の成果を刈りとることができなかったからである。言うまでもなく会戦の勝利だけがすべてでないことはわかっている。しかしそれに勝利を得ることがまず先決の主要な問題ではないだろうか。

以上のような諸観点を並べたててくると、八〇年来維持されてきた騎兵歩兵の比率が自然なものであり、単に両者の絶対的価値だけから生まれてきたものであるとは、われわれはとうてい信じられないのである。むしろわれわれは次のように考えている。すなわち、幾度かの振幅はあるにせよ、両兵種の比率は今後さらに騎兵の相対的減少の方向に向かって行くだろうし、その絶対数についても結局著しい減少を見て行くだろうということである。

一方砲兵に関しては、火器の発明以来、軽量化、改良化が進んで砲門が著しく増加してきている。しかしながらこの砲門もフリードリッヒ大王以来、大体兵員千人に対して二ないし三門という比率が維持されている。もっともこの比率は開戦当初のものであることは言うまでもないことであるが。戦役が進行するにつれて砲兵の損害は歩兵のそれほどではないにしても、戦役末期においてはこの比率は上昇し、兵員千人に対して三ないし四門に達することがある。したがってこの比率が自然に適ったものであるのか、それとも、このように砲門が増加するのは全作戦遂行上不利になる可能性があるのかについては、すべて経験にまかせるよりしかたがない。

これまでの全考察の主要結論を要約してみれば以下のごとくである。

一、歩兵は全軍の主力であって、他の二兵種はこれに従属する。

二、用兵上、巧みな技術と活動力とを大いに発揮すれば、ある程度砲騎両兵の不足は補いがつく。そのためにはそれを補うに足る歩兵数が必要であり、かつこの歩兵の素質が優秀であれば、それだけ補強は完璧となる。

三、砲兵は騎兵以上に不可欠のものである。なぜなら砲兵は主要殲滅力であり、その戦闘は歩兵の戦闘と不可分に結びついているからである。

四、一般に殲滅活動においては砲兵が最も強力であり、騎兵が最も劣弱である。それゆえ、障害にならぬ範囲内で最大限度の砲兵をもち、かろうじて満足し得る最少限度の騎兵をもつよう常に配慮しておかねばならない。

第五章　軍隊の戦闘序列

戦闘序列とは、各兵種を分割し、編成し、それを全体の各々の部分として統括することであり、全戦役ないしは戦争の基本的形式としてそれらを配備することである。

それゆえ戦闘序列とは、分割といういわば算数的要素と、配備という幾何学的要素とよりなる。前者は軍隊の固定せる平時編成よりなり、例えば歩兵大隊、騎兵中隊、連隊および砲兵中隊等のごとくそれぞれ部隊として一定の単位をとり、それらをもって状況に応じたより大きな部隊を編成して一軍を創設することである。同様に、配備とは平時において軍隊に教え込まれ訓練されている基本的戦術であって、戦争に臨んで本質的にいささかもその性質が変更されることのないものである。その上、この配備には戦争に際して大部隊を用いるための必要条件が附け加わるのである。つまり配備とは、一般的に軍隊が戦闘にあたって配置される規範のことを言う、と考えておいたらよかろう。

以上のことは大軍隊が戦線についた場合、すべてについて妥当してきた。しかもこの戦闘序列形態が戦闘の最も基本的な部分と見なされた時代さえあったほどである。

一七世紀ないし一八世紀に火器の発達著しく、したがって歩兵もまた著しく増加して、非常に長い戦線にまばらに拡散させられるようになると、戦闘序列もそれにつれてより簡単になったが、同時にまたその指揮もより困難となり、一層技術を要するようになった。それゆえ、騎兵のごときも翼線に配分される以外にはもはやどうしようもないものとなった。翼線なら射撃されることなく、騎行の自由な空間をもち得るからである。かくて新しい戦闘序列は、軍隊に結束せる不可分の新しい全体像をもたらしたのである。もしこのような新しい形態の軍を真中から両断したとすれば、それはちょうどちぎられたみみずのようなものになってしまうであろう。つまり両翼はまだ生きていて、うごめいてはいても、すでに自然的機能は失われてしまったものとなろう。かくて、戦闘力は今や統一体とも言うべきものであって、その一部を分離して配備しようとすれば、常に全軍を解体して、この部隊だけを改めて編成することが必要になった。また全軍が行なわねばならぬ行軍なども、そのような場合にはまったく混乱状態に陥ってしまったのである。特に敵が近辺にあるときには、各戦列、各翼の間に常にそれ相当の間隔を置くために最高の技術をもって事にあたらなければならなかったし、その上このような行軍は絶えず敵の目を盗んで行なわねばならなかった。このような窃盗まがいの秘密行軍が覚られずにすんだのは、敵もまた同様な状況にあったからである。

さらに一八世紀の後半になると次のような考え方が支配的になってきた。すなわち、騎兵はたとえ軍の同一戦列から離されて背後に配置されていても、軍の両翼を防禦するためには十分であるということ、これに加えて、騎兵は敵と一騎打ちをさせる以外に種々な活用の道があるということ、などである。このような考え方によって大きな進歩がもたらされた。なぜなら、今や配置についている広大な軍の全延長はまったく同質の諸部隊より成り、したがって全軍を任意の数の断片に分割することも可能となったからである。かくて各部隊は互いに類似したもの、全軍とも類似した組織をもつものとなったのである。このような次第で、今や軍は単一の全体であることなく、多数の分割可能な部分を含む全体となって、柔軟な屈伸性を獲得したのである。各部分は容易に全体から切り離され、そして再び全体に合流し得るようになった。しかもその際に、戦闘序列が混乱するようなことは決してあり得なくなったと言っていい。このようにして各兵種より成る兵団が成立した。つまりそのような組織は久しい以前から要望されていたのであったが、やっとこの段階に至って可能となったのである。

これらすべての事柄は会戦の経験によってもたらされたものであることは明白である。かつて会戦は戦争の全部であったし、今後とも戦争の主要部分であることに変りはないであろうが、今日、会戦における戦闘序列なるものは一般に戦略というよりはむしろ戦術の問題に属する事柄となっている。したがって、ここで会戦の位置に論及したのは、いかに戦術なるものの全体の秩序が戦略の小型版として工作されてきたかを示さんとしたためである。

軍隊が巨大になればなるほど、そしてその軍隊が広大な空間に拡散させられていればいるほど、また個々の部分の効果が多様に錯綜していればいるほど、それだけ戦略のもつ重要性は大きくなってきた。したがって以上のごとき定義の戦闘序列は、戦略と一種の相互作用をもつようにならざるを得なかったのである。しかもこの相互作用は主に戦術と戦略とが接触する限界点において、すなわち一般的に戦闘力を分割した場合、それが戦闘の特別な配列、秩序を生み出すかどうかというぎりぎりの点に現われてくるようになったのである。

さて次に軍の分割、各兵種の混成および配備の三点について、戦略的観点から考察することにする。

1　軍の分割

戦略上、一師団および一軍団の兵員数がどれほどであるかについては問うところではなく、むしろ一軍の下にどれほどの軍団、および師団があらねばならないかが問題なのである。この点について考えるに、一軍が三分割された場合ほどまずいものはない。まして二分割の場合などはなおさらのことである。かかる場合には、最高司令官の指揮権はほとんど無効にされてしまうだろう。

大小軍団の兵員数は、基本的戦術ないし高等戦術の根拠から規定されるものではあるが、臨機応変な自由裁量の余地も大きく残されているのである。それゆえ、独立した一軍をある程度分割することは自明の必要事であって、全戦闘力に関する大区分については戦略的根拠に、中隊大隊等の小区分については戦術的配慮にそれぞれ委ねられるべきである。

最も小規模な軍隊であっても、それが一つの全体として行動する限り、少なくとも三つの区分なしにはこれを考えることはできない。三つの区分のうち一隊を前面に出し、一隊を後方に配置して活動させるわけである。しかし中央部隊は主力として前方部隊、後方部隊の各々より強力でなければならないことを考えれば、全軍を四つに分割した方が有利であることは自明の理と言えるだろう。このように考えてくると、軍の分割法として最も妥当な方法は八分割法まで考えられるだろう。つまりコンスタントな必要事としてまず一部隊を前衛とし、三部隊を各々右翼、中央部隊、左翼として配置して軍の主力たらしめ、二部隊を後衛とし、残る二部隊の一方を右翼掩護にまわし、他方を左翼掩護にまわすのである。これらの数や形態にいたずらに拘泥《こうでい》して過大評価するわけではないが、少なくともこれが最も普通にして常に繰り返される戦略上の配備であり、したがって最も有利な区分法であることに間違いはない。

もちろん、最高司令官の直接指揮下にある高級将校が三名ないし四名にすぎないのならば、軍の指揮（および各部隊の指揮）は極めて容易になるかのごとく思われる。しかしこの容易さは最高司令官にとって二重の意味で重荷になる。第一に、指揮命令の伝達される階梯が長ければ長いほど、その速度、力、精確さはそれだけ失われてゆく。すなわち最高司令官と師団長との間に軍団長が介在するような場合がこれである。第二に、最高司令官に直属する各高級将校の活動範囲が大きければ大きいほど、最高司令官の本来の権威と権力はそれだけ失われてゆく。一〇万の兵員を八個師団に分けて指揮する最高司令官の権力は、一〇万の兵員を三個師団に分割した場合よりも、はるかに大きい。その原因には種々な根拠があるだろうが、最も重要な原因は、指揮官という者は己れの指揮する部隊にある種の所有権をもっているかのように信じ込み、その部隊の一部がわずかの間でも彼の指揮からはずされんとするや、ほとんど必ずといってもいいくらいそれを拒む傾向があるものだからである。いささかでも実戦の経験がある者なら、この事実は容易に理解し得るであろう。

しかしながら他方、軍を無秩序に至らしめないためには、分割をあまり多くしてもならない。一軍司令部から八個の部分に命令を下すことさえすでに困難であるのに、ましてや一〇個の部分に命令を下すことなぞ、とうてい考えられないことである。ところで命令を下す手段がはるかに少ない師団にあっては、少ない場合で四分割、多い場合で五分割が最も適したものと見なされるべきだろう。

全軍を一〇個師団に分割し、その各々を五旅団に分割してもまだ十分でない場合、すなわち、それでもまだ旅団の兵員数が多過ぎる場合には、全軍と師団との間に軍団が設けられねばならない。しかしこのような事態には、同時に師団や旅団のもつ比重が低下するという新たな要素が立ち現われてくることも配慮しておかねばなるまい。

では一体、旅団の兵員数が多過ぎるとはどういうことであろうか。普通、旅団は二千名ないし五千名の兵員によって編成されている。この五千名が限界であることについては二つの根拠があるように思われる。第一に、旅団とは一人の指揮官によって直接指揮されるものであり、したがってその肉声が達し得る範囲の兵員数と見なされることであり、第二は、五千名以上の歩兵集団なら砲兵が必ず随伴するものであり、このように他兵種が混在したものは、内部に別な一部隊をもつことになって、旅団と呼ぶには応わしくないからである。

われわれはこれ以上このような些細な事柄にふみ迷うつもりはない。また三兵種の結合はいかなる場合にいかなる比率で行なうべきか、つまり八千名から一万二千名の師団において行なうべきか、といったような論争についてもわれわれはあまり深入りしたくない。しかし、このような兵種の混成によって初めて部隊の自立が可能となるのであり、したがって戦争に際し、しばしば孤立して行動せねばならぬ部隊にとって各兵種の結合は少なくとも非常に望ましいことであるのは疑いない。この点については以上のような各兵種の結合を好まぬ者も異存がないであろう。

仮に二〇万名の軍を一〇個師団に分け、各師団を五個旅団に分けるなら、各旅団は四千名となるであろう。ここにはいささかの不均衡もない。次に、同じこの軍を五軍団に分け、各軍団を四個師団に分け、また各師団を四個旅団に分けるとしたら、各旅団は二千五百名の兵員数になるだろう。しかし抽象的に考えてみれば、前者の区分法の方が優れているように思われる。というのは後者の区分法においては階級段階が多すぎる上に、一軍を五軍団に分けるのは少な過ぎ、したがってそのような軍は操作が困難であろうからである。一軍団を四個師団に分けるのも同じことである。さらに言うなら一旅団二千五百名というのも兵員数が少な過ぎる。前者が五〇個旅団をもつのに反して、後者の方法では八〇個旅団にもなり、煩雑になってしまうことも考えておかねばならない。これらすべての利点を棄てて後者の方法で得られたものはと言えば、単に命令を伝達すべき指揮官が半減したというにすぎないではないか。これによって考えてみれば、兵員数の少ない軍において軍団を設けるのは不適当である、ということはおのずから明らかであろう。

もっともこれは事態を抽象的に見た場合のことである。個々の場合には、臨機応変に事にあたって然るべきである。八個師団から一〇個師団が広大な平野において統一行動をとる例を、山岳地帯の散在陣地に適用できないのは言うまでもあるまい。また、大きな河川があって全軍を二分してしまうような場合には、両岸に指揮官を置かねばならないだろう。要するに、このような抽象的規則が適用され得ない決定的局面なり、個々の状況なりが数多く存在するということである。

しかしまた、この抽象的規則が、思ったより適用される例が多く、特殊状況によって適用が妨げられる場合はほとんどないことも経験の教えるところである。

これまでの考察の範囲を要約し、かつ個々の重要点を挙げてみたい。

その前に全軍のうちの各部隊なる語を第一次区分のもの、すなわち直接の区分ととるならば、次のように言い得よう。

一、もし全軍に部隊数が少なければ、柔軟屈伸性を欠くことになる。
二、もし部隊の規模があまり大きければ、最高意志の権威は弱められる。
三、指揮命令を伝達する段階が多くなるごとにその力は二重に弱められる。第一に精確度において、第二に速度において。

これらを総合して結論づけるなら次のようになるだろう。すなわち、同時に並存する部隊はできるだけ多い方がいいし、指揮命令の伝達階梯はできるだけ少ない方がよい。ただし一軍を八ないし一〇個以上に分割し、その各々を四ないし六個以上に分割するなら、この軍を指揮するのは容易な業ではできないことになるということである。

2　各兵種の混成

戦略上、戦闘序列における各兵種の混成は、しばしば本隊から分離されて配置についている部隊、すなわち独立した戦闘を余儀なくされている部隊にとってのみ重要となってくる。

ところで、本隊から分離されて配置につき得るのは第一次分割による部隊であり、いや、主としてこれだけがその資格を備えているということは事態の性質上明らかであろう。というのは、別の機会に考察するであろうように、分離されて配置についている部隊は、それ自身一軍の形式と内容を備えていなければならないからである。

それゆえ厳密に言えば、各兵種の混成が常に必要なのは戦略的に見て軍団にのみ限られるであろうし、軍団がない場合は師団ということになる。それ以下の部隊については必要に応じて一時的混成が可能であるというにすぎないであろう。

しかし、兵員数が三万から四万にも及ぶ軍団が、不可分の統一体として配置されているなどということのほとんどあり得ないのは、人も知る通りである。このような大軍団においては、したがって師団の段階で各兵種の混成をしておく必要がある。仮に歩兵の一部を急速に派遣する必要が生じ、この歩兵と騎兵の一隊とを他の遠隔な地点において合流させる際に起る混乱などについて全然考慮を払わない者は、戦争経験がまったくない者と言わねばならないだろう。

三兵種の正確な混成について、その規模、その密度、その比率、および予備隊を各々どの程度残しておくべきか――等は、すべて純然たる戦術上の問題である。

3　配　備

戦闘序列において、いかなる空間的関係に軍隊の諸部分を配備すべきか、という問題も同様に戦術上の問題であり、その時々の会戦によって決まるものである。もちろん戦略的配備なるものもないわけではない。しかしそれはまったくその時々の状況と必要とに依存しており、その合理性は戦闘序列なる言葉の意味とは関係がない。それゆえ、この問題については、軍隊の配備なる標題の下に次の章で論じてみよう。

要するに軍隊の戦闘序列とは、戦闘に適した集団たらしめるよう軍隊を分割し配備することである。一方このように分割された諸部隊は、この集団から個々の一隊を引きぬいて他に転用しても、その時々の戦術的ならびに戦略的要求にすぐさま応じられるよう編成されていなければならない。もしこの当面の要求が満たされてしまえば、この一隊は再び原隊にかえることになる。かくて戦闘序列とは、かの有益な順法主義の第一段階となり、主要な基礎となる。この順法主義とは、あたかも振子運動のように戦争における事態を調整するものであって、詳しくは第二部第四章において述べておいたところである。

第六章　軍隊の一般的配備

戦闘力を集結し始める瞬間から、戦略的に軍隊を決定的地点に集結し、戦術的に個々の部隊にその持場と役割とをふりあてて決戦を挑む瞬間に至るまでの間、多くの場合、長期間の中間期間がある。一つの決定的破局から次の決定的破局に至るまでの間も同様である。

以前にはほとんどこの中間期間が戦争の期間に入れられていなかった。ルクセンブルクがいかに野営し、いかに行軍したかを見れば、それは明らかである。ここでルクセンブルク将軍を引き合いに出したのは、彼がその野営法と行軍法とによって有名であり、まさにかの時代の代表例と見なし得るからである。この将軍についてはフランドル軍事史を読めば、当時の他の将軍以上に詳しく知り得るだろう。

彼の野営法は決まって背面を河川・沼沢・峡谷に置くことであった。おそらくこのようなことは、今日では正気の沙汰とは見なされないであろう。敵がいる方向は常に味方の正面である、などという考えはほとんどなかった時代なので、野営の背面が敵に面し、正面が自国に向けられているなどという場合がしばしばあり得たわけである。今日まったくナンセンスになったこの処置も、当時では野営の選択にあたって、安楽さが主たる、いや、唯一の考慮点とされており、したがって野営中は軍事行動を中止している状態、いわば気楽な舞台裏と見なされていた事情を考えてみれば納得がゆくことである。その上、このように背面を障害物に托したのは、もちろん右に述べたごとき当時の用兵上の見地からであったろうが、実はこれが唯一の安全保障手段と見なされていたがためでもあったからである。なぜならこれは、このような状態において戦闘を挑まれるような可能性がまったくなかったからこそ、初めてとり得た処置だったのである。つまりそのような恐れは全然なかったと言っていい。というのは、当時の戦闘は相互の了解の上にのみ成り立っていたのであって、それはあたかも指定の場所で行なわれる決闘のようなものであったからである。まったく当時の軍隊は、一つには騎兵があまりに多かったため——もっともフランスを除いて、騎兵の栄光は没落期にあったことは事実であるが——一つには戦闘序列が不便であったため、どんな場所でも戦い得るというわけにはいかなかったのである。したがって、障害地にひそんでいればあたかも中立地帯に保護されているようなものであった。しかも障害地にひそんでいる者もその利用法をほとんど知らなかったので、戦闘を求めて押し寄せてくる敵とわざわざ出向いて対戦していたのである。だがルクセンブルクの諸会戦のうち、フロイルス、シュテーンケルケ、ネールヴィンデン等の会戦については、それまでにない方法が見出される。この新しい戦法は、まさに旧式戦法によっていたこの偉大なる将軍の下において誕生したのであった。しかしこれはまだ陣営方式に影響を与えるところまで至ってはいなかった。戦術における変化とは常に決定的諸行動から出発し、しかる後徐々にその他の諸行動にも変化を起させて行くものである。そのようなわけで、いかに野営の状態が戦争状態とは見なされていなかったか、それは「戦争に行く」という当時の表現を考えてみれば頷けることであろう。つまりこの表現は野営を離れて敵の観測に行く別動隊にのみ使われたものなのである。

行軍についても問題は同じようなものであった。すなわち、当時砲兵は安全で良い道を通るために本軍とはまったく別行動をとっていたし、両翼の騎兵はまた普通その位置を交代し合って行軍していた、というのは、当時彼らにとって右翼は名誉の位置と考えられていたので、交互にその位置に取って代ろうとしていたからである。

今日、すなわちシレジア戦争以来、戦闘時以外の状態も戦闘とまったく密接な関係をもつようになり、両者は極めて内的相互作用をし合うようになったので、どちらかを一つだけ切り離しては全然考えられないようになった。

かつて戦役において、戦闘だけが本来の武器であり、戦闘を鋼鉄の刀身に例えれば、戦闘時以外の状態というものはそれについている木製の柄とも言うべきものであって、要するに全体は異質の二部分から成るものとされていた。それに反して今日では、戦闘はいわば刀身の刃にあたるものであり、戦闘時以外の状態はその背にあたるものとされ、かくて全体は熔接された一個の金属と見なされるようになった。したがって一本の刀身のうち、どこまでが鋼鉄であり、どこまでが鉄であるかを区別することはほとんどできなくなったようなものである。

ところで現在、戦闘時以外の戦争状態は、一つには常時から形成されてきている軍隊の編成や勤務上の秩序によって規制され、一つにはまさに戦端をひらかんとするときの戦術的、戦略的配備によって規制されている。軍隊が戦闘時以外にある状態は三つある。すなわち舎営、行軍、野営がこれである。これら三つの状態とも戦術に属する面もあるし、戦略に属する面もある。この点について、幾重にも入りくんでその領界を接している戦術と戦略とは、しばしばどちらにも解釈されるように思えるし、実際そう解釈もできる。したがって、多くの配備は戦術的でもあり同時に戦略的でもあると見なされ得るわけである。

ここで戦闘時以外のかの三形態について、それを特殊な目的に結びつけて論ずる以前に、まず一般論から始めてみようと思う。そのためには、前もって戦闘力の一般的配備を考察しておかねばならない。というのは、これは野営、舎営、行軍よりは、一層高度の総括的編成であるからである。

戦闘力の配備を一般的に、すなわち特殊目的をしばらくさしおいて考察するなら、単に統一体として、つまり共同して戦うよう規定された一つの全体としてのみ考えられ得るにすぎない。なぜなら、この最も単純な形態から少しでも逸脱したものは、すでに特殊目的を前提したものになるであろうからである。したがって、軍隊の概念とは、その大小を問わず右のようにして成立したものである。

さらに、特殊目的がない場合には、唯一最低限の目的が残ることになる。軍隊の給養維持、すなわち軍隊の保安がこれである。それには、軍隊が何らの欠陥なく維持されていること、または何ら特別の支障なく集結しすぐさま戦闘に移ることができること、この二つが条件となる。この二つの条件を、軍隊の状態と保安に関する問題に適用してみると、次のような配慮が必要になってくるのがわかるだろう。

一、給養が容易であること。
二、軍隊の舎営が容易であること。
三、背後が安全であること。
四、前面に障害物のない土地が拡がっていること。

五、しかし陣地自身は障害物の中で保護されていること。
六、戦略的倚託点《いたく》。
七、軍隊分割が有効であること。

これらの諸点を解説して見れば次のごとくである。

つまり第一、第二の点からは、農耕地帯、大都市、大街道を求めることが必要となる。ところがこれは一般的な場合について言えることであって、特殊な場合はこの限りではない。背後の安全性については、後ほど交通線に関する章において述べるつもりである。その際、最も重要なことは、近くにある主要退路の方向に対して垂直に軍隊を配備することである。

第四の点に関する限り、直接戦闘を目的とする戦術的配備と異なって、言うまでもないことながら戦略的配備にあっては、軍そのものから前面の土地の拡がりをすべて見通し得る必要はない。そのために軍の戦略的眼に相当するものとして前衛隊、前哨、スパイなどがあるわけである。しかし彼らにとっても観測はもちろん、障害地におけるより平坦地における方が容易であることは言をまたない。第五の点は第四の点の逆である。

戦略的倚託点は戦術的なそれと二つの性質によって区別される。すなわち第一に、この戦略的倚託点というのは軍隊にじかに接触している必要がないということであり、第二に、それは戦術的倚託点とちがってはるかに広い面積をもたねばならないということである。その理由は、事の性質上戦略は一般的に戦術よりもはるかに広い時間、空間関係の中を運動するからである。例えば、ある軍が海岸や大河の河岸から一マイル離れたところに配備されているとする。その時この軍は戦略的にこの海岸や大河の河岸を倚託物としているのである。というのは敵にしてみれば、こちらの軍と倚託物との間にある幅一マイルの空間を戦略的迂回のためには利用し得ないであろうからである。敵とても数日ないし数週間にわたり、何マイルにも及ぶ軍を率いてこの狭い空間に侵入しようとは思ってもいないであろう。これに反して、周囲二、三マイルしかない湖水などは戦略的にみて何の障害物ともならない。というのは戦略上の効果に関して、左右二、三マイルの地域などはほとんど問題にならないからである。要塞は、それが大規模であり、攻撃計画を援護する有効面積が広ければ広いだけ、重要な戦略的支点となるであろう。

最後の第七の点、つまり軍隊の分割配備については、特殊な目的ないし必要に従ってなされるものか、一般的な目的ないし必要に従ってなされるものかのどちらかである。ここでは後者だけが問題となる。

第一の一般必要事に関しては、敵を観測するのに必要な部隊を率いた前衛を前面に置くことである。

第二に、普通大規模な軍においては、数マイル離れたところに予備軍を配備し、軍の分割配備をまっとうすることである。

最後に軍隊の両翼を掩護するためには、普通特別に配備された兵団を必要とすること、これを附け加えておかねばなるまい。

この掩護ということを、軍の一部を引き抜き、それに翼近辺の地を防禦させて、いわゆるこの弱点に敵を接近させないようにすることと解してはならない。もしそのように理解するなら、次にその翼の翼は一体誰が掩護するのかが問題となるだろう。そのような理解の仕方は一般的ではあるが、要するにまったく馬鹿げている。翼それ自体は決して軍の弱い部分ではない。なぜなら、敵もまた翼をもっているのだし、敵がその翼を危険にさらすことなく、こちらの翼だけが危険にさらされるというようなことは決してあり得ないからである。両軍の状況が不均衡な場合、敵軍がわが軍に優越している場合、敵軍の交通線がわが軍の交通線より強固な場合〔交通線の章を参照せよ——訳者〕、そのような場合に初めて翼は弱い部分となる。

しかしながら、それら特殊な場合についてはここではとりあげない。そして翼に配備された兵団が他の兵団と緊密に結びついて、実際にわが軍の翼近辺の土地を防禦するよう指令されている場合についても、ここではとりあげない。というのはその問題はもはや一般的編成の部門には属していないからである。

しかし、たとえ翼が特別に弱い部分ではないとしても、そのために手を抜いていいわけではない。なぜなら、この部分は敵の迂回行動に面し、その抵抗は中央部隊が受けるものよりも複雑であり、その対処法は錯綜していて多くの時間と準備とを必要とするからである。このような理由から、多くの場合翼を特に敵の不意の襲撃から掩護することが必要となる。そのためには、単なる敵状観測のために必要であった兵団よりも、より強力な兵団をもって翼近辺の配備につかしめねばなるまい。この兵団を圧迫することは、たとえこの兵団がそれほど本格的な抵抗を行なわなくても、敵にとって多くの時間が必要となり、兵員とその意図とを度重ねて繰り出さねばならないようになるものである。つまり翼近辺のわが兵団が多数であればあるほど、この近辺に向かう敵の消耗は激しくなる。これによって翼近辺に強力な兵団を配備する目的も達せられたことになるだろう。それ以上何を為すべきかについては、そのときの特殊な計画によって決まる。それゆえ、両翼の前面に配備された兵団を側方前衛と見なすことができる。この側方前衛の任務は翼近辺の土地に敵が襲撃してくるのを遅滞させ、わが軍に応戦対策をたてる時間を与えることである。

この兵団が本軍の方に退却するような場合、しかもなおかつ本軍が浮き足立つようなことがないためには、この兵団を本隊と同一線上にではなく、やや前方に配備すべきである。なぜなら、本格的戦闘に入らずに退却がなされるような場合でも、このような場合はその退却が本軍の側面に全面的に向かってくるようにはならないからである。

このように軍を分割配備しなければならないという内的根拠から、予備軍が本軍と同じところにいるかどうかに従って、四ないし五個の部分に分割された自然的体系が成立するはずである。

次にこの軍の配備一般を考える際、軍隊の給養と舎営とをいかにとるかについて配慮しなければなるまい。この二点は軍の分割配備にも大きく影響を及ぼす。以上述べてきた分割配備の諸根拠とともに、この二点を無視するわけにはゆかない。つまり、どちらか一方を犠牲にして、他方だけの条件を満足させるようなことであってはならないのである。多くの場合、軍を五軍団に分割することによって、舎営と給養との困難さは取り除かれてしまうであろう。この点を配慮すればあとは大きく手を加える必要はなくなるものである。

ここで、相互支援の、つまり共同戦闘の目的を達成する必要があるとき、このように分離された兵団の間に置かれるべき距離について見ておかねばならない。これについては、戦闘の継続および勝敗決定に関する諸章で述べた事柄を想い起していただきたい。そのことについては、何ら絶対的規定は与えられなかった。というのは、絶対的兵員数か相対的兵員数か、各兵種の比率およびその地形のいかんが非常に大きな影響力をもっているからであり、要するに言えることは、極めて一般的な事柄、平均的な値にすぎなかったはずである。

前衛の距離を規定するのは最も容易である。前衛の退却は本軍の方に向かってなされるので、その距離は多くの場合、孤立的会戦を強いられるようなことのないように、本軍から一日行程強までが望ましい。そして本軍の保全に必要な距離以上に前衛を進めてはならない。なぜなら、前衛の退路が長ければ長いほど、その損害も大きくなるからである。

側面配備の軍団については、すでに述べたように、兵員数八千から一万の普通の師団が戦端を開いて勝敗が決定するまで数時間、いや、多くて半日ほどかかるのが常である。それゆえ、このような師団を本軍から二、三時間行程の距離に、すなわち一ないし二ドイツ・マイル〔一ドイツ・マイルは七・五〇〇メートル――訳者〕の距離に配備するのは決して軽率ではない。同じ理由によって、三ないし四個師団から成る軍団を一日行程の距離に、すなわち三ないし四ドイツ・マイルの距離に配備するのもまた可能なことである。

それゆえ、事の性質上、これまで述べたように主力を四ないし五個の部分に分割し、それらを前に述べたような距離に配備すれば、ここにある定式が成立するだろう。特殊な目的が決定的に介入してこない限り、この定式を軍隊の分割に機械的に適用してもよい。

しかし、このような分離された部分の各々は、それぞれ孤立した戦闘を遂行するに適したものであり、またそのような戦闘を必然的に行なわなければならないかのように想定してきたけれども、だからといって孤立して戦闘をすることが分割配備の本来の目的では決してないのである。このような分割配備が必要なのは、多くの場合、長時間にわたって軍隊を給養保持しなければならないための一条件であるにすぎない。全面的戦闘によって勝敗を決しようと敵が接近してくるときには、この戦略的中間期は終りをつげ、一切のものは会戦という契機に収斂され、ここに軍の分割配備の目的も終結して、それは消滅する。つまり会戦が開始されるや、軍隊の舎営、給養などへの配慮は必要なくなり、前面や側面の敵状観測、ある程度の反撃によって敵の急速な進軍を抑制することなどもはやその使命を終えるのである。かくて一切は主戦という一つの大きな単一体に突き進むことになる。要するに、軍の分割は単なる条件、やむを得ざる処置であったにすぎず、以後は各軍団の共同戦闘こそ配備の真の目的であると見なし得るかどうかが、配備の状況の良し悪しをはかる最上の尺度となるのである。

第七章　前衛および前哨

この前衛および前哨には、戦術的要素と戦略的要素とが相互に入りまじっている。一方、それらは戦闘に形態を与え、戦術的計画を確実に遂行するための配備の一つであるが、他方、それらはしばしば独立した戦闘を惹き起すものでもある。したがって、本軍より多少なりとも隔たった地点に配備されている点を考えれば、それらを大きく戦略の鎖の一環と見なしても差支えない。これが、前章の補遺のために、この両者にしばらく若干の考察を加えてみようという理由である。

すべて軍は、もしいまだ戦闘体制がととのわない場合、本軍の視界に入ってくる以前に敵の接近を探知するために前衛を必要とする。というのは、普通視界は火器の有効射程より著しく大きいというわけではないからである。視界がまるで自分の爪先までしかとどかない人間さえいるではないか！　つまり、昔から言われてきたように、前衛とは軍隊の眼なのである。しかし前衛の必要性も常に一様ではなく、さまざまな程度があるものである。兵員数とその配備についた広さ、時間、場所、環境、戦争の様式、あるいは偶然的変事さえもその上に影響を及ぼす。それゆえ、前衛や前哨の使用が戦史上、ある決まった簡単な法則に従っては行なわれず、多くの場合、まったく無秩序な仕方で行なわれてきたとしても、さほど驚くにはあたらない。

ある時は軍の安全が前衛という特定の兵団に任される場合があり、ある時は個々の前哨を長く一線上に配備することによって同じ任務を果たさせる場合があり、ある時は両者が併用される場合があり、ある時は両者とも用いられない場合がある。そしてまたある時は前進しつつある諸縦隊に共同の前衛が配備される場合もあり、ある時は諸縦隊の各々が独自の前衛を設ける場合もある。ここでわれわれはこの問題を解明し、それを若干の応用可能な原理にまとめられ得るかどうかを研究してみよう。

軍隊が行進している時は、多かれ少なかれより強力な兵団が前方監視、すなわち前衛をなし、この軍隊が退却をする時には、これは後衛となる。もし軍隊が舎営および野営をするような場合には、小人数の歩哨を並べて一線とし、これを前方監視、すなわち前哨とする。つまり事の性質上、軍隊の駐屯中は、行進中よりもより広大な面積を掩護しなければならないのである。したがって駐屯中は前哨線形式、行進中は集結した前衛兵団形式がとられる理由はここにある。

前衛も前哨もさまざまな程度があって、ある時にはすべての兵種の混成よりなる非常に強大な軍団から、わずか軽騎兵一連隊ですむような場合まであり、またある時にはすべての兵種によって編成された兵団が強力な保塁を築いて防禦線をしく場合から、単に本軍より派遣された大哨や小哨ですむ場合まである。したがってそのような前衛ないし前哨の任務も単に観測するにすぎない場合から、抵抗交戦をなさねばならない場合までである。この抵抗交戦の意味も、それによってわが軍の本隊に戦闘準備をととのえる時間を与えることばかりでなく、敵の対策や意図をいち早くかぎつけて、観測の効果を著しく高めることにもある。

それゆえ、本軍が戦闘準備に時間を要すれば要するほど、また敵の特殊な配備状況によって味方の抵抗が左右されればされるほど、それだけ前衛ないし前哨はより強力でなければならなくなる。

あらゆる最高司令官のうちで最も戦闘準備に秀でていたと言われるフリードリッヒ大王は、単に命令を一言発するだけで全軍を会戦に参加させることができたので、別に強力な前哨をもうける必要がなかったのである。したがって彼は常に敵の目前において野営し、あるいは軽騎兵一連隊により、あるいは騎兵一大隊により、またあるいは、本軍から派遣された大哨、小哨によって軍の安全をはかっていたので、何ら大規模な機構を必要とはしなかったわけである。また行軍の場合は、大抵第一線の翼に所属していた数千の騎兵が前衛の任務を担い、行軍が終れば再び本軍に編入されてしまっていたので、永続的な兵団が前衛を編成していたような例はほとんどなかったのである。

その兵力弱少な軍隊が、可能な限り全力を挙げ、かつ急速に行動して、その偉大な訓練と断乎たる指揮の実を挙げようとするのなら、ちょうどフリードリッヒ大王がダウンに対してなしたように、まったく敵の目前において一切のことをなさねばならないだろう。そのような場合、なおかつ本軍を後に置き、形式的な前衛を前に置くというやり方は、まったくその威力を無効にしてしまうに違いない。もっともホッホキルヒの会戦において唯一度だけ度を過し敗北を喫した例があったが、これとても大王の処置が間違いであったことの証明にはならないし、むしろそのことによってますます大王の優れた技倆を認識させられたぐらいのものである。というのは、全シレジア戦争を通して、敗北を喫したのはこのホッホキルヒの会戦、唯一度だけだったからである。

これに反してナポレオンの場合は、実際機敏な軍隊と断乎たる指揮権とにはこと欠かなかったが、常に強力な前衛を前方に配備していた。これには二つの理由があった。

その一つは戦術の変化である。この時代には軍隊はもはや単一な全体と見なされ、多少の機敏さや勇敢さでもってあたかも大決闘を行なうかのごとく、指揮官の命令一下全軍が会戦に臨むようなことは考えられなくなっていたのである。むしろこの時代は兵員を土地や環境の諸特質に大いに適応させ、そのことによって戦闘秩序が、つまり全会戦が、多くの分節をもつ全体に作りかえられるようになったのである。かくて単純な決断は綿密な計画に、また指揮官の号令は多少とも時間をかけた計画的命令にそれぞれ取って代られることとなった。そのためには時間と資料とが是非とも必要になってきた。

その第二の理由は新しい軍隊の兵員数が非常に膨張したことである。フリードリッヒ大王が三万ないし四万の兵を率いて会戦に臨んだのに反し、ナポレオンは一〇万から二〇万にも及ぶ大軍を率いて会戦に臨んだ。

われわれがここにこの二例をえらんだのは、このような名将が何らの理由もなく徹底的にそれぞれの様式をとったわけではあるまいと想像するからである。全体としてみれば、前衛および前哨を設けることは一般に近代において著しく発展してきたものではあるが、シレジア戦争当時でさえ、すべての将軍がフリードリッヒ大王のごとく前衛を設けなかったわけではない。それはオーストリア軍の例を見てもわかることである。彼らは強力な前哨制度をもち、しばしば大兵団の前衛を前方に設けていた。彼らにとってこのような前衛ないし前哨は彼らの当時の状況や諸関係からして当然必要なものであったのである。当時がそうであったように、近代においても戦争の形態にはさまざまなものがある。フランスの元帥マクドナルドはシレジアにおいて、ウディノー将軍やネー将軍はマルクにおいて、[*5]それぞれ六万ないし七万の大軍を進めていたが、前衛兵団についてはあったという話を聞いていない。

　われわれはこれまで前衛および前哨の兵力に関する度合を述べてきた。しかし、それ以外にも種々な程度のものがあるのであって、それをいま究明してみたいと思う。すなわちここに一軍があって、広大な地域を前進または後退する場合、並列して進むすべての縦隊に、共同の前衛ないし後衛を設けることも可能であれば、各々の縦隊に別々の前衛ないし後衛を設けることも可能であるということである。ここのところを明確にするためには、われわれは問題を次のように考えなければならない。

　実際、前衛がその名に値する通りの兵団をもっているのなら、まず中央を前進する主力の安全をはかるべきである。もしこの主力が数本の相並んだ道を行き、前衛もまたその道をとって掩護の任務を果たさなければならない時には、側方の縦隊はもちろん特別な掩護を必要としないのは言うまでもないことである。

しかしあまりにも距離が隔たっていて、実際には孤立した縦隊として前進するような兵団の場合は、その各々に前衛を設けなければならない。中央にある主力の兵団といえども、道路の偶然的な事情によって中核縦隊からあまり隔たってしまう場合には同様の事態が起る。かくて軍隊が縦隊に分離された数だけ、前衛が必要となってくる。そしてまた、そのような前衛は共同で一前衛をなしていた場合よりも、はるかに劣弱であるので、むしろ他の戦術的編成の線にまで機能が低下してしまい、遂には戦略表からはその名が抹殺されてしまうことにもなりかねない。しかしながら普通中央にある主力は大兵団を前衛として設けているので、これが全軍の前衛と見なされ得るだろうし、また実際多くの場合そうなのである。

しからば翼よりも中央部に、これほどまでの強力な前衛を設ける要因は何であろうか。それには以下の三点が挙げられよう。

一、普通中央部には他の部分より強力な兵団が前進する。

二、一軍隊が占有する全地域のうちで、明らかに中央部は常に最も重要な部分を占めている。なぜならすべての計画は大抵その部分と関連をもち、したがって主戦場も普通やはり翼近辺よりは中央部に近いところになるものだからである。

三、中央を前進する前衛兵団は、たとえそれが翼に対して真の前衛として直接掩護の役には立っていないとしても、間接にはその安全をはかるのに寄与している。なぜなら普通の場合、敵がこちらの翼に打撃を与えようとしても、わが前衛兵団の近辺を通過することなくして翼近辺には接近し得ないからである。そうすれば敵自身が側面および背後に襲撃の危険性を感じざるを得なくなる。中央を前進する前衛兵団が敵に与えるこのような脅威は、側面部隊の安全を完全に保障するものではないが、それにもかかわらず、側面部隊が恐れている多くの場合を取り除き、もってこの部隊がもはや危険を感ずる必要なからしめるのには十分である。

それゆえ、中央部の前衛が両翼の前衛より強力であり、したがって前衛という名に値する特別な兵団から成っている場合には、後に続く本軍を襲撃から護るという単純な意味ばかりでなく、全般的戦略関係のなかで前方部隊として活躍する意味も担っているのである。

このような前衛兵団の有効性は次のような目的に還元できる。つまり前衛兵団の活用を述べるならば、

一、わが軍の戦闘体制に未だ多くの時間を要する場合、普通の前衛よりも激しく敵に抵抗をし、それによって敵の前進を慎重ならしめること。つまり普通の前衛がもつ効果以上のものを発揮することである。

二、わが軍の主力が非常に厖大である場合、この容易に動きのとれない主力をやや後方にとどめておき、みずからは運動力を備えた兵団を率いて敵の近辺に出没することがで

きる。

三、たとえ何らかの他の理由で、主力を敵から著しく離れたところにとどめておかねばならない場合でも、この前衛兵団を敵の近辺に観測の目的で派遣しておくことができる。そのような観測のためだけなら、もっと兵員の少ない観測前哨や、単なる別動隊で間に合うだろうといった考えは間違っている。大兵団の前衛と比較して、そのような前哨なり別動隊なりはすぐさま撃退され、したがって観測のための手段もまことにみすぼらしいものになってしまうことを考えてみれば明らかであろう。

四、敵を追撃する場合。単なる前衛兵団に騎兵の大半を派遣した方が、全軍で追撃するよりも迅速に行動をとることができるし、夕方遅くになってようやく活動を停止し、朝方早くから活動態勢に入ることなども容易にできるものである。

五、最後に退却の場合には後衛として、味方の布陣している主要障害地を防衛し、味方の退却を安全ならしめるために用いられる。このような場合でも中央部が特に重要である。しかしそのような後衛は常に敵の翼によって包囲される危険がありはしまいか、という一見もっともな疑問が生じてくる。だが敵はたとえわが翼の近辺にまで進出しているとしても、実際に敵が味方の中央部を危険に陥れるようになるまでには未だかなりの距離があり、したがって中央部後衛はなお若干の間抵抗を続け、迅速な運動能力を発揮して踏みとどまり得るものであること、これを忘れてはならないだろう。それに反して、中央部が両翼よりいち早く退却するならば事態はゆゆしきものとなるだろう。つまりこれは全軍潰走の様相を示すことにほかならない。しかもこの様相がいささかでも見え始めるだけですでに恐るべきことなのである。退却のときほど全軍の一致団結が必要なときはない。また退却のときほどそれがすべての人の胸に痛切に感じられるときはあるまい。両翼の終局目的はやはり再び中央部本軍に合流することであり、糧食や道路の関係で広大な土地を退却せねばならないときも、普通中央本軍の統一下に配備されていて初めて悲惨な潰走を免れるのである。その上、敵もまた普通その主力をわが中央部に定め、全力をあげてこれを追撃することを考えれば、中央部の後衛がいかに重要であるか想像がつこうというものである。

これらによって明らかなるごとく、右に述べた諸条件のうち一つでも満足されれば、特別前衛兵団を設けることは常に状況に適した処置である。ただし中央部隊の兵力が両翼のそれよりも強力でない場合には、まったく右の諸条件は成り立たなくなる。例えば、マクドナルドが一八一三年シレジアにおいてブリュッヒャーと対戦し、ブリュッヒャー軍がエルベ河畔に進出した場合がこれにあたる。両軍とも三軍団に分れ、その各々が普通の三縦隊をなして、並行して走る別々の道を進んだのであった。したがって、両軍とも前衛をことさら設けてはいなかったのである。

しかし、だからといって一軍を均等の三縦隊に分割するような編成は推薦に値するというのではない。第三部〔第五部の思い違い――訳者〕第五章で述べたごとく、それはちょうど、一軍を三分割して配備することが望ましくないのと同じことである。

特別の条件がない限り、全軍の配備は、中央部の脇にそれとは分離された両翼があるというのが、前章でもふれたように自然的なものである。とするなら前衛兵団は単純に考えてみても、中央部の前面にあるとともに、同時に両翼線よりも前面にあることになる。ところで両側部隊の側面に対する任務は、本質的に前衛が正面に対して担う任務と同一のものであるから、両側部隊が前衛と同一線上にあったり、あるいはまた特殊な状況にあれば、両側部隊が前衛よりも前に出ることすら、しばしば起り得ることなのである。

前衛の兵員数についてはほとんど言うべきことはない。全軍を分割した際の第一次分節中、一ないし数分節が前衛をなし、それに騎兵の一部を加えて強化する方式が現在一般にとられている。それでいいのである。したがって軍が軍団に分れている場合は一軍団をこれにあて、師団に分れている場合には一ないし数師団をこれにあてればいい。

以上の点を考えてみれば、分節の多いほど有利になるわけは明らかであろう。

前衛をどの程度の距離まで前面に置くかは、まったくその時の状況いかんによる。あるいは一日行程の場合もあるだろうし、またあるいは前衛が本軍と密着している場合もあるだろう。しかし、大多数の場合は一ないし三ドイツ・マイルの距離にあるのが普通であるが、これとてもこのくらいの距離を必要とすることがしばしば多いというだけのことであって、これをもって他の場合を規制する基準とするわけにはいかないのである。

これまでの考察において前哨の問題をまったく度外視してきた。それゆえ、もう一度この問題にたち帰らねばならない。

最初、次のように述べておいた。つまり前哨は駐屯中の軍隊に必要であり、前衛は行軍中の軍隊に必要である、と。だがこれは一応、その概念を成立の起源にまでさかのぼって考え、両者をさしあたって区別してみようとしたまでのことである。したがってもしこの概念にあくまでも固執するなら、まったくペダンティックな区別に陥ることは明らかであろう。

行軍している軍隊は夕方に駐屯し、翌朝再び行軍を開始するのであるが、もちろん前衛もまた同一行動をとらねばならないし、その度ごとに自分自身と全軍の安全のために哨兵を置かなければならない。だがそのために前衛が前衛でなくなり、単なる前哨に変質してしまうということはないのである。前哨が前衛という概念と対立したものと見なされるのは、前衛として設けられた部隊の主力が個々の哨兵に解体し、統一された兵団としてはいささかも残存していなくなってしまった時であって、この時は、もう長い前哨線の概念が、統一された兵団の概念に取って代った時である。

軍の駐屯期間が短ければ短いほど、掩護の必要性はかなり不完全でも事足りる。わが軍が来る日も来る日も進軍していれば、敵はどの点が掩護されており、どの点がそうでないかを探知する機会をまったくつかみ得ないからである。それに反して駐屯期間が長びけば長びくほど、あらゆる接触点の観測と掩護は完全でなければならなくなる。したがって一般的に駐屯が長びけば、前衛もますます前哨線に散開して行くことになる。前衛がまったく前哨線に移行してしまうか、それともまだ統一的兵団の概念を色濃くもっているかは、主に次の二つの状況によってきまる。すなわち、第一は対陣する両軍の接近程度いかんであり、第二はその土地の特徴いかんである。

両軍がその前面の広さに比較して非常に接近している時には、両者の間に前衛兵団を設けることはしばしば不可能であって、両軍の安全は単なる小哨所を並べることによってのみ保たれるにすぎない。

一般に統一的兵団は、諸々の接触点を間接的にしか掩護し得ないのであって、その効果にも多くの時間と空間とを必要とするものである。したがって舎営の場合のように、軍が広大な面積を占めている際、統一的兵団をして接触点を掩護させるのには、本軍が敵から著しく離れた所にいることが必要である。それゆえ、例えば冬営にあたっては大概前哨線によって掩護されてきたわけである。

第二の状況は土地の特徴である。すなわち、例えば広大な土地の断層部があり、少数の兵力でもって強力な前哨線を張れる場合には、それを利用しないでおく手はない。

最後に冬営に際して、寒気のきびしさも前衛兵団を前哨線に解消させる誘因となる。なぜなら前哨線に解消することによって兵団を舎営させることも容易となるからである。最も完璧な設堡前哨線の例は、一七九四年から九五年にかけてオランダにおける冬期戦役中、イギリス・オランダ連合軍が設けたものであった。つまり、各兵種よりなる旅団を個々の哨所に分散させて防禦線を構成し、これを予備軍によって支援させたのである。この軍に参加していたシャルンホルストは、一八〇七年東プロイセンのパッサルジェ河畔の戦闘において、この方式をプロイセン軍に適用した。しかしごく最近はこの方式はあまり用いられない。それは主に戦争が極めて運動性を重んずるようになったからである。一方、この方式が用いられるべき機会であったのに、なおざりにされてしまった例もある。例えばタルティーノにおけるミュラー[*6]軍のごときがその良い例である。彼がその防御線をもう少し延長していたならば、前哨戦のさなかに砲三〇門を失うようなことはなかったであろう。

言うまでもなく、状況がしからしめればこの方式を用いて大いなる利益をおさめるべきである。このことについては、われわれはまた別の機会に論じてみようと思う。

第八章　先遣部隊の効果

押し寄せる敵に対して、前衛や側面部隊が本軍掩護に寄与する効果についてはすでに述べてきた。しかし敵の主力と交戦する場合を考えに入れれば、これら前衛や側面部隊は常に劣弱であると見ておかなければならない。したがって兵力のこのような不均衡にもかかわらず、著しい損害を出すことなく、いかにしてこれらの兵団がその任務を全うし得るかが次に問題とされねばならなくなってくる。

これら兵団の任務は敵状の観測と、敵の前進をある程度遅滞させることである。

この第一の任務については、劣弱な兵力ではほとんどその目的を達成するのは困難であろう。まず劣弱な兵力ではすぐさま撃退されてしまうであろうし、次にそれでは観測の視界が狭い範囲に限られてしまうであろう。

けだし観測の任務というのは、敵がこの兵団に接触してその全力を挙げて交戦し、己れの兵力ばかりでなく計画までも暴露してしまうような程度でなくてはならないのである。

そのためには、これら前衛なり側面部隊が存在するだけで十分なのであり、敵が撃退の準備をするのを待ち、そしておもむろに後退してくればいいのである。

しかし他方、これら兵団は敵の前進を遅滞させなくてはならない。そのためには本格的抵抗が必要となってくる。

ところで、このような先遣兵団が危機に陥ったり大きな損害を出したりするような事態を避けつつ、敵を最後の瞬間まで待ちうける、あるいは抵抗を試みるといったようなことが考えられるだろうか。しかし考えてみれば敵もまた前衛を前に置いて前進してくるのであって、同時に全軍中の優秀な主力を前面に押し出してくるわけではないのである。一方、もし敵の前衛が、初めからこちらの意図を見抜いていて準備をし、わが軍の前衛よりも優勢であった場合、また敵の本軍と前衛との距離が、わが本軍と前衛との距離に比較してはるかに短かった場合、このような事態は敵が前進中であれば起り得ることであって、敵の主力はその前衛の攻撃を全力をあげて支援する配置に直ちにつけるものであるわけだが、もしそのような場合に出会ったらどうであろうか。しかしこれらの場合といえども、わが前衛の戦う相手はやはり敵の前衛であり、しかも大体同兵力のものと考えていいわけであるから、緒戦は相当の時間がかかるであろうし、わが本軍の退却を危機にさらすことのないよう、敵の前進をしばらくの間観測することも不可能ではないのである。

他方、このような兵団が適当な陣地にこもって行なう抵抗は、そうでない他の場合なら勢力の不均衡によって惹き起されるであろう諸々の不利益を必ずしもすべてひきうけるものではない。優勢な敵に対して抵抗する際の主な危険は、常に迂回され包囲攻撃されるという可能性がある点である。しかしこのような危険の可能性は多くの場合非常に少ないものである。というのは敵の先遣部隊は、こちらの先遣部隊の援兵がどのくらいの近辺にいるのかを探知しているはずはなく、したがって敵の先遣部隊自身がはさみ打ちにあわぬとも限らないからである。このようなわけで敵の先遣部隊はその個々の縦隊を常に同一線上に並べて前進し、こちらの状況を見極めてから初めて、慎重にその両翼のうちいずれか一方の翼を迂回させるものである。敵側にもこのような手さぐりにも似た慎重さがあるおかげで、いよいよ危険がせまる前にわが先遣部隊は退却し得る可能性を残しているのである。

さてそのような兵団が、敵の正面攻撃や迂回運動の当初にあたってどのくらい有効な抵抗を持続させることができるだろうか。それは一に、その土地の形態と援兵がどのくらい近くにいるのかに依存している。この抵抗が考えられる当然の長さを越すと、それが最高司令官の無理解によるのであれ、本軍に余裕を与えんとする犠牲的精神によるのであれ、常に甚大な損害を被るのは当然である。

ただ極めて稀れな場合、例えば著しい障害地を利用し得るような場合にだけ、その抵抗交戦は意味をもち得る。しかしこのような兵団が行なう小会戦は、十分な時間的余裕を生み出すほどには長続きしないものであって、もし時間的余裕を生み出さんとすれば、事の性質上次の三方法が追求されねばならない。すなわち、

一、敵の前進を慎重ならしめ、したがってその速力を遅滞させること。
二、いかにして本格的抵抗を持続させるかということ。
三、退却の方法をいかにするかということ。

この退却は、安全が保障される限り緩慢に行なわれなければならない。地形が新しい配備をするに適しているなら、これを直ちに利用すべきである。そうすれば敵はその度ごとに攻撃や迂回のための新しい準備をしなくてはならず、したがってそれだけ時間の余裕がかせげるわけである。あるいはまた、この新しい陣地において本格的戦闘が行なわれてもいい場合がある。

要するに、抵抗戦と退却とは相互に密接な関係があることは、これによってもわかるだろうし、また戦闘時間を持続させられない場合は、抵抗戦を数倍に激烈化してこれに代えなければならないこともわかるだろう。

以上が先遣部隊の抵抗様式である。その成果は、まず何よりも部隊の兵力と地形の特徴に、

次いでこの部隊が退却する際の退路の長さに、最後に本軍の支援と収容能力とに、まったく依存している。

たとえその兵力比率が敵と同じであろうとも、小部隊というものは大部隊ほど長時間、抵抗できないものである。というのは兵員数が多ければ多いほど、その部隊がいかなる種類のものであれ、行動を起し、それを貫徹するのに時間がかかるからである。次に山岳地帯においては単なる行軍でさえ時間がかかり、各々の配置について抵抗をするのは時間的余裕をかせぐのには都合よく、かつ危険性が少ない。その上、山岳地帯においてはこのような配備をする機会が到るところに存在しているものである。

ところで、先遣部隊が本軍と隔たっている道程が長ければ長いほど退路もまた長くなり、したがって抵抗戦による時間的余裕もそれだけかせげるわけであるが、一方そのような兵団は抵抗力も弱く、本軍にもほとんど支援してもらえないので、本軍の近辺にあって抵抗する場合よりもかえって短時間で抵抗が終ってしまうこともないわけではない。

それゆえ、この先遣部隊を収容し支援する本軍の力量もまた、先遣部隊の抵抗時間に影響を及ぼすものである。なぜなら退却にあたって慎重を要さなければならないということほど、その抵抗力を弱めるものはないからである。

敵が午後に出現する場合には、先遣部隊がかせぐ時間の上に著しい余裕をもたらす。というのはこの場合、夜間が行軍のためにつかわれることはほとんどないので、それだけ多くの時間が得られるわけである。その逆の例を挙げるならば、例えば一八一五年ツィーテン将軍[*7]

麾下三万のプロイセン第一軍はナポレオン軍一二万に対し、シャルルロアとリニー間とのわずか二ドイツ・マイルの地点において抵抗を試み、プロイセン本軍に対して兵力結集のため、二四時間以上の余裕を与えたのであった。すなわちツィーテン将軍はこの時、六月一五日午前九時頃攻撃を受けたのであったが、本格的リニーの会戦が開始されたのは翌一六日午後二時頃になってからのことである。もちろんツィーテン将軍が払った損害は甚大なものであったのは言うまでもない。すなわち実に五千から六千におよぶ戦死、負傷、捕虜などの損害を出したのであった。

経験上、以上のような考察のよりどころとして次に述べるような結論を引き出し得るであろう。

騎兵によって強化された一万ないし一万二千の師団が、一日行程約三ないし四ドイツ・マイルほどの距離、本軍の前方にあって、これといって特別な障害もない普通の土地を敵と対戦しつつ退却する時には、単なる退却に必要な時間よりも約一・五倍の時間をかせぐことができるであろう。これに反して、この先遣師団が一ドイツ・マイルの地点において敵と対戦しつつ退却するなら、単なる退却よりも二倍ないし三倍の時間をかせぐことができるものである。

それゆえ、普通一〇時間の行軍道程にあたる四ドイツ・マイルの地点にこの先遣師団があるとすれば、敵がこの師団を攻撃し始めてから、いよいよわが本軍との戦闘が開始されるまでの間に約一五時間の余裕が得られることになる。一方、この前衛師団が本軍より一ドイツ・マイルしか離れていない地点において敵と対戦する場合、わが本軍が本格的攻撃を受けるまでに要する時間は三時間から四時間以上にまで及び、時としてその倍にまで達することがあり得る。というのは、敵がこちらの前衛と対戦するにあたってとるべき最初の処置に必要な時間は前の場合と同一であるが、このような本軍との短距離の地点においてとる配置は、前の場合に比べてはるかに抵抗時間を長びかせることができるからである。

以上によって次のことがわかる。すなわち第一の場合、敵はわが前衛を撃退したのと同じ日にわが本軍に攻撃をしかけてくるのは困難であって到底考えられないということである。このことは多くの経験が教えている。しかし第二の場合は、もし敵がその日のうちに本会戦を挑まんとすれば、少なくとも午前中にわが前衛を撃退しておかなければならないであろう。第一の場合、夜が味方の軍を助けてくれることを思えば、先遣部隊を遠く前に配備しておくことがいかに時間をかせぐのに有効であるかがわかるだろう。

本軍の側面に配置された兵団についてはすでに述べておいたが、その行動に関しては多くの場合、多かれ少なかれその場の状況に依存している。つまりこの両側部隊は本軍の両側に配置された前衛と見なされるべきものであり、本軍よりはやや前進しており、退却にあたっては本軍に向かって斜めに後退するのが普通である。

この側面部隊は本軍の前面にはいないことと、したがって本来の前衛に比較して本軍に容易に収容され得ないことのために、この部分に対する敵翼の攻撃力が中央部に対する攻撃力よりも熾烈である場合には大いなる危険に陥るであろう。とはいえ最悪の事態においても、この部隊は、前衛部隊が潰走する時のように、本軍を直接危険に陥れるようなことなく、長時間かかって退却し得る余地を残している。

先遣部隊の収容には強力な騎兵をもってこれにあたるのが最も好ましい。普通、先遣部隊が非常に前進している時、本軍とこの先遣部隊との間に予備騎兵を置くのは、このためである。

最終的結論として、先遣部隊の任務は、現実の交戦であるというよりもむしろ単なる示威的なものであり、現実の戦闘であるというよりはむしろいつでも戦い得るという可能性をちらつかせることである。またこの部隊は敵の運動を抑止し得るものではなく、あたかも時計の振子のごとく、敵を緩和し、抑制し、そして敵の力を探知しようとするだけである。

第九章　野　営

われわれは戦闘外の軍隊の三状態を戦略的立場から、すなわちそれが、個々の戦闘の場所、その期間、およびその兵員数を明示し条件づける限りにおいて、考察する。戦闘の内的規律とか、戦闘状態への移行の問題とかはすべて戦術の領域に属している。

さて野営とは、テントを使用する場合であれ、ヒュッテを使用する場合であれ、また野外にそのまま露営する場合であれ、いずれにせよ舎営以外のすべての状態を言うのであって、この野営はそれによって制約される戦闘とは戦略上まったく同一のものである。しかし戦術的にはそうではない。というのは、諸々の理由によって野営地を予定の戦場から若干異なった地点に設けることもできるからである。ところでわれわれは軍隊の配備については、つまり個々の部隊が占めるべき位置についてはすでに十分述べてきたので、この野営に関してはただ歴史的考察を加えるだけにしようと思う。

以前、つまり軍の兵員数が再び著しく膨張し、戦争の期間が長びき、その様相が複雑化し始めてからフランス革命時代に至るまで、軍隊の野営には常にテントが使用されてきていた。これが正規の野営方法であったのである。うららかな春とともに彼らは冬営を離れ、冬が来れば再び冬営に舞い戻ったものであった。そして、この冬営期間はある程度休戦状態と見なされるべきであった。なぜなら、冬営中は両軍の戦闘力は凍結してしまい、全戦争はその進行を停止してしまったからである。そしてまた本格的冬営に入る前の休養営や、その他の短期間、狭い場所で行なわれる野営は過渡期のもの、臨時的な状態と見なされていたのである。

このような両軍合意の上での定期的戦闘力凍結が、どのようにして戦争の目的とその本質とに合致したのか、あるいは今もなお合致しているのかについては、ここで論ずるつもりはない。後ほどこの問題にふれるであろうが、要するに昔はそうであったということだけで、ここでは十分である。

フランス革命戦争以来、軍のテント使用はそのテント材料運搬が困難なために全然廃止されてしまった。一つには、一〇万の軍隊にあってはその運搬に駄馬約六千頭を必要とし、もしこれを騎兵に換えようとすれば騎兵五千騎が得られるだろうし、砲兵に換えるなら砲数百門にも及ぶ数が得られることになるからであり、二つには、長距離を敏速に運動するにあたって、そのようなテント材料なぞは邪魔になるだけであって何の利益にもならないからである。しかしながらテント使用を廃止することによって二つの弊害が生じてきた。すなわち兵員の消耗がひどくなったことと、軍隊が占領した土地を著しく荒廃させるようになったことである。

粗悪な亜麻布でできたテントは、掩蔽《えんぺい》のためにはあまりにも貧弱であるが、長期間これなしでは、軍隊がその労をいやすものがなくなってしまうことも忘れてはならない。一晩か二晩ならばテントを使用しなくても大差はない。なぜならテントというものは風や寒気には弱く、湿気に対してはまったく役に立たないからである。しかしこのわずかな弊害でも一年間に二百回、三百回と度重なると重大なことになってくる。その結果は病兵が続出して、兵力が著しく削減されることになってしまうであろう。

軍隊が露営する場合、もしテントを使用しなかったら、その土地の荒廃がいかに甚しいものであるか、これについてはあえて説明するまでもあるまい。

しかしながらテント使用を廃止したために一面では戦争行動を強化したが、他面においては前に述べた二つの弊害のためにその力を弱めてしまったと考えるのは誤りである。またその弊害を避けるために、昔より一層長期間にわたってしばしば舎営を行なわなければならないと考えたり、テントを使用した昔の多くの配備方法も今はその必要がなくなったのでそれをなおざりにしてもいいと考えるのも誤っている。というのは、フランス革命戦争以後、戦争の様式は激しく移り変り、そのような些細なことはこの変動の波にのみこまれてしまったからである。

今や戦争の基本的砲火力は甚大なものとなり、そのエネルギーは激烈なものとなったので、昔のような定期的休息などは影をひそめ、一切の力は何ものによっても阻止し得ない勢いで一気に勝負を決する決戦に驀進《ばくしん》している。これについてはさらに詳しく第九部において論ずるであろう。したがってこのような状況においては、テントの廃止が戦闘力の運用上にどんな影響を及ぼすか、などということは全然問題にならないのである。そんなことは、全体の目的と計画に必要な限り、天候、季節、土地などに関係なく、ヒュッテを使用するのもいいだろうし、あるいは露営をしてもいいだろう。

いかなる時代、いかなる状況においても、戦争というものはこのようなエネルギーを保ち続けるのであろうか、ということについては後に論ずるであろう。戦争がもしこのようなエネルギーを保有していないとするなら、あるいはテントの廃止も戦争遂行上になにがしかの影響を与えることであろう。しかしテント廃止の弊害が積重なって、再びその方法がとられるようになるかどうかは疑わしいものである。というのは、ひとたび戦争の砲火力が今日のごとく激烈になった以上、時と場合によってはあるいは旧態に戻ることはあっても、忽ちその本来の激烈さに戻ってしまうものであって、そのような悠長な方法などとっていられないであろうからである。要するに、今日軍隊の組織を常に維持しておくためには、以上の点を絶えず顧慮しておかねばならないのである。

第一〇章　行　軍

行軍とは一つの配備から他の配備への移動にほかならず、それには次のような二つの主要条件が含まれている。

一、行軍は便宜快適を旨として、有用に適用できる力をいたずらに浪費してはならない。
二、行軍は誤りなく目標地点に到達するために、運動の正確さを期さねばならない。

もし仮に一〇万の軍隊が一縦隊をなして、ただ一本の道路を間断なく行軍しようとするなら、この縦隊の後尾と先頭とが同日のうちに目的地に到着することは決してあり得ないであろう。そのような大軍の場合には、行軍は異常なほどまでの緩慢さになるか、それとも落下する瀑布が無数の水滴となって飛散するように、この大軍も支離滅裂となってしまうかのいずれかであろう。このように支離滅裂になってしまうということは、縦隊が長いため最後部の兵群を極度の疲労困憊に陥れ、忽ち全軍を混乱させてしまうということである。

これは極端な例であるが、しかしこれによっても一縦隊に編成されている軍隊の兵員数が少なければ少ないほど、行軍はそれだけ容易になり、正確になることがわかるであろう。このようなわけで、行軍にあたっては軍の分割が是非とも必要となってくるのである。ところでこの分割法は、前に述べた戦闘序列の際の分割配備とは直接関係はない。もっとも一般的には行軍にあたっての分割は、戦闘序列の分割配備から由来することもあるが、個々の場合においては必ずしもそうとは言えない。一大兵団を一定の地点に集結させようと思うならば、行軍にあたってこれを分割しないわけにはゆかない。またもし分割されて配備されている軍が、行軍を起さんとする場合には当然分割行軍になるわけであるが、この時でも、あるいは配備の条件が優先してそうなることもあり、あるいは行軍の条件が優先してそうなることもあり得る。例えば目的地に到着後、直ちに配備についてもそれが戦闘のためでなく、単に休憩のためであるような場合には、行軍の便宜さという条件が優先し、主に良路をえらぶということが条件になる。このようにして、ある時には舎営または野営を目的として道路がえらばれることもあろうし、またある時には良路をえらぶことを目的として舎営または野営がえらばれることもあるであろう。ところが他方、会戦を期待し、大軍を率いて戦場におもむかんとする場合には、行軍の便宜さなどは問題でなく、必要とあらばどんなにひどい間道でも通過して目的地にたどりつかねばならないことさえあるだろう。もっとも軍隊がまだ会戦地へおもむく途上にある場合には、諸縦隊を最も真直な大道路から進め、舎営や野営もできる限りその近辺に設営すべきである。
行軍が休憩を目的とするか、会戦を目的とするかにかかわりなく、近代兵術の一般的原則として、戦闘の可能性があり得るところでは、すなわち全臨戦地域内においては、各縦隊を孤立した戦闘に堪え得るように編成しておかなければならない。そのためには三兵種をもって各縦隊を混成し、全軍を有機的に分割して、その各々に適当な指揮官を任命することが必要である。したがって、もともと近代の戦闘序列分割法を必要ならしめたのは行軍上のことであって、一旦確立されたこの新戦闘序列によって大いに利益を得たのもまた行軍であったということができよう。

一八世紀の中期、特にフリードリッヒ大王の戦役の頃より、運動力をもって会戦遂行上の基本的原則と見なし、敵の意表をつく敏速な運動によって勝利を獲得せんとする傾向が著しくなってきた。しかるに当時はまだ有機的戦闘序列がなかったので、行軍にあたっては極めて錯綜した鈍重な編成をもってせねばならなかったのである。例えば、敵の近辺にあって運動を起すには、常に戦闘準備の態勢でなければならなかった。ところがそのためには全軍が集結していなければならなかったのである。というのは、当時において独立の戦闘単位とは全軍のことにほかならなかったからである。また側敵行軍を行なうには、第二線を常に適当な距離だけ、すなわち四分の一ドイツ・マイルほど第一線から引きはなさねばならなかった。そのためにはあらゆる困難をかえりみず、十分にその地理を熟知した上で、一切の障害を突破し、ただひたすらに第二線を所定の目的地に引率してゆかねばならなかった。というのは、このような小間隔の間に平行してはしる二本の良路などは、ほとんど期待し得ないことだからである。同じような事情は、敵に真直にぶつかっていこうとする場合、翼の騎兵にも起ってくる。歩兵によって掩護されつつ別な道を行くならわしだった砲兵に至ってはまた特別な困難さがあった。というのは、歩兵線は間断のない線をなすのが常であったが、砲兵がこれに加わると、この長蛇の歩兵縦隊はますますだらだらしたものになり、各部隊間の間隔は一層無秩序になってしまわざるを得なかったからである。テンペルホーフの七年戦争史を読めば、いかに行軍秩序のだらしなさが、諸般の状況をくるわせ、戦争遂行上の桎梏《しっこく》となったかを理解し得るだろう。

その後、兵術に革新がもたらされた結果、軍は有機的に分割されるようになり、分割された各々の主要分節はそれぞれ一つの小全体と見なされるようになった。この小全体は戦闘において全軍がなし得るあらゆる効果を発揮し、ただその継続期間が短いことだけが全軍と異なる唯一の特徴と言われるまでになった。したがってそれ以来、集中的打撃を敵に与えんとする場合でも、戦闘開始前に全軍を集結するためにおびただしい数の諸縦隊を隣接させておく必要はなく、このような集結は戦闘中に行なえばよいこととなった。

軍隊の兵員数が少なければ、それだけその軍隊の運動は容易になり、したがって、そもそも分割配備の必要があって分割するのでなく、単に兵員数が多過ぎるために分割するような分割法などは、このような場合には必要性が薄くなるのは当然である。というのは、兵員数の少ない部隊ならば一本の道路だけを行軍し得るだろうし、数縦隊に分れて前進しなければならない場合であっても、そのくらいの小兵団が通るような道路ならすぐにでも近辺に見つけることができるからである。これに反して兵員数が巨大になればなるほど、特別に分割する必要性、縦隊の数を増加する必要性、通過し得る幾多の小道路や大道路の必要性も増大し、したがってこれらはすべては各縦隊相互間の距離を引きはなす条件となる。かくて行軍にあたって軍隊を分割する必要性とそれに伴う危険性は、算術的に言って反比例することになる。言い換えれば、各縦隊の兵員数が少なければ少ないほど、それらは相互に援助し合わねばならず、反対に各縦隊の兵員数が多ければ多いほど、その相互の距離もひらき、各々が独立的になるわけである。この点に関しては前部においてもすでに述べておいたのであるが、農耕地帯においては本道路から数ドイツ・マイルほど離れたところに、必ずやこれと平行してはしるかなりの道路が見出せるものだということをそこで述べておいたつもりである。それをもう一度想い返してもらえば、行軍編成をとるにあたって、兵力を集結して迅速かつ正確な進軍をするのを妨げる何らの困難もありはしないのだ、ということを容易に理解してもらえるだろう。他方山岳地帯においては、平行して走るような道路は少なく、その上相互の連絡もはなはだ困難ではあるが、しかし各縦隊の抵抗力は普通の場合よりもはるかに強大であるという利点がある。

今、若干の具体的例をあげて、この問題の性格を究明してみよう。

経験によれば、兵員八千の一師団が砲兵やその他若干の車輛をしたがえて進む場合、一般にその長さは一時間行程ほどになるものである。したがって二つの師団が同一の道路を行軍する場合、第二の師団は一時間後に第一の師団が到着した地点に達することになる。ところで、第四部第六章で述べたように、そのような兵力と装備をもつ師団は、どのように優勢な敵に対しても数時間の戦闘にはたえられるものであった。とするならば、最悪の場合、第一の師団が目的地に到着後すぐさま戦闘を開始しなければならなかったとしても、第二の師団の到着が遅過ぎるようなことはないであろう。さらに言うなら、中部ヨーロッパの農耕諸国においては、七年戦争当時にまま見うけられたように原野を横切って行軍するようなことをしなくても、行軍に際して利用できる側道が、本道路の左右一時間行程以内くらいのところに必ずや見つけ出せるものである。

また経験によれば、四個師団と一騎兵予備隊とよりなる軍隊が行軍すれば、たとえどのような悪路であろうとも、その先頭部隊は八時間に三ドイツ・マイルの行程を進み得るものである。ところで各師団の延長がそれぞれ一時間行程とし、騎兵、砲兵の両予備隊の延長もあわせて一時間行程とするならば、全軍が三ドイツ・マイルの行軍を完了するのに一三時間かかることになる。もちろんこれは長過ぎる時間ではない。しかもこれは四万の軍隊がすべて同一の道路を行軍した場合のことである。それでこのような大軍なら、側路を求めてこれを利用し、行軍時間を短縮できるはずである。同じ一つの道路を行軍しなければならない軍隊の兵員数がこれよりももっと多くなれば、同じ日に目的地に到着するということはもはや絶対必要条件ではなくなるだろう。というのは、このような大軍は到着後直ちに戦闘にうつるというようなことはほとんどあり得ず、普通は翌日になって初めて戦闘にうつるものだからである。

ここに具体的な例をあげたのは、別にこの種の関係をことごとく列記するためではなく、ただ経験にてらしてみて次のことを明らかにするためにほかならない、つまり今日の戦争遂行の仕方において、行軍編成にはもはや何らの大きな障害などなくなってしまったということ、すなわち、迅速かつ正確な行軍をせねばならぬ時でも、七年戦争当時フリードリッヒ大王が用いねばならなかったような独特の技術だの精確な地理についての知識だのをもはや必要としなくなってしまったということである。むしろ今日では、それは軍隊の有機的分割配備を利用してほとんど自動的に、少なくとも幾多の諸計画などなしにも行なわれるものである。かつて会戦が単なる号令一つで行なわれ、行軍には長い諸計画が必要であったのに反して、現在は会戦においてこそ長い諸計画が必要となり、行軍はほとんど号令一つでまにあうようになったとも言えよう。

言うまでもないことであるが、行軍には直角行軍と平行行軍との二種類がある。平行行軍はまた側敵行軍とも言われ、各部隊の幾何学的位置に変化をもたらす。すなわち戦闘序列においては相並んでいたものが、行軍に際して前後に並ぶようになる。もちろんその逆の場合もあり得る。ところで、行軍の方向はいかなる角度をとって行なわれてもいいが、しかしその行軍法は平行行軍と直角行軍とのうち一つに決定しなければならない。

この幾何学的変化を完全に実行し得るものはただ戦術だけであって、しかもこの戦術もいわゆる列伍行進が用いられるときに初めて可能になる。ところでこの列伍行進なるものは大集団では行ない得ないものである。したがってこのような幾何学的変化を実行に移すのに戦略的観点はまったく必要ない。この幾何学的関係を変換させる部分は、昔の戦闘序列においては翼と線とだけであったが、近代の戦闘序列においては普通、軍の第一次分節、すなわち軍団、師団および旅団などが関係するに至っている。この点に関しても、先にわれわれが近代の戦闘序列から導き出しておいた諸結果が大きな影響力をもってくる。このことは、今日においては昔のように軍事行動に移る前に全軍を集結しておく必要がなくなったために、個々に集結している各部隊をそれぞれ一つの独立単位たらしめることに多くの配慮がなされているのを見てもわかるであろう。例えば仮に二個師団を戦闘配備につかせ、一方の師団を他方の師団の後方に予備隊として配置し、二道路をとって敵に向かって前進させる場合、この両師団の各々を二分して、二道路を前進させるなどとは誰も考えはしないだろう、その場合は断然一師団に一道路を与え、両師団を並行して前進させ、戦闘に際してみずから予備にまわる方の師団はもっぱら各師団長の配慮にまかせられるだろう。およそ命令の統一というものは本来の幾何学的関係よりはるかに重大なものなのである。もしこの二師団が戦闘を交えることなく定められた地点に到着したならば、以前の関係に直ちに復帰してしまうだろう。また戦闘序列において並行して待機している二個師団が二道路をとって側敵行軍をする場合でも、各師団の後方線ないし予備隊をして第二の道路を行かせるというのではなく、一師団にそれぞれ一つの道路をあてがい、行軍中いずれか一方を他方の予備隊とするのが普通である。あるいは四個師団よりなる一軍が、そのうち三個師団を正面に配備し、残りの一個師団を予備隊として配備し、この戦闘序列をもって敵に向かって前進する場合でも、正面の三個師団にそれぞれ一道路を与え、予備隊を中央正面師団の後に配置して進ませるのが普通である。しかしこれら三道路が適当な距離に見つからなかった時には、躊躇なく二道路をとって前進してもしかるべきであろう、そのために決して著しい不利をまねくようなことはないのである。側敵行軍の場合においてもまた事情は同じである。

ここでもう一つ問題になるのは、各縦隊の右側から行軍が始められるのか、左側から始められるのかということである。側敵行軍の場合は自ら明らかなことである。左側へ向かって行軍を始めようというのに、誰も右側から出発するようなことはしないだろうからである。ところが前進および退却行軍においては、その行軍序列は本来的に道路の状態と到着後の戦線の状態とによって定められるものである。これまた多くの場合、戦術上の問題である。というのは、戦術がとりあつかう空間は狭少であり、したがってこの幾何学的関係も容易に総括算定し得るからである。戦略的観点からはこれはまったく不可能である。それにもかかわらず、この点に関して戦術と戦略との間に類似性を認めようとする意見があるが、これはまったく間違っている。というのは、昔は全行軍序列はまったく戦術的見地からのみ考慮されていたに過ぎなかった。なぜならば行軍中の軍隊は不可分な一つの全体をなしており、その能力はたった一度だけの主戦を行なうにすぎなかったのであるから。それゆえ、例えばシュヴェーリン将軍[*8]のごときは、五月五日ブランダイス地方より行軍を開始したにはしたが、目ざす戦場が右方にあるのか左方にあるのかをまったく予見し得なかったのであり、したがって、これがやむなくかの有名な反転行進を行なわねばならなかった所以になるのである。

旧式戦闘序列の軍隊が四縦隊となって敵に向かって行軍して行く時は、第一線および第二線の騎兵は常に両翼となって外側の二縦隊を編成し、同じく二つの歩兵集団は内側の二縦隊を編成することとなっていた。ところで、これら四縦隊の行軍法には次の四種類があり得た。つまり右方二縦隊を先頭とするか、あるいは左方二縦隊を先頭とするか、または右方二縦隊は右側を先頭とし左方二縦隊は左側を先頭とするか、あるいは右方二縦隊は左側を先頭とし左方二縦隊は右側を先頭とするか、などである。この最後の序列は中央縦隊を先頭とする行軍とも名づけられよう。しかしながらこれらすべての序列は、次に取られるべき横隊編成を目的としてなされたものであったが、その実、あまり効果がなかったのである。その例をあげてみよう。例えばフリードリッヒ大王がロイテンの会戦に臨んだ時、彼は軍を四縦隊に編成し、右方二縦隊を先頭に立てて前進した。その結果、世の歴史家が口を極めて絶賛するごとく、直ちに横隊を編成して戦列を展開することができたのであった。というのは、そこにはあらかじめ大王が攻撃せんと欲していたオーストリア軍の左翼が偶然にもひかえていたからであった。もしもその時、大王が敵の右翼を迂回しようと欲していたとするなら、プラーグの会戦におけると同じく彼は戦闘開始以前に反転行進を余儀なくされたであろうことは言うまでもない。

これらの行軍序列が当時においてさえ、このようにその目的にそわないものであったとするなら、ましてや今日それらはまったく児戯にもひとしいものになってしまっているといっても過言ではない。昔と同じく今日でも、行軍中の軍にとって、目指す戦場がどこにあるのかをあらかじめ知ることはむずかしいことではある。しかし適当でない行軍序列のため、横隊編成の戦列を展開する段になって失うわずかばかりの時間的損失などは、今日では昔と比べてほとんど問題にならなくなっている。ここにまた近代の戦闘序列が有益な影響を及ぼしているわけであり、これに加えて、どの師団が最初に戦場に到着すべきか、どの旅団をして最初に戦端を切らせるべきか、などという問題も完全に副次的なものになってしまったのである。

したがってこのような事情のもとにおいて、右方より行軍を開始するか、左方より行軍を開始するかは、それが交互になされた場合にその軍のもつ疲労度が平均されるかどうかという点以外、今日では何ら論ずる価値はないのである。もっとも、この点が唯一の価値と見なされて、この二種類の行軍法が大いに今日でも維持されているわけではあるが。

中央部から開始する行軍法は、同じくこのような事情のもとにおいては、特定の行軍序列である意義を失うことになり、それはただ偶然にそうなったにすぎないものと言わざるを得ない。特に中央部からの行軍開始が、同一の縦隊においてなされるならば、戦略的に見てまったく無意味なことである。なぜなら、それはあらかじめ二本の道路があることを前提とした上でなければ言えないことだからである。

ともかく行軍序列というものは、戦略というよりむしろ戦術の領域に属しているものである。というのは、この行軍上の分割というのは、行軍完了後には再び全体に統一されるべき筋合のものだからである。しかしながら近代兵術においては、戦争が切迫したとき、昔のように直ちに各部隊を正確に全部集結させる必要がなく、行軍中はむしろ各縦隊は相互に距離をたもち、各自みずからがその警戒にあたっている故に、各縦隊がそれぞれ独自の戦闘を行ない、したがってその一つ一つが独立戦闘と見なされるような戦闘が数多くなってきている。行軍について、これほどまでに詳しく論じてきたのは以上の理由を明らかにする必要があると思ったからなのである。

その上、本部第二章〔第五章の誤りであろう——訳者〕において論じたごとく、特別な目的がない場合には三大部隊を横列に並べる配備が最も自然的と見なされたように、行軍序列もまた三大縦隊になって進むのが最も自然的と見なされねばならない。

ここで一言つけ加えておかねばならないことは、縦隊とは単に一道路を間断なく行軍する一兵団についてだけ名づけられるものではなく、戦略的に見て、数日間にわたり同一道路を行軍する諸兵団にも一括してそう名づけられてしかるべきものであるという点である。なぜなら、軍を縦隊に分割するのは、主に行軍時間を短縮しかつこれを容易ならしめようとするためであった。言うまでもなく、少数の兵団であれば大兵団よりも迅速かつ容易に行軍できるわけだからである。しかもこの目的は、たとえ大兵団が別々に分れて異なった道路を行かずに、同じ道路を数日かかって行軍しても達せられる故、以上のような名づけ方も可能になってくるはずである。

第一一章　行軍続論

行軍行程とその時間とを決めるのは、一般に経験による以外にはない。

今日の軍隊においては、長くとも三ドイツ・マイルが普通一日の行程である。もっとも縦隊が長い場合には、途中疲労を回復し、病兵を治療するために休憩日を設ける必要があるわけで、一日、二ドイツ・マイルに減縮しなければなるまい。

兵員数八千の一師団が、平地で普通程度の道路を行軍して、それだけの距離を行くには、八時間から一〇時間かかり、山地ならば一〇時間から一二時間はかかるものである。もし数師団が一縦隊になって行軍するのであれば、後続師団の各々が行軍を起すのに必要な時間を計算しなくても、なお二時間は長くかかるであろう。

それゆえ、一日にこれだけの行軍をするというのは、並大抵のことではない。というのは、重い荷物を背負って一日一〇時間から一二時間も歩かなければならない兵卒の苦労は、普通の遠足で一日三ドイツ・マイル歩くのとはわけがちがうからである。もちろん単身、普通の道路を行くのであったらこのくらいの行程は五時間で走破できよう。

休憩を設けずに、一日五ドイツ・マイルから最高六ドイツ・マイルの行程を行軍するもの、または間に長い休憩をはさんで一日に四ドイツ・マイルの行程を行軍するものは、軍隊のなし得る最大の強行軍と言うべきであろう。五ドイツ・マイルの行軍には多分数時間の休憩が必要である。そして道路が良好であっても、兵員八千の一師団がこの行程を行軍するのに一六時間は少なくとも必要である。とするなら、行軍行程が六ドイツ・マイルにわたり、数師団がこれに参加する時には、少なくとも行軍時間は二〇時間を要するものと計算しなければならないだろう。

　ここにおいては、数師団集結して一つの野営地から他の野営地へ行軍する場合についてのみ問題にしているのである。というのは、これが戦地行軍の最も一般的な形態だからである。数師団がことごとく一縦隊をなして行軍するような場合には、全軍を二分し、そのうちいずれか一方を先発部隊としてやや早目に集合させて出発させることである。そうすればこの部隊はそれだけ野営地に早目に到達できることになる。ところでこの先発部隊と後続部隊との間隔を、行軍中の一師団の長さほどに時間をあけてはならない。フランス人の表現を使って言うなら先発部隊が流出《デクールマン》し終ったら、直ちに後続部隊が行軍を起さなければならないのである。しかしながら、これでは兵卒の疲労がほとんど軽減されず、かえって縦隊の兵員数が多いために行軍時間一般も甚しく延長させられてしまうことにもなりかねない。しかし一方、師団を同様な方法で二旅団に分け、これらを相前後して集結させ、出発させるというのも大抵の場合適用し得ない。だからこそ一師団を一単位とした理由もここにあったのである。

　軍隊が一舎営から他の舎営に移動するために行なう長途行軍にあって、各部隊がそれぞれの道路を行き、毎日一定の集結地点を設けないということは、たしかにそれぞれの部隊にとっては長距離を行軍できるが、その代わり毎日の舎営を求めて迂回しなければならぬこともあって、あまり全軍の利点になるとは限らない。

しかし軍隊が毎日集結して師団あるいは軍団を編成し、その後各舎営に分散するような行軍は、大いに時間を食い、その上その地方が殷盛であり、軍隊もまた大軍であるというのでなければ勧められない。なぜなら、このような条件の下に初めて兵卒の長い苦労に対し糧食・宿舎を十分にあてがうことができるからである。この論旨から見てプロイセン軍の一八〇六年の退却は、明らかに失敗であったと言わねばならないだろう。というのは、この時プロイセン軍は軍隊の糧食供給のため、毎夜舎営を行なったのであるが、糧食供給のためなら野営（露営）でも調達し得たはずであるし、さらにもしプロイセン軍が野営をしつつ退却していたなら、わずか五〇ドイツ・マイルを一四日間かかって退くのにあれほどの苦労はしなくてもすんだであろうからである。

しかし悪路および山地を行く場合には、行軍行程および時間に関するこれまでの諸考察はまったく変化してしまい、一般的な規定を設けることは言うに及ばず、特定の場合に行軍時間を算定することさえ難しくなってしまう。したがって理論とは、この点に関して人がしばしば陥る誤った見解に危険の警告を発するだけのことである。この種の危険を避けるためには慎重な計算と、予期せぬ変事を十分に考慮に入れておくことが必要である。このほかに、天候や軍隊の諸状態をも念頭に入れておかねばならないのは言うまでもないことである。

テント使用を廃止し、糧食を現地において強制徴発するようになってから、軍隊の輜重は著しく軽減されるようになった。このことはあたかも第一に行軍の速度を増加させ、もって一日の行軍行程を延長させたかのごとくに考えられるのが自然であるが、しかしそれはある特殊な事情のもとにおいてだけ可能であるにすぎない。

戦地における行軍が、このような輜重の軽減によって補強されたというようなことは、実はほとんどないのである。というのは昔といえども、行軍の目的が尋常ならざるものである場合には、輜重を軍の後にとどめておくか、あらかじめ前方に輸送しておくかして、普通行軍中は軍隊から隔離しておいたものであった。したがって昔でさえ輜重が運動の妨害となるようなことはなく、とにかくこの輜重が軍にとって直接妨げとなることがなければ、たとえそれがどんな危険にさらされようと、あえて考慮に入れなかったのである。それゆえ七年戦争中、現在といえども到底凌駕し得ないほどの強行軍が行なわれていたわけである。一例として、ロシア軍がベルリンに向かって行なった誘撃を支援しようとした一七六〇年ラシーの行軍を挙げてみよう。すなわち彼はこの時、シュヴァイドニッツからラウジッツを経てベルリンに至る四五ドイツ・マイルの行程を一〇日間で走破したのであったが、これは一日平均四・五ドイツ・マイルの行程となり、一万五千の兵団を率いての行軍としては今日といえども相当の強行軍ということになるだろう。

他方、近代の軍隊の運動は糧食獲得の方法が変化したためにかえって抑制されてしまった点さえ見うけられる。というのは今や軍隊はその糧食の一部を自分で調達しなければならず、しかも度々このようなことが起ると、単に糧食車に用意された糧食を受け取りさえすればよかった昔に比較して、はるかに莫大な時間がかかることになってしまったからである。その上、長々と行軍をしてきた軍隊を大兵団の待つ一カ所に野営させるわけにはいかず、糧食調達のため各師団ともそれぞれ分離して野営しなければならない。そして最後に、その軍隊の一部すなわち騎兵は、是非とも舎営させることが必要なのである。これらすべては近代軍の行軍を著しく遅滞させる要因となっている。このようにして、例えば一八〇六年ナポレオンがプロイセン軍を追撃し、その退路を断たんとした時のごとく、また一八一五年ブリュッヒャーがフランス軍に対して同様の挙に出た時のごとく、両者とも三〇ドイツ・マイルを走破するのに一〇日間を要しているが、この速度ならフリードリッヒ大王の軍が巨大な輜重をかかえてザクセン、シレジア間を往復した時にすでに出していることを知るべきである。

とはいうものの、戦地における大小部隊の運動力と操作法の容易さ――このような表現が許されるならば――とは、輜重が軽減されたために著しく増加したのは事実である。その理由の一つとして、軍中、騎兵、砲兵の兵員数を削減せず、馬匹の数を減少させたことによって飼料をあてがうなどの煩瑣な労が大いに省けたこと、その二つとして、後に従う輜重隊のだらだらした縦列なぞを必ずしも考慮する必要がなくなったので、陣地の設定には大いに自由が許されるようになったこと、などが挙げられよう。

フリードリッヒ大王が、一七五八年オルミッツの包囲を解いた後に行なったような行軍は、最も小心な敵に対してでさえ行使してはならないだろう。というのは、このとき実に四千の輜重車輛が列をなし、その掩護のために全軍の約半数が幾多の孤立した大小部隊に解体させられてしまったからである。

ところでタヨーの沿岸からニェーメンの沿岸まで長途の行程を行軍したナポレオンの場合を見るに、輸送システムの軽減さによる利益が如実に感じられる。この場合、もちろん他に輜重車輛があったために一日の行軍行程は昔とさほど変らないものであったが、にもかかわらず緊急の場合は昔よりもっと少ない犠牲で、行軍行程を増加することができるようになったのである。

要するに、一般的に言って輜重の削減は軍の運動力を増大させると言うより、むしろ兵力の節約にあずかって力あるものと言うべきであろう。

第一二章　行軍続論

われわれは本章において、行軍が戦闘力に及ぼす殲滅的悪影響を考察しておかねばならない。この影響はその力が極めて大きいので、元来戦闘にも劣らない特別な要因と見なされるべき筋合のものである。

適度の行軍は軍隊を消耗させるものではないが、しかしこれも度重なると悪影響が出てくる。まして過度の行軍を度重ねるに及んではその弊害は言うまでもない。

戦地にあって、糧食、宿舎の不足、車輛によって傷められた悪路、常に警戒して戦闘準備の心構えをしておかねばならぬ必要、これらすべては法外な兵力の支出消耗をもたらすものであって、そのために人間、牛馬、車輛および被服などは皆損傷し、ことごとく使用にたえなくなってしまうものである。

長い休息は決して軍隊の健康のために利益にはならず、適度の運動がむしろ軍隊における疾病を予防するものである、とはよく言われることである。もちろん、兵卒が狭い宿舎に押し込められていると疾病が発生し易くなるだろうし、実際そうなるものである。この事実は行軍中の舎営といえども同じである。しかし、新鮮な空気と適度の運動の不足がこれら疾病の原因では決してない。なぜなら、新鮮な空気や適度の運動なら休息中であっても体操などによって容易に得られるからである。

兵卒が重い荷物を背負い、吹きさらしの路上で風雨と泥土になやまされつつ発病した場合と、一応静かな室内で発病した場合とで、どちらが傷められ弱まっている肉体に及ぼす影響の上に悪い結果が出てくるか、考えてもみるがよい。仮にその兵卒が野営中に発病したとしても、彼は直ちに附近の村落に移され医療看護がまったく受けられないというようなことはあり得ない。それに反して、もし行軍中に発病でもしようものなら、長時間路傍に何の看護もなく打ち捨てられるだけであり、しかる後、何マイルも後から落伍兵として引き摺《ず》られるようについてくることになる。そのためにどれほど多くの軽症患者も重症となり、また重症患者も命を落すようなことになることか！　そしてまた砂塵と焼けつくような太陽の直射のもとでは、適度な行軍でさえいかに恐るべき日射病になやまされるものであるかを考えてもみよ！　このような状態において、燃えるような渇にさいなまれた兵卒は、新鮮な泉を求めようとして、いかに多く罹病や死を招いてしまうことか。

以上のような考慮の意図は、決して戦争中における軍行動の軽減を欲してなされたものではない。ありていに言って軍隊は戦争に使用されるためにあり、使用されて損傷を来たすのは自然のことである。ただここで言いたいのは、万事にその所を得させ、机上の大言壮語家に反対したいだけのことなのである。彼らによると圧迫的奇襲、迅速な運動、休むことを知らない活動力のためにはいかなる犠牲をもかえりみるべきではなく、それはあたかも豊かな鉱山のごときものであって、怠慢な将軍だけがそれを利用せずに打ち捨てておくかのごとくであるという。彼らの言い草はこの鉱山を採掘するのを、まるで金塊銀塊をやすやすと掘り出すようにせよと言わんばかりである。彼らは掘り出された産物だけを見て、それを採掘するのにどれだけの労働がかけられたかを全然問いはしないのだ。

戦場以外の長途行軍において、なるほど行軍条件が苛酷でなければ日々の損害も比較的少ないが、しかしこのような場合でも普通、軽症兵でさえ長い間軍の欠員となっていることだろう。なぜならこの兵が恢復して出発しても、軍の行軍が中止されなければ、遂にこれに追いつくことはできないだろうからである。

騎兵においては行軍が長びけば跛行《はこう》および鞍傷《あんしょう》の馬匹が急激に増加し、輜重兵においては諸車輌の破損混乱が増加して行くだろう。したがって百ドイツ・マイル以上を行軍した軍隊においては、必ずや軍の消耗が目立ち始める。特に騎兵と輜重とにそれは著しい。

このような行軍が戦場自体において、すなわち敵の眼前において行なわれねばならない場合には、前に述べた特別な損害にさらにもっと一般的な損害が附け加わる、まして兵員数が多く、戦況が不利な場合に及んでは、その損害は信じられないほどの数にのぼるものである。

いま二、三の実例をあげてその論点を明らかならしめてみたい。

一八一二年六月二四日ナポレオンがニェーメン河を渡った時、彼がモスクワまで引率してゆこうと思っていた中央本軍は実に三〇万一千人を数えていた。その後、八月一五日スモレンスクにおいて一万三千五百人の兵員が本軍より他へ分遣させられたので、本来なら中央本軍にはまだ二八万七千五百人の兵力があったはずである。しかるに実際の兵員数は一八万二千人を数えるにすぎなかった。つまりその間、一〇万五千五百人にも達する損害を出していたことになる。* ここに至るまでにかなりの戦闘はと言えば二度ほどしかなかったわけであるから——すなわちその一つはダヴーとバグラチオンとの間で、その二つはミュラーとトルストイ＝オステルマンとの間で——その戦闘によって被ったフランス軍の損害を一万人としてみても、五二日間以内に七〇ドイツ・マイルを直進するのに、実に九万五千人におよぶ罹病兵、落伍兵を出していたことになる。すなわち、これはまさに全軍の三分の一にも相当する数なのである。

＊　すべてこれらの数字はシャンブレーから借用した。

それより三週間後、ボロジノの会戦当時において、この損害は一四万四千人に達していた（ただし戦闘による損害も含む）。さらに八日後、モスクワに突入した際には、この数字は一九万八千人にまで上昇することになる。このようにしてこの行軍中、フランス軍一般の損害は第一期に毎日、遠征当初兵力の百五十分の一、第二期に百二十分の一、第三期においては実に毎日一九分の一ずつを失っていたことになる。

ナポレオンの行軍は、ニェーメン河よりモスクワに至るまで終始連続した運動と見なすべきである。もちろん、八二日間に百二十ドイツ・マイルを進軍したわけであるから、途中二度ほど大休止をしたことも忘れてはならない。すなわち二度はヴィルナにおいて約一四日間、二度目はヴィテプスクにおいて約一一日間であった。この間に多くの落伍兵は本軍に追いつくことができたのである。そしてまたこの一四週間に及ぶ行軍にあたって、季節、道路などは最悪というほどのものではなかった。というのは季節は夏であったし、行軍するのに辿った道程はあらまし砂地であったからである。しかし一つの道路に大兵団が集中したこと、十分な糧食が確保できなかったこと、敵は退却中とはいえ潰走中ではなかったことなどがこの大遠征をかくまで困難なものにしたのである。

フランス軍の退却、正確に言ってモスクワからニェーメン河までのフランス軍の処置については、ここでは論ずるつもりはない。しかしフランス軍を追撃するロシア軍が初めカルガ地方を出発する際、一二万の兵力をもっていたのにもかかわらず、ヴィルナに到達した時には三万人にまで減少していたことも注意しておく必要があるだろう。この期間中、実戦において被った損害がどんなに少ないものであったか、それは周知のことである。

なお、一八一三年シレジアとザクセンとにおいて行なわれたブリュッヒャーの極めて特徴的な戦役から例をとってみよう。この戦役には長い行軍はほとんど行なわれず、無数の前進、後退運動が行なわれたにすぎなかった。この時、ヨーク軍は八月一六日約四万の軍をもってこの戦役を開始したのであったが、一〇月一九日ライプチッヒ戦においては、わずか一万二千人にまで減ってしまっていた。ゴルトベルク、レーヴェンベルク、ヴァルテンブルクの戦い、カッツバッハ、メッケルン、ライプチッヒの会戦などを遂行したのがこの軍の主な戦闘であったが、その損害は最も信頼すべき著述家の説によってもせいぜい約一万二千人にすぎなかった。とするなら戦闘以外の損害は八週間に実に一万六千人、すなわち全軍の五分の二にも達していたことになる。

このようなわけであるから、もし運動に富んだ戦争を遂行しようというのであれば、あらかじめ兵力の莫大な消耗を覚悟しておかねばならない。すなわち、全計画はこの消耗を予期して立てられ、何よりもその補強のための増兵計画が立てられねばならないだろう。

第一三章 舎営

近代兵学においては再び舎営がなくてはならぬものとなった。なぜならテントをいちいち運搬していたのでは、軍隊の自由な運動が妨げられてしかたがないからである。ヒュッテ、露営などはたとえどんなに完全なものであっても、軍隊を保護する通常の手段ではない、そんなものでは気候のいかんによって遅かれ早かれ疾患が襲いかかり、兵力をいとも早く消耗し尽してしまうだろう。一八一二年におけるロシア戦役は、酷烈な寒気のもとに六カ月間にもわたって軍隊が舎営しなかった珍らしい例の一つである。しかし、このような苦労の結果がどんなものであったかは人のよく知るところで、それはまったく無謀というのほかなく、ましてそのような計画を立案した政治家の頭脳に至っては気違い沙汰と言うべきであろう。

ところで舎営を妨げる二つの事情がある。すなわち、一つは敵が近辺にいる場合であり、二つは迅速な運動が要求される場合である。したがって勝負を決する主戦が近づくや、舎営は見棄てられ、この時機が完了するまで再び顧慮されることはなくなるものである。近代の戦争においては、つまりこれまで二五年間、目のあたりに見てきたすべての戦役においては、戦争の本領は物凄いエネルギーで発揮されてきた。つまり活動力と兵力の無限損耗とについては多くの場合、考えられ得る限りの限界点にまで達し、一方戦役の継続期間は極端に短縮されるに至った。すなわち戦役はその目標に達するのに半年を費やすようなことはほとんどなく、多くの場合、二、三カ月でこと足りるほどにまでなった。その目標とは敗者が休戦もしくは講和条約を請うか、さもなくば勝者がその戦勝のために力尽きて戦局が終結するか、いずれかの時である。とにかく戦争の苦闘が最高潮に達しているこの期間中は、舎営のことなどほとんど問題にならない。というのは勝者が追撃戦に移って、もはや何の危険性も存在しなくなっても、まだ運動の迅速性が要求せられて、舎営にくつろぐことは許されないからである。

しかしながら、何らかの理由で紛争がそれ以上進行しない場合、つまり両軍の兵力の間に、ある種の均衡状態が保たれるような場合には、軍隊を舎営させることが顧慮されるべき主要な問題となる。この欲求を満たすことは戦争遂行の方針にも若干の影響を及ぼす。つまり一方において、強力な前哨制度を設けたり、あるいはさらに強力な前衛を前方に設けたりして、味方の軍を掩護する時間と安全性とを得なければならないだろうし、他方において、その土地の戦術的利点や、線と点との幾何学的関係などにかかずらわることなく、その土地の富と農産物とに目をつけなければならないこともあるだろう。したがって人口二、三万くらいの商業都市や大村落および繁栄している諸都市の側にある大道路などは、大兵団の配備を集中化するのに有利であり、またそれゆえ、迅速な集結にも有利であってこれはまさに戦術上の堅固な陣地の有利さに十分匹敵するものである。

舎営全体の配備形式については、ここで多くを語るつもりはない。なぜならこれは主として戦術の問題に属するものだからである。

軍隊の舎営は主要条件と附帯条件との二種類に分けられる。戦役の経過中、軍の配備が単に戦術的ないし戦略的根拠だけからなされていて、その疲労を軽減するために陣地附近にある宿舎に舎営させようというだけのことであるなら、舎営は附帯条件にすぎず、野営の代わりに舎営をするというだけのことである。したがって、このような舎営は、軍隊がすぐさま配備につけるような範囲にもとめられねばならない。騎兵に関しては、このような場合がかなり多いものである。これに反して、軍隊を休養のために宿舎に戻す場合には、舎営一般が主要条件になるのであって、他の諸々の処置、配備地点の選択などもこの目的に従って決められねばならない。

ここで配慮しておかなければならない第一の問題は、舎営全体の形態についてである。普通この形態は非常に細長い楕円形をなしており、これは戦術的戦闘序列がそのまま拡大された形にほかならない。そして集結地点はその前方にあり、本営はその背後にある。ところで、このような舎営の形態は敵の出現以前に全軍を確実に集結させるのに障害となるものであり、というより、まったく逆の効果しかもたらさないものである。

舎営の形態が方形もしくは円形に近くなればなるほど、軍隊を一地点に、つまり中央地点に集結させるのはそれだけ早くなる。集結地点を舎営の背後に遠く離せば離すほど、敵がこの地点に到達するのはそれだけ遅くなり、したがって集結のための時間をそれだけ多くかせげることになる。このように集結地点が舎営の背後にあるときは決して危険に陥ることはない。しかし反対に本営が前方に置かれれば置かれるほど、それだけ変事の諸情報が早く達し、総指揮官が一切のことに通暁するのに有利である。ただし先にあげた舎営の形態も全然根拠のないものではなく、そこには多少なりとも注目しなければならない点もある。

舎営を横に細長く延長するというのは、さもなくば敵の徴発のために利用されるかもしれない土地を保護するためであるとされている。しかしこの根拠は正しくもなければ重要でもない。それは軍の最翼部に関してだけのことであったら、あるいは正しいかもしれない。しかし軍の各部隊がその各々の集結地点の周囲に舎営をする際、それら各部隊の間にできた空間についてはまったく正しくない。なぜなら、この空間に敵の部隊がしのびこむといったようなことはほとんどあり得ないからである。その上それは重要な根拠もない。というのは舎営近辺の土地を敵の徴発から保護するためには軍隊を拡散させなくとも、もっと簡単な方法があるからである。

また集結地点を前方に置くことは、舎営を掩護するためだと言われている。これはその通りである。けだし、もしこれが後方に置かれると、第一、軍隊が急いで武器をとるような際には、その舎営内に多くの落伍兵、病兵、荷物、糧食などを残し、容易に敵の手に委ねるようなことになり、第二に、敵がその騎兵をもってわが前衛を通過し、ないしは撃破するようなことにでもなれば、相互に孤立した連隊や大隊に襲いかかってくる可能性があることを顧慮して置かねばならないからである。これに反して集結地点を舎営の前方に置けば、配備ずみの部隊に敵がぶつかり、この部隊が力弱く結局は敵に粉砕されねばならぬ筋合のものであるにしても、それによって敵の前進を防ぎ、残余の部隊の集結に時間をかせぐことになるものである。

本営の状態については、その安全を保障するのはなかなか困難なことであると一般に信じられてきた。

これら諸々の顧慮を念頭に入れた上で、次のような結論を下すことができようか。すなわち、最も良い全体の舎営形態は、方形ないしは円形に近い楕円形をなし、集結地点をその中央に置き、兵員数が厖大である時には本営を第一線に置くことである、と。

前に一般の戦闘序列上、両翼の掩護について述べたが、それは舎営の場合についてもあてはまる。それゆえ、本軍から左右に分遣された各部隊はそれ独自の集結地点をもち、もし共同戦闘を行なうようなときには、これを本軍の集結地点と同一線上に置くべきである。

舎営の形態は、一方においてその土地の性質、つまり優れた障害地をたくみに利用すべきであり、他方その地方の諸都市および村落なども舎営の位置を決定するのに考慮すべきであるであろう。このことを考えれば、舎営形態の幾何学的配置などがいかに重要なものでないかがわかる。しかし、ここでそのことに注意をうながす必要があったのは、一般的法則がいつもそうであるように、あくまでもそれは一般的な場合にのみ多少の影響を及ぼすにすぎないということを示したかったからである。

さらに舎営の有利な形態について述べるなら、天然の地形に掩護された障害地を選び、舎営をその背後にかくすべきである。そうすれば多数の小部隊によって敵の動静を観察し得るだろうし、また要塞の背後に舎営をかくすことができ、要塞内の兵力を明らかならしめないようにでもできたら、敵はまったく警戒と用心とを強いられることになるだろう。

設堡冬営については、後で一章を設けて説くつもりである。

行軍中の舎営は駐軍中の舎営とは異なる。行軍中の舎営は疲労を増すような迂回路を避けるために幅広く配置されてはならず、常に道路にそって配置されねばならない。そして、この道路にそった舎営が一日行程以内の距離ならば、迅速な集結にそれほど不都合ではないだろう。

すべて敵前にある場合、言い換えれば両軍の前衛間にある間隙がわずかな場合には、舎営地の広さと軍隊集結に必要な時間とを計って、前衛および前哨の兵力と位置とを決めなくてはならない。これに反して、敵の配備によって状況がもっぱら決定されているような場合には、逆に前衛の抵抗時間によって舎営の広さが決められる。

このような場合、前衛部隊の抵抗時間をいかに算定するかについては本部第三章〔第八章の誤り――訳者〕において論じてきた。この抵抗時間から命令伝達のための時間および軍隊が行動を起すに要する時間を差し引けば、残りが集結運動に許された時間である。

最後にこれまでの考察を、最も普通の状態のもとで起るような一つの場合にあてはめて考えてみるなら、次のことに注目しておかねばならないだろう。というのは、全舎営地の半径を前衛と舎営との距離より大ならしめず、集結地点を全舎営地のほぼ中央にとるならば、敵の前進を喰い止めることによって得られる時間は、命令伝達と諸部隊の行動を起すのに十分ふりあてられるであろうということである。このような場合、大抵命令伝達は必ずしも烽火や信号発砲によらなくても、単に騎兵による伝令で十分間に合うものであるし、実はまたこれだけが確実性の高い伝令方法なのである。

したがって前衛が三ドイツ・マイル前方にあるなら、舎営地の全面積は三〇平方ドイツ・マイルに及び得るだろう。普通の人口密度地方なら、これだけの面積に約一万の人家が見出されるであろうし、前衛を除いて五万の軍隊が分宿するとしたら一軒あたり約四人ほどとなり、非常に楽に舎営できるはずであり、たとえこの軍隊の兵員数が二倍であったとしてもなお一軒に九人が分宿でき、さほど狭い舎営ということにはならないであろう。これに反して、前衛が一ドイツ・マイル以内にしか前方にいない場合には、全舎営地面積は四平方ドイツ・マイルにしか及び得ないであろう。というのは、前衛の抵抗によって得られる時間の余裕は、前衛と本隊との距離に比例して減少するものではなく、前衛が一ドイツ・マイルの地点にあるような場合には、なお六時間の余裕はあるものであるが、敵がこのような近辺にいるのであるから一層の警戒をせねばならないからである。しかしそのくらいの面積に五万の軍隊が舎営するのは、よほど人口稠密の地でなければ宿舎を見つけるのが困難であろう。

以上によって、一万ないし二万の軍隊をほとんど一地点に舎営させようという場合、大都市ないしは中都市のもつ役割がいかに重要なものであるかがわかるであろう。

つまり、これまでの論証を結論づけてみるなら次のように言うことができるだろう。すなわち敵があまり近辺にいず、その上相当数の前衛が配備されている場合には、たとえ敵が集結していたとしてもなお舎営にとどまっていることができるということである。フリードリッヒ大王が一七六二年ブレスラウの戦いでなしたのがこれであり、またナポレオンが一八一二年ヴィテプスクの戦いでなしたのもこれである。敵がこのように集結していても、なおかなりの距離があり、その上わが軍の集結のための安全が保障されるような万全の配備がなされていれば、何ら心配する必要はないのであるが、その際にも次のことを忘れてはならないだろう。というのは、緊急に集結せねばならぬ軍隊は、この間他の何事も手につかず、したがって別な事態が生じてもすぐさまそれを利用し得ず、軍隊の活動力の大部分を奪われてしまっているということである。

このようなわけであるから、軍隊を完全に舎営させられるのは次の三つの場合に限られる。

一、敵もまた舎営をしている場合。
二、軍の状態が舎営を絶対に必要としている場合。
三、軍の当面の活動がまったく堅固な陣地の防禦に限定されており、したがって軍が適時陣地に集結しさえすればそれで十分であるような場合。

舎営している軍隊の集結について、一八一五年の戦役がはなはだ注目すべき実例を示している。この戦役に際し、ツィーテン将軍はブリュッヒャー軍中の三万の前衛をもってシャルルロアに進出していた。これは本軍の集結地であるソンブルッフを隔たること二ドイツ・マイルの地点であった。ところで、プロイセン軍の舎営は最も遠い所でソンブルッフを隔たる八ドイツ・マイルのかなたにあり、近い所で一方はシネイのかなた、他方はリィティヒにまで達していた。それにもかかわらず、シネイのかなたに駐屯していた諸隊はリニーの会戦が始まる数時間前に予定の地に集結することができたのであった。そしてリィティヒ近辺に駐屯していた諸隊（ビューロフ軍団）も、偶然の事故と命令伝達機構の欠陥がなかったならば同じくその時刻に集結していることができたであろう。

確かに当時プロイセン本軍は、保安上の配備を十分にしていなかったのは争えない事実である。しかし、フランス軍もまた広大な舎営をいとなんでいたではないかという主張は、プロイセン軍のこのような処置の理由にならないわけではないが、それにしてもフランス軍の行動開始の第一報およびナポレオン到着の報告を受けて、プロイセン軍が直ちに集結運動を起さなかったのはまったくの失策であった。

要するに、プロイセン軍は敵の攻撃開始以前にソンブルッフに集結していることができたはずなのに、それをなさなかったということは大いに注目に値する。ブリュッヒャーが敵の前進開始を報らせる報告を受けとり、自軍の集結を開始したのは一四日の夜、すなわちツィーテン将軍が実際に敵の攻撃を受ける一二時間前のことであった。しかるに翌一五日午前九時にはすでにツィーテン将軍は戦闘の真最中であり、ようやくこの時、シネイにあったティールマンのもとにナミュールに向けて前進せよという命令がとどいたのであった。したがってティールマン将軍はここであわててその軍団を師団編成にし、ソンブルッフまでの六・五ドイツ・マイルを二四時間がかりで行軍しなければならなかったのである。ビューロフ将軍もまた命令が迅速にとどいていたら、機を失せずこの時刻に戦場に到着し得ていたであろう。

幸いにして、ナポレオンがリニー攻撃を開始したのは一六日二時過ぎであった。これは一方にウェリントン、他方にブリュッヒャーの軍を迎え撃たねばならないという懸念、言い換えるならば兵力の不均衡という憂慮がナポレオンのこの遅滞を生んだのであった。これによって見ても、あの果断をもって鳴るナポレオンでさえ、このような多少複雑な事情のもとでは、いかにそれに拘束されてやむを得ず逡巡せねばならなかったかがわかるであろう。

これまでに挙げてきた諸考察の一部は、もちろんいうまでもなく戦略の問題というよりは戦術の問題である。それをあえて挙げてきたのは、問題の解釈を不明確ならしめないための配慮にほかならない。

第一四章　糧　食

糧食の問題は近代の諸戦争においてますますその重要性を増してきた。それには二つの理由がある。第一には、近代の軍隊は一般に中世のそれに比べて、いや古代のそれに比べてさえ著しく大規模になってきたということである。もっとも近代以前にも時として近代の軍隊と同じくらいの規模、あるいはそれ以上の規模をもつ軍隊がなかったわけではない。しかしそれはあくまでも一時的例外的現象にすぎないものである。それに反してルイ一四世以来の近代戦史を見ると、軍隊の兵員数は常に増加の一途を辿ってきている。近代戦において糧食問題が重要になった第二の理由は、第一の理由に比べてはるかに重要であり、近代独特のものである。というのは、近代の戦争においては相互に内的強固な関連があり、これを遂行する各兵員が常に戦闘の姿勢でいるということである。大部分の昔の戦争は孤立した相互に関連のない諸戦闘からなり、それら諸戦闘の間は長期の休戦期によって分け隔てられていて、その間は事実上まったく戦争がなく、ただ政治的にのみ戦争関係にあるだけか、さもなくば両軍の兵力が少なくとも相互に遠く隔てられており、各々敵軍を顧慮せず、おのれの必要のみに従っていればよかったのである。

ウェストファリア平和条約[*9]以降の近代戦争は、各国政府の努力により、相互に内的関連のある統一的形態をとるようになった。したがって戦争目的はすべてのものを支配し、糧食問題についても、いかなる場合にもこの目的を満足させるような諸設備が要求されるようになってきた。なるほど一七世紀および一八世紀の戦争にも長期の戦闘中止期間があり、この間は戦争がまったく停止されてしまったかに見えたこともあった。すなわち、あの毎年定期的に行なわれた冬営の期間である。しかしこの期間も戦争は続いており、この冬営も戦争目的に従属していたのである。ただそういう状態で戦闘を中止しなければならなかったのは、糧食補給のためではなく、まったく厳寒の季節のためにほかならなかった。それゆえ、少なくとも温暖な季節の間中は継続した軍事行動が要求されたのである。

一般的に言って、ある状態ないしは行動様式から他の状態ないしは行動様式への移行は段階的になされるものであるが、この場合もその例外ではない。ルイ一四世に対する諸戦争においては、各同盟諸国ともその軍隊への糧食補給を容易にするため、冬営の間中軍隊を遠隔地に引き離しておく習慣があった。しかしながら、シレジア戦争においてはもはやこの習慣は行なわれなくなっていた。

とにかく軍事行動がこのように秩序整然としたものになったのは、主に諸国家が封建的兵制を廃止し、兵卒に給料を支給する制度を採用してからのことである。封建的兵役義務は今や租税に変り、人頭税はまったくなくなって徴兵制度に取って代られたか、あるいは残っていたとしてもまったく国民の最下層のものに限られていて、これは今日ではロシアやハンガリアに見られるごとく、貴族が租税の一種、すなわち人頭税として人民に課しているものにほかならない。いずれにせよ、すでに他のところで述べたように、今や軍隊は政府の一手段となり、その費用はもっぱら国庫と政府の歳入とに依存することとなった。

政府が兵力の配備と絶えざるその補充とに気をつかわねばならなくなった事情は、またその維持と糧食給養とに関しても言えることであった。というのは、諸身分を人頭税から解放し、金納制にしたばかりであるのに、すぐまた糧食の新税をこれに課すわけにはいかなかったからである。したがって、政府つまり国庫がこの費用を負担せざるを得ず、国民の直接負担に転嫁することは到底許されることではなかったのである。それゆえ、兵力の糧食給養はまったく政府の独自の事業と見なされねばならなくなってきた。このようにして糧食給養問題は二重に困難な負担となった。すなわちその一つは、それがまったく政府の巨額な負担となることによって、その上第二には、その巨額な負担のかかる兵力が常に敵の兵力の面前にあって戦闘体制を整えていなければならない、ということによって。

かくて、ここに特別の軍人階級が形成されるようになったばかりでなく、それの維持、給与のための恒常的官庁が形成されるようになったのであり、それもできるだけ十分なものでなければならなくなったのである。

糧食は買収や国内徴発によって遠隔地から貯蔵所に運び込まれたばかりでなく、ここから特別輜重によって軍隊駐屯地近辺のパン製造部に送られ、できあがったパンはまたその軍専用車輛によって各隊中に配分されたのである。今このシステムに論及したのは、単にそれが過去の戦争の特質であったということだけでなく、このシステムは決して完全に廃止されてしまうことなく、その個々の要素は常に再び現われてくるものであろうという見地からである。このようにして、戦争の施設は徐々に国民や国土から独立したものになる傾向を辿ってきた。

その結果、なるほど戦争は秩序整然たるものとなり、戦争目的、すなわち政治目的に従属するものとなりはしたが、しかしながら同時にその運動は極めて制限されたもの、窮屈なものとなり、またそのエネルギーは無限に弱められてしまったのである。なぜなら今やすべては糧食貯蔵所に依存することとなり、輜重兵の活動圏以上に出ることを許されず、全体がまったく軍隊の糧食をできるだけ節約するという自然的方向に向かわざるを得なくなったからである。兵卒もまたみすぼらしいパンの切れ端で養われるようになった結果、しばしば鋭気を欠いた足どりとなり、前途に何らの希望ももち得ないために、苦難の時にあってこれを耐え忍ぶことができなくなってしまったのである。

兵卒へのこのような乏しい糧食給養をあまり問題にせず、フリードリッヒ大王の軍隊があのように困難な状況にあったにもかかわらず、よく大事業をなし遂げたではないかと反論する人があったら、その人は問題を完全に公平な立場から見ていないと言うべきだろう。確かに困苦欠乏に耐える力は軍人にとって最高の武徳の一つにはちがいない。そしてまたこれがなければ真に戦闘精神に富んだ軍隊とは言えないことも確かである。しかしながらこのような困苦欠乏を永続させてはならず、情勢のやむを得ない場合をのぞいて、決して給与システムの欠陥によるものであったり、けちな打算の結果であったりしてはならないのである。さもなければ、兵卒の力は肉体的にも精神的にも、たちまち弱められてしまうだろう。フリードリッヒ大王の例は決してわれわれの尺度になり得ないのである。なぜなら一つには敵もまた同じ糧食給養システムをとっていたからであるし、二つにはもし大王が彼の軍隊に対して、ちょうどナポレオンがその軍隊を維持したごとく、十分な糧食補給をなし得たとするなら、さらにどれほど偉大な事業をなし遂げていたか計り知れないものがあるからである。

ところが馬糧の件になると、これは今までまったく精巧な給与システムがとられたためしはないと言っていいだろう。というのは、馬糧の容積はまことに大きいものであって運搬が極めて困難だからである。大体一日分の馬糧の重量は一日分の糧食の一〇倍に相当する。しかるに馬匹の数は一軍中の兵員数の約一〇分の一以内にとどまることなく、今日では四分の一から三分の一、昔では三分の一から二分の一にまで達していた。とすると、馬糧の重量は糧食の重量の三倍、四倍、いや五倍にも相当することになる。したがってこのような必要を満足させるためには、どうしても最も直接的な方法、すなわち青草採取法をとらねばならなかった。しかしながら、この青草採取法は別な点で作戦遂行上の妨害となることがわかってきた。その理由の第一として、この方法をとるためには戦争が敵の領土内で遂行されねばならないという極めて切実な問題であり、第二に、この方法をとれば一地方に長く駐屯することは許されないということである。このような次第で青草採取法はシレジア戦争時代、すでに衰えてしまっていた。それはこの方法があまりにその土地を荒廃させ、枯渇させてしまうことに気づいたからであり、それに比べたら、馬糧をその地方から徴発した方がまだましであったからである。

ひとたびフランス革命が民衆の力を戦争の舞台に登場させて以来、政府の糧食給養手段はもはや十分なものとは言えない状態になり、この旧式給与手段という制限の枠内にあってかえって安全性をたもっていた旧式な全戦争体系は一挙に粉砕されてしまい、それとともにその体系の一部であったもの、つまりここでわれわれがあつかってきた糧食給養体系もまた崩壊してしまったのである。かくてフランス革命の指導者達は、糧食貯蔵所などに気をつかうことなく、また運搬組織の各々の部分があたかも歯車のように運行していて、まるで精巧な時計装置にも似たその設備システムをほとんど考慮することなしに兵員を戦場に送り込み、将軍達を会戦に派遣したのである。その際、必要なものはすべて徴発、窃盗、掠奪によって手に入れ、もって全軍を給養し、勇気づけ、叱咤したのであった。ナポレオン時代の戦争はこの極端と極端との中間にあった。すなわち、彼はこれらのあらゆる手段のうち自分にあったものを適時採用したのであり、おそらく今後ともこの方法が続けてとられてゆくだろう。

近代の軍隊給与法もまたその地方にあるものを誰彼の区分なく利用するのであるが、それには四通りの方法がある。すなわち、第一に軍隊を民衆の家屋に宿泊させて給養する方法、第二に軍隊自身の配慮による糧食調達、第三に一般的徴発、第四に糧食貯蔵所からの方法、などがそれである。通常はこれら四通りの方法が併用されるのであるが、そのなかで一つの方法が重点的に採用される場合が普通である。もっとも、そのうちの一つだけがもっぱら採用されることもないではない。

一、軍隊を民衆の家屋に宿泊させて給養する場合。あるいは同じことであるが市町村に舎営させて給養する場合。およそ一般の市町村というものには、たとえその住民が大都市の場合のように消費生活者ばかりであったとしても、常に数日分ぐらいの糧食は貯えられているものであって、それらのうち最も人口の多い都市などであったなら、住民とほぼ同数ぐらいの軍隊を一日養うごときはさほど困難なことではない。またもし小規模の軍隊であったなら、あらかじめ特別な準備などしなくても数日間の糧食を給与することは可能だろう。この点に関しては過大都市なら極めて良好な結果をもたらす。というのは、過大都市であれば大兵団を一地点において給養できるからである。これに反して小都市であったり、まったくの村落にすぎない所であったりすると結果は甚だ面白くないものになるだろう。なぜなら、仮に一平方ドイツ・マイルの土地に三千から四千の人口がある所なら、それ自体としては相当な数だろうが、これではわずか三千から四千の兵員を養うことができるにすぎないからである。したがって、大兵団の場合には、その軍隊は広大な地域に分散して舎営しなければならないことになるだろうが、そのようなことは他の諸条件が許さない場合が多いものである。ただ田舎や小都市においては、戦争に必要な食糧が豊富にあることだけは確かである。一農民のパン粉の貯蔵は普通その家族を一、二週間ほど養うに十分なほどあるものだし、肉類は毎日調達することが可能だし、野菜類なども大抵次の収穫期までの分が用意されているものである。それゆえ、これまで占領されたことのない地方で舎営する場合には、そこの住民の三倍から四倍の数の軍隊を一日給養させるのに何ら不都合はない。これは何といっても田舎がもつ便利な点である。この論理でいくと兵力三万の一縦隊は、たとえ大都市の介在している土地を占領できなくとも、二千から三千の人口の土地に約四平方ドイツ・マイルにわたって舎営することができるだろうし、そうすれば、この舎営の延長の一辺は二ドイツ・マイルに及ぶことになるだろう。したがって、七万五千の戦闘員を含む九万の軍隊が三縦隊になって行軍する場合には、糧食調達のために兵力を六ドイツ・マイル以上の幅に展開する必要はないわけである。もっともこれは、この幅の範囲内に三道路があればのはなしであるが。

このような舎営地に数多くの縦隊が相前後して宿泊するにあたっては、市町村当局に特別の処置をとらせなければならないが、舎営の必要が一、二日のものなら、さして堪えられない負担ではない。したがって、今日九万の軍隊が舎営し、明日また同数の軍隊が到着しても、後者は何ら食糧の欠乏に苦しめられるようなことはなく、かくして一五万の戦闘員をもつ大兵団をさえ休養させることが可能となるはずである。

さらに馬糧にいたってはその調達が一層容易である。というのは、この馬糧というものは食糧のように製粉したり、それを焼いたりする手間がかからない上に、その地方の馬のために次の収穫期までの飼料が貯えられているのが普通だからである。それゆえたとえ厩舎飼料は少なくても、そのために一時的な軍の馬糧には事欠かないものである。ただしこの馬糧徴発は市町村当局を経由してなさるべきであって、決して直接民衆から収奪してはならない。このようなわけであるから、ついでながら行軍編成にあたっては、あらかじめその地方の特質をよく顧慮し、商工地帯などに騎兵を進めることのないよう注意すべきである。

以上の所見をまとめてみると次のように言うことができるだろう。つまり人口が中位の地方、すなわち一平方ドイツ・マイル内に人口二、三千の地方には、戦闘員一五万をもつ軍隊を進めることができ、しかもその際、共同戦闘に耐え得るよう幅をせばめ密集させても、なお民家および市町村から一、二日分の糧食を調達することは可能であるということである。言い換えれば、このような軍隊は糧食貯蔵所やその他の諸準備に気をつかうことなく、安んじて行軍を続行できるといってもいいだろう。

革命戦争およびナポレオン治下におけるフランス軍の諸行動は、すべて右の原則を実践したものにほかならなかった。当時フランス軍はエッチュ河よりドナウ河下流まで、あるいはライン河よりヴァイヒゼル河に至るまで進出していたのであるが、その際民家から調達する以外の糧食給養手段をとらなかった。しかもそのために軍が糧食欠乏に悩まされるようなことはなかったのである。その上、彼らの軍事行動は常にその兵の肉体的精神的優越感に支えられており、したがって戦えば必ず勝利を得、また然らざる場合にあっても指揮官の優柔不断さの故に時機を失うようなことはなかった。そのためにこそ彼らの行動は多くの場合連戦連勝をもたらし、怒濤の勢で進撃し得たのである。

しかし状況があまり思わしくない場合、すなわち人口がさほど多くなく、あっても農民よりは商工業関係者が多いような場合、あるいは地味が痩せていて農産物が少ないような地方か、たびたび軍隊の収奪を受けているような地方の場合、このような場合にはこれまで述べてきた糧食調達法の結果は面白くないであろう。ところが今、一縦隊の行軍幅を二ドイツ・マイルから三ドイツ・マイルに拡大すると、二倍以上の面積、すなわち四平方ドイツ・マイルの代わりに九平方ドイツ・マイルの面積が得られることになり、この幅なら普通の場合、共同作戦に支障はないので、多少不利な状況のもとにあって連続行軍を行なわねばならない時でも、今まで述べてきた糧食調達法がなお有効であることがわかるであろう。

とはいえ、もしこのような状況で、ある軍隊が数日間も駐屯しなければならないような事態が起ってくると、他の手段によるあらかじめ準備されたものがなければ、たちまち軍中に大饑饉が生じてくるにちがいない。この準備手段には二種類あって、大軍の場合には今日といえどもこれを欠くわけにはいかない。第一の準備手段とはすなわち軍隊に附随する輜重隊のことであって、これに糧食として最低限必要なパンや小麦粉を数日分、つまり三、四日分だけ運搬させることである。そうすると、これに兵卒自身が携帯している三、四日分の糧食を加えて、少なくとも八日間分の最低限必要糧食が常に確保されていることになる。

第二の準備手段は編成の完全な兵站部を設けることである。これは軍隊の駐屯する度ごとに、遠近を問わず各方面より予備糧食を調達してくる任務をもち、軍隊をして、とっさの間に舎営給養法から他の給養法に切りかえることができるようにさせる役割を担っているものである。

確かに舎営による給養法は、運搬手段を必要とせず、しかも短時間のうちに食糧をととのえることができるという非常な利点があるが、しかしそのためには言うまでもなく、一般にすべての軍隊を舎営につかしめるということが前提とならねばならない。

二、軍隊自身の配慮による糧食調達。単独の歩兵一大隊くらいが野営するのなら、二、三の村落の近辺に野営地を求めて、糧食をそれらの村落に要求することもあるいは容易にできるだろうが、このような場合の糧食給養法は本質的に前項で述べたものと変りはないであろう。ところで一地点で野営する予定の軍隊が大兵団の場合、例えばその規模が旅団とか師団とかになると、それに必要な糧食を一括してある地域より徴発してきて、しかる後にこれを各部隊に配分するよりほかの手段は残されていない。

とはいえ、このような糧食調達法が大兵団の軍隊に対して不十分極まりないことは明らかである。この方法によってある地方から収奪してきた糧食の分量は、同じ軍隊がその地方で舎営し、直接その宿舎から収奪する場合の糧食に比べてはるかに少ないだろう。なぜなら三〇人、四〇人という兵卒が一農夫の家屋に押し入って宿泊する場合には、たとえ糧食が乏しい所でも、最後の糧食まで徴発するというすべがまだ残っているが、これに反し、将校が数名の部下をひきつれて糧食を徴発に行くというやり方は糧食貯蔵所を捜査する時間や手段の点で難色があり、それに運搬手段も十分ではないであろう。したがって、このような将校が徴発し得るものは貯蔵糧食のほんの一部にしかすぎないものとなるきらいがある。さりとて大軍団が一地点において野営をする場合には、迅速に徴発に応じ得る地帯が限られているので、全軍に必要な糧食は直ちに欠乏をつげることは目に見えている。いま仮に三万の軍隊が半径一ドイツ・マイルの範囲内、つまり三ないし四平方ドイツ・マイルくらいの面積内において、糧食を徴発しようとしても、それは絶対不可能なことであろう。というのは、近在の村々はほとんど各部隊によって占領されており、これらの部隊は糧食の引き渡しには応じようとしないだろうからである。最後にこの調達法には多くの浪費が伴うだろうことも附け加えておかねばならない。なぜなら、それぞれの部隊は必要以上の糧食をかかえこみ、その大部分が利用されることなく失われてしまうだろうからである。

したがってこのような糧食調達法は、あまり大兵団でない軍隊、例えば一師団八千から一万ぐらいの規模で初めて可能であり、しかもこの方法はやむを得ざる必要悪として採用されねばならないものである。

この調達法がやむを得ずとられねばならぬ場合は、前衛とか前哨とか直接敵と対陣しつつ前進運動をする部隊の場合であって、それは彼らがあらかじめ準備をする余裕もなければ、普通全軍のために集めておかれた貯蔵糧食を利用することもできないほどの遠隔地点にいるからである。さらに独立行動をとる別働隊、または偶然的な事情によって他の糧食給養法をとる時間的余裕や手段がなかった場合も同様である。

軍隊がこの徴発を市町村当局を通して規則正しくやる限り、またこの徴発という手段に訴える糧食給養方法を採用するための時間的余裕と、その場の事情が有利である限り、結果はますます良好になるだろう。しかし大抵の場合は時間的余裕がなく、軍隊みずからが直接徴発せざるを得ないことになる。しかもこの手段が一番迅速に事をはこぶ方法なのである。

三、秩序ある一般的徴発。疑いもなくこの方法が最も容易であり、しかも最も効果のある給養法であって、近代戦争すべての基礎となったものである。

この方法が前述の方法と異なる点は、何よりもまずこの方法は地方政庁の協力を得てなされる点にある。たとえ糧食貯蔵所が発見されても、これを暴力手段に訴えて掠奪するのでなく、あくまでも秩序をふんだ民衆への合理的割当によって調達すべきである。そしてこのような合理的割当は地方政庁の協力があって初めて可能となる。

ここではすべてが時間の問題である。時間的余裕があるほど、割当は不公平なく一般的となり、民衆の負担も少なくなって、徴発の成果もあがることになる。このような際には現金による購入が副次的に用いられることもあり得る。この給養方法はある意味で次の項で述べる方法と似かよったものになるだろう。自国領内に軍隊を集結する場合には、この方法は容易に用いられるし、退却をする際にも困難なく採用されるものである。しかしこれに反して、未だわが軍に占領されたことのない地方を行軍する場合にはそのような給養手段をとる時間的余裕がなく、あっても普通一日くらいのものであって、これは前衛が本軍より一日行程ほど先を行っているために得られた余裕にすぎない。このような場合、前衛が地方政庁に対して、これこれの糧食および馬糧をしかじかの地において調達すべしと通達を出しておくのである。しかし一日間くらいで調達できる範囲はごく近在に限られているので、軍が大兵団であって、急速にそれに見合う糧食を収集せねばならないような時にはどうしても不十分ならざるを得ない。すなわち軍の集結地点の周辺二、三ドイツ・マイルに限られている。ましてその軍が数日分の糧食を携帯していない場合はなおさらのことである。したがってここに調達された糧食を管理し、何ものももたぬ部隊にそれを配分するという兵站部の任務が生じてくる。だが日数がたつにつれてこの混乱はおさまるだろう。というのは、日数の経過とともに糧食を調達できる距離も伸び、したがってその面積および調達成果も距離を二乗した速度で伸びてゆくだろうからである。かくて第一日目に四平方ドイツ・マイルの領域で調達し得たにすぎないとするならば、翌日には一六平方ドイツ・マイル、第三日目には三六平方ドイツ・マイルにもわたって調達できる。それゆえ、二日目は初日より一二平方ドイツ・マイル、第三日目は第二日目よりも二〇平方ドイツ・マイルも多いことになる。

この数字は大体の関係を示すにすぎないことは言うまでもない。というのは諸々の条件が入ってきて、その関係がまま制限されるからであり、特に軍隊の通過する地方が他の地方と比べて徴発に応じ得る能力のない場合だとてあり得るわけだからである。しかしその反面、徴発に応じ得る半径が日に二ドイツ・マイル以上も、いや三ないし四ドイツ・マイルも伸び得る地域だとてないとは限らない。

この一般的徴発による糧食の引き渡しを少なくとも極めて効果的にするには、地方官吏の背後に軍から派遣された支隊がつきそい、その執行権力をちらつかせることである。そうすれば民心に責任、処罰、虐待などに対する恐怖の念がわきおこる。これがまた全民心に広く重圧となっておおいかぶさり、徴発の効果を高めることになるものである。

もとよりここでは軍隊中の糧食調達機関、つまり兵站部や給養組織の精密な全機構を論ずるのが目的ではなく、ただそれらの結果としてもたらされるものに注目するのが本旨である。

この一般的諸関係を常識的見地より考察し、またフランス革命以来の諸戦争の経験にてらしてみて、次のように結論づけることができるだろう。つまり、兵員数がどんなに多い軍隊であっても、数日分の糧食を携帯していれば、何らの困難もなくこのような徴発によって十分な食糧を得ることができるということ。そしてこのような徴発はある地方に侵入するや、直ちに開始されるものであり、初めは近辺に限られていても日を追って広範囲に及び、その徴発組織もますます高度なものになってくるものである、ということがそうである。

その上この手段は、その地方が枯渇し、窮乏し、壊滅されてしまうまで駆使することができる。ところで、軍隊が長きにわたって一地方に駐屯することになると、徴発組織はますます地方官吏でも高級官吏の手にうつり、したがって自然それだけこれらの官吏は民衆の負担を平等にし、賠償などによってそれを軽減しようと努めるようになるものである。したがって軍隊が一地方に長く駐屯する場合には、たとえそれが交戦中の敵国領であっても、全糧食の負担を敵国民衆の上におしつけるといった無暴や無分別はなし得ないのが普通であるから、この種の徴発方法は、しだいに糧食貯蔵所のシステムによる給養法に近づいてくるのが常である。もっとも、それだからといってこの徴発法がその性質を失い、軍事行動に対してもっている影響力をまったく失ってしまうというようなことはあり得ない。なぜなら、一地方の富力は、遠隔の他地方から運搬してこられた貯蔵品によってすぐさま元通りになるけれども、依然として地方のもつ意味が軍隊にとって給養の手段としてしか見なされていない場合と、一八世紀の諸戦争がそうであったように、軍隊がまったく自立的に自分の糧食給養を配慮し、地方は一般にこれと何の関係ももたない場合とでは、全然様相がちがうからである。

この両者の場合を区別する目安になるものが二つある。すなわち、その地方の車輌を利用することと、同じくその地方のパン製造所を利用することである。この二つの方法が採用されて初めて、軍隊の本来の活動を常に妨げていた、かの巨大な車輛群、つまり輜重隊が一掃されるに至ったのである。もちろん、今日といえども糧食運搬の車輌を伴わない軍隊はないだろう。しかしその規模はまったく縮小されてしまい、単に一日の糧食の残余を他日にもちこすために使用されているにすぎない。とはいえ、近代においても一八一二年のロシア遠征のごとく特殊な事情がある場合には、おびただしい数の輜重を従え野戦用パン焼器さえ伴わねばならなかったこともある。しかしこれは例外的なことであって、そもそも三〇万の大軍がポーランドやロシアのごとき人口の少ない地方を、しかも収穫期の直前に百三十ドイツ・マイルにもわたって一路進軍するなどということは、そう滅多にあるものではない。その上、このような場合といえども軍隊内に設けられた諸設備は単なる補助手段と見なされ、各地方における糧食徴発がやはり常に全糧食給養方法の基本と見なされねばならないだろう。

したがってフランス革命戦争の当初以来、占領地区における徴発という手段が常にフランス軍の糧食調達の原則となってきたので、これに敵対する同盟諸国軍もこの手段に移行せざるを得なかったのである。そしてまた一旦この手段に移行してしまうと、もはや旧態に復することは期待できなくなってしまった。それは戦争遂行のためのエネルギーに関しても、その軽快さに関しても、またその自由さに関しても、この手段より優れたものはほかにないからである。この手段を用いると、たとえ軍隊がどの方向に向かって進軍しようと、最初の三、四週間は普通の場合糧食についての困難は感じられるものでなく、その後はすぐに糧食貯蔵所に頼る余裕があるので、この手段の採用とともに戦争は初めて完全な活動の自由を得たとさえ言い得るのである。その際、もちろんある部面においては、かえって困難が増えたということもあろうし、それは十分考慮に値する点がないわけではない。しかし要するに、そういったことのために戦争全体が絶対的に不可能になってしまったり、昔のように糧食給養に関する配慮が、すべてのことを決定的に覆えしてしまったりするようなことはありはしないだろう。ただここに一つだけ例外の場合がある。それは敵国領内を退却する場合のことである。この場合こそは糧食給養にとって最も不利な条件が重なってくる。この退軍行動は不断に続けられ、しかも特別に長期の駐屯などあり得ないのが普通である。それゆえ、糧食貯蔵所などをまわって徴発してくる時間的余裕はないものである。その上このような退却に際しては、すべての事情がすでに悪化してしまっているので、全軍は緊密に一団をなしていることが要求される。宿舎にのうのうと分宿したり、各縦隊に分散して退軍面積を拡げたりすることなどは思いもよらないことである。また敵国領内にいる関係上、執行権力なしの単なる通達で糧食を徴発しようとしてもできることではない。最後に、このような時期こそ、その地方の住民の抵抗と叛意とをかきたてるのに適した時期であることを忘れてはなるまい。ナポレオンが一八一二年総退却にあたって、もと来た道路を退かねばならなかったのは、まったく糧食のためだけであった。もしそのとき他の道路によっていたら、彼の軍の潰滅はもっと早く、かつ疑うべくもなく全滅の道を辿っていたであろう。それゆえ、この点に関して、フランスの史家が批難を加えているのは、およそ的はずれと言わざるを得ない。

四、糧食貯蔵所による給養。この給養方法が前述のものと根本的に異なるものであることを示すためには、一七世紀の七〇年代頃から一八世紀全般を通して見られた給養方法に論及しなければならないだろう。果たしてこのような制度に復帰し得るものだろうか。

実際、オランダ、ライン河畔、北部イタリア、シレジア、ザクセンなどの戦乱がそうであったように、同じ場所で七年、一〇年、一二年と大兵団が対陣するような戦争では、この給養方法による以外にはほかに考えられようがなかったのである。ところで、長い間対陣する両軍の主要糧食調達機関としてこの方法を採用し、そのために国庫が枯渇することなく、かつまたその機能さえしだいに喪失していかなかったような国が一体あり得たであろうか。

しかしここに一つの疑問が生じてくる。それは戦争が給養方法を規定するのか、給養方法が戦争を規定するのかという問題である。これに対するわれわれの解答は次のごとくである。つまり戦争を規制している他の諸条件が許す限り、まず給養方法が戦争を規定するだろう、ところがこれらの諸条件が桎梏となり始めるや戦争が給養方法を束縛し、したがってこの方法を規定するようになるだろうということである。

徴発によって給養を得たり、占領地において調達したりする戦争方法が、まったく糧食貯蔵所に頼る戦争に比していかに優れているかは言うまでもないことであって、後者は、これでも前者と同じく戦争かと思われるほどである。それゆえ、今日ではいかなる国家も徴発法を捨て、糧食貯蔵法をとろうというような国家はあるまい。いや、たとえ浅学非才な陸軍大臣があって、これらの関係の一般的必然性を理解せず、開戦にあたって軍隊を旧式な方法で装備させようとも、実戦の厳しさはそれを許さず、将軍達はすぐさま旧式方法を投げ捨て、新式徴発法をとらざるを得ないこととなるだろう。さらにそのように糧食をあらかじめ貯蔵しておいて運搬するというような旧式方法では莫大な経費がかかり過ぎ、必然的に武器兵力を削減せざるを得ないようになるものであるし、第一それほどの冗費をかかえている国家があるわけがない。このことに思い至るなら、交戦中の両国が相互の装備について外交的協議をするというような可能性だって出てこないとも限らない。もっともこんなことは単なる観念の遊戯にすぎないことは事実だが。

したがって、今後とも戦争は徴発方法によって開始されるだろう。諸政府は錯綜した諸手段によってこの徴発方法を補助し、もって自国の負担を軽減しようとするであろうが、それらはあまりあてにはならないはずである。というのは、戦争の際には最も差し迫った必要事を処理せねばならず、錯綜した給養手段などをかえりみている暇はないからである。

さてしかしながら、軍事行動の結果が未決着であり、その行動範囲も戦争の本性に反して狭い領域に限られるような場合には、徴発法はたちまちその地方の資源を枯渇させ始めるだろう。ことここに至って、諸政府は講和を締結するか、その地方の負担を軽減するための対策を講ずるか、独立した軍隊給養法を打ち樹てたりするかしなければならない。ナポレオン治下のフランス軍が後者の例をスペインで行なった。しかし、第一の場合が極く一般的であるのは言うまでもない。今日の戦争の大部分は著しく国家を枯渇させるものであって、諸政府はこれほどまでに莫大な経費のかかる戦争をいつまでも続行しているよりは、むしろ講和を締結しなければならない必然性にすぐさま思い至るものである。このようなわけで近代の戦争様式はこの点からも戦争の期間を短縮させる結果になるだろう。

そうは言っても、旧式の給養法による戦争の可能性を一概に否定しようと言うのではない。交戦中の両国の諸事情がこれを必要とし、またその他特殊な時機が至って、この旧式給養法が再び採用されないとは限らない。ただこの旧式給養法というのは、決して戦争の本性に即して生まれた形態ではなく、むしろ戦争の本性からはずれた事態によって惹き起されてきた変則的なものと見なさざるを得ないということである。またこの旧式給養法は博愛主義的であるという理由で、戦争の最も完成された形態と見なすような立場にわれわれは断じて組しない。なぜなら、戦争そのものは決して博愛主義的なものではないからである。

しかしおよそいかなる給養法がとられようと、土地が富み、人口が多い地方においてこそ、そうでない地方においてよりその実施が容易であることは確かである。この際人口が大いに問題になるのは、その地方にある糧食の貯蔵に対してもつ人口の二重の関係によってである。つまり第一には、人口が多いところでは糧食もまた多く貯蔵されているにちがいないということ、第二に、普通人口が多いところでは生産もまた盛んであるということ、これがその二重の関係である。もちろん言うまでもなく、人口が多いところといっても工場労働者ばかりが住んでいるような地方は例外であるし、またよくあることだがそのような地方が、不毛の土地に囲まれた山間の渓谷中にあるような場合は尚更である。しかし一般の場合は、人口多き地方の方が少ない地方より軍隊の必要を満たすのに一層容易であることは間違いない。例えば、一〇万の軍隊の給養をまかなうのに四百平方ドイツ・マイルの地に四〇万の人口しかいないところでは、たとえその土地が肥沃であっても、同面積の土地に二百万の人口がいるところに比べてはるかに困難であるだろう。それに加えて、このような人口の多い地方は道路、水運の便がよく、運送手段も豊富であり、商業上の交通も容易であり安全であるものである。要するに、軍隊を給養させるにはポーランドよりはフランドル地方での方がはるかに容易であるということになる。

古来戦争というものがその触手を好んで大道路、人口稠密な都市、大河の間にある豊饒な渓谷、あるいは航路の開けた海浜などに伸ばしてきたのは、みな右の理由に基づくのである。軍隊給養の問題が、戦争の指揮および形態の上に、また戦場および交通線の選定の上に及ぼす一般的影響については以上によって明らかになったであろう。

この影響の程度、およびこの給養法の難易さのもつ意義、それらはもちろん戦争全体がどんな形式で行なわれるかにかかっている。戦争がその本来の精神に基づいて行なわれるなら、つまりその本性である奔放な力を発揮し、ひたすらに闘争と決戦とを目指して行なわれるなら、軍隊給養の問題は重要ではあるが、副次的な事柄である。一方、両軍が同一地方を多年にわたって占領したり、されたりしているようなある種の均衡状態が見られる場合には、糧食給養問題がしばしば主要事項となり、糧食管理は軍務中優位を占め、総司令部はまるで輜重車の管理部になりさがってしまうだろう。

史上、戦役中に何事もなされず、その目的は失われ、兵力もまた空しく浪費されてしまったような戦役が幾度かあった。そしてその理由はすべて糧食の欠乏に帰せられている。これに反し、ナポレオンは常に命令を下すにあたって次のように言っていたものであった。すなわち、余に糧食のことを言うなかれ！　と。

しかしこの名将も一八一二年のロシア遠征に際して、糧食問題をあまりに無視しすぎるといかなる結果になるかを思い知らされた。もちろん、糧食問題を無視したためにこの全遠征が失敗したのだと言うつもりはない。結局のところそのような意見は推測の域を出ない。しかしそれにもかかわらず、前進にあたってその兵力があのように逓減し、退却に至ってはほとんど全滅状態になってしまったのは、何といっても糧食問題についての配慮が足りなかったことにあるのは疑いない。

このようにナポレオンの行動には、しばしば気違いじみた大勝負を行なう熱狂的賭博者の姿を彷彿とさせるものがあるが、それにもかかわらず、彼や彼に先立つ革命戦争下の諸将達が給養問題に関して、古くからの根強い先入観を打破し、あくまでもこの問題を条件という観点のみから考察し、決して目的化してはならないという立場を明らかならしめたのは大いなる功績と言わねばならないだろう。

もともと戦争中における糧食の欠乏は、肉体的疲労および軍事的危機にも比すべきものである。将軍が己れの軍隊に対して、この欠乏、疲労、危機に耐えるよう要求する度合には際限がない。強烈な性格の将軍は、弱々しい感情的な将軍よりも、より多くのものを己れの軍隊に要求する。また軍隊の功績のいかんはさまざまであって、それは習慣、戦闘精神、将軍に対する兵卒の信頼と愛情、祖国に対する熱情などが各々の兵卒の意志と力とを支えているかどうかによって決まる。しかし糧食の欠乏とそれに伴う苦難はいかに甚しくなっても、常に一時的なものであって永続するものと見なされてはならないこと、つまりやがてその欠乏、苦難は十分な、いやそれ以上の給養によってつぐなわれねばならぬということ、これは少なくとも原則として提示されねばならないだろう。試みに考えてもみるがいい、幾千人にものぼる兵卒がぼろぼろになった軍服を身にまとい、三〇ポンドから四〇ポンドもする重い荷物を背負い、終日風雪にさらされて健康と生命とを危機にさらし、その代償として堅パンさえ満足に口にし得ないとしたらどのようなことになるかを。もし戦争中にこのようなことが度々起るなら、遂には兵卒の意志と力の荒廃を防ぎ得ず、単に兵卒の精神力に訴えてそのような苦難に耐えさせようとしても、到底できることではなくなってしまうだろう。それゆえ、大なる目的を達成するために、兵卒に対して糧食の欠乏を耐え忍ばせようとする者は、憐憫の情からであれ、深慮遠謀のためであれ、他日その苦労に報いる代償を支払わねばならないのである。

さて最後に、攻撃の際の給養と防禦の際の給養との間にある差異について考えてみなければならない。

防禦するにあたっては、防禦戦の開始される以前に準備されてあった糧食を、戦闘中間断なく使用することができる。したがって防禦は必需品にこと欠くようなことはない。これは自国領内にあって防禦する場合も、敵領国内にあって防禦する場合も同じくあてはまる。しかしこれに反して攻撃する場合は、その糧食貯蔵所から遠く隔たるようになるために、前進が続く間、いや駐軍する時でも最初の数週間ぐらいは毎日必需品を調達しなければならず、しかもこの調達糧食は全軍に必ずしも十分には行き渡らず、かなりの困難が生ずる恐れがあるものである。

攻撃者の糧食問題が最も悪化するのは、普通二つの場合がある。その第一は、勝敗がまだ決定しない前に攻撃者が前進する場合である。その場合防禦者の糧食貯蔵がまだその手中にあるのに、攻撃者はその糧食のある場所から遠く離れて前進せねばならない。さらにその際、攻撃者は自軍を集結して進軍しなければならないため、広大な面積を占めるわけにはいかず、まして会戦の火蓋が切られるや、輜重隊をぞろぞろ引き連れているわけには到底いかなくなってくる。かくして、この瞬間に十分な糧食の準備がなければ、決戦の数日前に攻撃者は糧食の欠乏と困苦に悩まされることになり、どう見てもこのようなやり方は会戦に臨むに最良の状態とは言い難いものになる。

その第二は、攻撃者が到るところで勝利をおさめ、勢に乗って敵を追撃しつつある場合、それにつれて交通線もまた延び始め、糧食給養がそれに追いつかなくて生ずる困苦である。特にこの追撃戦が、土地貧困、人口稀薄な地方またはその土地の住民が著しく敵意をいだいているような地方で行なわれるような場合は、その困苦は尚更である。例えば、あらゆる糧食は暴力をもって掠奪されねばならなかったヴィルナとモスクワ間の交通線、商取引や一枚の手形によって何百万の糧食を調達できたケルンからリィティヒ、ルーヴァン、ブリュッセル、モン、ヴァランシェンヌ、カンブレイを経てパリに至る交通線、この二つの交通線の間にいかに著しい差異があることか！

また会戦に勝利を得て追撃に移り、とたんにこのような困難に遭遇した結果、輝かしい戦勝の栄光も色あせ、兵力もまた消耗し、遂に退却を余儀なくされて、しだいに決定的敗北の徴候を示すに至った例は古来枚挙にいとまがない。

すでに述べたように馬糧については、当初の間、調達が容易なために不足を来たすようなことはない。ところが一旦その地方の資源が枯渇し始めるや、たちまち不足を来たすのはこれである。というのは、元来馬糧なるものはその容積が巨大であって簡単に遠くから輸送してくるわけにはいかないし、その上、馬匹は糧秣が不足するや人間以上に早くまいってしまうものだからである。このような理由から、あまりにも多くの騎兵や砲兵を引き連れることは、その軍隊に対して重荷になるばかりでなく、実にその衰弱の原因ともなるものであることがわかるであろう。

第一五章　策　源

そもそも軍隊が作戦行動を起すや、それが敵軍を敵国に置いて攻撃する場合であれ、自国の国境で敵軍を迎え撃つ場合であれ、常にその軍隊の糧食、武器を補充する供給地に依存せざるを得ず、またこれと密接な連絡を保っていなければならない。なぜなら、その供給地とは軍隊の維持存立のための必要条件だからである。この軍隊が供給地に依存する度合や範囲は、軍隊の規模が大きくなるにつれて増大する。しかしこの軍隊が直接全国に連絡をとるなどということはできるはずもないし、必要でもない。ただ軍隊はその背後にあって、それによって掩護されている土地と連絡をとっていればよいのである。そうすればこの土地に、必要な限り特別の糧食集積所や補充兵を秩序正しく送附する機関が設けられる。したがってこの土地は軍隊自身の基礎であり、またすべての作戦にとっても基礎となるものであって、この土地と出先の軍隊と両者あいまって一つの全体と見なさるべきものである。あるいはもしこの補充品集積所が、その安全のために堅固な場所に置かれるならば、策源の意義はますます強化されるが、さしあたってそれほどまでにする必要はなく、そのようなケースは多くの場合極めて稀れなことも事実である。

しかし敵国領土であっても軍の策源の基礎とすることはできる、いや、それが言い過ぎなら少なくともその一部とすることはできる。というのは、軍隊が敵国領土に侵入した場合は、多数の必需品をその占領地から徴発できるからである。もっともその場合には軍隊が占領地の支配権を握り、軍の命令に対して住民が確実に服従するという条件が満たされていなければならない。このような条件を満たすためには、小衛戍《えいじゅ》隊や巡検支隊を配置して住民に畏怖の念を起させることが必要であるが、それにしても占領地からの徴発というのは限られている。その結果、敵国領内においてあらゆる種類の必需品を徴発しようとしてみても、軍隊の需要を賄うには限られており、大多数の場合、不十分であることを免れないものである。この時にあたって不足分を埋め合せてくれるのは常に自国であって、軍の背後にあるあの供給地が策源の不可欠の構成要素と見なされねばならないのも、この点にあると言えよう。

軍隊の必需品には二種類ある。すなわち、その一つは農耕地帯ならどこにでもあるものであり、二つ目はその軍隊が編成された源泉地でなくては調達し得ないものである。前者は主として糧食馬糧であり、後者は補充用品であるのは言うまでもない。それゆえ、前者は敵国領内からも徴発し得るが、後者は普通自国領内でなくては調達し得ない。例えば補充兵、武器および弾薬などがこれに属する。これらの個々の例について見れば、例外がないわけではないが、それは極めて稀れであり、さして重要でもない。とにかく、ここに挙げた二種類の区別は重要なことであり、かつ軍隊と自国領内の供給地とが密接な連絡を保っていなければならない、ということの新たな証明にもなるものである。

糧食にせよ馬糧にせよ、その集積所は敵国領自国領を問わず、防禦されない開放地に設置されるのが普通である。というのはこれらは迅速に消費され、日々必要な場所もそれからそれへと移転する上に、その量もまた莫大であって、このような厄介なものを防禦しておく場所などはそうあり得るわけはないからである。さらに、たとえこれらは損失してもすぐさま補いがつくので、防禦工事をわざわざ加えてまで貯蔵する必要はないわけである。これに反して、武器、弾薬、被服、装具などの補充品の貯蔵は、戦場近辺の防禦設備のない開放地に集積されるようなことはあり得ず、むしろ遠隔地から輸送されてくるのが普通であって、敵国領土内の戦場に貯蔵する場合には、要塞以外には集積しておくところなど絶対にあり得ない。このような事情からも、策源の重要性は糧食問題にあるよりむしろ武器、弾薬の供給の問題にあることがわかってこよう。

これら糧食や補充用品が使用される前に、大貯蔵所に集積され、したがって各地に散在している補給地が、大貯蔵所に集中されるようになれば、それだけそれら大貯蔵所は全国の補給地の代表と見なされるようになるだろうし、策源の概念にもますますふさわしいものとなるだろう。しかしまた、それだけが策源のすべてであると見なされてもならないのである。

しかしこれら糧食や補充用品の補給源が豊富であり、すなわちそれらが広大な、しかも資源豊かな地域にひろがっており、直ちに持ち出せるよう数個の貯蔵所に集積されており、そのうえ軍隊のすぐ近辺にあって掩護のよろしきを得、そこに通ずる良路が四方八方から入り込んでおり、さらにまたそれらが軍の背後に広大にひろがっているとか、少なくとも軍隊の駐屯地域の一部を含んでひろがっているとかするなら、軍隊はそのために大いに活気づけられ、自由活発な運動をし得るようになるだろう。かつて軍隊のこのような有利な状態を一つの方程式で言い表わそうと試み、策源の大きさという観念をもってきたことがある。つまり策源と作戦目標との関係、策源の末端と作戦目標点とを結ぶ線およびその角度、これらの関係をもって糧食および補充用品供給地の位置、状態からその軍隊に生ずる有利と不利の総和を言い表わそうとしたのであった。しかしこのような試みは一見して幾何学的見事さはあっても、やはり観念の遊戯にすぎないことは明らかである。というのは、この立論は、数式に置き換えられないものを無理に置き換えようとした一連のすりかえによっており、このようなことは事実をまげること以外の何ものでもないからである。すでに述べたように、軍隊の策源には三種類の段階がある。すなわち、その地方においてすぐさま調達できる補助的資源、各地点に散在する貯蔵所、およびこの貯蔵所に糧食、補充用品を送り込む地域がそれである。これら三種類の要素は地理的に隔たっており、決して一つのものと見なすわけにはいかない。まして一つの線でこれらを表現するなどとは論外である。数式でこれらを表現しようとした人達は、この線の延びを策源のひろがりと思い込み、また一要塞から他の要塞へ、一地方市府から他の地方市府へ、あるいはまた政治的国境にそって、それぞれ延びた線がこれだと勝手に妄想したのであった。本当のことを言えば、この三段階の関係さえ明確には規定し得ないのである。というのは、それらの性質は実際には多かれ少なかれ常に交り合っているものだからである。例えば、普通なら遠隔地から輸送してこなければならないような補充用品が、現地で調達できることもあろうし、現地で徴発する建前になっている糧食を遠隔地から運搬してこなければならない場合だとてあるだろう。またある時は、軍隊駐屯地の近辺に全国の兵力が集結してもこれを養うに足るほどの大要塞、大港湾および大商業都市があることもあろうし、またある時は、それらの要塞が貧弱でわずかにそのなかに住む市民さえも養うに容易でない場合だとてあるはずである。

したがって、策源の大きさおよび策源と作戦目標地点との角度などから導かれた結論、さらにはそれらの上に築かれた全作戦体系、これらは幾何学的性質などを誇る限り、実戦においては一瞥さえも与えられず、ただ観念の世界においていたずらに空虚な努力を生み出すものにすぎなかったことになる。しかし、このような一連の観念を生み出した基礎にあるものはあくまでも真理であって、ただその論理を発展させる方法が間違っていたにすぎないのであるから、このような見解は今後とも容易に立ち現われてくるであろう。

ここではただ策源が一般的に作戦に影響を及ぼすというだけにとどめねばならない。それ以上に策源の強弱、およびその理由などを詮索してみても無意味なことなのである。もともとこの関係を一般の場合に敷衍し得るような数式を求めようとしてもできることではなく、個々の場合にあっては、それこそこれまで述べてきた諸々の要素を同時に考慮しなければならないのである。

もし一旦、ある地方のある方向に軍隊の糧食および補充用品のための設備が設けられるや、たとえそれが自国領内であっても、この地方はその軍隊にとっての策源と見なされねばならないことになる。というのは、これを別な場所に移すなどということは、時間的にもその労力からも大変なことであって、たとえ自国領内にあるものであっても軍隊がそう簡単に変更し得るものではないからである。それゆえ作戦の方向もまた、この事実に常に多かれ少なかれ制限を受けるものである。このようなわけで敵国領内で作戦行動をとるにあたり、自国の全領土をその軍隊の策源と見なす考え方は、その設備をどこにでも設けようと思えば設けられるという限りで一般に妥当するにすぎず、個々の場合にわたれば適当ではない。個々の場合は、それこそどこにでもその設備を設けるというわけにはいかないからである。一八一二年戦役の当初、ロシア軍がフランス軍に追撃されて退却した際には、もちろんロシア軍にとってロシア全土が策源と見なされ得た。なぜならロシア軍がどこに退却しようとも、あの広大な領土のどこにもそれを制限するものなどなかったからである。この考え方は、当時さほど馬鹿げたものではなく、後年ロシア軍が多方面から発進してフランス軍を圧迫するようになった時、現実に生きてくることとなった。しかしこの戦役中の各々の時期を区切ってみると、ロシア軍の策源もそうたいして大きいものではなく、主に軍用輸送が往復できる道路以外に出るものではなかったのである。このような制約があったために、ロシア軍でさえ、スモレンスクで三日間戦闘を交えて後、突然軍をカルガに向けて退却させ、モスクワへの敵軍の進撃をそらせようとした予定が果たせず、モスクワへ向けての退軍以外にとりようがなくなってしまったのである。いずれにせよ、このような方向転換は、あらかじめ長時間をかけて準備しておいて初めて可能なことであった。

さきに策源の範囲およびその程度は軍隊の規模によって異なると述べておいたが、これは容易に理解し得ることだろう。軍隊とはいわば樹木のようなものである。樹木はその生命力を己れが生いたっている土壌から吸収する。そしてそれがまだ若木である間は、移植も簡単であるが、生成するにつれてますますそれは困難となる。これと同じく軍隊もまた栄養吸収機関をもっている。この軍隊の規模が小さければ移植されたところですぐ根をはることができる。しかしその規模が大きくなるとそう簡単にはいかない。したがって、策源が作戦に及ぼす影響を問題にする場合には、常に軍隊の規模を基準にすえて、すべてを見ていかねばならない。

さらに事柄の性質上、当面の必要事は糧食であり、長い目で見て必要なものは武器、弾薬の補充用品であることは言うまでもない。というのは、後者は一定の補給地からしか入手できないのに反して、前者はあらゆる方法で調達できるからである。この事実もまた、策源が作戦の上に及ぼす影響を規制する。

ところでこの影響がいかに大きいといっても、その効果が現われるまでには長い時間がかかり、結局は時間の問題であるということを忘れてはならないだろう。したがって、策源の価値があらかじめ作戦をどう立てるかということに容喙《ようかい》してくるようなことは滅多にないものである。もっとも初めから不可能な作戦計画を立てようなどと言ったら、その時こそ策源の大きさが物を言ってくるだろうが。この側面から生ずる困難は他の現実の手段と比較対照されねばならない。というのは古来、これら策源から生ずる障害などは、決定的戦勝の勢の前に影がうすくなってしまうことだとてしばしばあることだからである。

第一六章　交通線

一軍の駐屯地からその糧食および補充用品供給地が主に集っている地点への道路は、普通退路としても利用されるものであって、この道路のもつ意義はしたがって二重になる。つまり、一つは絶えず兵力に給養を確保するための交通線として、二つはあくまでも退路として。

現在の給養方法では軍はその糧食を主に現地において調達するのであるが、それにもかかわらず軍はその策源と結びつき一体となっていなければならぬ、と前章で述べておいた。交通線とはこの軍と策源とを包含した一つの全体の一部分をなし、この両者の間の連絡をするいわば血管とも見なされるものである。あらゆる種類の補給物資、弾薬、往復する支隊、伝令、急使、衛生兵、主計官等はすべてこれらの道路を利用し、それらの諸価値は軍隊に対して決定的な重要性をもってくる。

したがって、これらの血管はいささかもその機能が中断されたり、またその道程が長すぎたり、途中に難所があったりしてはならないのである。というのは、その道程が長すぎれば力は著しく削減され、そのために兵力の弱体化を招かざるを得ないからである。

第二の意義、すなわち退却線としてこの道路を見れば、それは軍隊の戦略的背面をなすということができる。

しかし交通線として見ようと、退却線として見ようと、この道路の価値は次の諸条件によって決まる。すなわちその道程の長さ、その数、その位置、つまり一般的方向および軍の附近における方向、道路状態、地形の難易、住民の敵意いかん、最後に要塞あるいは地上の障害物によって掩護されているか否か、などがその条件となる。

だが軍隊の駐屯地とその策源とを結ぶすべての道路が本来の意味で交通線と呼ばれるべきではない。もちろんそれらは必要に応じて交通線として利用されるし、交通線組織の有力な補助線と見なされ得るが、しかしこの交通線組織そのものはそのために敷設された道路に限られるのである。つまり補給品集積所、病院、兵站部、郵便局などが設置され、それらを統括する司令官がおり、また憲兵および衛戍兵が配置されているような道路のみが、本来の交通線と見なされるべきものである。ところで軍隊が自国領でこれを敷設するか、敵国領で敷設するかによって、これまでしばしば見過されてきた著しい差異が生ずる。自国領内にあっても軍隊はやはりその交通線を敷設する。しかし自国領内の軍隊はまったくその交通線に限定されてしまうことなく、緊急の場合にはその線を捨てて、どこにでも普通にある他の道路を選ぶことができるものである。というのは軍隊が自国領内にいるのは、ちょうど我が家にいるようなものであって、到るところに自国の官庁はあるし、到るところに住民の好意が待ちうけているからである。したがって他の道路が悪路であっても、またその必要にふさわしいものでなくとも、これを選ぶのは不可能ではない。特に敵軍に迂回されて方向転換を余儀なくされるような場合には、これら交通線以外の道路もまた決して利用に不可能なわけではないのである。これに反して軍隊が敵国領内にあるときは、一般にもと来た道路だけを交通線と見なさざるを得ない。そしてこの場合は、些細なしかも目に見えない諸原因がつもりつもって、前の場合に比べるとその効果上、重大な差異が生じてくることになる。敵国領内を前進する軍は、軍隊の移動の途中で、軍隊の保護のもとに、交通線の本質をなす諸設備を敷設することである。一方、住民の目の前に強圧的に恐怖と畏敬の念を惹き起すべく軍隊の権力を示しつつ、これらの処置があたかも不変な運命であるかのごとく観念させ、むしろこれらの処置によって、一般的な戦争のもたらす災害を何ほどかでも軽減してくれるものと思い込ませる必要がある。本軍の後に残された小衛戍隊が随所にあって全交通線を確保し維持する。これに反して、軍隊が利用するはずもない遠隔の道路に兵站部、司令官、憲兵、野戦郵便局員などを派遣しようとすれば、住民はこれらの諸施設をできることなら、免れたい重圧と感ずるであろうし、敵国自体が徹底的敗北と不幸な災難のために気も転倒せんばかりに恐れおののいている時でもなければ、こちらの官憲は冷たい敵意をもって迎えられるか、さもなくば武器をもって駆逐されるかしてしまうであろう。したがって、敵国領内にあって新道路を服従させるには、まず何よりも衛戍部隊が必要であり、それも普通の交通線を支援する場合よりもより強力なものでなければならない。それでもなお、住民がこの衛戍部隊に抵抗を試みるかもしれないという危険性は残されているのである。要するに、敵国領内を前進する軍は武器の他に住民に服従を要求する何らの手段も持ち合せていないということになる。それゆえ、軍隊はその官憲さえ武器の威力をかりて任命せざるを得ず、しかもこのことは何時どこでも可能なものではなく、必ずや血の犠牲と諸困難とを伴うものなのである。以上のことから次のような結論が導かれよう。つまり、敵国領内にある軍隊は、自国領内にある時のように一つの策源から他の策源へおいそれと変更してみたり、交通線組織を気安く改造してみたりすることはほとんどできないということである。そして、このことから一般的に軍隊の行動は著しく制限され、たちまち敵に迂回包囲される危険性が大いに生じてくるということになる。

とにかく、元来交通線の選択および諸施設の設営は、戦争当初から諸々の条件に制約されているのである。一般的に言って、それは大道路であるに越したことはなく、またあらゆる点から見てよく開けた道路であるに越したことはない。すなわち、その道幅が広く、その周辺に人口の多い裕福な都市が数多いほどよく、また数多くの堅固な要塞によって掩護されているほど有利であるのは言うまでもない。水運の便のよい大河、軍隊の渡河に利用できる橋梁もまた交通線上に重要な意義をもってくる。かくして交通線の状態、つまり軍隊が攻撃に際してとる道路の選択の範囲は極めて限られていて、その地方の地理的諸条件に少なからず制約されたものとなる。

軍隊とその策源との連結が強いか弱いかは、右に挙げてきた諸条件によって決まる。そして両軍のもつこの連結の強弱が結局、どちらが他方の交通線を、つまり退却線を切断することができるか、普通の軍事用語を使って言えば、いずれが他方を迂回包囲することができるかを決定するのである。精神的ないしは物量的優勢を一応度外視して考えれば、その交通線が相手方の交通線より優勢である方だけが、そのことを自信をもってなし得るだろう。というのは、こちらの交通線が弱い場合には、相手はこちらを脅すことによって最も容易に自分の交通線を防衛し得るからである。

前にも述べたごとく道路には二重の意義があったように、この迂回作戦にもまた二重の意義がある。一つは敵の交通線を錯乱もしくは切断し、そのことによって敵軍が糧食欠乏のため餓死に至る形勢を作り出し、どうしても退却せざるを得ないように仕向けることである。その二つ目は敵軍の退却路そのものを切断してしまうことである。

第一の目的を遂行するにあたっては次のことに注意すべきだろう。すなわち、このような一時的交通線の切断は今日のような糧食給養方法がとられている場合、ほとんど敵軍に打撃を与えるというようなことは考えられないということ、そしてまた、もし決定的打撃を与えようというのであれば、長期間にわたってこの交通線切断を繰り返さねばならないということである。かつてのような幾千とない輜重車を往復させて糧食をまかなっていた時代に、ただ一度だけの攻撃で成果を挙げ得たような側撃作戦は、今日ではたとえそれがかなりの成功をおさめても、さほど戦局を左右するほどの重要性はもってこない。多分、敵の一輸送部隊くらいは撃破できるだろうが、そんなことではたかだか一部被害を与えるくらいのことであって、とても退却を余儀なくさせるほどにはならないのである。

このようなわけで、当時からしてすでに机上の論議にすぎなかったこの側撃作戦が、今日ではなおのこと非実用的になってしまったのは言うまでもないことである。したがってこの作戦は、敵の交通線が極めて長く、あまつさえ、何時いかなる所に住民の武装反乱があるやもしれぬ、という敵軍にとって好ましくない状況がある場合にのみ効果的打撃を与えることができる。

敵の退路を遮断する点に関しては、ただその退却路を制限し圧迫したという危機を、その点でだけ過大評価してはならない。というのは近代戦の経験によれば、果断な指揮官をもつ優秀な敵軍であれば、このような敵軍を捕獲するのはまことに困難であって、それに比べてただ攻撃を加え圧迫したなどということは何ほどのことでもないからである。

一方、こちらの長い交通線を短縮し掩護する手段は極めて限られている。交通線附近および同線上にある若干数の要塞を占領すること、このような要塞がない地方の場合は、適当な場所に陣地を築くこと、住民に対して寛大な処置をとること、しかもその反面、交通線上において厳格な軍紀をたもちつつ国内に厳重な警察制度を設けること、常に交通線を補修しておくことなどが、憂慮すべき事態をいくらかでも軽減する数少ない方法のうちの二、三である。しかしもちろん、これらの方法をもってしても憂慮すべき事態をまったく排除してしまうことはできないものである。

以上の論旨に加えて、前に糧食問題を述べた際、軍隊がまずそのために選ばねばならない道路についても述べておいたが、これは特に交通線を論ずるにあたっても適用されるものである。裕福な諸都市、豊富な農産物を誇る諸地方を通過する大道路は最良の交通線になるものであって、たとえそれが驚くほど遠廻りになる場合でもなおかつ有利なものである。そして大多数の場合、この道路が軍隊の配置をも詳細に決定してしまうことは改めて言うまでもあるまい。

第一七章　地　形

ある地方のもつ糧食給養の側面については、先に述べたから改めて論ずるつもりはない。

ここでは、地方の状況ないし地形というものがいかに軍事行動にとって緊密、不可分離な関係にあるかという点にしぼって論じてみたい。つまり、地方の状況および地形というものは戦闘の上に重大な影響を及ぼすものであって、それは単に戦闘中の場合のみならず、戦闘の準備にもその結果にも同じく決定的な影響を及ぼすものなのである。本章ではこの点から、すなわちフランス人的表現でいえば地形の観点から、ある地方の状況を考察しておかねばならない。

地形のもつ実際の効果は大部分戦術の領域に属することである。しかして、その結果もまた戦略上に影響をもってくるようになる。というのも山岳地帯における戦闘は、その結果についても平野における戦闘とはまったく異なったものになってくるのは明白だからである。

しかしわれわれは攻撃と防禦とを分離せず、その両者をまとめて一層詳しく考慮しようとしているだけであるから、地形のもつ諸々の要素について逐一その効果を考慮するところまでは行き得ない。ここではただその一般的性質を述べるにとどめねばならない。地形が軍事行動に影響を与える点については、三要素が考えられる。すなわち、活動の障害物として、俯瞰の障害物として、および砲火の被害に対する掩護物として。つまりこの三要素に、すべての観点がしぼられるわけである。

疑いもなく、地形のもつこの三種類の作用が、軍事行動を多様なもの、錯綜したもの、技術を要するものにしている。なぜならば、地形は戦闘を構成している諸々の要素に、また明らかに三つの新たな要素を附け加えるからである。

完全な平野、まったく何一つ障害物などのない平坦地などは、実際にはごくわずかの部隊、ごくわずかの作戦時間についてだけしか存在し得ない。部隊の規模がもっと大きくなり、作戦期間が長びけば、地形の諸性質は作戦行動に干渉してくるようになる。まして大軍団の場合、一瞬たりといえども、例えば一会戦をとってみても、地形が全然それに影響を及ぼさないなどということはまず考えられないことである。

したがって、地形の影響というものは常に存在しているのであるが、しかし土地の性質によってその程度に強弱があるのは言うまでもない。

多くの例を見るに、ある地方の状態が決して平坦なものではないということを立証するのに、三つの方法があるようである。つまりその第一は文字通り地形によって、すなわち土地の起伏によって、第二に森林、沼沢、湖沼等の自然の障害物によって、第三に耕作によって惹き起された地面の変形によって。この三種類のいずれを問わず、地形の変形が進むにつれて軍事行動に対する影響力もそれだけ強まるものである。この三種類の地形の変形をある程度まで追求してゆけば、第一の場合は山岳地帯、第二の場合は森林、沼沢の多い未開地、第三の場合はよく耕作された農耕地方があげられるであろう。この三つの場合いずれをとっても、戦争は錯綜した技術を要するものになるだろう。

耕作地方について言えば、もちろんあらゆる種類の耕作方法がひとしく軍事行動に影響を及ぼすわけではない。なかでも最も強い影響力をもつのは、フランドル、ホルシュタインおよびその他の地方によくある耕作方法であって、これらの地方では土地を多くの堀、生垣、堤等でかこいこみ、その間に多くの個々の農家や小さい叢林が点在している。

このようにして見てくると、戦争を最もやり易い地方とは、平坦であって耕作程度もほどほどの土地ということになろう。もっとも、これはまったく一般的なことを述べたまでのことであって、防禦に際して土地の障害物を利用する立場に立てばまた話は別である。

それゆえ、かの地形の三様態はそれぞれの仕方で軍事行動に影響を及ぼすことになる。つまり活動の障害物として、また俯瞰の障害物として、あるいは掩護手段として。

森林地帯においては俯瞰《ふかん》の障害が重大な影響を及ぼし、山岳地帯においては活動の障害が重大な作用をもたらし、耕作の盛んな農耕地帯においては耕地の障害が平均して軍事行動を阻止する。

森林が多い地方では活発な諸行動がはばまれているだけでなく、見通しがきかないために簡単にその地方へ進入してゆくわけにもいかない。したがって、その地方での行動は慎重を要するのであるが、他方、かえって行動が単一化される面もある。というのはそのような地方では、なるほど全兵力を戦闘に投入することは困難であるが、山岳地帯や耕作がゆきとどいて土地が分断されているような地方に比べて、兵力をまったく分散してしまう必要もないからである。言い換えれば、森林の多い地方では兵力の分散は避けられないことではあるが、その他の地形のところに比べてそれほど甚しい分散の必要もないということである。

山岳地帯においては、行動の自由が阻止されるのが一番問題であって、これは二通りの仕方で現われてくる。すなわち、一つはおいそれとどこにでも行けるわけではないということ、二つはたとえそれができるにしても、長い時間と莫大な労力がかかるということである。それゆえ、山岳地帯においてはすべての行動の速度が弱められ、一般の作戦遂行には非常に長い時間がかかることになる。しかしながら、山岳地帯には他の地形にない一つの優れた特質がある。それは一地点がその他の地点を瞰下することができるということである。この瞰下すること、つまり、瞰制一般については次の章で述べるつもりであるが、ここでは少なくとも以下のことに注意しておきたい。つまり、山岳地帯で兵力を大きく分散させねばならない理由は、まさに山岳地帯のもつこの特質のためであるということである。要するに山岳地帯のこの地点が重要なのは、それ自身のためばかりでなく、この地点が他の地点に及ぼす影響のためである。

すでに述べたように、これら三種類の地形が甚しく極端化された場合、戦闘の成功不成功に対する最高司令官の威力はますます縮小されて行き、それに反して、下級将校以下一般の兵卒に至るまでの者のもつ力量がますます重要になってくる。軍の分散が進めば進むほど、また見通しが悪くなればなるほど、戦闘は各戦闘員の独自な行動に委ねられるのは言うまでもないことだからである。確かに軍事行動が分散し、複雑多岐にわたってくると、軍事知識のもつ影響力はそれだけ重要になってくるし、最高司令官の洞察力もそれに加わって大きな意義をもってくるのは事実である。しかしここでは以前に述べた原則を再び想いかえしてみなければなるまい。というのは、戦争とは個々の戦闘が準拠する形式のことではなく、まさに個々の戦闘の総計にほかならないということである。それゆえ、例えば今の場合を極端化して、全軍隊が一条の長大な散兵線をしき、各兵卒はそれぞれ各自で戦闘を行なわねばならぬ場合を考えてみよう。この場合個々の戦闘の勝利の総計が大切なのであって、その個々の戦闘が準拠する形式が大切なのではない。なぜなら、この作戦の効力は個々の戦勝があって初めて現われてくるものであって、個々の戦闘が敗北続きでは何の効力も発揮し得ないからである。したがってこの場合、各々の兵卒のもつ勇気、能力、精神などがすべてに先行するだろう。最高司令官の力量、洞察力が再び決定的になってくるのは、ただ両軍の価値、特質などが均衡している場合だけのことである。そのことは国民戦争とか、民衆の武装叛乱の場合などを考えてみればよくわかることと思う。これらにあっては、少なくとも各人の戦闘精神は昂揚しており、たとえ各人の熟練さや能力は不足していても、よく分散した戦闘に耐え、障害物のある地形においてよくその優秀性を示すものである。しかしながら所詮、これらの市民兵はそれだけのことにすぎないこともまた事実ではある。というのは、彼らは作戦に必要な能力や武徳などは、いささかも持ち合せておらず、したがってある程度以上の軍に統一されて闘うことなどは思いもよらないからである。

ところで正規兵の性質もまた、一つの極端な場合から他の極端な場合へと段階をおって転化するものである。それは自国防衛にあたる軍隊を考えてみればわかることであろう。この際たとえその軍隊が常備軍であろうとも、何らかの形で市民兵的性質をおびてくるものであって、大いに分散戦に適したものとなってくるものである。

ある軍隊にとって、このような分散戦に適した性質や能力が欠けており、反対に敵軍がこれに適した性質や能力を強くもっているような場合には、この軍隊は分散戦をはばかり、障害物の多くある地方を避けるようになるだろう。しかしこの軍隊が攻勢にある時、このような障害地による分散戦を避けるのはなかなか困難であろう。というのは、戦場は多くの見本のなかから好みの品物を手に入れるようなわけにはいかないからである。それゆえ、集団作戦にたけた軍隊が、折あしく地形がそれに適していない場合に遭遇しても、全能力をあげてその集団作戦を遂行しなければならないようなこともあり得るわけである。その場合この軍隊は、糧食の欠乏、給養の困難、悲惨な露営、多方面からの敵襲など諸々の不利な条件がおおいかぶさってくるだろうが、それにしてもこの軍隊が得意の作戦をまったく捨ててしまうことによって与えられる不利よりは、これらの不利の方がまだましというものである。

　集団作戦か分散作戦かという相対立する二つの傾向は、その兵力の性質に従ってどちらにでもなる。ところが危急の場合においては、集団作戦にたけた軍隊が集団戦にだけ、また分散作戦にたけた軍隊が分散戦にだけその勝利を期待するわけにはいかない。例えば、スペインに侵入したフランス軍はその兵力を分散させねばならなかったのであるが、一方この時、民衆蜂起によって自国防衛の任にあたったスペイン軍もその兵力の一部を大会戦にさしむけねばならなかったのである。

　それゆえ、地形と軍隊一般の組織との関係、特に政治的状勢によって左右される軍隊組織と地形との関係が最も重要なのであり、次に重要なものは地形によって決定される三兵種の比率ということになる。

山岳地帯にせよ、森林地帯にせよ、または農耕地帯にせよ、行動が困難な地方では騎兵が多数であっても役に立たないのは自明のことである。同じく森林が多い地方に砲兵をもってきても無用であろう。というのは、このような地方では砲兵を有効に活用する場所がないし、また第一、砲兵を導く道路もない上に、それを運ぶ馬匹のための糧秣もないからである。しかし農耕の盛んな地方になると、砲兵のもつ意義はやや好転してくる。山岳地帯においてはこの兵種のもつ意義はさらに重くなる。農耕地帯にしても、山岳地帯にしても、砲火に対する掩護物が多くて、この点でなら砲撃をその主なる任務とするこの兵種には不都合ではある。その上、これら両地帯では、何ものをも踏み越えて進んでくる歩兵が、重い大砲をひきずって歩く砲兵をしばしば奇襲攻撃で混乱に陥いれることもあり得る以上、ますます砲兵には不都合に見える。しかしこれらの地帯でこそ、多数の砲兵がその威力を発揮する余地が必ず残されているものであって、特に山岳地帯においては砲兵は大なる威力を示すことができるものである。というのは、この地帯では敵の行動が極めて緩慢になるために、砲撃の威力はいやましに高められることになるからである。

しかしあらゆる困難な地形の戦闘においても、歩兵が他の兵種に対してもっている決定的優越性は疑うべくもない。それゆえ、このような困難な地形においてなら、歩兵の数を普通の比率に比べて著しく高めても何ら差支えはないのである。

第一八章　瞰　制

そもそもこの瞰制するという言葉は、兵術上独特の魅力をもっている。そしてまた土地の状態が用兵上に及ぼす影響の大部分、いやその過半数は実際この言葉のもつ魅力から来ている。そしてまた多くの兵術的原則、例えば瞰制陣地、重点陣地、戦略的機動等のごときものもその発想の基盤をこの言葉の魅力にもっているのである。そこでこの問題を、あまり詳細にわたらない程度に鋭く把握し、この言葉についての誤った見解を正し、過大な評価をもひかえつつ、その実相を明らかならしめてみたいと思う。

すべて物理的な力が下から上に向かって発現されるのは、逆の場合よりもはるかに困難である。したがって戦闘の場合にもそれが言えるはずであって、その理由には三つのことが挙げられよう。その第一は、すべての高地は接近を困難ならしめる障害物と見なされるということ、その第二は、上から下へ向かって射撃する場合は、その射程距離は同じであっても、幾何学的に考えてみればわかることであるが、命中率は逆の場合よりもはるかに大きいということ、その第三は高地の方がはるかに展望の点で有利であるということ、などがその理由である。実際の戦闘において、これら三つの要素がどのように結合してくるかを、ここで論ずるつもりはない。ただここでは戦術に及ぼす高地の利益を一つにとりまとめ、これを戦略における第一の利益と見なすことを主張したいだけである。

しかし、前に述べた高地のもつ三つの戦術的有利性のうち、第一と第三の点は戦略的にも重要視しなければならない。というのは、一軍が行軍し観測するのは戦術のためばかりでなく、戦略のためでもあるからである。したがって、戦術的に高地に布陣している者は低地に布陣している者の接近をはばんでいるという状況を考えてみるとき、そのことは戦略にとっても第二の利益となり、高地にあるために広い展望が得られるということは戦略上にも好都合な第三の利益となる。

高地陣地、瞰制、瞰下の威力は以上あげた要素から構成されている。つまり、山々の辺に布陣し、敵を眼下に見おろす者の優越感と安心感、およびそれとは反対に低地に布陣した者がいだく劣等感と焦燥感、これらはすべて以上の理由から来ている。そのうえ多分この問題がもつ全体的印象は、実際よりもかなり強烈であるだろう。というのは、瞰制を支配していることによって得られる諸利益は、それを何とか過小評価しようという諸事情よりも、むしろ感覚的直観で人心をつかんでしまっているので、強固であるはずだからである。したがって、この印象は実際よりもはるかに過大に評価されているだろう。それに加うるに、想像力の効果もまた瞰制の効果を強める一つの新しい要素として見なされねばならないのである。

しかしながら行動が容易であるというのは必ずしも絶対的な利益ではなく、しかも高地にあるからといって常に行動が容易だというわけでもないのである。高地にある者が行動の利益を得るのは、まさに敵が高地に向かって進んでくる時に限られており、両軍の間に一大渓谷でもあろうものなら、その利益も無効に帰してしまうものである。また両軍が平野において会戦しようとしている場合は、行動の容易さは低地にある者の方がむしろ有利でさえある（ホーヘンフリードベルクの会戦を見よ）。

高地にある者は展望の点で有利であることは前に述べたが、これさえ大きく制限されることがある。下方が森林に被われている地方や、布陣している山岳の山容自身が視界を容易にさえぎることがある。それゆえ、前もって地図で選んでおいた瞰制陣地が、現地に臨んでみたら有利であるどころか、かえって不都合なことが続出して、どうにもならないような例は数限りなく存在する。そうは言うものの高地にある者にとって、防禦の場合であれ、攻撃の場合であれ、これらの制限や条件だけでその優越性がくつがえされるわけのものではない。さて、この両者の場合に、どんな仕方で高地にある者の有利性が現われてくるか、次に簡単に述べてみよう。

瞰制の戦略的利点には三つあった。すなわち、戦術上の有利性、接近の困難性、視界の広大さがそれである。これらのうち先の二点は防禦者にとってのみ有利なものである。というのは、これら二点は陣地に固定している者のみが利用し得るのであって、他方、行動している者はついでに利用するというわけにはいかないからである。これに反して第三の利点は、攻撃する者も防禦する者もともに利用することができる。

以上のことから瞰制が防禦者にとっていかに重要であるかがわかってこよう。ところで、瞰制は決定的に山岳陣地でのみ可能となるのであるから、防禦するなら山岳陣地を大いに利用すべきであると考えられがちである。しかし他の諸事情のために、いかにそう簡単にいかないものであるか、そのことを山岳防禦の章で述べてみよう。

まずここで、ある孤立した地点、例えば一陣地の瞰制とそうでない場合とを一般的に区別してかからねばならない。一地点の瞰制が戦略上に及ぼす有利さなら、それはたかだか有利な条件で開始される会戦のための一戦術的有利さに解消されてしまう。これに反して例えば、一州のごとき広大な地域すべてが分水嶺から続いているような一斜面をなしていて、その広さが数日行程にもわたり、眼下に横たわっているあらゆる土地を瞰制し得るような陣地があるならば、戦略的有利さはさらに増加する。というのは、この瞰制の有利さを利用して、個々の戦闘における兵力使用を計画し得るばかりでなく、数個の戦闘の組み合せをも企画し得るからである。特に防禦の場合にはそうである。

一方、攻撃の場合も、防禦の場合にそうであったように瞰制による同じ有利さを大体利用できる。なぜなら、戦略的攻撃というものは、戦術的攻撃とちがって単発的なものではなく、その前進も歯車装置のように連続的行動ではない。それは個々の進軍と長短さまざまの駐屯とよりなるものであって、この駐屯期間には、この攻撃軍は敵と同様防禦態勢に入るものだからである。

広大な視界が得られることの有利さから、攻撃側にも防禦側にも、同じく瞰制地のもつある種の能動的手段が生まれてくる。それを看過するわけにはいくまい。というのは、分遣部隊を活用することが容易にできるということである。なぜなら、この瞰制陣地から全軍が受ける有利さは、各々の分遣部隊にも及ぶものだからである。それゆえ、大小さまざまの各分遣部隊は、瞰制陣地のもつこの有利さが全然期待できない場合に比べれば、はるかに強大な力を発揮し得るし、その配備についても、然らざる場合に比べてはるかに危険性が少なくてすむ。そのような分遣部隊が何をなし得るかについては、当面の問題ではない。

この瞰制陣地が敵に対して、なおその他の地理的利点と結びついていたり、また例えば大河のほとりにあるなどといった理由から、敵の行動が制約されている場合なら、敵の形勢は決定的に不利となり、速みやかにその不利な形勢を脱却することができなくなってくる。したがっていかなる軍隊も、大河の渓谷を占領するのには、この渓谷を形作っている山岳の辺を手に入れなくては、その占領も全うすることはできないことになる。

このように見てくると、瞰制陣地は実際の力をもち得るのであり、瞰制という言葉の現実性は決して疑うことができないものである。とはいうものの、もし瞰制陣地とか掩護陣地とか地方の枢要地点とかが、ただ土地の隆起の点でだけそう名づけられるのであれば、それはまったく空虚な概念であって、何ら核心を持ち合せていないものであることは言うまでもない。作戦計画について、外見だけ立派でその実無内容な考え方に若干味つけをしようと、よく人はこのような軍事理論上の重要な要素を持ち出してくる傾向がある。それはまさに素人専門家の好みのテーマであり、素人戦略家の魔法の杖ともなっている。そしてこの観念の遊戯の無内容さ、実戦上の事実とのくいちがいなどが、まさにそれら素人専門家および読者等に、彼がしていることはそれこそダナイドの底なし樽[*10]に水を満たそうとしているようなものであることを納得させるはずのものであるにもかかわらず、彼らはいっこうそれに気づいていない。かくて人は条件と本質とをとりちがえ、手段と目的とを混同するようになってしまったのである。そのような高地および瞰制陣地を占領すること自体が何か有効な軍事行動、言い換えれば敵に対する痛撃の行動ととられ、高地や瞰制陣地そのものが実際の軍事的力であるかのごとく思い込まれている。ところが、高地そのものの占領などは、人を打撲するために拳をふりあげたようなものであり、瞰制陣地そのものなども死せる道具、ある対象があって初めてその内容が満たされる単なる一性質、または何らその内容をもたないプラスとかマイナスとかの符号以外の何ものでもない。さて、この痛撃、この対象、この力とはすなわち戦闘に勝利を得ることそのものなのである。戦闘に勝利を得て初めてこのプラス、マイナスの符号に実際の数値が入れられるのであり、それのみが頼むにたる唯一のものなのである。机上で兵術の言辞を弄する場合にも、戦場で実際に戦う場合にも、そのことは常に念頭に入れておかねばならないことである。

　したがっておよそすべてを解決するものは、勝利を得た戦闘の回数とその重要性とであるならば、ここでもまず両軍相互の関係とその指揮官相互の力量が考察されねばならず、そして地形の影響などは二次的役割しか果たし得ないものであることは自明のことであろう。

訳　註

序　文

＊1　Scharnhorst, Gerhard Johann David von (1755—1813)　プロイセンの陸軍中将であり、プロイセン軍の近代化に大いに寄与した。

＊2　その後、即位してフリードリッヒ・ヴィルヘルム四世となる人物。父王に反してその性格は豪胆多彩であり、ドイツ三月革命（一八四八年）以前、一時市民層の淡い期待の対象となったが、彼自身はその期待に答える意図なく、逆に革命の呼び水ともなった。

＊3　大陸封鎖令違反を口実とするナポレオンのロシア遠征は酸鼻を極めた敗北に終る（一八一二年）。これはまた全ヨーロッパ的規模での解放戦争（一八一二—一五）の烽火でもあった。クラウゼヴィッツもまたこの解放戦争にブリュッヒャー軍将校として、後ヴァルモーデン将軍麾下ロシア・プロイセン軍団の総参謀長として参戦した。

＊4　Gneisenau, August Graf Neidhardt von (1760—1830)　プロイセンの陸軍元帥、伯爵。ブリュッヒャー侯麾下総参謀長の職にあって（一八一三—一五）プロイセン軍の近代的改革に積極的に参与した愛国者。

＊5　一八三〇年フランスにおける七月革命の波は全ヨーロッパに伝播していった。ドイツにおけ

るザクセン、ヘッセン、ブラウンシュヴァイク、ハノーヴァーなどにおいても革命的騒擾が起り、ポーランドにおいてはそれが遂に革命にまで発展した。クラウゼヴィッツはグナイゼナウ元帥麾下の総参謀長として革命鎮圧に出動したが、一八三一年夏、この地方に悪質なコレラが猖獗を極め、グナイゼナウ、クラウゼヴィッツ以下鎮圧軍の多くがこれに倒され、ために戦闘は決定的な敗北を蒙るに至った。

＊6　O'Etzel, Franz August（1783—1850）その後プロイセン陸軍少将となり、士官学校の教官となる。

＊7　フリードリッヒ・ヴィルヘルム三世（一七九七—一八四〇）とその皇后を指す。ロシアに依存し、オーストリアとも協調をはかり、消極的な王であった。

著者の序言

＊1　Lichtenberg, Georg Christoph（1742—1799）物理学者であって、啓蒙主義的諷刺文学ものした。

第一部　戦争の性質について

＊1　Friedrich der Große（1712—1786）フリードリッヒ二世、プロイセン国王。用兵に秀で、対オーストリア戦争を遂行することによってプロイセン軍をヨーロッパ最強の軍隊たらしめることに成功した。また啓蒙的専制君主として統治に優れ、彼の支配のもとにプロイセンの絶対主義は頂点に達することとなった。

ところで、フリードリッヒ大王（一七一二—八六）治下の諸戦役を列挙すれば次の通りである。

1　オーストリア継承戦争（一七四〇—四八）、第一回シレジア戦争（一七四〇—四二）、第二回シレジア戦争（一七四四—四五）、第二部、訳註（22）を参照のこと。

2　七年戦争（第三回シレジア戦争）（一七五六—六三）、第一部、訳註（2）を参照のこと。

3　バイエルン継承戦争（一七七八—七九）バイエルン選挙侯領の相続をめぐるオーストリアとプロイセンとの戦争。オーストリア皇帝ヨゼフ二世はバイエルン侯マクシミリアン・ヨゼフの歿後、その相続を要求して六万の兵をバイエルンに進めた。プロイセンのフリードリッヒ大王はこれに反対して戦端を開いた。フランス、ロシアが調停の労をとり、プロイセンのアスバッハ、バイロイトに対する要求を認めて局を結ぶこととなった。

＊2　七年戦争（一七五六—六三）は、シレジア奪回を企図するマリア・テレジアが、フランス、スペイン、スウェーデン、ロシアおよびドイツ有力諸侯と結んでプロイセンと開戦したもの。したがって、この戦争は第三次シレジア戦争となった。フリードリッヒ二世は先ずイギリスと結んで機先を制し、ロイテン、ロースバッハ、ツォルンドルフの戦いにオーストリア、フランス、ロシアの軍を破って優勢を示したが、中途でイギリスが植民地戦争に力を集中してプロイセンへの援助が絶えたため、首都ベルリンも占領されて非常な苦境に陥った。その後ロシアの脱退によって難局をしのぎ、フベルトゥスブルク条約（イギリス、フランス間はパリ条約）を結んで講和した。

＊3　Karl XII.（1682—1718）スウェーデン国王。王位在位中（一六九七—一七一八）にデンマーク、ロシア、ポーランドと戦って勝利を博したが、ピョートル一世麾下のロシア軍に敗れた。

数多くの無謀な試みをなしたことで知られ、一七一八年ハルデン（ノルウェー）征服の際、銃弾に倒れた。

＊4 Luxemburg（Luxembourg），François Henri（1628―1695）フランス軍元帥、侯爵。ルイ一四世治下における卓越した戦略家であったコンデ公の後継者となる。

＊5 Puységur, Jacques François（1655―1743）フランス軍元帥、侯爵。軍事評論家。

＊6 Henri IV.（1553―1610）ブルボン王朝の祖。フランス国民に信仰の自由（ナントの勅令）を与え、国内統一をはかった。

＊7 Bonaparte, Napoléon I.（1769―1821）総裁政府を倒して皇帝の位につく。彼の軍事的成功はすべての面にわたって近代的諸要素を備えたフランス軍と、それをもってする戦略戦術にあり、本書『戦争論』は、ある意味で全編一八世紀軍事史とナポレオン軍事史との対比にあるといってもよいだろう。

ところで、ブリュメール一八日（一七九九年一一月）によって総裁政府を倒し、第一執政となった後のナポレオンの諸戦役は次の通りである。

1 第二回対仏大同盟戦争（一七九九―一八〇二）イギリス、ロシア、オーストリア、トルコ、ドイツ諸侯の軍が同盟してフランスに宣戦。マレンゴの戦闘に、フランス軍はオーストリア軍を粉砕した。その後、フランス軍は南ドイツ各地を制圧し、一八〇二年、イギリス、フランス間にアミアンの条約が成立して、一応その局を結んだ。

2 ウルムの会戦 一八〇三年五月、イギリスがアミアン条約を破棄すると同時に、ナポレオンは念願のイギリス本土上陸計画の実行を企て、ブーローニュに二千の軍隊を結集した。一八〇五年八月、イギリス、ロシア、オーストリアによる第三回対仏大同盟が結成され、同年九月、マックの率いるオーストリア軍はフランスの同盟国バイエルンに侵入。二二万のフランス軍は、一八万のオーストリア軍をロシア軍の合流前にたたくため、九月二四日パリを出発。ライン、ドナウを渡河し、背後からウルム（ドナウ河畔のドイツの都市）のオーストリア軍を包囲して、一〇月二〇日これを降伏させた。

3　トラファルガーの海戦　一方、海上では、ウルムの会戦の翌日フランス、スペイン連合艦隊三三隻は、トラファルガー岬沖で、ネルソンの率いるイギリス艦隊二七隻に捕捉され、完敗。フランスは海軍力の弱さを暴露して、イギリス本土上陸をあきらめざるを得なくなった。

4．アウステルリッツの会戦　ウルムの勝利後、進軍を開始したフランス陸軍は、一一月一四日、ウィーンに入城したが、ロシア軍、イタリア軍の接近とオーストリア皇帝の剛気な抵抗で、フランス軍は劣勢に追い込まれていた。ナポレオンが退却のそぶりを見せると、ロシア、オーストリア連合軍は、フランス軍の右翼ダヴー軍への接触をはかり、戦列を薄くしてしまった。機を見たナポレオンは一二月二日敵軍の弱い環である中央部を攻撃、これを完全に潰滅させ、全ナポレオン戦役のうちでも最も決定的な勝利を得た。

5　イエナとアウエルシュテットの会戦　ナポレオンの大陸支配に抵抗するプロイセン、イギリス、ロシアは一八〇六年九月、第四回対仏同盟を結成。二五万の連合軍と一三万のフランス軍との間に再び戦火があがった。ロシア軍の来援をまつことなく戦ったプロイセン軍は、一〇月一四日、イエナではナポレオンに、アウエルシュテットではダヴーのフランス軍にそれぞれ惨敗。一〇月二七日、フランス軍はベルリンに入城した。

6　アイラウの戦い　続いてナポレオンはロシアへの行動を開始。一八〇七年二月八日、ケーニヒスベルグの近くアイラウで戦闘を交えたが、勝敗は決しなかった。ところが、連合国側内部の不和も手伝って、六月一四日、ナポレオンはフリードランドでロシア軍を撃破、ティルジット条約が結ばれた。

7　スペイン侵略　大陸封鎖を貫徹するためイベリア半島支配を決意したナポレオンは、一八〇七年から八年にかけて強引にポルトガル分割、スペイン侵略の行動に移った。しかし、スペインで激しい民族的抵抗を受けたフランス軍は、一二万の兵力をもってしてもこの反抗をとどめ得なかった。このことは常勝フランス軍に手痛い打撃を与え、ナポレオンの威信を大いに傷つけた。

8　ロシア遠征　ロシアは大陸封鎖令に従わず、反抗的にフランス商品に重税を課し、ナポレオンのロシア遠征の心をはやらせたが、一方、中欧諸国における民族解放運動の成熟やフランス経済の不況などの条件も重なって出発は遅れていた。しかし、ようやく一八一二年五月九日、遠征に出発したナポレオン軍六〇万の内、六月二三日には四五万がロシアに侵入。初めはロシア軍の後退戦術で長期戦の様相を帯びていたが、八月二六日、クトゥゾフに率いられた一二万のロシア軍は、疲弊し一三万に減ったフランス軍とボロジノで激戦した。その結果ロシア軍の兵力は半減し、退却。そこでナポレオンは九月一六日、モスクワに入城したが、しかしロシア軍の焦土作戦で、フランス軍はさらに疲弊、冬将軍の到来も控えて、一〇月一九日ナポレオンはモスクワ退却を余儀なくされた。その後クトゥゾフの追撃、農民ゲリラに捉えられたフランス軍は、一一月中旬、スモレンスクの会戦の時はすでにわずか三万六千に減少していた。

9　解放戦争　毎年徴兵を続けたナポレオンは、一五万の兵員を擁して一八一三年三月のプロイセンの宣戦に応じ、同年五月一日、リュッツェンにロシア・プロイセン連合軍を破った。一〇月、フランスに宣戦したオーストリアも加え、三三万の同盟軍、一五万のフランス軍との間にライプチッヒで「解放戦争」が戦われ、ザクセン軍の裏切りもあってナポレオンは退却を余儀なくされ、六万五千の損害を蒙った。

10　ブリエンヌの会戦　一八一四年一月、講和会議に応じぬナポレオンに業を煮やしたロシア、オーストリア、イギリス、プロイセンなどの連合軍二三万は、ライン河を越え、アルザス、フランシュ、コンテに侵入、ナポレオンは四万七千の兵による絶望的な抵抗を開始した。しかし、主戦場の地形的条件を巧みに利用したナポレオンは、迅速果敢な防衛戦を展開、それは世界戦術史上最高の傑作と称せられた。さらに一月二九日、彼の母校の所在地ブリエンヌではプロイセンのブリュッヒャーを撃退、「フランス戦役」の端をひらいた。しかし、兵力の甚しい違いのため、ナポレオン軍は後退戦を余儀なくされ、タレーラン臨時政府によるナポレオン廃位宣言の圧力もあって、遂に四月四日、彼は退位を承認した。そして四月二八日、エルバ島へ渡ったのである。

11

ワーテルローの会戦　ナポレオン退位後、フランス国内ではルイ一八世の王政復古の反動政治に反抗の気運が高まり、この状況を知ったナポレオンは、一八一五年二月二六日、千名たらずの兵を連れてエルバ島を出発、三月一日、何らの抵抗も受けず、フランス東南端サン・ジュアン湾に上陸した。そこで軍勢を高めたナポレオンは、三月二〇日、パリに入城、ルイ一八世は亡命し、いわゆるナポレオンの「百日天下」が始まった。このとき、ウィーン会議に集っていた列国代表はナポレオン上陸の報に驚き、直ちにウェリントンの九万六千、ブリュッヒャーの一二万四千をはじめとする七、八〇万の兵力をフランス国境に集結させた。ナポレオンは七〇万の兵力を召集したとはいえ、武器弾薬の不足は覆うべくもなく、ベルギー国境の北部軍団はわずか一二万六千であった。六月六日、リールからメッツに行進し、サンブル河南部で兵を集結したフランス軍は一六日、リニーの戦いにおいてブリュッヒャーのプロイセン軍を破り、さらにカトル、ブラの前衛戦が終った後、一八一五年六月一八日、遂にワーテルローの大会戦となった。高地に陣どったイギリス歩兵の正確な射撃による防禦戦、プロイセン軍の到着という不利な情勢のなかで、フランス歩兵隊は猛攻し、ウェリントン軍を動揺させたが、ナポレオンが近衛兵投入を躊躇する間に、ウェリントンは戦線を整理して逆襲、遂にフランス軍は大混乱に陥って潰走した。フランス軍は三万人を失い、七千五百人の捕虜を出し、一方イギリス軍は一万六千、プロイセン軍は九千人を失った。

＊8　榴弾とは、弾底信管の作用によって地上または物体に着達したのち爆裂するものであり、障害物や掩護物を破壊し、その背後にいる人馬に対して危害を与えるものである。榴散弾はこれに反して空中で爆裂し（もちろん、着弾して爆裂するものもある）、人馬に対して広汎な殺傷力をふるうものである。

第二部　戦争の理論について

＊1　Condé, Louis II.（1621—1686）ブルボン朝の王子。一七世紀随一の戦略家であるとともに、有能な司令官でもあった。

＊2　Kondottieri 一四、五世紀の職業的傭兵指揮官の名称。彼らは十分な報酬が支給されるところならどこにでも出かけて戦争に従事した。

＊3　一八世紀後半において特に利用された戦術的攻撃形式。攻撃側は敵の前線と平行線を保たないで、斜形、凝集形、梯形等の陣形で相対した。全軍中の強力な部分が、相対する敵の歩兵部隊を圧倒し、包囲し、粉砕し、最後に敵の戦線を側面あるいは背面から脅かし席捲したのである。一方敵の攻撃されていない部隊が、攻撃されつつある部隊を救援したり補強したりするのを妨害するのが味方の弱体部分の任務であった。

＊4　Louis Ferdinand（1772—1806）プロイセンの王子。陸軍中将。放蕩な王子として有名。一八〇六年、プロイセン前衛軍の司令官としてザールフェルトにあったとき、銃弾に倒れた。
Tauentzien von Wittenberg（1760—1824）プロイセン陸軍大将。伯爵。
Grawert, Julius August Reinhold（1746—1821）プロイセン陸軍大将。反動主義者。

Rüchel, Ernst Wilhelm Friedrich（1754―1823）プロイセン陸軍大将。プロイセン軍改革に頑強に反対した反動主義者。無能な将軍であったため、イエナの敗戦を導くもととなった。

＊5　Hohenlohe, Friedrich Ludwig（1746―1818）プロイセン陸軍大将。侯爵。一八〇六年イエナの戦いでナポレオン軍に敗れ、同年一〇月二八日プレンツラウで降伏した。

＊6　Karl Ludwig Johann（1771―1847）オーストリアの大公。オーストリア軍の総司令官。有能な将軍。一八〇六―〇九年にかけ、陸軍大臣としてオーストリア軍を再組織し、ナポレオンに対する叛乱を企んだ。そのため、一八〇九年の戦役後、反動的な王党派によってその地位を追われた。

＊7　Moreau, Jean Victor（1763―1813）フランス陸軍大将。のちナポレオンと政治的に対立し、一八〇四年その地位を追われた。

Hoche, Lazare（1768―1797）極めて有能なフランスの将軍。かつては馬丁であったが、フランス革命の渦中で最も人望ある将軍の一人となった。

＊8　テルミドール九日（一七九四年七月二七日）ロベスピエールを中心とするジャコバン勢力を倒したテルミドール派は、軍事力を利用しつつ「一七九三年憲法」というあの最も革命的な憲法の実施をサボタージュしていった。一方王党派の勢力に対抗するためにも、この派には軍事力が必要であった。かくて一七九五年八月、この派は大ブルジョア中心主義の「共和国第三年の憲法」を制定し、同年一〇月この憲法に基づいていわゆる「総裁政府」を成立させた。しかし大ブルジョアがその政権を維持するために必要とした軍事力は、必然的にナポレオンの登場を許し、革命を自らの手で葬ってゆくこととなった。

＊9　Leoben　シュタイエルマルクの一都市。一七九七年四月一八日、ここでフランス・オース

トリア間に休戦協定が成立した。

*10　総裁政府治下のナポレオン軍はオーストリア軍を粉砕、かくて両国は北イタリアのカンポ・フォルミオに和した（一七九七年一〇月一七日）。この条約でオーストリアはベルギーを譲渡し、ロンバルディアを放棄し、代わりにヴェネツィア、イストゥリアなどを受領した。

*11　Wurmser, Dagobert Siegmund（1724—1797）オーストリアの元帥。伯爵。一七九三年から九五年にかけて上部ラインで、一七九六年にはイタリアで、それぞれ指揮をとり、一七九七年二月二日イタリアのマンツァーで降伏した。

Gardasee. Mincio.　いずれもヴルムゼル指揮下に働いたイタリアの将軍。

*12　Blücher, Gebhard Leberecht（1742—1819）プロイセン軍元帥。侯爵。プロイセン軍改革を支持。一八一三年から一四年の解放戦争においてはいわゆるシレジア軍の最高司令官として参戦。一八一五年にはベルギー方面プロイセン軍の最高司令官として解放戦争を指揮した。その軍功によりプロイセン、ロシアの両軍兵士達から「前進元帥」〝Marschall Vorwärts〟なる尊称を受けた。

*13　Schwarzenberg, Karl Philpp（1771—1820）オーストリア軍元帥。侯爵。一八一三年から一四年の解放戦争では、同盟軍の最高司令官として参戦した。

*14　Württemberg, Wilhelm（1781—1864）ドイツ保守主義者の代表的人物。

*15　Wittgenstein, Ludwig Adolf Peter（1769—1843）ロシア軍元帥。伯爵。一八一三年春の会戦ではロシア・プロイセン軍の最高司令官として参戦した。

*16　Alexander I.（1777—1825）ロシア皇帝。神聖同盟を結成し、ウィーン会議（一八一五年）以後ヨーロッパの反動的秩序回復に努め、各国の新たな市民運動、市民革命に対する反動的憲

兵の役割を果たした。

＊17　Franz II, Joseph（1768—1835）名目的な存在だけであった神聖ローマ帝国の皇帝（一八〇六年まで）であり、オーストリアの皇帝であった。ロシア皇帝アレクサンドル一世と並ぶ、ウィーン会議以後反動復古の時代の代表的人物。

＊18　Bunzelwitz　シュヴァイドニッツとシュトリーガウの間にあるシレジアの村。一七六一年、フリードリッヒ二世指揮下のプロイセン軍（五万五千以上）はシレジアで一三万以上のロシア・オーストリア連合軍と相対した。そこで、プロイセン軍は一七六一年八月二〇日から九月二五日までシュヴァイドニッツ要塞を基点としてブンツェルヴィッツに強力な陣営を設けた。フリードリッヒ二世はここで待ち受けていたが、敵の攻撃は遂に行なわれなかった。

＊19　Rivoli　上部イタリアの都市。第一回対仏同盟戦争（一七九一—九七）中の一七九七年一月一四—一五日、この地でフランス軍はオーストリア軍を破った。

Wagram　オーストリア南部の村。オーストリア解放戦争中の一八〇九年七月五—六日、この地でナポレオン軍はオーストリア軍を破った。

＊20　Daun, Leopold Joseph（1705—1766）オーストリアの元帥。有名な機動戦略家。特に、七年戦争における緩慢な用兵で知られている。

＊21　Feuquiéres, Antoine Manassés（1648—1711）フランス陸軍中将。侯爵。特に、ドイツに対するルイ一四世の掠奪戟に活躍。その回想録は一七二五年に発表された。

＊22　オーストリア皇帝カール六世没後、ベーメン、ハンガリア、オーストリアの帝国領をマリア・テレジアが継承した。それに反対してプロイセン王フリードリッヒ二世（大王）はシレジアに軍を進め、ここにプロイセン、バイエルン、ザクセン、スペインの諸国軍対オーストリア

同盟軍との間に第一次シレジア戦争の戦端が開かれた（一七四〇―四二）。マリア・テレジアは苦境にたち、フリードリッヒ二世の要求を容れてプロイセン軍のシレジア占領を容認せざるを得なかった。しかし、その後イギリスの援助を得てマリア・テレジアがその勢力を挽回するや、フリードリッヒ二世はフランスと結び、先制攻撃をかけてザクセン、ベーメンに侵入し、各地にオーストリア軍を破った。これを第二次シレジア戦争（一七四五―四八）と言い、アーヘンの和約によって局を結んだ。

＊23　イスパニアの王位と所有権をめぐって、フランス、バイエルン、サヴォイ、ケルンとオーストリア、オランダ、プロイセン、ポルトガルとの間に起った戦争（一七〇一―一四）。

＊24　ローマとカルタゴとの間に前後三回にわたって行なわれた戦争の一つ。第二次戦争では、ガリアおよびアルプスを通じてローマに進撃したハンニバル麾下のカルタゴ軍が随所で勝利を博したが、勢いを盛り返したローマ軍はいくつかの地方で戦いを有利に進めつつ、遂にスキピオを北アフリカに送って、ザマにハンニバルを打倒した。その結果、カルタゴは屈辱的な講和の締結を強いられた。

第三部　戦略一般について

＊1　オーストリア継承戦争（一七四〇―四八）、七年戦争（一七五六―六三）、バイエルン継承戦争（一七七八―七九）の三つの戦争を指す。

＊2　Alexander der Große（BC. 356―323）紀元前三三六年から三二三年にかけてのマケドニアの王。幼ない頃から哲学者アリストテレスの教えを受け、父王の遺志を継いで東はインド、北

はシジア、南はエジプトとペルシャ湾に及ぶギリシャ帝国をつくりあげた。以後三百年間にわたるヘレニズム文化時代はヨーロッパとアジアの単一世界国家を誕生させ、古代の一地方文化にすぎなかったギリシャ精神を全世界に伝播させた。

＊3　Lacy, Franz Moritz（1725―1801）七年戦争においてオーストリア軍の指揮官として活躍。のちに元帥となる。伯爵。

＊4　Vendée　フランス西方、ロワール河のほとりの一県。一七九三年、王党派の貴族や僧侶に嗾かされた農民たちが一大蜂起をした地。

＊5　Eugen, Prinz von Savoyen（1663―1736）オーストリアの将軍、政治家。フランスの宰相マザランの姪を母としてパリに生まれたが、ルイ一四世にいれられず、一六八三年オーストリアに移り、軍務についた。この年ウィーン城外に迫ったトルコ軍を破ってから再三これを撃退して東方を固め、また西方でもルイ一四世の相次ぐ侵略戦争を迎えうって武名を高めたばかりでなく、優れた外交的手腕を発揮して、カール六世のもとに最大の版図をもったオーストリアの隆盛を築きあげた。

Marlborough, John Churchill（1650―1722）イギリスの将軍にして政治家。公爵。イスパニア継承戦争で華々しく活躍。

＊6　Caesar, Cajus Julius（BC. 102／100―44）ローマ共和政時代末期の政治家、軍人。貴族的家柄の出身でありながら、民衆派として終始貴族的秩序の破壊を政治目標とした。ポンペイウス、クラックスなどと三頭政治を組んだりしたが、激しい政争に追われ、遂に政敵の陰謀に倒れた。彼は野戦においても政治においても機動性に富み、都市ローマ的視野の政治を打破って全国家の利害を平等に考える新しい型の政治を追求してアウグストゥスの帝政を準備した。ただ個人

支配の野心が強く、雄図挫折のもととなった。彼はキケロにつぐ優れた演説家で、ガリア遠征を記した『ガリア戦記』、内乱を記した『内戦記』などの著書がある。

＊7　Farnese, Allesandro（1545—1592）パルムの侯爵。オランダの統治者。スペインのフィリップ二世の命令を受けてフランスのカトリック教徒救援隊を指揮した。

＊8　Gustav II. Adolf（1594—1632）スウェーデン王グスタフ二世（在位一六一一—三二）、即位当初デンマークの優越に苦しみつつもよく国土を保全、ついでロシア、ポーランドなどと戦ってバルト海を制圧、国内政策でも貿易促進、都市新設、文化奨励に意欲を示し、強力な軍隊をもつ北欧の強国としてのスウェーデンの地位を築いた。軍事的天才で、戦術や武器改良の業績も多い。

＊9　紀元前四九〇年アッティカの北東海岸マラトンの野で行なわれたペルシャ軍とアテナイ軍との会戦。エレトリアを焼き、その住民を奴隷としたペルシャ軍はアテナイ攻略のためマラトンに上陸、さらに海上からアテナイを衝こうとした。この時アテナイ軍は出撃してペルシャ軍を散々に破り、主力部隊は直ちにアテナイに帰り防禦を固めた。この迅速な行動にペルシャ軍はアテナイに上陸することなく退去せざるを得なかった。

＊10　Leuthen　ブレスラウ西方のシレジアの村。七年戦争中の一七五七年一二月五日、この地でプロイセン軍はオーストリア軍を破った。

＊11　Roßbach　メルゼブルク近辺の村。一七五七年一一月五日、この地でプロイセン軍はフランス軍とオーストリア軍を破った。

＊12　Tempelhoff, Georg Friedrich von（1737—1807）プロイセンの陸軍中将にして軍事評論家。七年戦争に参加し、後に七年戦争史に関する著作をあらわした。

＊１３　Massenbach, Christian Karl August Ludwig（1758―1827）プロイセンの参謀本部員として一七九二年から九四年まで対仏戦役に参加。男爵。第一回対仏同盟戦争に関する数多くの著作をあらわしている。

＊１４　Montalembert, Marc René（1714―1800）フランス軍大将。軍事技術家。築城術について数多くの著作をあらわした。

＊１５　ドイツ王を選挙する権利をもった諸侯。特に一二五四年、シュタウフェル王家没落後は、それ以前の名目的選挙制が再び原則化し、一三世紀の経過中に国王選挙権は有力な聖職貴族と世俗諸侯に固定されるようになった。マインツ、ケルン、トリールの三大司教とライン宮中伯、ザクセン公、ブランデンブルク辺境伯の三諸侯がそれであり、一二九〇年、ベーメン王が加わって七名に増加。彼らは七選挙侯として金印勅書（一三五六年）によってその権利が成文化された。一七世紀以降、この制度は崩れ、その数と顔ぶれはしばしば変化することとなる。

＊１６　一八〇〇年五月中旬、ナポレオンは急造の予備軍を率いてアルプスに登り、メラス将軍麾下のオーストリア軍の背後を衝いた。そして同年六月一四日のマレンゴの会戦の後、退路を断たれたメラス軍は降伏した。

＊１７　一七五六年は七年戦争勃発の年。一八一二年はナポレオンのロシア遠征の年。ザクセンとロシアとはそれぞれの年に国内の統一が不完全で、戦闘態勢が整っていなかった。――二二八頁。

＊１８　フランス革命に伴う内外の事情から一七九二年四月、対オーストリア宣戦布告をもって始まった、全ヨーロッパ的規模の戦争。

＊１９　Finte　フェンシング用語。

＊20　Valmy　東フランスの都市の名。第一回対仏同盟戦争（一七九二—九七）中の一七九二年九月二日、この地でフランス軍はプロイセン軍の侵入に対して最初の勝利を納めた。

＊21　Hochkirch　ラウジッツの村。七年戦争中の一七五八年一〇月一四日、この地でオーストリア軍はプロイセン軍に対する奇襲に成功した。

＊22　Kunersdorf　フランクフルト東方の村。七年戦争中の一七五九年八月一二日、この地でロシア・オーストリア軍はプロイセン軍を破った。

＊23　Freiberg　ザクセンの都市。七年戦争中の一七六二年一〇月二九日、この地でオーストリア軍はプロイセン軍に敗れた。

第四部　戦　闘

＊1　Jena　テューリンゲンの都市。一八〇六年一〇月一四日、この地でプロイセン軍はナポレオンに壊滅的打撃を蒙った。

Belle-Alliance　ブリュッセル近辺のベルギーの村。一八一五年六月一八日、この地で連合軍はナポレオンに対する決定的勝利を収めた。この戦いはワーテルローの戦いとも呼ばれる。

＊2　Borodino　モスクワ西方の村。ナポレオンのロシア遠征中の一八一二年九月七日、この地でロシア軍とフランス軍との間に凄惨な戦闘が行なわれた。

＊3　ちなみに軍隊編制を列挙すれば次のごとくである。

小隊——中隊の三分の一ないし四分の一に相当する小部隊であり、歩兵、工兵にあっては七〇人内外、騎兵にあっては五〇人内外であって、中少尉が小隊長となる。また小隊は数個の分隊に分れる。

中隊——戦闘単位であり、歩兵中隊は三小隊に、騎兵中隊は四小隊に、砲兵中隊は二小隊に分れ、通常大尉が中隊長となる。

大隊——戦術単位であり、歩兵大隊にあっては四個の中隊および一個の機関銃中隊より成り、通常少佐が大隊長となる。

聯（連）隊——二個ないし三個の大隊よりなり、大佐または中佐が聯隊長となる。戦前、日本国内（内地）は五七聯隊区に分れていた。

旅団——通常二聯隊を合せたもの。

師団——軍隊編制上、最高常備兵団であり、戦略単位である。師団司令部、歩兵二旅団、騎兵一聯隊、野砲兵一聯隊、山砲兵一聯隊、重砲兵、工兵一大隊、輜重兵一大隊、軍楽隊などをもち、通常中将が師団長となる（昭和四年度、日本陸軍編制による）。

＊4　Davout, Louis Nicolas（1770—1823）アウエルシュテットの公爵。フランスの元帥。

＊5　Kalckreuth（Kalkreuth）, Friedrich Adolf（1737—1818）プロイセン陸軍元帥。伯爵。一八〇七年、フランス軍に抗したダンツィッヒの会戦で勇名をはせた。ティルジット条約交渉でも大きな役割を果たした。

＊6　Marmont, Auguste Frédéric Louis Viesse de（1774—1852）フランスの将軍。公爵。砲兵隊へ入る目的でディーザンで数学を学んでいたが、ナポレオンに会い、彼に仕えることになった。彼に従ってイタリア、エジプト等に遠征、一八〇五年のウルムの会戦等に活躍し、一八一四年の防衛戦の際には指揮を受け持ったが、敵と秘密協定を結ぶという行為のため信頼を失った。彼の回想録は当時の戦史として大きな価値がある。

York von Wartenburg, Hans David Ludwig（1759—1830）プロイセンの将軍。伯爵。不服従のかどでいったん除隊され、国外へ出たが、一七八六年フリードリッヒ大王の死後プロイセンに戻り、ポーランド作戦などに従軍した。小部隊戦の訓練に優れ、一八〇五年に歩兵隊に入り、イエナの会戦で目覚しい活躍をし、一八一二年のロシア遠征にも従軍した。一八一三―一四年戦役ではプロイセン軍を率いてフランスと闘った。

＊7　Hannibal（BC.247―183）カルタゴの名将で政治家。二六歳の若さでスペイン全軍の指揮官となり、第二ポエニ戦争（ハンニバル戦争）を戦ったが、ローマの激しい抵抗にあって後退、これに破れて屈辱的講和を結んだ。その後、カルタゴで執政官の役に就いたが、政敵との争いやローマからの彼の身柄引き渡し要求などのなかで遂に自殺、アレクサンダー大王、ピュロスと並んで古代屈指の戦術家だったが、その運命は悲劇的だった。

Fabius, Quintus F. Maximus Verrucosus（?―BC. 203）古代ローマの将軍、政治家、ローマの旧貴族（パトリキ）中最大の家柄ファビウス氏に生まれ、前二三三年をはじめコンスルに五度就任し、前二〇九年以後は元老院の筆頭議員であった。第二ポエニ戦争でハンニバルの侵入を受けた際にディクタトルに任ぜられ、敵のうしろに従いながら決戦を避け、《唯一人の士、遷延により国家を再興せり》（詩人エンニウスの句）と讃えられ、のちクンクタトル（遷延家）とあだ名された。

＊8　Finck, Friedrich August von（1718―1766）プロイセンの将軍。一七五九年一一月二一日、マクセンにおけるオーストリアとの闘いに破れた。

＊9　Vaudoncourt, Frédéric François（1772―1845）フランス軍の師団長。軍事評論家。

Chambray, Georges（1783―1848）フランス軍の砲兵隊長。侯爵。軍事評論家。

Ségur, Philippe Paul（1780―1873）フランスの将軍、歴史家。ナポレオン軍の参謀に任ぜられて、第一帝国の重要な戦役のほとんどに参加、しばしば外交使節としても活躍した。一八一四年ブルボン朝復活の際は軍に残ったが、ナポレオンの百日天下の際は彼の命を受けて引退、以後一八三〇年の革命まで活動的な役割を果たせなかった。その間、『ナポレオンと一八一二年大遠征の歴史』を執筆。その他『チャールズ八世の歴史』などの著書がある。

第五部　戦闘力

＊1　Wellington, Sir Arthur Wellesley（1769—1852）イギリス軍最高司令官にして政治家。公爵。一八〇八年から一八一四年にかけてピレネー・イタリア戦線におけるイギリス干渉軍を指揮して転戦。一八一五年にはイギリス、ハノーヴァ、ブランシュヴァイク連合軍の最高司令官として奮戦。

＊2　一一世紀に入るとセルジューク・トルコの興起によって聖地イェルサレムはその支配下に入り、聖地巡礼および東方交通が妨げられた。そこで教皇ウルバヌス二世は西欧キリスト教世界全体に呼びかけ、武力によるトルコ勢力の排除を提唱した。かくて一〇九六年から一二七二年に至る長期間に前後七回あるいは八回の十字軍遠征が行なわれた。この十字軍遠征の失敗は、やがてヨーロッパにルネッサンスをもたらす契機となった。

＊3　一五五五年、アウグスブルクの宗教和議は、一時ドイツ新旧両教徒を講和させたが、新教諸侯は引続き結束を固め、国外新教勢力と結んでいた。一六一二年、ボヘミア王フェルディナントの領内新教徒弾圧に端を発し、全ドイツ諸侯を二派に分け、デンマーク、スウェーデン、フランス、スペイン諸国の干渉を招き、三〇年にわたる大戦乱となった。ためにドイツの近代国家形成は二世紀も遅れることとなったのである。

＊4　ルイ一四世（一六四三—一七一五）治下の諸戦役を列挙すれば次の通りである。

1　オランダ、ドイツ侵略戦争（一六七二―七九）先年のネーデルランド侵略戦争に際し、オランダが対仏同盟の中心となったことを憤り、ルイ一四世はイギリス王チャールズ二世と密約を結び、またスウェーデン、ドイツ諸侯と協定して同盟を粉砕すべく戦端を開いた。オランダは苦境に立ったが、ウィレム三世の下によく抵抗し、ブランデンブルク公、スペイン王、ドイツ皇帝と結んでルイ一四世に侵入を断念させた。

2　ファルツ侵略戦争（一六八八―九七）ドイツの選挙侯の没後、ルイ一四世がその領土の継承を主張したのに対し、神聖ローマ皇帝レオポルド一世は、スペイン、スウェーデン、ザクセン、バイエルン、ファルツを連合して戦端を開いた。その後イギリスも連合側に加わり、ためにフランスは海戦に敗れ、ストラスブルクを得たにとどまった。

3　イスパニア継承戦争（一七〇一―一四）第二部、訳註（23）を参照のこと。

＊5　Macdonald, Etienne Jacques Joseph Alexandre（1765―1840）公爵。スコットランド系の出身であるにもかかわらず、一七九六年にはすでに師団長となり、一八〇九年にはフランス軍元帥となっている。

Oudinot, Nicolas Charles（1767―1847）フランス軍元帥。公爵。

Ney, Michel（1769―1815）フランス軍元帥。公爵。一七九二年には単なる曹長の位にすぎなかったが、第二次干渉戦争時代にはすでに師団長に昇り、一八一五年一二月のブルボン王朝復古に際し、銃殺となった。

＊6　Murat Joachim（1767―1815）ベルクの大公爵。および両シチリアの王。もとは旅館の息子、のちナポレオン軍の騎兵将官に昇進し、一八〇四年フランス軍元帥となり、一八一五年一〇月一三日、ナポリにおいて銃殺となった。

＊7　Zieten（Ziethen），Hans Ernst Karl（1770―1846）プロイセン軍元帥。伯爵。

＊8　Schwerin, Kurt Christoph（1684—1757）プロイセン軍元帥。伯爵。

＊9　ウェストファリアのミュンスターでドイツ、スウェーデン、フランスの間に三十年戦争終結の条約が結ばれた（一六四八年一〇月二四日）。これによってドイツ新旧両教徒は平等の権利を与えられ、長年の宗教戦争は終りをつげたが、国民は分裂疲弊し、人口は激減し、国土は狭少となり、イギリス、フランスに比較して長く後進国の地位に甘んぜざるを得ない結果となった。

＊10　ギリシャ神話にあるアルゴス王ダナオスの娘達五〇人の名。婚姻の夜、各々その夫を殺した罪によって地獄に堕ち、底なし樽に水を汲み入れる罰を科せられた。

訳者解説

清水多吉

一つの時代の終りに臨んで——言うまでもなく訳者にとっては戦後史だが——本書を訳出する意義やら弁明やらはすでに例言において述べておいたつもりである。人は殷賑《いんしん》を極めたものの終末に臨めば、必ずや古典に邂逅するものなのであろうか。それとも古典とはそもそも個別的時代の贅言を許容しつつ、これらをアラベスク風な装飾たらしめるべく待ち構えているものなのであろうか。おそらく、そのいずれもが真であるに違いない。本書クラウゼヴィッツの『戦争論』もまたそのような意味での古典の一つである。したがって訳者は、本書の解説を書くにあたって、個別的時代の贅言、あるいは偏見であるかもしれない私見の披瀝をあえて怖れはしないつもりである。

さて、本書の刊行以来、著者クラウゼヴィッツの思想は二通りの影響力をもってきたように思われる。彼の思想が再浮上してきた十九世紀後半以降、その一つは、用兵術に関する彼の用語が確実に定着をみてきたということである。即ち、内線、外線、戦略的中央線、決戦、包囲、殲滅などといった用語がそれである。思うに、これは彼の観察し体験したナポレオン戦争の本質が、その後一世紀半（第二次世界大戦まで）にわたって近代戦争のモデルになってきたということに依るものであろう。その二つは、戦争と政治に関する彼の基本的考え方が、軍事思想を越えて定着をみてきたということであろう。彼の基本的考え方は、各国の軍指導部のみならず、なんと革命を思考してきたマルクス主義者にまで浸透してきたのであった。勿論、この一世紀半の間、クラウゼヴィッツの思想、諸運命はかなりの幅の解釈を許してきた。であればこそ、近代兵学思想変遷の過程を瞥見してみることは、是非とも必要かと思われる。

近代における戦争が、遊牧民にとっての牧草地の激減といった自然環境の変化や、為政者の個人的名誉心や憎悪感などによって起こるものではなく、一定の政治的目的とそのための手段があって初めて起こるものである以上、戦争の性格は常にその時代の性格に制約されざるを得ない。かくて、クラウゼヴィッツも言うごとく、「各時代にはそれぞれ独特の戦争理論があり」（第八部第三章）得ることになるわけである。

そこで、近代戦争の性格およびその理論を大別するなら、およそ三つの時代、三つの理論的変遷に要約することができようか。その第一は、ルネッサンスから市民革命に至るまでの時代である。この時代は近代戦争の萌芽の時期である。第二は、市民社会、資本主義の確立と発展の時代。この時代は近代戦争が本格的にその相貌を現した時期である。第三は、資本主義の高度発展段階としての帝国主義の時代。この時代は近代戦争が仮借なく展開された時期であり、それとともに近代戦争とは異質な戦争形態も現れてきた時代である。このような近代戦争との対比で、古代、中世の戦争にも言及しながら、以下戦争史を概観してみよう。

一、古代の戦争

この『戦争論』でも引き合いに出される古代の戦争の事例に、アレクサンダー大王（前三五六〜前三二三年）の諸戦役およびハンニバル（前二四六〜前一八三年）の活躍したポエニ戦争などがある。クラウゼヴィッツの念頭にはなかったが、東アジアでは秦漢帝国に討たれた匈奴をはじめとする北方諸民族が、中央アジアの草原地帯を西漸し、やがて四世紀、ヨーロッパに姿を現わした事例もある。これもまた各地で小規模な戦闘を繰りひろげながら移動を続けていったのであろう。しかし、古代の戦争のことについてはほとんどのことがわかっていない。アレクサンダーの軍が進んだ跡に多くのギリシア植民地（例えば中近東各地のアレクサンドリア市）が建設されていることでもわかる通り、軍隊の後には家財道具をたずさえた多くの一般ギリシア人たちが続いていたのであろう。一般人をぞろぞろと後に引きつれた軍隊とその戦闘形式がどんなものであったのか、皆目見当がつかない。わずかに残されているレリーフやフレスコ画（これとても後世の作である）の断片で古代の戦争を想像しうるだけである。古代中国諸王朝に討たれた北方諸民族の西漸にしてみても、部族あるいは民族全体が移動し、おそらく玉突き状態でヨーロッパに姿を現わすまで数百年の歳月を必要としている。この間、無数といえるほどの戦争、戦闘があったであろうけれども、その実態はまったく不明である。民族全体の玉突き状態の移動であったのであるから、この場合も戦闘集団の後に、家財道具をかかえたおびただしいキャラバン隊が続いていたのであろう。おそらく先頭の戦闘集団が勝てば前進する。敗ければ後続のキャラバン隊全員が奴隷となる運命にあったのであろう。遠い古代社会の奴隷層には、これら戦争捕虜が多数含まれていたのはまぎれもない事実である。

二、中世のトーナメント戦的戦争

ヨーロッパ中世でも有名な戦争、戦闘は数限りなくある。中世前期ではアッティラのフン族（匈奴と同族といわれている）の軍に対する西ローマ・西ゴート・フランク連合軍とのカタラウヌムの戦い（四五一年）。フランク王国軍と侵入イスラム軍とのトゥール＝ポワティエの戦い（七三二年）。神聖ローマ帝国のオットー一世が東方マジャール人と戦ったレヒフェルトの戦い（九五五年）等々。中世最盛期では、フランス・ノルマンディー軍がイングランドに上陸してヘースティングズでイングランド軍を破った戦い（一〇六六年）。その直後からはじまった前後七回に及ぶ十字軍（一〇九六〜一二七〇年）というイスラム世界に対する戦争。中世後期になると、英仏百年戦争（一三三七〜一四五三年）やら、イギリスの三十年に及ぶばら戦争（一四五五〜一四八五年）などの諸戦争がすぐにも思い浮ぶ。

クラウゼヴィッツの『戦争論』では、中世の諸戦争は近代の諸戦争との対比でしばしば引き合いに出される。この中世の軍は騎士団が主体であったために、その規模はかなり限られたものであった。騎士団を支える封建諸侯の経済的基盤が脆弱であったからである。ある王国の命運を決する戦争に臨んでも、その数は数千、せいぜい万余の兵力にしかすぎなかった。

イングランドの命運を決したあのヘースティングズの戦いでも、ノルマンディー公ウィリアムの軍が一万余、これに対するイングランド軍が数千の規模であったことが確認されている。それに中世の戦争は、期間が三十年とか百年とか非常に長いのが特徴である。これは個々の軍事的衝突でも、なるべく決定的な対決、つまり決戦を避けようとする傾向にあったためである。封建諸侯の戦いの際、大封建領主が隣国の小封建領主領に攻め込んだ場合、小封建領主軍が大封建領主軍の武威の前に平伏すれば、多少の小ぜり合いがあってもそれで戦いが終るわけである。大封建領主軍は隣国の封建制度そのものを絶滅させるような焦土作戦などは考えてもいなかった。臣従してくれればそれでいいわけである。勿論、国内戦争でもキリスト教の異端に対する戦い、十字軍のような異教徒に対する戦いはその限りではない。通常の国内戦争の場合（英仏百年戦争は多分に国内戦的様相を示していた）、したがって戦争は限りなく儀戦あるいはトーナメント戦に近い様相を示していた。そのために三十年とか百年とか、決定的なエネルギーを欠くだらだらした戦争状態が続いたのである。

三、ルネッサンス、宗教改革期から絶対王制へ

言うまでもなく、地中海貿易、東方貿易の拠点としてのイタリアがいち早く新しい時代、再生の時代、即ちルネッサンスを迎える。貿易による貨幣経済の発展、商業資本の蓄積は、イタリアに数多くの商業都市および小共和国の隆盛をみた。自然経済を基盤とする封建制度を解体させてゆく要因となるこのような動向は、当然のことながら軍事機構の転換をもたら

さずにはいなかった。封建軍は封土を受けた臣下が主君に対する軍務を負う関係の上に構成されていた。したがって諸侯は小領主としての騎士を従え、騎士はまた領民を従えて参陣したものである。その戦闘様式は個人的腕力による格闘戦を基本にしていたため、集団行動には不向きであった。たとえ騎士団対騎士団が衝突しても、混戦の実態は各騎士の個人的格闘であり、生き残った数の多い方が勝利者であるということになる。火薬の発明と火砲の出現とが、このような個人的格闘戦を無効ならしめた。その上、封建制度の解体、農民層の自立化は従者の徴集を著るしく困難にした。そこで、イタリア商業都市および小共和国は、その富に応じて盛んにコンドッチェリ（Kondottieri）と呼ばれる職業的傭兵を採用した。彼らは自前の火砲を持ち、厚い密集集団で戦い、個人的格闘を求める封建騎士団を圧倒した。彼らの一部は高い技能を持つ技術者であった。特に大砲の場合、射程距離、発射角度、命中率、火薬の調合などの知識を必要とし、それらの知識を持つ大砲操作者は、当時の貴重なテクノクラートであった。したがって極端な場合、ある城塞を攻めるにあたって、攻城軍が、敵方籠城軍の大砲の命中率があまりに見事だと思えば、ひそかに手をまわし、敵方の給与より高い給与を約束して、明日はこちら攻城軍の大砲を射ってもらうなどということもありえたわけである。そのようなこともありえたと言うのは、彼らがあくまでも傭兵であったからである。彼らが傭兵である以上、傭兵中心の軍が生死を賭けた軍事行動をするわけがなかった。給与の支払いが滞ればそこで戦争は中止になり、支払いのない領主の領土内で強盗団に早変りすることもありうるまことに始末におえないのが、傭兵でもあった。本来、信仰問題という個々人の信念にかかわる（宗教改革期の）宗教戦争でも、信念の次元で戦ったのは軍上層部であり、軍隊のかなりの部分が傭兵であった。ルター派に心寄せていたアルブレヒト・デューラーの銅版画に、鉄砲を担って戦場を渡り歩く当時の傭兵の姿が描かれている。金銭さえあればすぐにも軍隊を編成することが出来て、軍事危機が去れば軍隊維持費の必要がない軍隊、しかも給与の支払いさえ確実であれば新技術の点でも優れていて、封建騎士団を圧倒しうる軍隊。傭兵中心のこの時代の軍隊は、まさに商業資本全盛期の仇花であったと言うことが出来る。

イタリアはその経済的背景に家内工業およびマニュファクチュア的生産をもちえず、地中海貿易の衰微とともに没落してゆかざるをえなかった。宗教改革期のドイツは一部にアウグスブルクのフッガー家のような強大な商業資本の興隆を見ていたが、全体的には遅れた経済基盤の上に立つ中小領邦分立の状態であった。

貿易による富ではなく、国内の生産による富の蓄積、その国内生産を担う新興市民層の登場を見るのは十七世紀を待たなければならなかった。これより先一世紀ほど前に、イギリス、フランスでは封建貴族層の没落が進み、彼らを廷臣とする王権の伸張が目立っていた。この王権は全国統一を押し進め、国民国家の形成を一応は達成していた。その間、国内の対抗勢力を排除してしまったために絶対王制とも呼ばれている。しかし、その実態は旧封建貴族層にもっぱら足がかりを持ちつつ、新興市民層の支持をもとりつけるという危ういバランスの上に成り立っていた。国民国家の完成をなしとげたのであるから、この絶対王制は全国規模の官僚制度とともに新しい軍事組織も必要とした。絶対王制といいながら、その実、新旧両制度の危ういバランスの上に成り立っていた時代であったので、軍事組織もまた新旧両要素が混在していた。まず、全国統一的な常備軍が設置されることになった。とは言え、絶対王制の財政的基礎はそれほど大規模なものではなかったので、常備軍の数もそれほど大量のものではなかった。国によっても違うが、その数はせいぜい数万のものであったろう（ルイ十四世時代のフランスは例外的に二十万）。それでも封建諸侯の動員数が数千どまりであったのに比較すれば驚くべき数であった。この常備軍の上層部は旧封建貴族層より成り、従卒部は国民からの一般徴募によって成っていた。とは言え、この常備軍は一応国民国家の上に成り立っていたので、前の時代の傭兵軍団とは違って、ナショナリズムを胸中に抱いていたため、戦闘意欲は傭兵軍団の比ではなかった。その他、この時代はそれぞれの国によってまたそれぞれの戦争によって、一時的に傭兵軍団を採用することがあるかと思えば（十七世紀前半のドイツ三十年戦争における名将ヴァレンシュタインは傭兵隊隊長であった）、地方的徴募制で危機に当ることもあった。その上、この時代の戦争様式もまた財政的基礎の弱さのために限定的なものであらざるをえなかった。確かに兵器軍需品などは国内のマニュファクチュア生産によってかなり潤沢に供給されたとは言え、火砲は鈍重であり、命中率なども極めて低劣なものであった。作戦としては、遠距離にわたる軍事行動、敵軍の殲滅を目指す決戦的会戦、戦勝後の果敢な追撃戦による敵軍への全滅的打撃などはできるだけ回避されねばならなかった。要するに、この時代の戦争も、大王・皇帝・某大国の軍（その要求は主に王位継承権、主権国家であることの要求、貿易権、植民地獲得等）に敵国の軍が恐れおののいて平伏してくれればそれでよしとし、無用の殺戮は野蛮と考えられていたのである。勿論、宗教やナショナリズムがからめばかなり激しい戦争にはなったが、その場合でも他国の民衆への殺戮はやはり控えられた。

以上のような条件のもとに生まれたこの時代の兵学思想は極めて自然的条件、地理的要素に左右されたもの、即ち、地形主義であらざるをえなかった。自然的条件とは、例えば冬期になれば両軍とも戦闘を中止し、冬営に入るということであり、地理的要素とは大河、大山脈などは戦闘に不向きと考えられ、地形の限定性に従って布陣するということである。本書第六部三十章で述べられているテュレンヌ対モンテクッコリの機動的戦略運動がこの地形主義の代表的なものといわれている。機動的戦略運動とは、両軍とも流血の決戦を求めていないことを前提にして、巧妙な布陣を誇り、派手な軍事パレードまがいの機動性を誇示してみせて、相互に相手を牽制することである。勿論、そのような牽制的機動運動が高じて、両軍の末端部隊が実際の戦闘状態に入るということはある。その末端部隊の勝敗で戦争は終り、本軍相互の決戦はまずありえない。これが絶対王制時代の戦争の実態であった。この兵学思想の体系的理論化、組織化に努力したのがテンペルホーフの七年戦争（十八世紀中期、プロイセンのフリードリヒ大王とオーストリアのマリア＝テレジア女帝との七年に及ぶ戦争。プロイセンの勝利）史編纂にたずさわったロイドであった。決戦回避、地形を利用しての奇襲、佯攻さらには機械的図式的用兵術等、いわゆる十八世紀兵学思想の典型は彼によって理論化されたといってよい。このような形式的用兵術を無視し、果敢に流血の決戦を求めた十八世紀中期から後半にかけてのプロイセンのフリードリヒ大王は、したがって当時の軍事常識から言えば、成り上がりで野蛮な暴れ者扱いされていたことになる。とはいえ、その大王でさえ、本質的にはまだ自然主義、地形主義を無視するわけにはいかなかった。このような十八世紀兵学思想は次の時代のナポレオン＝ボナパルトによって徹底的に粉砕されるまで各国軍に支配的影響力をもっていた。プロイセンにおけるマッセンバッハ、プール、ビューロウなどがこの思想系列に属し、破竹のナポレオン軍を最初に撃破したオーストリアのカール大公、ナポレオン戦争の記述者ジョミニなどもこの傾向に属していた。この時代の簡単な描写については本書第八部第三章を参照していただきたい。

四、市民社会の確立と資本主義の展開期

「近代戦争においては、つまりこれまで二十五年間、目のあたりに見てきたすべての戦役（フランス革命政府の対外戦争からナポレオン戦争までの期間――訳者註）においては、戦争の本領は物凄いエネルギーで発揮されてきた。つまり活動力と兵力の無限損耗とについては、多くの場合、考えられうる限りの限界点にまで達し、一方戦役の継続期間は極端に短縮されるにいたった」（第五部第十三章）

いわゆる近代戦争の特質をなすこのような事態の出現のためには、絶対主義時代のツンフト、ギルド的生産様式を打破して機械制大工場制の出現、身分的拘束性から解き放たれた小

土地所有農民の出現、第三身分である市民層の法的経済的自律、つまり市民革命が必要であった。機械制大工場の出現、これは産業革命の結果であったし、資本主義の登場を意味していた。例えば、グリボーヴァルによってなし遂げられた砲兵の単純化と改良、更には大砲口径の低減化および平均化は産業革命の如実な結果であった。それまでの鈍重な大砲、一旦据え付けられたらあまり動かせない大砲に代って、馬に牽引される軽量な大砲が大量に出現した。これはナポレオン軍の強力な戦闘手段となった。ナポレオン軍はこの砲兵隊を駆使して、鈍重な大砲を据え付けて待ち構えるドイツ連合諸侯軍に、正面からの砲撃と思えば側面にまわりこんでの砲撃を加え、完膚なきまでの勝利をえたのである。ただし、より早く産業革命を完成していたイギリス軍が相手の場合は、その限りではなかった。また、ナポレオンの軍事的諸事業（道路、運河、港湾の構築整備とそれらの軍用化）は市民革命が可能ならしめた経済的飛躍の直接の結果であり、またそのこと自体が次の飛躍の原因ともなった。あるいはまた、革命政府のカルノーによって着手された将校地位の開放、軍内的の規律確立、兵卒への政治教育徹底化などは、やがてナポレオンに引きつがれる。ナポレオン貴族にはどれほど元平民が多かったことか。これらの改革はナポレオン軍将兵の精神的なエネルギー（勿論、小土地所有農民の土地防衛意識がこれに加わる）を無限に発揮せしめることになった。そのどれ一つとして市民革命の結果でないものはなかった。このような状況のもとでの軍事組織は厖大なものとなり、前近代のそれが五万、六万といった規模であったものが一挙にその十倍を数えるにいたった。一八一二年、ナポレオン軍がロシア遠征を企てるにあたって、パリを発進した兵力は五十万とも六十万とも言われている。これにプロイセン軍、オーストリア軍の援軍が加わったのであるから、その数は前の時代から見れば実に厖大なものであっただろう。しかも兵卒個人の精神的能力は教育制度の普及によって極めて優れたものとなり、各自がその戦争目的を理解し、個人の能力が問われる散兵隊形にも十分耐えられるものとなった。ここで言う散兵隊形とは、単線的に兵を散開させる隊形をいう。こうなれば、兵卒と兵卒との間隔があき、一人一人の兵卒の戦闘意欲が問われることになる。とてもではないが前の時代の傭兵などではとりうる隊形ではなかった。軍全体も機能性、運動性を基にして分節化されることになった。大隊（戦術単位）、連隊、旅団、師団（戦略単位）といった分節化がそうである。また機能的に歩兵、騎兵、砲兵といった三兵制がとられることになったのもこの時代以降である。騎兵は運動原理、砲兵は殲滅原理、歩兵は両原理を兼ねるものというわけである。

この時代の兵学思想は決定的な時点、地点に敵兵力を上廻る兵力を結集させるという兵数主義がその主要内容となった。相対的に優勢な兵力をもって敵兵力に決戦（会戦、敵戦闘力の殲滅）を挑むこと。決戦勝利の後は追撃をもって残敵を徹底的に壊滅させることが目論まれた。したがって奇襲的機動、戦略的迂回、戦略的突破など、この時代の兵学思想は前の時代の地形主義、パレード的図式主義などとはまったく逆のものとなった。本書の著者クラウゼヴィッツが自ら参戦し観察したナポレオン諸戦役の実態は以上のようなものであった。

五、クラウゼヴィッツ

「戦争とは他の手段をもってする政治の延長にほかならない」この言葉ほどクラウゼヴィッツの名声を高めた言葉はあるまい。この言葉に込められた兵学思想は、同時代の多くの兵学思想家たち（ジョミニ、ヴィリゼン、カール大公）の誰れの思想よりも卓越したものであった。そしてまたこの言葉に込められた意味ほど後世の戦争論に大きな影響を与えたものはあるまい。彼クラウゼヴィッツは、陸軍大学当時カント派の教授キーゼウエッターの講義を聴き、フィヒテを読み、ヘーゲル哲学に傾倒していた。特にヘーゲル哲学の影響は本書の理論的論述のスタイルに見られる。例えば、戦争を論ずるのに、一人と一人の決闘の分析から始めて、絶対戦争という理念を最後にもってくる論述がそうである。これは個的意識の分析から始めて、主観精神、客観精神を論じて絶対精神に終るヘーゲル哲学を思わせる。一人と一人の決闘が、最後に絶対戦争という相互に相手のホロコーストにまで発展しないのは、現実の戦争には政治が不可避的に介入してくるからであるという。つまり、政治的目的が戦争のあり方を規定するからである。そこで本書の理論的部分では政治的目的と戦争のあり方が縷々論じられる。

クラウゼヴィッツが政治的目的と戦争との関係を見抜いていた点、あるいはヘーゲル哲学のよき理解者であった点などだけに、彼の偉大さを求めるべきではないだろう。彼の偉大さは、彼自身が領邦的絶対主義軍であるプロイセン軍の将校でありながら、フランス革命に端を発する新しい時代精神を良く理解していたという点であろう。だからこそ彼は、一八〇六年、ナポレオン軍に決定的敗北を喫したあのイエナの会戦以後、シャルンホルスト、グナイゼナウらのプロイセン軍改革派の一員となる。本書でも、そのようなクラウゼヴィッツの自己意識の展開、つまりプロイセン軍という旧い組織の一員でありながら、ナポレオン軍にぶつかって、どのような自己改革と新展開をとげて行かなければならないかが随所に見出される。しかし、不幸なことながらクラウゼヴィッツのこのような新しい兵学思想は、ナポレオン戦争以後、全ヨーロッパ的規模で圧殺され、特にプロイセンではその傾向が強く、むしろ前時代の兵学思想が再び頭をもたげてくることになった。

六、クラウゼヴィッツ以後

ナポレオン戦争以後、一八三〇年のフランス七月革命までの時代は反動復古の時代であった。オーストリアのメッテルニヒにリードされるウィーン体制、ロシア皇帝を盟主とする神聖同盟等は、全ヨーロッパにおける市民革命的蠢動を鎮圧する反動憲兵の役割を果たした。ナポレオン軍打倒のために、民衆に約束された数多くの市民革命的諸改革、諸改良のすべては反故にされていった。このことは軍事組織についても例外ではありえなかった。市民革命がもたらした義務兵役制は廃止せられ、代人法や代金法、あるいは抽籤制度までが立ち現われるにいたり、軍隊は従来の職業的性質を再び帯びてこざるをえなかった。しかし他方、この時期はイギリスの資本主義は進展し、フランスの資本主義も少し遅れて進展し始めていた。

したがってこの時期の科学技術上の進歩はめざましいものがあり、兵器の大量生産化、規格化、強力化は往日の比ではなかった。海軍力ではこの頃、木造帆船から鉄甲蒸気船への転換が急ピッチで進むことになる。周知の通り、一八五三年、日本の浦賀にやって来たアメリカ艦隊四隻のうち二隻が鉄甲蒸気船であったのだが、この時期でもアメリカ艦隊の新旧混成ぶりがわかろうというものである。

ヨーロッパの場合、政治的側面での反動化と、経済的科学技術的側面での進展化という、言うならば一種の背反した要素の混在こそが、この時代の特徴であった。この背反した時代の代表的な戦争は、おそらくは一八五三〜五六年のクリミア戦争であったろう。もともとイエルサレムの聖地管理権はフランスがもっていた。フランス革命期に、一時、ギリシア正教会が把《にぎ》ったが、その後、再びフランスに戻った。これを不満としてギリシア正教徒保護を名目にして、ロシアがオスマン・トルコに宣戦したのがこの戦争である。ロシアは宗教を名目にした南下政策、更には領土的野心を秘めた宣戦であった。これに対して英・仏・伊が宗教そっちのけでトルコ側につく。特に英・仏は近東への影響力（経済圏も含む）保持が目的であった。結局、トルコ側の勝利に終る。ここにはナポレオン戦争を特徴づけた市民的利害、国民的利害の代りに、絶対主義時代以来の打算や領土的野心、それにイギリス資本主義の経済的欲求が奇妙に交錯しあっていた。そのことは進歩した兵器と退歩した戦術という形になって現われた。クリミア半島のロシア軍要塞セヴァストポリの包囲戦などはこの奇妙な戦争の代表的戦闘であった。このような時代において、十八世紀兵学の流れを汲むカール大公、ジョミニ、マルモンなどの諸著作が流布され、一定の影響力をもちえたのは当然であったかもしれない。

しかし以上のような反動復古の時代、不可解な戦争、背反した要素の混在した時代はそう長くは続かなかった。まずフランスにおいては一八三〇年の七月革命によってこのような体制に一撃が加えられ、一八四八年の二月革命によって完全に転覆せしめられることとなった。続く五二年からの第二帝政期（ナポレオン三世時代）は、フランスの資本主義の驀進期であり、国内の労働者階級と市民階級という対立する両者を満足させるため、派手な対外戦争とその勝利を必要としていた。イギリスとある場合に協力関係をもち、ある場合にライバル関係になりながら、この第二帝政期のフランスはもっぱら弱い国々相手のパフォーマンス的戦争を繰り広げた。プロイセンの事情はいささか異っていた。一八四八年三月のベルリン革命はフランス二月革命の直接的余波であり、全ヨーロッパ的規模での市民革命運動の一環ではあった。しかし、この時のプロイセン革命は挫折した。ベルリン三月革命の市民的諸要求はとり下げられ、一部はユンカー階級によって先取りされ、上からの改革に終らざるをえなかった。しかし、この頃北部ドイツはようやく産業革命期を終り、資本主義的発展期に入ろうとしていた。したがって上からの改革であるにせよ、領邦的絶対主義国家群の枠をとり払い、統一ドイツのための運動は臆病なドイツ市民階級にとっても意にかなうものであった。したがってそのための周辺諸国との軋轢は、一応、ドイツ市民階級にとっても国民的防衛戦争として映った。その代表的な戦争が、強大な隣国第二帝政期のフランスとの戦争（一八七〇～

七一年の普仏戦争）であった。

この時期にいたってクラウゼヴィッツの後継者がようやく出現することになったのは、当然というべきであろう。モルトケがそれであった。モルトケ兵学の基礎はドイツ統一の要求に支えられたユンカー階級および市民階級の共同目的に基づくものであったし、その経済的側面はドイツ最大の鉄鋼、兵器メーカーのクルップをはじめとする産業資本に支えられたものであった。彼の兵学思想は、カール大公やジョミニのそれを否定し、クラウゼヴィッツの兵学思想を踏襲、改良したものである。戦術的包囲と戦略的中央線、外線作戦と集中原則、それにこれらの統一的応用化といった考え方がまさにその好例である。戦術的包囲とは敵軍をいかに包囲するかということであり、戦略的中央線とは敵軍、敵国の主要部分をどこと設定し、この線に沿って副次的諸戦闘をどう配置するかということであり、外線作戦とは敵国に向って延びる線をどう設置するかということであり、集中原則とはそれらの外線を求心的に（敵の主要な中心に向って）どのようにまとめるかということである。これらの考え方のあらかたは、クラウゼヴィッツの本書において執拗に説かれていたものである。しかも、モルトケはあらかじめ鉄道を外線として利用することを想定して敷設しておくなど、あの時代の技術を十全に活用することさえ忘れなかった。ドイツ側はこれだけ周到な準備の上で開戦したのであるから、戦争を派手な政治的パフォーマンスとしか考えなかったナポレオン三世軍が、たちまち撃破されてしまったのは言うまでもない。しかも、皇帝みずからがフランス軍主力とともにセダンで包囲され、降伏、捕虜になるなどという不様《ぶざま》な結果でこの戦争は終った。この普仏戦争を指揮したモルトケ兵学は、近代における兵学思想の第二の高峰であり、兵学が用兵術としてその力を示しうる最高のものであるとともに、その終幕のものでもあった。というのは次の時代にいたると科学技術の進歩とともに、兵学が人間を対象とする用兵術にとどまりえず、技術学と用兵術とは主客その所を代えることになってしまうからである。

七、総力戦としての第一次世界大戦

普仏戦争から第一次大戦にかけてモルトケ兵学は大きな影響力をもち、一つの学派を形成するまでになった。フォン・デル・ゴルツ、ボグスラウスキー、シュリヒティンク、メッケル、フォン・シュリーフェン、ベルンハルディーなどがそうである。ちなみに言うなら、これらの人物のうちメッケルは日本の明治政府に軍事顧問として招かれ、日本軍制をそれまでの英・仏式からドイツ式に転換するのに寄与することになる。

それはともあれ、第一次世界大戦（一九一四〜一八年）は不幸な二十世紀開幕の戦争となった。動員数でも、十九世紀までの戦争の比ではない。この戦争の初期のマルヌ河の会戦だけで、ドイツ軍一五〇万以上、迎え撃ったフランス軍もほぼ同数。パリ近郊のあの狭いマルヌ河畔で両軍三〇〇万以上が殺し合いを演ずることになったのである。当初ドイツ軍は、モルトケの弟子シュリーフェン将軍の作戦立案に従って、軍主力をもって一気にパリを陥し、すぐさま東部戦線に転じてロシア軍を打《たた》くという短期決戦を目論んでいた。外線を中立国ベルギーにまで延ばし、戦略的中央線をパリに向けてすべての外線をパリに集中させるというのはモルトケ兵学の踏襲であった。しかし、普仏戦争の場合とは違って、フランス軍はその可能性を予想し準備していた。英軍の力を借りてパリ近郊ほぼ五〇kmのマルヌ河畔で猛反撃に転じたのである。そのためにドイツ軍のパリ陥落はならず、シュリーフェン作戦は挫折する。以後、西部戦線は北は北海から南はスイス国境にいたるまで延々数百kmの塹壕を掘りあって対峙することになる。

何故フランス軍はパリ近郊ほぼ五〇kmの地点で猛反撃に転じたのか。その第一の理由は、二十世紀初頭のこの戦争における火砲の威力が著しく向上していたことによる。十九世紀半ば頃の大砲の射程距離は精々のところ数kmであった。半世紀後の日露戦争での射程距離は十数kmまで延びていた。ところが、第一次世界大戦での四十二センチ砲は四十数kmの射程距離をもっていたのである。クルップ社製のこの大砲をドイツ軍は大量に装備していた。なんと同じ大砲をフランス軍も装備していたのである。フランス軍としてはあと数kmドイツ軍に圧迫されて後退すれば、首都パリが砲撃射程距離に入ってしまう。フランス軍としては必死の反撃の必要があったわけである。その上、十年前の日露戦争ではロシア軍の秘密兵器であった機関銃は、第一次世界大戦では両軍の通常兵器になっている。四十二センチ砲を含めた各種の火砲、それに各種の機関銃が三〇〇万の兵士たちによって射撃されたらどのような光景になるか。想像を絶する地獄絵が出現したはずである。日露戦争で射たれた全砲弾数が、三日で撃ち尽くされてしまったという。あまりにすさまじい殺し合いにドイツ軍参謀長モルトケ(普仏戦争当時のモルトケの甥)は発狂してしまったという。当時、四十数kmから五〇km先を確認できる光学レンズは存在していなかった。とすれば四十二センチ砲の射撃は狙いを定めて射つようなものではなかった。一勢に射撃をして相手方を絨緞《じゅうたん》砲撃するためのものである。その効果があったかどうかの確認に、やがて新兵器の飛行機が使われることになる。第二次世界大戦での戦略空軍による絨緞爆撃のはしりである。となれば、絨緞砲撃に加えるに、やがて飛行機も都市爆撃に使用されるようになる。絨緞砲撃、都市爆撃の相手は敵国兵士とばかりは限らない。一般民間人もまたその対象となる。十九世紀までの戦争は、あくまでも正規軍対正規軍の戦争であった。たまさか民間人が巻きこまれることがあっても、それは不幸な例外であり、民間人虐殺など基本的にあってはならないことであった。十九世紀の戦争ではナポレオン軍のスペイン侵攻に際して、民間人を虐殺した事例が、ゴヤなどの絵によって語り継がれてきた。しかし、第一次世界大戦では戦闘員と民間人の区別が無くなってしまった。それに民間人はすぐにも兵士の補充要員になりうるし、また軍需生産の要員ともなり得る。先進工業国相互の戦争では、会戦に相当数の兵器が失なわれても、すぐさま国内生産で補充できるし、戦闘員の損害も動員令で補充がきく。とすれば、第一次世界大戦はまさに戦いあうそれぞれの国のすべての人員、すべての生産力を傾けた戦争であったということになる。この大戦を評して、ドイツのルーデンドルフ将軍が「総力戦」と名づけた理由は以上による。四十二センチ砲や飛行機に加えてタンク（戦車）が、毒ガスが、ダムダム弾が大々的に用いられる。毒ガスが都市内でまかれ、飛行機から投げつけられたら戦闘員、民間人の区別などあろうはずはあるまい。結局、この大戦は交戦各国の戦闘員、民間人数千万の犠牲を出して終ることになる。

八、そして現代

第一次世界大戦で示された「総力戦」の様相は、基本的に第二次世界大戦（一九三九～四五年）に引き継がれる。巨大砲による絨緞砲撃から戦略空軍による絨緞爆撃へ。各国において非戦闘員の戦争協力体制への動員はより整備され、それに応じて都市爆撃もより一般化され、徹底化されてくる。一般民間人の犠牲はそれだけ増大することになる。これに科学技術の飛躍的進歩が加わる。火砲の射程距離は数十kmからほぼ三〇〇kmにまで延びた。第二次世界大戦末期オランダ海岸からイギリス本土に向けて放たれた無人ロケット機VⅠ、VⅡがそれである。光学レンズに代ってレーダーが登場し、しかもレーダーを操作しての射撃には、自動制御つきの銃弾、砲弾が使われるようになり、命中率は驚くべき向上を見せた。確かに毒ガスは第一次世界大戦後、国際的に禁止兵器になったが代って原子爆弾が登場した。「総力戦」の苛酷さはそれだけ深まってきたということである。

戦争の「総力戦」化は両大戦とも同じであったが、両大戦の間に戦争の新しい形態が立ち現われ、これが第二次大戦の動向に大きな影響力をもつことになる。それはゲリラ戦あるいはパルチザン戦といわれるものである。日中戦争のさなかこの戦法は毛沢東によって提起され、理論化された。「遊撃戦論」と呼ばれるものがそれである。

この戦法は、正規軍の補助部隊として敵の外線（味方の方へ向った線）に奇襲攻撃を加え、敵兵力を攪乱し、分散させ、その一部を壊滅させることである。もしこれが味方の内線のなかでの軍事行動であれば、味方の正規軍に対する補助兵力として輜重や後方基地配備といった役割を担うことになる。この場合、直接戦闘に参加することはない。しかし「遊撃戦」は違う。あくまでも敵の外線にぶつかるのであるから、基本的に敵軍の支配地である。となれば、その部隊は大部隊であることはできないし、平常は民衆の姿をとっていなければならないはずである。平常は民衆の姿をとっていて、敵軍の油断をついて奇襲攻撃を加え、敵軍が反撃してくれば民衆の姿にもどり、遊撃隊の根拠地へひきあげる。当然のことながら民衆の犠牲も増える。この戦法によって、日中戦争から第二次世界大戦にかけての中国戦線で日本軍は散々に悩まされたし、ヨーロッパ戦線ではフランスや東欧でドイツ軍が悩まされた。この遊撃戦形態は第二次世界大戦以後の各地の限定戦争、地域紛争でも展開されてきた。例えば、ヴェトナム戦争におけるアメリカ軍、アフガン戦争におけるソ連軍がこの戦法に手こずった。

二十一世紀はテロリズムとともに開幕した。何をもってテロリズムと規定するかは難かしいところであるが、ニューヨーク国際貿易センター・ビル破壊の集団テロリズムは、従来の個人的テロリズムをはるかに超えたものであった。この集団的テロリズムと諸国家との戦争の展開は、目下、予断を許さないが、しかし次のことだけは予想できそうである。それは、この戦争が確実に従来の戦争観を変えずにはいないということである。まず、戦争論上の基本的概念である攻撃、防禦のイメージが不明確になってしまっている。当然のことながら、遊撃戦、ゲリラ戦まではイメージできた内線、外線などという概念も完全に無効にしてしまった。テロリズムを受ける側は、相変わらず「総力戦」といった概念を使うかもしれないが、その意味は極めて心理的なものであり、政治的なものであるだろう。戦闘の実態は逆にかなり限定的なものであるだろう。遊撃戦、ゲリラ戦は根拠地を持っていた。集団テロリストはおそらく根拠地を持つまい。根拠地は一般社会そのものの中にある。こう見てくると、従来の戦争の様相から最も遠いこの戦争は、もっとも如実に政治的色彩の濃いものとなる。どこまでいっても、「戦争とは他の手段をもってする政治の継続にほかならない」ことになる。

以上、兵学思想変遷の過程をふりかえってみて、兵学におけるあらゆるカテゴリーが、それぞれの歴史性、時代性を色濃くまとっているのだということが分かってもらえたかと思う。そのことはクラウゼヴィッツの兵学思想についても同様である。例えば、ゆっくり冬営期間に入っている絶対主義時代の戦争において、冬営中の敵国軍に味方の一軍をもって奇襲攻撃を加えれば大打撃を与えることができるはずだなどという主張は、歴史的事実をまったく無視した主張ということになる。奇襲攻撃は本格的近代戦争の概念なのだ。本格的近代以前の戦争では味方もまた冬営に入っており、厳冬期に行動を起こしうる味方の一軍とて存在し得なかったのだ。またゲリラ部隊や集団テロリストに対する現代戦争において、内線、外線、戦略的中央線などという発想も基本的にはあり得ないだろう。彼らは姿なき軍隊であるからである。したがって、近代戦争の概念である包囲殲滅などという言葉も、言葉としてはあり得ても心理的なもの以上に出ないだろう。

では第二次世界大戦以後頻発する各種戦争に、クラウゼヴィッツの思想は有効性が薄いのであろうか。そんなことはあるまい。不幸なことに、昨今の戦争は文明の衝突の様相を示している。しかし文明の争い・文明の衝突は、現代生活のあらゆる分野に及んでいる現象のはずである。例えば東アジア人の生活様式・死生観は、中央アジアや西欧のそれらとは違う。ただ違っていてもそれが必ずしも衝突になるとは限らない。衝突になる場合には、必ずそこに政治が介在してくる。政治が介在してくる衝突となれば、たとえそれがどんな形態をとるにせよ、クラウゼヴィッツの基本的思想が生きてくるだろう。二世紀近い歳月を閲してなお、クラウゼヴィッツの哄笑が聞こえてくるようである。

『戦争論　上巻』　一九六六年三月　現代思潮社刊

中公文庫

戦争論《せんそうろん》 (上《じょう》)

2001年11月25日　初版発行
2024年12月25日　10刷発行

著　者　クラウゼヴィッツ

訳　者　清《し》水《みず》多《た》吉《きち》

発行者　安部順一

発行所　中央公論新社
〒100-8152　東京都千代田区大手町1-7-1
電話　販売 03-5299-1730　編集 03-5299-1890
URL https://www.chuko.co.jp/

印　刷　三晃印刷
製　本　小泉製本

Published by CHUOKORON-SHINSHA, INC.
Printed in Japan　ISBN978-4-12-203939-1 C1130

定価はカバーに表示してあります。落丁本・乱丁本はお手数ですが小社販売部宛お送り下さい。送料小社負担にてお取り替えいたします。

中公文庫既刊より

各書目の下段の数字はISBNコードです。978-4-12が省略してあります。

ク-6-2 **戦争論(下)**
クラウゼヴィッツ　清水多吉 訳
フリードリッヒ大王とナポレオンという二人の名将の戦史研究から戦争の本質を解明し体系的な理論化をなしとげた近代戦略思想の聖典。〈解説〉是本信義
203954-4

キ-6-1 **戦略の歴史(上)**
ジョン・キーガン　遠藤利國 訳
先史時代から現代まで、人類の戦争における武器と戦術の変遷と、戦闘集団が所属する文化との相関関係を分析。異色の軍事史家による戦争の世界史。
206082-1

キ-6-2 **戦略の歴史(下)**
ジョン・キーガン　遠藤利國 訳
石・肉・鉄・火という文明の主要な構成要件別に「兵器と戦術」の変遷を詳述。戦争の制約・要塞・軍団・兵站などについても分析した画期的な文明と戦争論。
206083-8

サ-8-1 **人民の戦争・人民の軍隊**
ヴェトナム人民軍の戦略・戦術
グエン・ザップ　眞保潤一郎／三宅蕗子 訳
対仏インドシナ戦争勝利を決定づけたディエン・ビエン・フーの戦い。なぜベトナム人民軍は勝利できたのか。名指揮官が回顧する。〈解説〉古田元夫
206026-5

シ-10-1 **戦争概論**
ジョミニ　佐藤徳太郎 訳
19世紀を代表する戦略家として、クラウゼヴィッツと並び称されるフランスのジョミニ。ナポレオンに絶賛された名参謀による軍事戦略論のエッセンス。
203955-1

シ-12-1 **ナチス軍需相の証言(上)**
シュペーア回想録
シュペーア　品田豊治 訳
一九三三年の政権掌握から対ソ開戦、山荘に集う取り巻きたち。ヒトラーの側近の一人が間近に見たその虚栄と没落。軍事裁判後、獄中で綴った手記。
206888-9

シ-12-2 **ナチス軍需相の証言(下)**
シュペーア回想録
シュペーア　品田豊治 訳
戦況の悪化、側近たちの離反にヒトラーは孤立を深めていく。終戦、そしてニュルンベルク裁判まで。『第三帝国の神殿にて』を改題。〈解説〉田野大輔
206889-6

チ-2-1
第二次大戦回顧録 抄
チャーチル
毎日新聞社 編訳
ノーベル文学賞に輝くチャーチル畢生の大著のエッセンスをこの一冊に凝縮。連合国最高首脳が自ら綴った、第二次世界大戦の真実。〈解説〉田原総一朗
203864-6

ハ-12-1
改訂版 ヨーロッパ史における戦争
マイケル・ハワード
奥村房夫
奥村大作 訳
中世から現代にいたるまでのヨーロッパの戦争を、社会・経済・技術の発展との相関関係においても概観した名著の増補改訂版。〈解説〉石津朋之
205318-2

ハ-16-1
ハル回顧録
コーデル・ハル
宮地健次郎 訳
日本に対米開戦を決意させたハル・ノートで知られ、「国際連合の父」としてノーベル平和賞を受賞した外交官が綴る国際政治の舞台裏。〈解説〉須藤眞志
206045-6

マ-10-5
戦争の世界史（上）技術と軍隊と社会
W・H・マクニール
高橋 均 訳
軍事技術は人間社会にどのような影響を及ぼしてきたのか。大家が長年あたためてきた野心作。上巻は古代文明から仏革命と英産業革命が及ぼした影響まで。
205897-2

マ-10-6
戦争の世界史（下）技術と軍隊と社会
W・H・マクニール
高橋 均 訳
軍事技術の発展はやがて制御しきれない破壊力を生み、人類は怯えながら軍備を競う。下巻は戦争の産業化から冷戦時代、現代の難局と未来を予測する結論まで。
205898-9

マ-13-1
マッカーサー大戦回顧録
マッカーサー
津島一夫 訳
日米開戦、屈辱的なフィリピン撤退、反攻、そして日本占領へ。「青い目の将軍」として君臨した一軍人が回想する「日本」と戦った十年間。〈解説〉増田 弘
205977-1

マ-16-1
クーデターの技術
クルツィオ・マラパルテ
手塚和彰
鈴木 純 訳
いかに国家権力を奪取し、いかにそれを防御するかについて歴史的分析を行うとともに、引き起こす人間の人物論や心理状態の描写も豊富に含んだ古典的名著。
206751-6

マ-17-1
ナチを欺いた死体
英国の奇策・ミンスミート作戦の真実
マッキンタイアー
小林朋則 訳
スパイは死体⁉ 推理小説をヒントに英情報部が仕掛けた大芝居が、大戦の趨勢を変える。最も奇想天外ながら最も成功した欺瞞計画の全容。〈解説〉逢坂 剛
207173-5

各書目の下段の数字はISBNコードです。978－4－12が省略してあります。

カ-6-1
塩の世界史（上）歴史を動かした小さな粒
M・カーランスキー
山本光伸 訳
人類は何千年もの間、塩を渇望し、戦い、求めてきた。古代の製塩技術、各国の保存食、戦時の貿易封鎖とともに発達した製塩業……壮大かつ詳細な塩の世界史。
205949-8

カ-6-2
塩の世界史（下）歴史を動かした小さな粒
M・カーランスキー
山本光伸 訳
悪名高き塩税、ガンディー塩の行進、製塩業の衰退と伝統的職人芸の復活。塩からい風味にユーモアをそえておくる、米国でベストセラーとなった塩の世界史。
205950-4

コ-7-3
若い読者のための世界史 改訂版
E・H・ゴンブリッチ
中山典夫 訳
『美術の物語』の著者がやさしく語りかけるように、時代を、出来事を、そこに生きた人々を活写する。各国で読みつがれてきた〝物語としての世界史〟の古典。
207277-0

マ-10-1
疫病と世界史（上）
W・H・マクニール
佐々木昭夫 訳
疫病は世界の文明の興亡にどのような影響を与えてきたのか。紀元前五〇〇年から紀元一二〇〇年まで、人類の歴史を大きく動かした感染症の流行を見る。
204954-3

マ-10-2
疫病と世界史（下）
W・H・マクニール
佐々木昭夫 訳
これまで歴史家が着目してこなかった「疫病」に焦点をあて、独自の史観で古代から現代までの歴史を見直す好著。紀元一二〇〇年以降の疫病と世界史。
204955-0

モ-10-1
抗日遊撃戦争論
毛沢東
小野信爾／藤田敬一／吉田富夫 訳
中国共産党を勝利へと導いた「言葉の力」とは？ 毛沢東が民衆暴動、抗日戦争、そしてプロレタリア文学について語った論文三編を収録。〈解説〉吉田富夫
206032-6

あ-1-1
アーロン収容所
会田雄次
ビルマ英軍収容所に強制労働の日々を送った歴史家の鋭利な観察と筆。西欧観を一変させ、今日の日本人論ブームを誘発させた名著。〈解説〉村上兵衛
200046-9

あ-89-1
海軍基本戦術
秋山真之
戸高一成 編
丁字戦法、乙字戦法の全容が明らかに！ 日本海海戦を勝利に導いた名参謀による幻の戦術論が甦る。本巻は同海戦の戦例を引いた最も名高い戦術論を収録。
206764-6

あ-89-2
海軍応用戦術／海軍戦務
秋山真之
戸高一成 編
海軍の近代化の基礎を築いた名参謀による組織論。巨大組織を効率的に運用するためのマニュアルが明らかに。前巻に続き「応用戦術」の他「海軍戦務」を収録。
206776-9

い-61-2
最終戦争論
石原莞爾
戦争術発達の極点に絶対平和が到来する。戦史研究と日蓮信仰を背景にした石原莞爾の特異な予見は、日本を満州事変へと駆り立てた。〈解説〉松本健一
203898-1

い-61-3
戦争史大観
石原莞爾
使命感過多なナショナリストの魂と冷徹なリアリストの眼をもつ石原莞爾。真骨頂を示す軍事学論・戦争史観・思索史的自叙伝を収録。〈解説〉佐高 信
204013-7

い-65-2
軍国日本の興亡 日清戦争から日中戦争へ
猪木正道
日清・日露戦争に勝利した日本は軍国主義化し、国際的に孤立した。軍部の独走を許し国家の自爆に至った経緯を詳説する。著者の回想「軍国日本に生きる」を併録。
207013-4

い-103-1
ぼくもいくさに征くのだけれど 竹内浩三の詩と死
稲泉 連
映画監督を夢見つつ23歳で戦死した若者が残した詩は、戦後に蘇り、人々の胸を打った。25歳の著者が、戦場で死ぬことの意味を見つめた大宅壮一ノンフィクション賞受賞作。
204886-7

い-108-6
昭和16年夏の敗戦 新版
猪瀬直樹
日米開戦前、総力戦研究所の精鋭たちが出した結論は「日本必敗」。それでも開戦に至った過程を描き、日本的組織の構造的欠陥を衝く。〈巻末対談〉石破 茂
206892-6

い-108-7
昭和23年冬の暗号
猪瀬直樹
東條英機はなぜ未来の「天皇誕生日」に処刑されたのか。敗戦国日本の真実に迫る『昭和16年夏の敗戦』完結篇。新たに書き下ろし論考を収録。〈解説〉梯久美子
207074-5

い-122-1
プロパガンダ戦史
池田徳眞
両大戦時、熾烈に展開されたプロパガンダ作戦は各国でどのような特徴があったか。外務省で最前線にあった著者による今日に通じる分析。〈解説〉佐藤 優
206144-6

各書目の下段の数字はＩＳＢＮコードです。978－4－12が省略してあります。

い-130-1
幽囚回顧録
今村　均
部下と命運を共にしたいと南方の刑務所に戻った「聖将」が、理不尽な裁判に抵抗しながら、太平洋戦争を顧みる。巻末に伊藤正徳によるエッセイを収録。
206690-8

い-134-1
リデルハート　戦略家の生涯とリベラルな戦争観
石津朋之
平和を欲するなら戦争を理解せよ。「間接アプローチ戦略」「西側流の戦争方法」など戦略論の礎を築いた二十世紀最大の戦略家、初の評伝。
206867-4

お-47-3
復興亜細亜の諸問題・新亜細亜小論
大川周明
チベット、中央アジア、中東。今なお紛争の火種となっている地域を「東亜の論客」が第一次世界大戦後の〈復興〉という視点から分析、提言する。〈解説〉大塚健洋
206250-4

か-41-1
朝鮮戦争　米中対決の原形
神谷不二
軍事的には双方得るもの皆無、しかし米中対決の発端となり戦後史に一時期を画した戦争を初めて事実に即して解明した先駆的業績。〈解説〉阪中友久
201696-5

か-80-1
兵器と戦術の世界史
金子常規
古今東西の陸上戦の勝敗を決めた「兵器と戦術」の役割と発展を、豊富な図解・注解と詳細なデータにより検証する名著を初文庫化。〈解説〉惠谷　治
205857-6

か-80-2
兵器と戦術の日本史
金子常規
古代から現代までの戦争を、殺傷力・移動力・防護力の三要素に分類して捉えた兵器の戦闘力と運用する戦術の観点から豊富な図解で分析。〈解説〉惠谷　治
205927-6

き-13-2
秘録　東京裁判
清瀬一郎
弁護団の中心人物であった著者が、文明の名のもとに行われた戦争裁判の実態を活写する迫真のドキュメント。ポツダム宣言と玉音放送の全文を収録。
204062-5

き-42-1
日本改造法案大綱
北　一輝
軍部のクーデター、そして戒厳令下での国家改造シナリオを提示し、二・二六事件を起こした青年将校たちの理論的支柱となった危険な書。〈解説〉嘉戸一将
206044-9

く-30-1
ラバウル戦線異状なし　現地司令長官の回想
草鹿任一
激戦下の南太平洋において落日無援の孤城を守り抜き、自給自足で武器と食糧を調達、最後まで航空戦を指揮した名将の回顧録。初文庫化。〈解説〉戸高一成
207126-1

く-31-1
連合艦隊　参謀長の回想
草鹿龍之介
航空戦の時代を予見、参謀長として真珠湾、ミッドウェー、南太平洋海戦、あ号作戦を指導、艦橋内の確執を入り混ぜ奮戦と壊滅の真相を描く。〈解説〉戸高一成
207137-7

し-10-5
新編　特攻体験と戦後
島尾敏雄
吉田満
戦艦大和からの生還、震洋特攻隊隊長という極限の実体験とそれぞれの思いを二人の作家が語り合う。関連するエッセイを加えた新編増補版。〈解説〉加藤典洋
205984-9

た-73-1
沖縄の島守　内務官僚かく戦えり
田村洋三
四人に一人が死んだ沖縄戦。県民の犠牲を最小限に止めるべく命がけで戦い殉職し、今もなお「島守の神」として尊敬される二人の官僚がいた。〈解説〉湯川豊
204714-3

と-28-1
夢声戦争日記抄　敗戦の記
徳川夢声
活動写真弁士を皮切りに漫談家、俳優としてテレビ・ラジオで活躍したマルチ人間、徳川夢声が太平洋戦争中に綴った貴重な日録。〈解説〉水木しげる
203921-6

と-28-2
夢声戦中日記
徳川夢声
花形弁士から映画俳優に転じ、子役時代の高峰秀子らと共演した名優が、真珠湾攻撃から東京大空襲に到る三年半の日々を克明に綴った記録。〈解説〉濵田研吾
206154-5

と-31-1
大本営発表の真相史　元報道部員の証言
冨永謙吾
「虚報」の代名詞として使われ、非難と嘲笑を受け続ける大本営発表。その舞台裏を、当事者だった著者が関係資料を駆使して分析する。〈解説〉辻田真佐憲
206410-2

と-32-1
最後の帝国海軍　軍令部総長の証言
豊田副武《そえむ》
山本五十六戦死後に連合艦隊司令長官をつとめ、最後の軍令部総長として沖縄作戦を命令した海軍大将が残した手記、67年ぶりの復刊。〈解説〉戸高一成
206436-2

各書目の下段の数字はＩＳＢＮコードです。978－4－12が省略してあります。

と-35-1
開戦と終戦 帝国海軍作戦部長の手記
富岡 定俊
作戦課長として対米開戦に立ち会い、作戦部長として戦艦大和水上特攻に関わった軍人が、日本海軍の作戦立案や組織の有り様を語る。〈解説〉戸髙一成
206613-7

の-16-1
慟哭の海 戦艦大和死闘の記録
能村 次郎
世界最強を誇った帝国海軍の軍艦は、太平洋戦争を通じてわずか二度目の出撃で轟沈した。生還した大和副長が生々しく綴った手記。〈解説〉戸髙一成
206400-3

は-68-1
大東亜戦争肯定論
林 房雄
戦争を賛美する暴論か？ 敗戦恐怖症を克服する叡智の書か？「中央公論」誌上発表から半世紀、当時の論壇を震撼させた禁断の論考の真価を問う。〈解説〉保阪正康
206040-1

ほ-1-1
陸軍省軍務局と日米開戦
保阪 正康
選択は一つ――大陸撤兵か対米英戦争か。東条内閣成立から開戦に至る二カ月間を、陸軍の政治的中枢である軍務局首脳の動向を通して克明に追求する。
201625-5

ほ-1-18
昭和史の大河を往く5 最強師団の宿命
保阪 正康
屯田兵を母体とし、日露戦争から太平洋戦争まで、常に危険な地域へ派兵されてきた旭川第七師団の歴史を俯瞰し、大本営参謀本部の戦略の欠如を明らかにする。
205994-8

ま-53-1
月白《つきしろ》の道 戦争散文集
丸 山 豊
ビルマ戦線から奇跡的に生還した軍医詩人が綴る〝白骨街道〟泥濘二〇〇〇キロの敗走。詩情香る戦記文学の白眉。谷川雁、野呂邦暢、川崎洋らの寄稿を収録。
207091-2

よ-38-1
検証 戦争責任（上）
読売新聞戦争責任検証委員会
誰が、いつ、どのように誤ったのか。あの戦争を日本人自らの手で検証し、次世代へつなげる試みに記者たちが挑む。上巻では、さまざまな要因をテーマ別に検証する。
205161-4

よ-38-2
検証 戦争責任（下）
読売新聞戦争責任検証委員会
無謀な戦線拡大を続けた日中戦争から、戦後の東京裁判まで、時系列にそって戦争を検証。上巻のテーマ別検証もふまえて最終総括を行う。日本人は何を学んだか。
205177-5